肉品安全风险评估

陆昌华　尹文进　谭业平　宋晓晖 等　编著

中国农业出版社

本书得到以下项目的资助和支持：

国家公益性行业（农业）专项（20130341）
国家转基因专项（2014ZX08009468）
江苏省农业科技自主创新项目（CX（16）1006）

《肉品安全风险评估》编委会

主　　编　陆昌华　尹文进　谭业平

副 主 编　宋晓晖　何孔旺　赵　宁

参编人员　胡肄农　李永春　王中力　冯　梁　黄胜海
　　　　　　陆　蓉　王　冉　关婕葳　甘　泉　张顺麟
　　　　　　郁达威　程金花　汤　斌　臧一天　白云峰
　　　　　　白红武　马　妍　吴孜态　温立斌　李　彬
　　　　　　曹　卫　黄　伟　王小敏　孙荣钊　杨荣明
　　　　　　吴建文　王　赫　张志远

序

　　我国是世界第一肉类生产大国，2015 年我国肉类产量 8 625 万吨，禽蛋 2 999万吨，奶 3 755 万吨。人均肉、蛋占有量远远超过世界人均水平，动物性食品已成为国民的主要食品来源。然而，我国却不是肉类加工强国，存在产业加工率低、质量安全保障程度不高等重大问题。为此，要实现企业肉品的利益最大化，就需控制影响肉品质量的诸多风险因素，以保证肉品质量的安全。

　　随着社会经济的发展，食品安全越来越受到人们重视，对肉品的需求也呈现出多样化、优质化和动态化的发展趋势。加强对食物链源头控制，以及流通环节的监督，直接影响到终端消费者食品消费安全，是关系到国计民生和人类可持续性发展的头等大事。

　　畜产品安全已成为国际社会关注的焦点之一。党中央、国务院高度重视食品质量安全工作，在《农产品质量安全法》、《畜牧法》和《食品安全法》中，加强对动物和动物产品全程监管、对可能影响畜产品质量安全的潜在危害进行风险分析与评估，确保畜产品安全也提出了明确要求。

　　畜牧业发达国家实践证明，对畜禽养殖、运输、畜禽屠宰、肉品加工、肉品流通、消费终端等全产业链各环节进行风险评估，提出风险预警策略，建立"农场到餐桌"各环节风险的关键控制策略和控制技术措施的方法和流程，是保障实施动物源性食品安全科学管理的重要技术手段，也是对动物源性食品安全事件进行预防性风险管理的一种通用工具。风险评估体系的建立，也为各国在动物产品安全领域建立合理的贸易壁垒提供了一个具体的操作模式。通过开展动物性食品风险评估工作，可为政府和企业采取有效措施，确保动物源性食品安全，提高人类健康水平，提供科学依据。

《肉品安全风险评估》一书，系统介绍了食品安全风险分析的理论框架、肉品安全的危害因素、风险评估基本原理和内容，国外在构建风险评估概念模型、建立食品安全风险评估系统方面的经验和做法，以及近年来作者研究成果和国内在食品安全风险评估方面的进展。不论采用世界动物卫生组织（OIE）风险分析系统，还是食品法典委员会（CAC）风险分析系统，不论是定性评估，还是定量评估，其构建风险评估概念模型的目的是应用食品安全风险分析和管理方法，保障畜牧业持续健康发展和畜产品质量安全。相信该书的出版，对广大读者全面了解风险评估在肉食品质量安全的重要意义，促进我国肉食品质量安全的评估工作，具有重要参考价值。

编著者

2017 年 5 月 7 日

前　言

近年来，国内外动物产品质量安全问题时有发生，如新的致病微生物引起的食源性中毒，畜牧养殖业中滥用兽药等外源性化合物残留，水产养殖业滥用毒性大的化工产品，以及在欧盟、美国和日本等发达国家（地区）先后发生的疯牛病（牛海绵状脑病）、口蹄疫、二噁英和大肠埃希菌 $O_{157}：H_7$ 等全球性恶性事件。这些风险突发事件的频繁发生已成为影响畜产品质量安全和进出口贸易的重要因素。对于化学污染物（如二噁英、农药和兽药残留的污染等）所造成广泛的食品污染，又给人类健康和自然界生态平衡带来明显的和潜在的危害，成为世界各国关注的焦点。在当今社会，食品安全已不仅仅是一个国家的问题，而是所有国家面临的一个带有根本性的公共卫生问题。

为了保障食品安全性，20 世纪 80 年代末，国外出现了"风险评估"的概念。其目的是：加强对动物食品风险评估机制、模式和方法的研究，制定适合本国的风险预警与快速反应模式及控制风险措施。风险评估是风险分析的一个重要组成部分，它包括两大程序框架：第一框架是确定危害，包括判定是否构成危害，认定危害的种类、性质，并经综合分析，初步判定该危害是否有价值纳入如下步骤进行评估。即从风险评估工作开展的难度、兼顾监管资源、及其成本—效益分析方面考虑。显示了第一框架对于真正启动一项风险评估是极为重要的。第二框架是确定危害发生概率及严重程度的函数关系，即确定风险，也就是真正意义上的风险评估，它为最终执行风险管理提供科学依据。随着风险评估在《实施卫生和植物卫生措施协议》（SPS 协议）、《贸易技术壁垒协议》（TBT 协议）等国际法规公约中以条款形式的明确，风险分析发挥出越来越大的作用，已经被世界所接受和广为推崇，引起全球高度关注。

风险评估作为食品安全监管的科学基础，也是保障食品安全的重要手段。美国、澳大利亚等畜牧业发达国家将风险分析方法用于食品安全性评价中，通过科学评估，找到风险最大的食品品种和风险成因，然后在这类品种上多加防范；或者按风险等级给食品品种分级，从而指导不同食品的监管力度。采取该措施就可把工作的重心和目的从堵漏转向预防，也可更有效地应用有限监管资源，建立风险管理机制，提高本国食品安全预警能力和防控水平。

同时，为了确保动物产品的国际贸易能合理地进行，世界贸易组织（WTO）和世界动物卫生组织（OIE）明确规定有关风险分析的具体要求，以促进动物及其产品的国际贸易。然而，中国食品安全的风险评估起步较晚，许多评估方法、技术尚在探索阶段。21 世纪初，作者借鉴发达国家养牛业、养猪业在每个生产环节采用的先进管理技术，以及在动物及动物产品质量追溯管理上的成功经验，针对中国现有集约化畜禽养殖生产全程管理的具体情况，在剖析肉食品安全生产要素及畜禽养殖生产休药期与兽药残留等临界值数据库的前提下，综合应用动物塑料耳标、条形码、无线射频电子标识和网络技术，建立了一套工厂化猪肉安全生产全程信息的跟踪系统的模型，并在"十五"期间作者承担国家 863 计划和国家重要技术标准两个子课题中，进行了有益的探索和实践。在此研究的基础上，作者认为肉食品出现问题进行溯源与召回，只是食品安全链条的末端，然而食品安全链条的前端——源头的预警，则更为重要！即如何进行动物及其动物产品质量安全风险分析，并依此加强动物产品质量的监管工作。为此，作者将食品法典委员会（CAC）的风险评估方法成功引入到动物产品安全危害因素的风险评估中来。通过动物产品风险评估与可追溯制度的结合，一旦确立动物产品潜在或已存在的风险，可以采用追踪溯源方法，最大限度地降低危害所造成或将要造成的影响，确保动物产品质量安全。在"十一五"公益性行业科研专项、国家863计划和国家支撑计划资助下，开展了服务于畜禽及其产品可追溯通用平台构件的研究、畜产品安全可追溯体系与风险评估体系研究、动物及动物产品风险管理机制的经济学评价工作；开展了动物产品中几种危害因素的风险评估，对生猪全产业链的风险状态及风险成因进行监测和评估探索，建立风险评估与预警系统，为制定生猪生物安全区配套技术规范研究提供技术支持。通过对上述工作实践的总结整理，形成了可为从事肉品加工实践技术人员与科研人员从事肉品安全风险评估的技术指导用书，也适合作为监管人员、研究生和高等院校食品专业学生参阅的一本系统地阐述"肉品安全风险评估"的专业书籍。

　　本书根据作者十多年来动物及动物产品质量安全科研工作的实践，注重结合国内外食品安全风险评估的最新研究成果和应用案例，对食品安全风险分析的理论框架、风险评估基本原理和内容、肉品安全危害因素、动物食品安全风险评估的实施等内容作了介绍。重点阐述对畜禽养殖、畜禽贩运、畜禽屠宰、肉品加工、肉品流通、消费终端等全产业链各环节进行风险评估，提出风险预警策略，建立"农场到餐桌"各环节风险的关键控制策略和技术措施的方法和流程。同时，对于数据资料的获取、模型的构建、定性/定量方法的选择以及相关软件使用等风险评估的技术和方法予以介绍。例如，在综合性评价猪肉生产过程中，指出饲养、运输、宰前静养、屠宰和分割、冷却成熟和猪肉运输等6个阶段是影响猪肉质量的损耗因素，减少微小的质量损耗变化，就可降低风险，给企业带来明显效益。

　　本书系由作者联合中食恒信（北京）质量认证中心、南京雨润集团有限公司等单位撰写；在成稿过程中得到农业部兽医局卢旺，中国动物疫病预防控制中心张新玲，北京农学院侯晓林，江苏省农业科学院严建民、汪恒英等领导和朋友的帮助与支持，在此一并致谢。

　　感谢所有被本书引用资料的作者。

　　如果本书对从事食品质量安全风险评估科研人员及管理者实施风险评估、风险管理及风险交流活动有所帮助，也就达到本书编撰的意图。同时，实施食品安全风险评估在中国还处于起步和探索阶段，很多内容还有待进一步研究和完善。因此，本书介绍的内容和观点难免存在缺陷和错误，殷切希望读者谅解和指正。

编著者

2017 年 5 月 7 日

目　录

图目录

表目录

引　言

风险评估作为食品安全监管的科学基础，也是保障食品安全的重要手段。1986 年关贸总协定乌拉圭回合多元贸易谈判之后，形成了与食品密切相关的两份正式协议，即《实施卫生和植物卫生措施协议》（SPS 协议）与《贸易技术壁垒协议》（TBT 协议）等国际法规公约，以条款形式地位予以明确，风险分析发挥出越来越大的作用，已被世界所接受和广为推崇，引起全球高度关注。在此基础上，世界动物卫生组织（OIE）将风险评估纳入《陆生动物卫生法典》框架，制定进口风险分析准则的新章节，明确规定有关风险分析的具体要求，以促进动物及其产品的国际贸易。

美国、澳大利亚等畜牧业发达国家将风险分析方法用于食品安全性评价中，通过科学的评估，找到风险最大的食品品种和形成原因，然后在这类品种上多加防范；或者按风险等级给食品品种分级，从而指导不同食品的监管力度。采取该措施就可把工作的重心和目的从堵漏转向预防，也可更有效地应用有限的监管资源，建立风险管理机制，提高本国食品安全预警能力和防控水平。然而，我国食品安全风险评估起步较晚，许多评估方法、技术尚在探索阶段。如，近年来我国陆续发生的"苏丹红"、"三聚氰胺"和"瘦肉精"等食品安全突发事件，均与农药残留、兽药残留、天然毒素、重金属、环境污染物以及食品加工过程中形成的有害物质等密切相关。多年监测数据表明，农药残留、兽药残留、重金属污染和添加剂滥用等化学性污染所造成的急性（如中毒、死亡）、慢性（如癌症、痴呆）疾病，不仅严重影响人类的生活质量，也给家庭和社会带来沉重的经济负担。因此，进行化学污染物的风险评估是保障食品安全的重要手段，也是当前食品安全领域研究的重点和热点。我国加入 WTO 后，因国际贸易中畜产品的出口，以及老百姓对畜产品安全的需求增加，对食品安全、动物福利以及环境保护等方面的关注度持续上升。此外，从整个食品产品链的角度考虑，无论采用系统分析方法、定性与定量分析方法，还是经济学评价方法，均有大量工作要做。2009 年施行的《中华人民共和国食品安全法》第 2 章专门列入"食品安全风险监测和评估"，规定"国家应建立食品安全风险监测制度和食品安全风险评估制度，食品安全风险评估结果是制定、修订食品安全标准和对食品安全实施监督管理的科学依据"。要求国家建立食品安全风险评估制度，运用科学方法，根据食品安全风险监测信息、科学数据以及有关信息，对食品、食品添加剂、食品相关产品中生物性、化学性和物理性危害因素进行风险评估。

对于如今的食品行业而言，最大的挑战是"信任危机"。在"2012 年国际食品安全论坛"会议上，来自全球最为权威的食品安全方面的专家，共同探讨的话题并非前沿技术，而是食品安全的科学认知问题。从危机应对到风险预防，从企业的过程控制到全程溯源体系，每个环节都凸显了信息沟通的重要性。因此，食品行业的风险交流与沟通是目前急需解决的关键问题之一；提高监管体制的透明度，科学化解"信任危机"是全球业内专家共同的指向。

安全的动物源性食品是生产（饲养）出来的。而动物的饲养、动物产品的生产、加工、贮藏、运输和经营必须有科学的标准加以规范。由此可见，建立健全动物源性食品安全的标准体系才有法律保障和程序支持。而标准体系的科学性又取决于对国际标准的采用和风险分析。因此，在今后相当长的时期内，我国必须在风险分析的基础上，建立健全动物源性食品安全的标准体系，以适应我国动物源性食品饲养环节、屠宰加工环节和贮运经营环节，以及切实提高动物源性食品卫生质量对管理标准的迫切需求。归纳起来，风险分析体系的建立，也为各国在食品安全领域建立合理的贸易壁垒提供了一个具体的可操作模式。按照发展趋势，风险分析将成为未来制定食品安全政策，解决食品安全事件的基本模式。同时，还将指导进出口检疫检验体系，食品放行或退货标准，监控和调查程序，提供有效管理策略信息的制定，以及根据食品危害类别全面分配食品安全管理的基本内容。

第1章 风险分析理论概述

第1节 风险分析理论基本概念

1.1 风险的基本概念

风险（risk）是实际结果与预期结果的偏差，是未来结果的不确定性等。动物源性食品中的危害物可以分为物理的、生物的或化学的3种类型。物理危害物如石头、肉中的碎骨屑等；但生物或化学危害物则难以被人理解，对不同病原或化学物质的反应则因每个人的个体差异或食入量的不同而不相同。

肉类产品（肉品）是指动物屠体的任何可供人类食用的部分，包括胴体、脏器、副产品，及以上述产品为原料的制品（不包括罐头产品）。对危害肉品卫生安全而言，风险是指在一定时间内动物源性食品对畜牧业生产、公共卫生和人类健康造成不利后果等发生事件的可能性。

风险分析（risk analysis）是一种对于可能存在的危害进行预测，并在此基础上采取规避或降低危害影响的措施，它是由风险评估、风险管理和风险交流3个部分构成。通过对影响肉品安全的各种物理、生物和化学危害的风险因素分析，描述风险的特征，提出和实施风险管理措施，并与利益相关者进行交流，其根本目的在于保护消费者的健康与促进公平的肉品贸易，它也是一门正在发展中的新型学科。

风险评估（risk assessment）是在特定条件下，风险源暴露时，对人体健康和环境产生不良作用的事件发生的可能性与严重性进行评估。它是建立在科学基础上，包含危害识别、危害描述、剂量—反应评估、暴露评估以及风险描述等步骤过程。

● 危害识别（hazard identification）：识别产生对健康有不良效果的可能，其可能性存在于某种或某类特别食品中的物理、生物和化学因素。

● 危害描述（hazard characterization）：对与食品中可能存在的物理、生物和化学等因素，对健康产生不良效果的定性和定量评价。对化学因素进行剂量—反应评估。对生物或物理因素，在可得到数据的前提下，应进行剂量—反应评估。

● 剂量—反应评估（dose-response assessment）：确定某种物理、生物或化学因素的暴露水平（剂量）与相应的健康不良效果的严重程度和发生频度（反应）之间的关系。

● 暴露评估（exposure assessment）：对通过食品可能摄入和其他有关途径暴露的物理、生物和化学因素进行定性和定量评价。

● 风险描述（risk characterization）：根据危害识别、危害描述和暴露评估，对某一特定人群的已知或潜在健康不良效果发生的可能性和严重程度进行定性和/或定量的估计，其中包括伴随的不确定性。

● 风险管理（risk management）：根据风险评估的结果，权衡备选政策，并且在需要时选择和实施适当的控制措施。与风险评估不同，这是一个在与各利益方磋商过程中权衡各种政策方案的过程。该过程考虑风险评估和其他与保护消费者健康及促进公平交易活动有关的因素，并在必要时选择适当的预防和控制方案。

● 风险交流（risk communication）：风险评估人员、风险管理人员、生产者、消费者和其他相关团体之间就与风险有关的信息和意见进行相互交流，包括对风险评估结果的解释和执行风险管理决定的依据。

1.2 风险分析的框架体系

1.2.1 风险分析的构建

风险分析包括风险评估、风险管理与风险交流3个部分。风险评估是整个风险分析体系的核心和基础，是风险分析中的重要组成部分，也是有关国际组织和区域组织关注的重点。风险管理是在选取最优风险管理措施时，对科学信息和其他因素（如经济、社会、文化和伦理等）进行整合与权衡的过程。风险交流是风险分析过程中信息获取和传递的重要途径，遵循公开透明、信息可靠、渠道通畅等原则。在食品安全风险分析过程中，管理者和评估者经久不断地在以风险交流为特征的环境中互动交流，包括对风险评估结果的解释和风险管理决策的制定等，信息和观点的相互交流则是贯穿于整个风险分析的过程中。交流的对象包括风险评估者、风险管理者、消费者、企业、学术组织，以及其他相关团体。图1-1显示交流的内容，可以是危害和风险，或与风险有关的因素和对风险的理解。有效的风险交流应具有建议和维护义务，以及相互信任的目标，使之推进风险管理措施，在所有各方之间达到更高程度的共识，并得到各方支持。

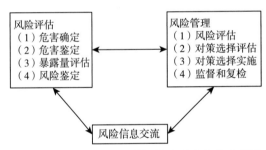

图1-1　风险管理、风险评估和风险交流示意图

Fig. 1-1　Risk assessment，risk management and risk communication

1.2.2 风险分析的特征

风险分析是一个不断重复且持续进行的过程，存在许多反馈环节，具有根据需要或有信息补充时能够更好地进行重复的特点。图1-2显示风险分析的组成部分。风险分析的整体特征就是风险管理者、风险评估者以及其他参与者之间不断重复的互动。即使达成或实施了某项决策，风险分析也并不会就此结束。实施风险分析的团队或其他参与人员（如企业）定期监控风险分析所做出的决策成效和影响。一旦在风险分析执行时获得了新信息，就要根据新情况，对已实施的控制措施作出相应调整。

1.2.3 风险分析的框架体系

食品法典委员会CAC（Codex Alimentarius Commission）应用风险分析的框架原则，

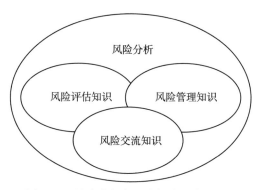

图 1-2　风险分析各组成部分的有机联系

Fig. 1-2　Risk analysis of the organic connection of each component

所采取措施：

1.2.3.1　风险描述的意见和建议

以在第 23 届食品法典大会上采纳风险评估策略和风险描述的观点出发，认真考虑食品法典一般原则委员会（CCGP）的评论意见和建议。

1.2.3.2　制定详细的原则

要求 CCGP 为确定风险管理和风险评估的策略，以及程序手册中包括的风险交流和文件而制定详细的原则。

1.2.3.3　制定科学指南以支持上述原则的应用

该计划由 CCGP 及其所有相关的法典分委员会来协调。在发表风险分析报告时，都要用标准化的概要模式陈述执行法典委员会的原则和指南。还要求研究制定使用这些原则和指南的标准，并与风险评估和风险管理政策紧密结合。

1.2.3.4　制定食品法典原则和指南

在程序手册中，包含了原则和指南，以及法典体系中关于风险分析的介绍、各委员会在执行原则和指南方面的职责。

1.2.3.5　各分委员会贯彻食品法典原则和指南

在食品法典采纳原则之前，要求负责食品添加剂、化学污染物和兽药残留的 FAO/WHO 的食品添加剂专家联合委员会（JECFA）、负责农药残留的 FAO/WHO 的农药残留联席会议（JMPR）及其他咨询机构和法典分委员会继续评估，并改进已列入优先表中的风险评估和风险管理的应用。

1.2.3.6　贯彻食品法典原则和指南

不同国家对食品控制体系等效性的看法十分关键，食品法典原则和指南将促进这个问题的解决。

1.2.4　风险分析框架成功地运用

什么是风险分析？从广义上说，风险分析是一种对于决策情况影响的估计方法。该方法包括定性的、定量的或混合了定性和定量两种技术的半定量风险。可根据不同情况，在这三种方法中选择适宜的一种进行辅助决策评估。三种评估方法各有优缺点，认为定量风险方法使用了数值比定性风险方法更准确是错误的，也是很危险的。在实践中，采用何种方法进行风险分析评估，应该以最大可能获得的信息资料为主要依据。如，世界动物卫生组织（OIE）处理所规定的 A 类和 B 类动物疫病时，定性风险分析方法可充分满足决策需要。如果能充分获得高质量的数据，那么定量风险分析评估方法，则可为风险管理者提供更多的决策。事实上，无论是定量评估或半定量评估，都必须经过定性评估的初步筛选。

国家食品安全机构需要建立基本的食品安全体系。包括可行的食品法律、政策、法规和标准，有效的食品安全与公众卫生机构，以及两者之间的协调机构，可操作的食品检测机构和实验室、资料信息、教育、交流与培训、基础设施和设备、人力等所需要素，以及政府实施风险分析所需必备条件。在研究风险及风险管理决策时，它是基于公开透明、决策过程记录完备和过程开放的体系，需要所有受到风险或风险管理措施影响的利益相关方共同参与。包括政府官员和决策者们能理解风险分析及其对公共卫生的价值；有足够的科学能力在必要时进行国家层面的风险分析；有消费者、企业和学术等机构团体的支持和参与。由于风险分析是一门系统科学，需要广阔的视角。多采用"生产—消费"的方法，广泛的数据收集及综合分析方法等。当上述条件均具备时，国家食品安全机构就能应用风险分析方法在其食品管理活动中取得良好成效。

第 2 节　风险分析背景与发展

2.1　风险分析产生的背景

无论是在发达国家还是发展中的国家，由微生物所致的食源性疾病发生率在增加，其中包括沙门氏菌、空肠弯曲菌和肠出血性大肠杆菌等。即使在发达国家，也有三分之一的人口受到食源性疾病的困扰。美国每年大约有 760 万份病例，32.5 万人住院治疗和 0.5 万人死亡；在发展中的国家这个问题更为普遍，这些国家每年约有 22 万人因食源性和水源性腹泻而死亡，其中大部分是儿童。食源性疾病一直是一个现实且棘手的问题。它不仅造成大量人群患病，而且带来巨大的经济损失。美国每年仅由致病菌引起的食源性疾病造成的损失就达 350 亿美元，而发展中的国家因病致贫和因食品安全问题影响出口贸易造成经济损失的严重情况更是无法统计。食品中的化学物危害可能偶尔导致一些急性疾病，而食品添加剂、农药与兽药残留及环境污染物更可能对公众健康带来长期危害。另外，新技术使用也已引起人们对大豆基因改良等农作物问题的关注。这些问题均存在风险，都需要进行风险评估、风险管理以及恰当的风险交流。

2.1.1　食品安全环境的变化

更科学地了解食源性疾病的危害及其给消费者造成的风险，并具备正确的干预措施能力，能使政府和企业显著降低与食品相关的风险。然而，食品危害与人体疾病间的关联常难以确定，更难以量化。即使确定了两者的关联，所采取的干预措施，从技术、经济或管理角度来看，也经常是不可行的。因而，众多国家食品安全监管者依然面临严峻挑战。

有效的食品安全体系除能保障公众健康之外，还能维持消费者对食品安全的信心，同时为食品贸易建立良好的法规基础，有利于经济发展。WTO 建立国际贸易协定，强调食品贸易法规必须建立在科学与风险评估的基础之上。在科学的前提下，且不会对贸易产生不必要的阻碍时，实施 SPS 协定允许各国采取正当措施保护消费者的生命与健康。

SPS 协定第 5 条要求各成员应制定以对人类、动物或植物的生命或健康风险评估结果为依据的风险评估技术，同时考虑有关国际组织和机构的规定。协定第 9 条规定了发达国家有为欠发达国家提供技术援助的义务，目的是改善欠发达国家的食品安全体系。

2.1.2　食品安全体系的演变

参与食品生产到消费全过程的每个人（包括种植/养殖者、加工者、监管者、分销商、零售商以及消费者）都对食品安全负有责任，由政府提供一个可行的制度和法规环境管理食品，构成如下国家食品管理体系：

- 食品法规、政策；
- 准则和标准；
- 科学能力；
- 综合管理方法；
- 监督和认证；
- 诊断和分析实验室；
- 标准制定；
- 基础设施与设备；
- 监控体系和能力；
- 应急反应能力；
- 培训；
- 公共信息；
- 教育和交流；
- 明确界定食品监督管理和公众健康责任的制度。

要素的主次关系因国家不同而异。几十年来，为提高全球食品安全质量，FAO 和 WHO 与各国政府、科研机构、食品安全、消费者等进行广泛合作。通过 FAO 和 WHO 网站可查阅相关活动资料。如，查阅 FAO/WHO 最近召开的全球食品安全管理者论坛网页，对国家食品安全体系（包括风险分析应用）的建立机制与策略关注。食品安全体系中发生急剧变化的因素众多，部分因素变化会直接导致人体食源性健康风险的增加，而其他因素则需要更为严格的评估，或需要对现行的食品安全标准和方法进行修订。即使不考虑国家食品管理体系的复杂程度，多种多样的影响因素也对负责食品安全的政府机构提出了越来越高的要求。影响食品安全体系的全球因素主要有：

- 与食物摄入相关的健康问题监测；
- 不断增加的国际贸易量；
- 国际（地区）组织的扩张及相应产生的法律义务；
- 食品类型和地域来源的日益复杂化；
- 农业与动物生产的集约化及产业化；
- 日益发展的旅游和观光产业；
- 食品加工模式的改变；
- 膳食模式与食物制备方法偏好的变化；
- 新的食品加工方法；

- 新的食品和农业技术；
- 细菌对抗生素耐药性的不断增强；
- 人类/动物与疾病传播潜在因素之间相互作用的变化。

2.1.3　各类食品存在的危害

CAC 将食源性危害定义为："食品所含有的对健康有潜在不良影响的物理、生物和化学因素或食品存在状况。"表 1-1 列举当前备受关注的各种食源性危害，许多危害早已被人们认识，成为食品安全控制的目标。然而，所造成的问题由于全球性因素的变化可进一步加剧危害的出现，逐渐成为世界广泛关注的新问题，如朊病毒引发的疯牛病（或称牛海绵状脑病）。某些众所周知的危害，如烘焙与油炸淀粉食品中丙烯酰胺的残留、鱼中的甲基汞，以及家禽中的弯曲菌再次变成突出问题。某些动物产品生产的方法进而会导致新食源性危害的出现，如在畜禽养殖业中将抗生素添加到饲料中长期使用。

表 1-1　食品中可能存在的危害

Tab. 1-1　Hazards in food

生物性危害	感染性细菌、产毒生物、真菌、寄生虫、病毒、朊病毒
化学性危害	天然毒素、食品添加剂、农药残留、兽药残留、环境污染物、包装带来的化学污染物、过敏原
物理性危害	金属及机械碎屑、玻璃、首饰、碎石子、骨头碎片

2.1.4　对国家食品安全主管部门提出更高要求

为确保食品安全，政府及参与食品管理部门要不断制定新的管理方法，改进现有管理体制，改善基础设施。国家在管理规划中以促进食品安全为主，并将其他目标考虑在内。如，为避免强加给食品企业不合理的管理成本，众多官方机构或"主管部门"对其组织机构和运作进行成本—效益分析。同时，遵照国际协议要求，采用与国内标准和进口标准保持一致的管理机制。对国家机构提出食品管理原则的要求：

- 更加依赖科学作为指导食品安全标准制定的基本原则；
- 食品安全的主要责任明确到企业；
- 采用贯穿"生产—消费"过程的食品安全控制措施；
- 赋予企业实施食品安全控制措施更大的灵活性；
- 确保政府行使食品安全管理职责的成本有效性和效率；
- 增强消费者在决策制定中的作用；
- 认识到扩大食品监测的必要性；
- 基于流行病学的食品溯源；
- 采用更为"综合一体化的"方法与各相关部门合作（如动植物卫生管理部门）；
- 采用风险分析作为提高食品安全的基本原则。

畜牧业发达国家大多采用风险分析方法，它是一种提供有关有害事件信息的分析过程，是对公共卫生、环境等所产生的不良后果及其性质了解的一个展示。从风险系统最基本的元素着手，采用概率密度分布、蒙特卡洛模拟技术、马尔可夫随机过程等数学模型，进行不确定性意义下的量化分析。与此同时，分别从养殖、运输、屠宰、加工、储藏、销售、进口动物及其产品、无疫区建设与管理、抗菌药物使用对动物健康状况影响及生物制品等方面进行系列的风险分析。

2.2　风险分析的发展过程

风险分析最先出现在环境科学危害控制中，20 世纪 80 年代末引入到食品安全领域。经过 10 多年的发展，在 FAO、WTO 和 CAC 等国际组织的推动下，构建的食品风险分析原则和标准体系，成为国际上制定食品安全标准和解决食品贸易争端的依据。1986 年乌拉圭回合多边贸易谈判，形成与食品密切相关的两份正式协议，即《卫生及植物卫生措施协定》（SPS 协定）与《贸易技术壁垒协定》（TBT 协定）相关规则，而这些规则的共同基础便是风险分析。WTO/SPS 协定确认了各国政府通过采取强制性卫生措施保护该国人民健康、免受进口食品带来危害的权利，要求各国政府采取卫生措施与 TBT 协定、SPS 协定互为补充，主要涉及 WTO/SPS 协定不包括的所有技术要求和标准，如标签。在此基础上，OIE 将风险评估纳入《陆生动物卫生法典》框架，制定进口风险分析准则的新章节。1991 年形成进口动物及动物产品风险分析 IRA（Importation Risk Analysis）原则及程序，明确规定贸易伙伴所要求的最低卫生保证，为发达国家开展风险分析工作，控制动物及其产品安全，争得了国际贸易市场空间。

1993 年 CAC 召开第 20 次大会讨论"实施风险评估程序"的议题，提出在 CAC 框架下，各分委员会及其专家咨询机构（如 JECFA 和 JMPR）在各自的化学品安全评估中应采纳风险分析方法。1995 年在日内瓦召开 FAO/WHO 专家咨询会议，形成《风险分析在食品标准问题上的应用》技术报告；确定食品安全风险分析定义，提出风险评估模型组成部分：危害识别、危害特征描述、暴露量评估和风险特征描述，为 FAO、WHO 和 CAC 各成员制定适用于食品标准的风险分析技术。1997 年在罗马召开第 2 次 FAO/WHO 专家咨询会议，讨论"风险管理与食品安全"问题，在食品安全中应用风险管理达成共识。提出风险管理基本原理，确定管理程序基本方法、主要管理机构的活动和作用，建立风险管理框架。1998 年在罗马召开第 3 次 FAO/WHO 专家咨询会议，讨论《风险交流在食品标准和安全问题上的应用》，讨论风险交流各种障碍及克服这些障碍的建议，确定风险交流策略，确立风险交流组成部分和指导原则。通过上述三次会议，形成了风险分析原理的基本理论框架，建立了一套较为完整的风险分析理论体系。2000 年 CAC 在美国华盛顿召开了国际食品法典食品卫生委员会第 33 次会议，形成了两个关于风险分析准则制定的文件，CX/FH33/03 食品及相关物质中微生物危害风险评估专家咨询初步报告和 CX/FH33/06 实施微生物风险管理原理和准则草案。2000 年在澳大利亚珀斯召开国际食品法典进出口食品检验及认证委员会（CCFICS）第 9 次会议，会议制定的主要文件为 CX/FICS9/08 国际贸易紧急情况下食品控制风险管理准则讨论稿。2004 年 FAO 和 WHO 在泰国曼谷联合召开了"第二届全球食品安全管理人员论坛"，主题仍是"建立有效食品安全系统"。该主题围绕两个分主题展开：一是各国通过国际食品安全官方网络（INFOSAN）的信息和技术支持，加强官方食品安全监控；二是建立食源性疾病流行病学监视和食品安全快速预警系统，并将生物反恐引入食品安全管理系统。由于缺乏暴露评估或剂量—反应数据而无法进行量化的风险评估，美国国家研究委员会（NRC）采用的是"准风险评估"。此后，Covelo 和 Merkhofer（1993），NRC（1993、1994、1996），国际生命科学学会 ILSI

（1996），美国总统/国会风险管理委员会（1996），FAO/WHO 风险管理咨询小组
（1996），Kaplan（1997），Marks 等（1998），国际食品法典食品卫生委员会（1998），
FDA（1999），Rand 和 Zeeman（1998），NACMCF（1998），均不断地对其进行修改和发
展，使不同的风险评估框架适用于不同类型的危害因子（化学、生物、物理）。大量实质
性修改意见的提出，反映了研究领域和政策制定领域之间需要进一步相互影响和交流。
1993 年 Covelo 和 Merkhofer 建议把危害识别作为实施风险评估前的准备工作，而不是作
为风险评估第一个步骤，并建议用"结果评估"代替"剂量—反应评估"。国际食品法典
食品卫生委员会建议用"危害描述"代替"剂量—反应评估"。危害描述强调定性的风险
评估方法，这在缺乏特定人群的剂量—反应数据和病原体数据以及该人群并不消费所评估
食品情况下更有实用价值。

WHO 和 FAO 是世界范围内食品安全工作的两个主要国际组织。这两个组织都参加
CAC 的工作。CAC 的 163 个成员参与各分委员会的工作，如国际食品法典食品添加剂委
员会（CCFA），FAO/WHO 食品添加剂联合专家委员会（JECFA）。这些委员会制定国
际上公认的管理和评估风险文件。JECFA 科学家自 1956 年以来制定了关于食品中超过
700 种危害因子的每日允许摄入量（ADIs）、暂定每周耐受量（PTWIs）和其他指标。
JECFA 为 CCFA 提供了关于这些化学危害物的一系列标准中的适量水平和建议。这些建
议可被 CAC 采纳作为最大残留限量（MRLs）或最大限量（MLs），成为国际公认的保护
公众健康的标准。CAC 还制定食品中辐射危害指南。FAO/WHO 成立与 JECFA 类似的
咨询组织，用来解决国际贸易中食品微生物危害标准有关科学议题。

近年来，风险分析得到了不断扩展，包括协商、提高理解力、实施解决办法等内容，
这同样也扩展了风险分析本身。但风险分析受时间、资金、专业技能、可利用数据等因素
的限制，很难进行全面的、量化的风险评估。

2.3　风险分析在食品安全领域的应用

2.3.1　食品安全风险分析在制定食品标准和技术规程中的应用

食品标准规定了不同食品中危害因子种类及限量水平，以期为消费者健康和安全提供
合理保护。为保证标准科学性、安全性，对危害因子在不同人群中的最高无害摄入量或剂
量—反应关系，需借助食品安全风险分析理论与方法来确定。CAC 是 FAO 和 WHO 于
1964 年共同组建的，主要负责制定各类食品标准、技术规程和提供咨询意见等方面的食
品安全风险管理工作。1995 年在日内瓦 WHO 总部召开了 FAO/WHO 专家咨询会议，形
成了一份《风险分析在食品标准问题上的应用》报告。其主要目的是提供食品风险分析的
技术，为 FAO、WHO 及 CAC 各成员制定食品标准时应用。CAC 制定食品法典的一项重
要宗旨是促进国际间公平的食品贸易，这也是 WTO 将食品法典作为解决贸易争端依据的
主要原因。在 WTO 的 SPS 协定中的第 5 条规定，各国需根据风险评估结果，确定本国适
当卫生措施及保护水平，各国不得主观、武断地以保护本国国民健康为理由而设立过于严格
卫生措施，从而阻碍贸易公平进行。换言之，各国制定的食品标准法规若严于食品法典标
准，必须拿出风险评估的科学依据；否则，就被视为贸易的技术壁垒。为了给食品标准制定
提供科学依据，FAO/WHO 食品添加剂专家委员会（JECFA）和农药残留联合会（JMPR）

根据 CAC 及其所属的各专门委员会确定的风险评估政策和要求，对各种食品添加剂、食品污染物、兽药、农药、饲料添加剂、食品溶剂和助剂等进行风险评估，并确定人体暴露各种食品添加剂、兽药和农药的每日允许摄入量（ADI）、各种污染物的每周（或每日）暂定容许摄入量（PTWI 或 PTDI）的安全水平以及最大残留限量（MRL）或最高限量（ML）的建议。JECFA 和 JMPR 主要遵循以下风险评估政策开展有关风险评估：

- 依靠动物模型确定各种食品添加剂、污染物、兽药和农药对人体潜在的危害；
- 利用体重系数进行种间比较；
- 假定试验动物与人的吸收大致相同；
- 采用 100 倍安全系数作为种内和种间可能存在的易感性差异，用于某些情况下偏差容许幅度的指导依据；
- 对有遗传性毒性作用的食品添加剂、兽药和农药，不再制定 ADI 值；
- 化学污染物的容许水平为"可达到的最低水平"（As Low As Reasonably Achievable，ALARA）；
- 如对递交的食品添加剂和兽药资料不能达成一致意见时，建议制定暂定 ADI 值。

食品添加剂及污染物法典委员会（CCFAC）、农药残留法典委员会（CCPR）在其标准制定过程中也积极开展了风险分析的应用。CAC 与 CCFAC、JECFA 及 JMPR 合作进行添加剂污染物和农药残留的风险评估，CCFAC 根据其评估结果进行标准制定，保证了标准的科学合理。据近期 CAC 动态信息表明，运用风险分析原理和方法，CAC 已建立了237 个商品（食品）的标准，完成了对 185 种农药的评价，1 005 种食品添加剂、54 种兽药及 25 种食品污染物的评估，并确定了 3 274 种农药最大残留限量（MRL）。在部分发展中国家，因没有足够资金开展食品安全风险分析工作，直接采纳 CAC 的标准是较为经济、快捷、有效的做法。

目前，我国农产品及食品质量安全标准的国际采标率较低。根据国家标准化管理委员会的标准清理数据显示，我国农产品及食品国际标准采标率只有 23％。尽管国际食品法典委员的标准在国际食品贸易仲裁中一直发挥主导作用，但我国实质性参与 CAC 活动的程度较低，等同或修改采用 CAC 的标准不多，多数是以"非等效"方式被引入我国农产品及食品标准，仅有一部分农产品及食品标准在修订过程中参照 CAC 标准部分内容和指标。国际食品法典委员会共发布 300 多项农产品及食品标准，我国仅采用 18 项，其中等效采用 2 项、非等效采用 16 项。由此可见，我国采用国际食品法典委员会标准的程度很低，覆盖面很小，不利于我国农产品的出口，要改变这种局面急需进行食品风险分析工作。

2.3.2　食品安全风险分析在 HACCP 体系中的应用

HACCP 是一种预防性的风险管理措施，主要针对食品中的生物和其他危害物质。它可以使食品质量安全管理部门预测损害食品安全因素，并在危害发生之前加以防范。其特点是对单一食品中的多种危害进行研究，一般由企业完成。食品安全风险分析是通过对影响食品质量安全的各种化学、生物和物理危害进行评估，定性或定量地描述风险特征，在参考有关因素的前提下，提出和实施风险管理措施，并对有关情况进行交流。它是制定食品安全标准的基础。其特点是研究各种食品中的个别危害。由政府部门和有关科研机构完成风险评估。建立 HACCP 体系，需要有一个危害评估的步骤，通常是进行定性或定量观察、检测和评估，用来确定从最初的生产、加工、流通直到消费的每一个阶段可能发生的所有危害。食品安全风险分析研究通常会得出明确的结论，政府由此实施管理和采取其他行政措施，向食品生产者指出某种食品危害的类型和性质，帮助其在 HACCP 体系下进行危害评估。风险评估可能成为确定 HACCP 控制计划中危害因素的基础。风险评估技术有助于在 HACCP 体系中进行危害评估、确定关键控制点和设定临界限量（即 HACCP 的前3 个原则），同时可用来对 HACCP 的实施效果进行评价。研究食品中各种危害物风险评估的定量方法，将会促进和改善 HACCP 的应用。为保障食品安全，各类食品企业皆应在其生产或加工的全过程中建立质量管理体系、食品安全控制体系，以良好的生产规范（GMP）、卫生标准操作程序（SSOP）为基础，通过 HACCP 体系的有效实施，最终实现全程质量控制。HACCP 系统是一个确认、分析、控制生产过程中可能发生的生物、化学、物理危害的系统。此系统的建立包括 7 个步骤，即危害分析、关键控制点确定、每个关键控制点的关键限值确定、每个关键控制点控制系统监控的确定、纠偏措施的建立、审核程序的建立和有效文件记录保存程序的确定。其中，前 3 个步骤是建立在科学的风险评估的基础之上，HAC-CP 融合了风险评估和风险管理的基本原理。1993 年国际食品法典委员会采用 HACCP 作为各国行动指南，1995 年把 HACCP 纳入卫生法典当中。我国很多食品生产企业已经在生产过程中引用了 HACCP 管理，目前 HACCP 在冷冻食品、奶制品、软饮料、冰淇淋、矿泉水等产品中的应用已有大量应用，这为提高食品卫生质量、降低食品危害起到了不可低估的作用。1996 年，Notermans 和 Mead 开展将定量风险分析要素整合到 HACCP 系统中的研究；1998 年，Mayes 论述了风险分析理论应用到 HACCP 对企业的优缺点；1999 年，Coleman 和 Marks 通过定性和定量风险评估，区分 HACCP 和风险评估两体系间的差别和联系；2000 年，Sperbe 运用风险评估理论，将 HACCP 体系危害分析过程从定性分析转化为定量分析。由于 HACCP 体系以控制微生物危害为主，所以在之前研究的基础上综合风险分析理论和 HACCP 思想，CAC 建议以风险分析与关键控制点（HACCP）体系控制微生物危害，将定量风险分析的理论真正转化为切实可行的科学方法。

2.3.3 食品安全风险分析在食品预警体系中的应用

运用食品安全风险分析的原则建立预警机制是现代食品安全监管工作的重要内容，欧盟在建立预警系统方面进行了卓有成效的尝试。欧共体制定了食品法规的原则和要求，条例（EC/178/2002）颁布了欧盟食品与饲料快速预警系统 RASFF（Rapid Alert System of Food and Feed），使成员国在人类健康风险发生或存在潜在风险时互通消息，快速预警，以便采取相应的统一行动。德国也建立了类似系统（RAPEX/REIS），负责食品领域的风险评估和风险交流，为生产者和消费者服务，并与 RASFF 相接。其接口包括联邦风险评估研究所（BfR）、联邦消费者保护部、食品和农业部与食品安全局、州消费者保护部等。丹麦则通过 4C 系统，即信息交流（communication）、协调（coordination）、协作（cooperation）和数据收集集中化（centralization of data acquirement），充分利用国家监测数据进行自动预警，通过溯源技术鉴定中毒病人、动物致病微生物来源及控制食源性疾病等。瑞典国家食品管理局通过食品安全联系点与 RASFF 相接，瑞典农业管理委员会也与 RASFF 相对接，口岸检测点、地方自主食品管理机构、食品业等监测数据及时输入 RASFF。SPS 协定条款允许成员国在紧急和缺乏足够科学依据的情况下采取临时性措施，即所谓"预警"（precaution）措施。国际食品法典委员会认为预警机制是风险分析的一个重要组成部分，一些国家利用该规定进行贸易限制，有越来越严格的趋势。如，法国对英国牛肉的进口禁令。在处理危机事件时，因为采用了风险分析办法，可通过风险评估工作识别危害；通过风险交流工作与各利益相关方取得沟通；通过风险管理工作而采取相应安全措施，将损失控制在最小范围内，同时也不会引起民众恐慌。

2.3.4 食品安全风险分析在食品安全监管与食品立法过程中的应用

食品生产经营风险分级管理是一种基于风险管理的有效监管模式，是有效提升监管资源利用率，强化监管效能，促进食品生产经营企业落实食品安全主体责任的重要手段，也是国际的通行做法。德国、英国、美国、加拿大、联合国粮农组织等国家和组织都建立实施了基于风险的食品监管制度，国内部分行业以及一些省份也进行了探索。

我国食品、食品添加剂生产经营者众多，监管人员相对不足，产品种类多、监管主体多、风险隐患多及监管资源有限的矛盾仍很突出，且监管工作中还存在有平均用力、不分主次等现象，使监管工作缺少靶向性和精准度，监管的科学性不高、效能低下的问题还较普遍。正是基于这些问题，国家食品药品监管总局成立之初，即确立提出了"以问题为导向"的基于风险管理的食品安全监管思路，推行基于风险管理的分级分类监管模式，并在借鉴国内外经验的基础上，研究制订了《食品生产经营风险分级管理办法》（以下简称《办法》）。

《办法》的制定，对于监管部门合理配置监管资源、提升监管效能有着重要意义。建立实施风险分级管理制度，能够帮助监管部门通过量化细化各项指标，深入分析、排查可能存在的风险隐患，并使监管视角和工作重心向一些存在较大风险的生产经营者倾斜，增加监管频次和监管力度，督促食品生产经营者采取更加严厉的措施，改善内部管理和过程控制，及早化解可能存在的安全隐患；而对一些风险程度较低的企业，可以适当减少监管资源的分配，从而最终达到合理分配资源、提高监管资源利用效率的目的，收得事半功倍的效果。对于生产经营者，则通过分级评价，能够使其更加全面的掌握食品行业中存在的风险点，进一步强化生产经营主体的风险意识、安全意识和责任意识，有针对性地加强整改和控制，提升食品生产经营者风险防控和安全保障能力。

应用食品安全风险分析结论，建立科学的责任体系，可极大提高监管效率。近年来，部分国家允许在乳清生产过程中加入漂白剂过氧化苯甲酰，因此，在这些国家生产的乳清粉中监测发现漂白剂的几率较大。由韩国承担毒理学研究，国际经济合作与发展组织（OECD）公布的过氧化苯甲酰毒理性试验评估报告中称，过氧化苯甲酰对人体没有遗传性毒性和致癌性。在上述风险评价后，制定监控的计划是：对于企业进口自用、后续有杀菌程序的乳清粉，微生物常规可不再实施批批检验，重点在于包装以及感官检验，同时将实验室检验重点放在漂白剂检测上。这样，在确保食品安全前提下，监管成本下降，效率明显提高。我国对筋肉乳清粉的微生物常规项目实施批批检验，但监管中发现质量问题的几率较低，而产品包装破损、出现结块现象较多，上述风险分析结果的应用，能大大降低我们在这方面的成本。在食品法典委员会（CAC）风险分析框架下，风险管理是出台食品安全政策过程中的一个环节。食品安全风险分析的应用，保障了食品安全政策的科学性、高效性、客观性及公平性。风险分析涉及科研、政府、消费者、企业以及媒体等有关方面，即学术界进行风险评估，政府在评估的基础上倾听各方意见，权衡各种影响因素并最终提出风险管理的决策，整个过程中应贯穿着学术界、政府与消费者组织、企业和媒体等的信息交流。它们相互关联而又相对独立，各方工作者有机结合，避免了造成主观片面的决策，从而在共同努力下促成食品安全管理体系的完善和发展。

2.3.5 食品安全风险分析在规划国家食品安全战略中的应用

为了应对全球共同面临的食品安全问题，WHO 建议世界各国食品安全战略应以食品安全风险管理方法为指导，以减轻食源性疾病对健康和社会造成的负担为目标。提出建立完善以风险为基础能持续发展的食品安全管理体系，在整个食品链中采取以科学为依据，并能有效预防食品中微生物与化学物质污染的各项管理措施，以及就食源性风险评估与管理等问题加强信息交流与合作，作为各国政府食品安全的行动方针，并提出需要，采取以下各项措施：

- 加强食源性疾病监测；
- 改进食品安全风险评估方法；
- 对新技术食品与成分进行安全评价；
- 重视和加强食品法典中的公共卫生问题；
- 积极开展食品安全风险交流；
- 加强国际间食品安全活动的协调与合作；
- 促进和加强食品安全能力建设。

2.3.6 风险分析在处理特定食品安全问题时的应用

数年前，法国对从我国进口的海虾实施卫生检验时，发现海虾带有副溶血性弧菌。当时普遍认为该菌可引起急性胃肠炎，所以凡发现污染该菌的进口海虾，一律采取整批销毁措施，以避免进口后可能对法国公民造成健康危害。以后因在进口检验中发现海虾带有该菌的阳性率有增高的趋势，负责进口食品卫生监督的风险管理人员提出对该问题进行风险评估的要求。通过评估，风险评估人员和风险管理人员形成共识：一是只有产生溶血素的副溶血性弧菌菌株才具有致病性；二是可应用分子生物学技术检测能产生溶血素的副溶血性弧菌。

基于上述结论，负责进口食品卫生监督的风险管理人员对进口海虾可能污染该菌的管理措施进行了调整：一是检出带有溶血素基因的副溶血性弧菌菌株的进口海虾，一律实行销毁处理；二是未检出带有溶血素基因的或检出带有非溶血素基因的副溶血性弧菌菌株的进口海虾可进口上市销售。

2.3.7 风险分析在处理食品安全危机事件时的应用

1999 年比利时的一些养鸡场的肉鸡和蛋鸡出现异常病症。经有关部门调查发现，症状与饲料受二噁英污染导致家禽中毒有关。随后，比利时当局通过溯源调查，找到了制备饲料的饲料厂和相关油脂公司，确定了事件波及的范围，向欧盟各成员国进行了通报，并决定销毁已受污染的家禽和禽蛋。WHO 前总干事 Brundtland 女士指出，20 世纪 50 年代以来，世界各国在食品安全管理上掀起了三次高潮。第一次指在食品链中广泛引入食品卫生质量管理体系与管理制度；第二次是在食品企业推广应用危害分析关键控制点（HAC-CP）技术；第三次是将食品安全措施重点放在对人类健康的直接危害上。在食品安全管理与食源性疾病防制工作实践中，总结形成了食品安全风险分析这一食品卫生学科的新方法和新理论。

第 3 节　风险管理

3.1　风险管理概述

3.1.1　风险管理的定义

依据风险评估结果，结合各种经济、社会及其他有关因素对风险进行管理决策，并采取相应控制措施的过程。具体来说，对降低风险的措施进行分析、选择、执行及评价的过程，称之为风险管理。

3.1.2　风险管理的目的

寻找和确定风险管理技术有效控制与处理方法，以最有效的手段和最小的成本，减少风险事件发生的概率，降低损失，最终为风险决策者提供手段。

3.1.3　风险管理的内涵

风险管理是以风险评估得出的结论为依据采取的管理措施，是食品安全分析的第二步。当识别了某一食品安全问题后，风险管理者需要启动一种能够贯穿整个过程的风险管理措施。该措施是根据风险评估结果，在经济可行性、技术可行性等限制条件下，制定风险管理政策，并执行风险管理措施的过程。不同于风险评估，风险管理并不是完全基于科学因素，还要考虑其他合理因素，如风险控制技术的可行性、经济社会的可行性以及对环境的影响等。

3.1.4　风险管理与风险评估的关系

风险评估是风险管理的基础，风险评估和风险管理相互作用又相互独立。在风险评估之前，要风险评估者和风险管理者共同做出风险评估的策略；在实际风险评估和管理的过程之中两者又要相互独立，以保证评估的科学完整和决策制定的正确性。风险评估和风险管理密切相关但过程不同，特点是风险管理决策的性质经常影响风险评估的广度和深度。从广义上说，风险管理的完整过程应包括风险评估，其程序化方法包括"风险评估"、"风险管理措施的评估"、"管理决策的实施"及"监控和评价"。在某些情况下，风险管理活动并不包括所有这些因素，如法典标准的制定、国家政府实施的控制手段。风险管理者和风险评估者之间的相互作用在实际应用中是不可缺少的。这种分离可以减少风险评估者和风险管理者之间的利益冲突，使科学家能专注于科学的评价，而由于进行评估的个人或组织没有牵涉到后来的风险管理中，从而评估没有对因与管理措施相关的预先形成的意见产生偏见，保证了风险评估得到很好地执行。为形成科学的风险管理决策，风险评估过程的结果应与风险管理措施的评估相结合。所有可能受到风险管理决策影响的有关组织都应有机会参与风险管理的过程，这一点是十分重要的。这些组织应包括（但不局限于）消费者组织、食品工业和贸易代表、教育研究机构和制定规章制度的机构。他们可以用各种方式进行协商讨论，包括参加公共会议、在公开文章中加以评价等。在风险管理策略制定的各个阶段，都应吸收相关组织共同进行评价和审议。风险评估策略的确定应该作为风险管理的特殊组成部分。风险评估策略是在风险评估过程中，为价值判断和特定的取向而制定的准则，因此，最好在风险评估之前与风险管理者共同制定策略。

3.1.5 风险评价结果与风险管理如何相结合

为了作出风险管理决定，风险评价过程的结果应当与现有风险管理选项的评价相结合。首要因素是保护人体健康；其次是考虑其他因素（如经济费用、效益、技术可行性和对风险的认知程度等），进行费用—效益分析。按照中华人民共和国国家标准《风险管理术语》（GB/T 23694—2013），风险指不确定性对目标的影响。风险管理是在风险方面，指导和控制组织的协调活动。食品生产经营风险分级管理是指食品药品监督管理部门以风险分析为基础，结合食品生产经营者的食品类别、经营业态及生产经营规模、食品安全管理能力和监督管理记录情况，按照风险评价指标，划分食品生产经营者风险等级，并结合当地监管资源和监管能力，对食品生产经营者实施的不同程度的监督管理。

3.1.6 风险管理有关团体的确定

所有可能受到风险管理决定影响的有关团体，都应当参与风险管理的过程。首先，应包括（但不应局限于）消费者组织、食品工业和贸易的代表、教育、研究机构和管理机构；其次，以各种形式进行协商，包括参加公共会议、在公开文件中发表评论等；第三，制定风险管理政策过程的每个阶段（包括评价和审查）都应当吸收有关团体参加。

3.2 风险管理的框架

风险管理是在风险评估的基础上选择、组合和优化各种风险管理技术对风险实行有效控制并妥善处理风险所致损失的过程。根据 OIE 和陆生动物法典的定义，将风险管理划分为风险评价、选择评价、监测或审议和执行选项 4 个部分（图 1-3）。

● 风险评价。确认食品安全问题、描述风险概况、风险评估和风险管理的优先性，对危害进行排序。为进行风险评估，制定风险评估政策，及风险评估结果的审议；

● 选择评价。风险管理选择评估的程序，包括确定现有的管理选项、选择最佳的管理选项（包括考虑一个合适的安全标准）以及最终的管理决定；

● 监测或审议。对实施措施的有效性进行评估，对风险管理和评估进行审查；

● 执行选项。执行管理决定，对控制措施的有效性，及对暴露消费者人群的风险影响进行监控，以确保食品安全目标的实现。

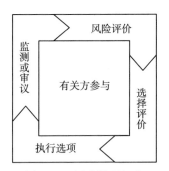

图 1-3 风险管理组成

Fig. 1-3 Risk management

图 1-3 显示风险管理组成。风险评价，包括评估中的风险与进口国能接受的风险水平进行比较。如果评估得出的风险超过该国的风险接受水平，那么就停止进口措施的继续执行

或者需要采取一些降低风险的措施。可能有几种具有潜在价值的减少风险的方法存在，需要通过比较来看哪种方法或哪几种方法组合最合适。风险管理是指区分不同种类风险，采取有效措施使风险降低到可为人们接受的水平，并制定出进口风险决策文件。因此，风险管理的过程也称为降低风险的过程。风险管理实践可把风险降到一个极低的水平，甚至达到可忽略不计的水平。如，检疫动物的隔离时间，远超过已知疫病的最长潜伏期。

3.2.1　构建风险管理的步骤

3.2.1.1　识别与描述食品安全问题（步骤 1）

识别食品安全问题的属性和特征并加以描述。如，紧急问题必须找到解决方法并迅速实施，受条件限制，可供选择的备选风险分析方法也相当有限。而对于不太紧急问题，风险分析的潜在范围可能非常广。

3.2.1.2　描述风险轮廓（步骤 2）

风险轮廓描述需针对某一问题收集信息资料，并采取多种形式表达，目的是帮助风险管理者进一步采取行动。信息收集程度因具体情况而异，但应保证足以指导风险管理者决定是否需要进行风险评估。除非是遇到紧急且需及时处理的食品安全问题，风险管理者通常不太可能自行完成风险轮廓描述。一般而言，由风险评估者及熟悉该问题的技术专家来完成风险轮廓描述。

风险轮廓描述的典型内容，包括：情况介绍，即所涉及的产品与商品；消费者暴露于危害的途径；与暴露有关的可能风险；消费者对该风险的认识；不同风险在不同人群的分布情况等。通过风险信息资料收集，风险轮廓描述应帮助风险管理者确定优先解决问题，针对该风险决定还需要多少的科学信息，以制定风险评估政策。通过描述当前风险控制方法（包括其他国家相关方法），风险轮廓描述也可帮助管理者确定风险管理的备选方法。很多时候风险轮廓描述可被看作初步的风险评估，是风险管理者对涉及该风险的已知情况进行整体总结。

必要时，一个好的风险轮廓描述能够为委托风险评估提供基础，有助于确定风险评估需要回答的问题。这些问题的形成通常需要风险评估者与风险管理者进行有效交流，同时与其他相关方（如与潜在危害信息资料有关的各方）进行沟通。

3.2.1.3　管理目标的建立（步骤 3）

建立了风险轮廓描述后，风险管理者需要决定更广泛的风险管理目标，这可能要同时决定风险评估是否具备可行性与必要性。描述风险管理目标必须在委托风险评估之前进行，确定至少有哪些问题需要且有可能通过风险评估来回答。

3.2.1.4　风险评估的确定（步骤 4）

确定开展风险评估是风险管理者与风险评估者反复进行的决策，这也是建立风险管理目标的一部分。需考虑问题：怎样评估、需解决问题、什么方法可产生有用的结果、缺乏哪些数据、哪些不确定性可导致不能获得明确的解决方案。风险管理者决定开展风险评估，就必须对这些事项进行说明。在开始阶段确定关键数据的缺失，有助于在风险评估之前或评估过程中对这些信息的收集。上述工作通常需要科研机构、调查研究团体及相关企业的合作。下列情形风险评估显得尤为重要：一是风险属性及影响程度不明确；二是风险涉及社会价值相互冲突；三是风险受到公众密切关注；四是风险管理措施会对贸易产生较大影响。由此可见，通过对最重要的风险进行分级，也能指导相关地研究工作。影响风险评估的实际问题：①现有时间与资源；②采取风险管理措施的紧迫性；③与处理类似问题措施的一致性；④科学信息的有效性等。当风险轮廓描述食源性食品风险影响重大且紧迫时，管理者可在进行风险评估的同时决定临时实施监管控制措施。一方面，有些问题不需要风险评估就能解决；另一方面，由于潜在风险的自限性特点，可不需要采取具体的监管措施。

3.2.1.5 制定风险评估政策（步骤 5）

在风险评估过程中会有许多主观判断与选择，其中某些选择将对评估结果决策的效用产生影响。而其他一些选择，如在数据不一的情况下，怎样处理不确定因素及使用什么样的假设，可能具有科学价值取向及偏好。通常需制定相应政策以提供一个公认的风险评估框架。在《食品法典委员会程序手册》（Codex Alimentarius Commission Procedural Manual）中对风险评估政策进行了定义，即"关于备选方案选择及相关判断文件记录准则，可在风险评估适当决策点上加以应用，从而保持这一过程的科学完整性"。风险管理者负责制定风险评估政策，具体实施过程需要风险评估者的通力合作，而在开放透明的实施过程中，允许利益相关方适当参与其中。风险评估政策需要形成文件，确保一致、清晰透明。

风险评估政策是清楚理解风险评估范围及其进行方式的基础。它通常确定风险评估所涉及的食品体系的具体部分、人口分布、地域及时间周期等。风险评估政策可能包括风险分级条件（如评估涉及同种污染物带来的不同风险或者不同食品中的污染物带来的风险时）及应用不确定因素的程度。制定风险评估政策能确定合适的保护水平与风险评估范围提供指导。

3.2.1.6 委托风险评估（步骤 6）

在决定需要进行风险评估后，风险管理者必须确保完成风险评估工作。风险评估性质与方法取决于该风险的性质、涉及单位情况和可利用资源及其他因素等情况。一般风险管理者开展工作必须组织专家队伍，与风险评估者进行广泛交流，并指导他们的工作，保持风险评估与风险管理工作的"功能分离"。功能分离指的是在执行过程中，把涉及风险评估或风险管理的职责任务部分分离开来。发达国家已有独立的机构与人员，分别实施风险评估与风险管理。而在发展中国家，这两项工作可能由同一批人负责，关键在于使用现存的机构和资源条件，保证两项任务分开执行（即使是同一批人）。功能分离不强求设立不同的机构和人员。

当有充足的时间与资源时，最适当的做法是组成独立的、由多学科专家参加的科学队伍开展风险评估。其他情况下，监管者可召集内部专家或从学术机构邀请外部科学家实施评估。最有效的评估队伍由多学科专家组成，例如，评估微生物危害，应包括食品技术专家、流行病学专家、微生物学专家及生物统计学专家等。

在针对特定的危害—食品组合选择最合适的管理方法过程中，由 FAO/WHO 专家机构（JECFA，JMPR 或 JEMRA）实施的风险评估，旨在为国际食品法典委员会与政府提供信息和帮助。历史上，针对食品化学危害，许多政府通过采用法典标准而直接引用国际风险评估工作的结果。但在其他情况下，国际风险评估是形成各国特有化学危害风险评估以及建立相应的国内标准的基础。对于微生物危害，国际风险评估很少，但这些国际评估工作对建立本国微生物危害标准也有重要的促进作用。

国内的风险管理者必须确保风险评估能够顺利开展与实施。无论风险评估的范围与特点是什么，也不管风险评估者与管理者的身份是什么，这个关键步骤都需要把握一些基本原则。风险管理者在开展与支持风险评估中的职责包括：

● 确保任务的委托与风险评估的所有方面都形成文件且有充足的透明度；

● 与风险评估者就风险评估的目的与范围、评估政策及所期望得到的产出形式等进行明确沟通；

● 提供充足的资源，并建立一个合适的时间表，保证风险评估与风险管理之间的"功能分离"切实可行；

● 确保风险评估队伍中专家的合理平衡，不存在利益冲突与其他偏见；

● 在整个过程中，能与评估者进行有效的反复交流。

现实中，"功能分离"意味着风险管理者与风险评估者从事不同的工作，需要完成他们各自的任务。风险管理者必须避免试图"引导"风险评估以支持他们倾向的风险管理决定，风险评估者必须客观地收集和评估证据，而不受风险管理者关心的问题影响。例如，评估行为的经济收益、降低风险暴露的成本或消费者对危害的认识状况与风险评估者不直接相关。

在资源和法律体制允许或要求的情况下，风险评估可由与食品管理机构不同的独立科研机构负责实施。然而，在其他情况下，特别是一些小国或者是资源有限的国家，政府官员可能需要身兼数职，同时承担风险管理与风险评估任务。不过，为遵从两项工作功能分离的原则，国家级的风险管理者通常应该保证所开展的风险评估工作能够在客观、无偏见的情形下得到有效开展。

3.2.1.7　评判风险评估结果（步骤 7）

基于现有数据，风险评估应该清晰且完整地回答风险管理者所提出的问题，并在合适的情形下对风险评估中的不确定性来源进行识别与量化。当判断风险评估是否完善时，风险管理者需要做到以下几点：

● 全面了解该风险评估的优缺点以及结果；

● 熟悉风险评估中使用的技术，便于向外界的利益相关方进行详细说明；

● 了解风险评估中的不确定度和变异度的本质、来源及范围；

● 熟悉并确定风险评估过程中所有重要的假设，了解其对结果产生的影响。

风险评估间接价值在于明确需开展哪些研究，以便对食品科学知识某个危害方面所产生的风险填补空白。在风险管理初步环节，由利益相关成员进行审查和讨论风险评估时，风险管理者、评估者以及其他利益相关方进行有效的交流是至关重要的。

3.2.1.8　确立食品安全风险管理分级的优先次序（步骤 8）

国家食品安全管理机构常需要同时处理大量食品安全问题。在特定时间内管理所有问题，不可避免地会出现资源不足的情况。对于食品安全监管者而言，建立风险管理优先次序，以及为所评估风险进行分级是非常重要的。分级的主要条件是消费者对每个事件所认识的相对水平。据此，合理的风险管理应将资源用于减少总体食源性公众的卫生风险，也可根据其他因素将某个问题定为优先处理。如，控制措施不同而导致国际贸易受到严重阻碍、解决该问题的难易程度、有时迫于公众或政治压力、需对某问题或事件予以优先考虑等因素。

3.2.2 风险管理措施的评价

为保证进境动物及其产品不对人的身体健康带来威胁，避免由此带来对我国相关产业的危害。根据国际惯例，可确定动物及其产品进境危害风险管理原则。首先，风险管理是国家为达到适当的保护水平，决定并执行相关动物及其产品危害防控管理措施的过程，确保国家要求减少疾病发生概率的目标，履行国际贸易协议，达到进口商品及所尽义务之间的最佳平衡。其次，风险管理措施应首选与 OIE 标准接轨。依据评估结果，权衡管理决策方案。必要时，选择并实施适当的管理措施（包括制定规则），尽可能有效地控制动物产品风险，从而保障公众健康。对于风险实施有效控制，常采用损失期望值分析方法和效用期望值分析方法来妥善处理风险所致的损失。第三，实施完成风险评估之前，确定、评价和选择风险管理的措施这一步骤是不可能完全执行的。但实际上，在风险分析的初始阶段该工作就已经开始了，并随着风险信息资料的逐步完善与量化而不断重复该项步骤。当管理者开展风险评估时，风险轮廓可能已包含一些风险管理措施信息，并提出一些具体问题，而相应的答案可指导风险管理措施的选择。正如之前讨论的，在食品安全紧急状况下，风险评估实施之前至少需选择并运用一些初步的风险管理措施。与风险管理的第一阶段相似，该阶段也包含几个不同的步骤，但这些步骤的实施其具体顺序并不重要。

3.2.2.1 确定现有管理措施（步骤1）

当管理者已确立风险管理目标及风险评估结果时，一般能确定食品安全问题所面临的风险管理措施。风险管理者的责任是确定适当方法，但不需要亲自做所有的工作。而在确定管理方法过程中，风险评估者、食品企业中的专家、经济学家及其他利益相关方基于他们的专业技术与知识也起着重要作用。

理论上讲，确定管理措施的过程是简单的，但往往会受到限制，这是由于风险管理者在实施所选择措施的能力上有局限。当识别控制措施时，风险管理者应把生产—消费全过程作为整体考虑。然而，在许多情况下监管部门仅在整体中的部分领域具有权限。在其他情形下，风险评估可能仅局限于食物生产链过程中的某个部分，而且可能只识别了仅处于该风险评估范围内的管理措施。

对特定的食品安全管理问题，可能使用一种控制措施就能成功，有时需要使用综合方法进行管理，也有已实施了食品良好卫生规范后，能够选择的风险管理措施就非常有限了。通常来说，初始阶段应考虑相对较广泛的可能方法，然后再通过更为详细的评价，选择最有效的方法。同样，要征求每个食品安全问题利益相关方的意见。

3.2.2.2 评价可供选择的管理措施（步骤2）

在解决方案明确且容易执行，或只有一种方法可选时，风险管理措施的评价就会很简单。但对复杂问题，可供选择措施的水平是不一样的，需进行成本—效益分析，并权衡每个措施进行社会价值的取舍。在评价与选择控制措施时，关键评价风险管理措施和该措施所能带来降低风险和（或）保护消费者水平建立清晰的关联。

基于风险评估的食品安全控制措施一般是为了把风险降至某一目标水平，因而风险管理者必须确定期望达到的健康保护程度。通过与风险管理者的沟通，风险评估者在降低风险效果时可考虑不同控制方法提供客观数据，为风险管理者作出最有效控制措施的决定。最大程度降低风险是风险管理最重要的目的，但同时也需要保证管理措施能有效实施，不能局限过多。

在此背景下，"基于风险"的控制方法是根据涉及食源性危害人体健康风险知识（无论以定性还是定量方式表达）而制定的。控制目标是使人类健康保护达到既定水平（可以是定性水平，也可以是定量水平），并能够进行解释与验证。对于国际贸易食品，进口国家建立的消费者保护水平被称之为"适当保护水平"（ALOP）。

如何选择最好管理措施并没有严格规则，然而对需要立即处理的食品安全问题及风险管理目标可有许多种方式。在理想状况下，为了评估单个或者多个风险管理措施应该获得如下信息：

● 根据风险管理措施（单一或综合）实施的后果，列出可能产生的风险，可用定性或定量方式表达；

● 预计可选不同风险管理措施（单一或综合）对风险产生的相对影响；

● 实施不同管理措施的可行性及实用性技术资料；

● 可选管理措施的成本—效益分析，包括大小与分布情况（即谁受益，谁支付费用成本）；

● 在国际贸易中不同的措施产生的 WTO/SPS 的影响。

风险管理者与评估者在内的任何利益相关方都可参与到该过程中，包括提供一些必需的资料、考虑不同情况进行权衡，或提供其他适当信息。

虽然有些国家将成本—效益分析作为食品安全政策决策的一个必要工作，但开展这一工作尚存在一定难度。估计特定风险管理措施的效益与成本大小与分布情况需要关注下列一些问题：食品的可获得性或食品营养质量的变化；进入国际食品市场的影响；对消费者食品供应安全或食品监管制度信心的影响；其他与食品安全风险及管理有关的社会成本及后果。其中许多因素是难以预测或量化的。

进行经济效益评估会有众多不确定性因素。如，难以预测市场参与者会对于一项基于风险的监管措施产生什么反应，以及市场将如何变化等。科学技术的迅速发展增加了效益和成本预测中的不确定性，因此，仅仅靠成本—效益分析不能确定最优的风险管理措施。但作为收集与评价数据情况及数据缺陷的系统学科，成本—效益分析可为决策过程提供信息。此外，还需考虑受决策影响最大企业与消费者关心的问题及相关认知情况。在这一阶段，风险管理者必须对所收集信息的质量进行严格评估，通常需对所考虑问题的重要性作出主观判断，并给出判断依据。

风险管理措施还常常要考虑社会伦理道德因素，这一因素往往是隐含的。如，在有些情况下道德原则成为决策的基础：企业具有提供安全食品的责任；消费者有权获悉与所消费食品有关的风险；政府需要采取行动保护不能自我保护的群体等。风险管理者可能非常容易解释与维护在科学与经济分析的基础上做出的食品安全决策。与伦理道德因素相比，科学与经济分析结果更为客观。但风险管理决策中涉及的伦理道德因素也需要公开讨论，以实现管理的透明化。

无论一个国家内部还是在不同国家之间，对风险管理措施的评价过程都会因风险的不同而不同。但无论在哪一个层面，较好的评价过程应该是开放式的，政府、企业、消费者以及其他利益相关方都有机会提供信息，对拟采取的措施进行评论，并提出选择最适当方法的条件。平衡多种风险管理措施的优缺点是具有挑战性的任务，在利益相关方之间进行广泛的交流可能会增加难度，且增加决策过程的时间。但是风险管理者会发现，范围广泛、内容丰富的意见征询过程往往能够提高选择的风险管理措施的决策质量，并使公众更容易接受这一措施。

在评价食品中微生物危害的风险管理措施时，只要能达到保护消费者的目的，监管者应该给执行标准的企业尽可能多地提供灵活的监管标准。HACCP 体系就属于灵活并以结果为导向的管理方法。近年来，HACCP 体系已建立了基于风险目标的概念，用于食物生产链中关键点的危害控制。

食品中化学危害的风险管理措施通常是比较通用的。如，确保按照良好农业规范（GAP）使用农药或兽药，食品中将不会产生药物残留危害。在化学物质不是有意用于食品生产过程中的情况（如二噁英或甲基汞等环境污染物），通常要评价更多风险管理措施（如在收获时实施一些措施，给消费者提供信息，使之能够自愿性地减少摄入）。暂定每周耐受摄入量（PTWIs）这样的暴露指导值可为最大安全摄入量提供参考，可进一步采取风险管理措施防止消费者的摄入量超出暴露量安全上限。许多化学危害的风险管理措施基于推算的 NOAEL 或者 RfD 等方法，估计可接受的暴露水平，以避免对健康产生损害，还可采用其他风险模型方法，如，致癌作用的线性模型等，选择和评价不同的风险管理措施，如，禁止或严格限制化学物质的使用等。

3.2.2.3 选择最优风险管理措施（步骤 3）

选择风险管理措施可利用不同方法和决策框架，没有最合适的方法，不同的风险及不同的情况应使用不同的决策方法。实质上，合适的风险管理决策要综合考虑上述所有评估信息资料。

大部分风险管理决策的主要目标是降低人类健康的食源性风险，有些情况（如判断不同管理方法对保障人体健康的等效性）除外。风险管理者应将重点集中在选择能最大程度降低风险影响的管理措施上，并将管理效果与其他影响决策的因素进行权衡。这些因素包括潜在措施的可行性和实用性、成本—效益因素、平衡利益相关方、宗教伦理及产生的负面影响。由于所涉及各方面的价值属性明显不同，所以权衡分析过程基本是定性分析。风险管理者需要确定每个要素的影响权重，因此，从根本上讲，选择"最合适的"风险管理措施其实是一个政治性与社会性的工作。以此为基础，选定的管理措施应与要解决的实际公众健康风险相对等。选择最优的风险管理措施通常包含如下内容。

1）确定消费者健康保护的期望水平

风险管理措施决策提供消费者健康保护水平常被称之为适当保护水平（ALOP）。ALOP 有时也被视为"可接受的风险水平"。然而，当前消费者健康保护水平可能是变化的（如，新技术的引入可能改变食品中污染物的水平），所以 ALOP 应及时修改。也可建立消费者健康保护的未来目标，这些目标实现也需要修订 ALOP。ALOP 可以是总体的，也可以是具体的，这取决于所获得的关于危害和风险来源的信息。最优风险管理措施中确定 ALOP 方法的有如下几种。

①理论零风险法：危害保持在预先确定的"可忽略不计的"或者"理论零风险"水平，风险评估表明这样低的暴露水平在一定确定度下不会造成伤害。该方法用于对食品中

的化学性危害建立 ADI，如，杀虫剂毒死蜱具有伤害儿童脑发育的潜在危险，为避免这种风险，JMPR 已经建立了毒死蜱的 ADI，农药残留法典委员会（CCPR）以此为基础，为有可能使用毒死蜱的各类食品建立了 MRIS。

②ALARA 法（尽可能低的合理摄入量）：在技术可能和（或）经济可行性情况下，风险管理措施把危害水平限制在最低水平，但危害仍然存在。如，新鲜或未煮熟的肉品中的肠道致病菌，或在卫生的食品中存在不可避免的环境污染物。

③成本—效益法：风险评估与成本—效益分析同时进行，风险管理者在选择方法时，权衡降低的风险与所需要的经济成本。如，荷兰通过选取基于风险的方法控制鸡肉中的弯曲菌。根据成本—效益方法的定性分析，对于可能引起癌症风险，但也能防止肉毒杆菌中毒的防腐剂亚硝酸钠，许多国家在特定食品中限制其最大水平不超过 100mg/kg。

④风险比较法：比较降低某种风险带来的收益与实施风险管理决策产生的其他风险。如，为避免甲基汞的危害，人们少吃鱼的益处与可能导致的营养损失相比较；在食品加工过程中水加氯消毒的益处与可能增加的癌症风险相比较。

⑤事先预防措施：当现有的信息表明食品中的某种危害可能对人体健康造成显著风险，但科学数据不足以估计实际的风险时，可以实施临时措施控制该风险，同时着手准备进行更准确的风险评估。如，欧洲在疯牛病流行的早期，就禁止在饲料中使用动物源性添加剂并禁止牛肉贸易。

针对特定食源性公众健康风险的消费者健康保护水平所提出的 ALOP 目标或未来目标，是风险管理职能的一个核心。在很多情况下，它依赖于风险管理措施的可行性及实用性。综合评价上述信息，可针对某一特定的消费者保护水平选择一种或多种措施。

在风险管理活动与要达到的消费者健康保护水平之间建立联系的过程中，达到 ALOP 或类似的未来目标的概念是必不可少的。风险管理者在实际控制措施与消费者健康保护水平之间建立联系的过程中，有许多工具和方法可以利用。

对于化学污染物，风险评估所产生的结果通常包括一种可耐受摄入量的估计值，如，每日耐受摄入量（TDI）或暂定每周耐受量（PTWI）。对于食品添加剂、农药残留及兽药残留，风险评估者通常确定一个每日容许摄入量（ADI）。TDI、PTWI 或 ADI 一般基于剂量—反应水平的估计，在该剂量水平内不会产生不良健康效应。据此确定的 ALOP 就是公共政策预先确立的"理论零风险"。然后就能选择实施一系列能达到所要求 ALOP 目标的风险管理措施。如，在农田耕作阶段强制实施良好农业规范（GAP），以最大程度降低农药残留：在具体食品中建立农药的 MRLs；使用 MRIs 监测食品供应情况等。有些国家已经在化学性危害风险评估中使用了定量概率方法，改变了选择风险管理措施的决策方式。定量概率方法能够估计与化学危害暴露水平变化相关的风险变化。可接受的风险水平可根据公共政策决定，进而选择风险管理措施使风险保持在"阈值"（有时也称为"实际安全剂量"）内。

2）决定最优风险管理措施

通常情况下，大多数选择风险管理措施的决策框架将结果的"最优化"作为其首要目的。也就是说，决策者的目的是尽可能地以一种效益超过成本的、技术可行的、利于消费者和其他利益相关方利益的方式达到消费者保护的最佳水平。成本—风险—效益分析一般需要大量有关风险及不同管理方法的信息资料。

在各相关方能够参与并与决策者交流的开放环境中，对措施进行系统、严格的评价，能够使决策制定得更为合理且更易被广泛接受。考虑到食品安全问题时非科学因素的重要性，外部利益相关方的参与很可能成为该阶段工作完成的关键因素。为了得到最好的解决方案，风险管理应该考虑生产—消费的全过程，而无需考虑涉及多少个管理机构以及他们的职责。任何监管措施必须能够在国家法律与监管机构的框架内得到实施。有些国家则采用自愿方式而非通过立法强制实施，并取得了良好的效果。总之，处于当今全球食品市场中，监管措施必须考虑到对国际贸易协议的影响以及该措施给本国监管机构带来哪些额外责任。

3）处理不确定性

在进行风险评估以及预计实施风险管理措施效果的过程中，不确定性是不可避免的因素。国家级的食品安全管理机构在进行风险管理决策时，需要尽可能考虑不确定性因素。在预测一项基于风险管理措施的效果时，风险评估者应当优先使用概率表示评价中的不确定性。风险管理者必须充分了解不确定性因素，决策者才能"懂得何时具有足够的信息以采取行动"。在这种情形下，风险管理者可通过如下分析来验证临时措施的有效性。一是灵敏度分析，用于确定模型输入量的变化如何影响结果；二是不确定性，用于确定所有不确定性因素的结果。在多数情形下，尽管存在众所周知的不确定性因素，决策过程中仍然会产生一个或多个得到认可的风险管理措施。有时当不确定性很大，以至于难以采取明确措施时，可采用临时性方法。同时，收集更多的数据以在实施另一轮风险管理框架之后形成更好的决策。

3.2.3 实施风险管理决策

风险管理决策实施是由政府官员、食品企业与消费者等多方构成。实施的类型依食品安全问题、具体情况及涉及单位的不同而不相同。为了有效执行控制措施，食品生产者与加工者通常使用整体性强的 GMP、GHP 和 HACCP 体系方法来进行全面的食品管理。这些方法为风险管理者确定并选取具体食品安全风险管理措施提供了一个平台。

无论强制还是自愿，企业在实施食品安全控制中都应承担主要责任。不同的国家法律制度也规定了企业应承担的食品安全责任。政府机构可采取多种验证方法确保企业遵从标准。政府或监管机构实施感官检查、产品检测等监管措施，检查企业是否遵从标准的主要成本由监管机构来负担。对于某些危害，如检测各种化学污染物的残留等控制措施，由企业在其每个独立的加工环节都建立机构来检测是不现实或是不经济的。而国家级化学污染物残留监控计划由政府、企业或者两者共同来实施，能够提供确保对该危害是否实施控制措施的数据。

近年来，国家食品安全管理机构的设置，在不同国家已出现新方式。将国家级食品安全监管部门整合到一个机构有几大优点。如，减少重复工作和责任交叉、提高政府食品监管措施实施的效果等。食品安全制度依赖于实施食品安全综合性决策的系统方法，将以往分散在几个执法部门中的工作进行整合，并采用多学科综合性的管理手段，实施基于风险的"生产—消费"全过程的管理，具有灵活性与实际意义，这在分散监管制度中是缺乏的。如，动物宰前、宰后的质量检查中，质量保证体系可扩展到包括企业与兽医行业相关服务的配套法规中；澳大利亚的官方兽医机构如今负责监测制度的总体设计及其审批；而企业则负责进一步建立、实施及维护该制度；驻场兽医负责监管具体的屠宰场企业实施的质量保证计划是否符合现行规定。

3.2.4　监控与评估

在作出实施决策后，风险管理并未结束。风险管理者还应确认风险降低是否达到预期结果；是否产生与所采取措施有关的非预期后果；风险管理目标是否可长期维持。当获得新的科学数据或有新观点时，需要对风险管理决策进行定期评估。同样，在监督与监测过程中收集到数据，表明需进一步开展评估。风险管理的这个阶段，包括收集并分析有关人类健康的数据，以及引起所关注风险的食源性危害数据等，形成对食品安全及消费者健康的总体评价。

公众健康监测（属于广义范围监测工作的一部分）通常由国家级公共卫生部门负责执行。它提供食源性疾病发生率变化情况的依据，以及随后实施食品管理措施发现新的食品安全问题。如果监测结果表明没有达到预期食品安全目标，则需要政府与企业重新设计新的食品安全控制措施。

常用监控风险管理措施实施效果的信息资料有：
- 疾病报告的国家监测数据库；
- 疾病登记、死亡证明数据库及由此得出的时间序列数据；
- 目标人群调查（主动监测），对具体风险及风险因素进行流行病学研究的分析；
- 为调查病因对食品进行食源性疾病事件暴发的数据调查与散发食源性疾病的统计数据；
- 监测食品生产—消费全过程中各环节中化学性及微生物性危害发生的频率及水平；
- 母乳中的持久性有机物污染（POPs）出现的频率；
- 来自典型人群样本调查收集到的血液、尿液或其他组织中污染物发生的频率及水平；
- 定期更新的食品消费调查数据，在可能范围内，收集由膳食模式导致可能处于风险中的、特定亚人群的数据；
- 微生物"指纹"方法追踪通过食物链导致人类疾病的特定基因型的致病菌菌株（如，多基因序列分型）。

大多数食品安全机构在食品生产的不同环节制订了监测计划，用来监测是否存在具体的危害。如，国家农药残留情况调查、生肉中致病菌的监测计划等。即使这些计划没有被整合到一个全面的食品管理体系中，它们也能提供有价值的信息，包括危害流行的长期变化趋势及符合监管要求的程度。

为完成风险管理框架所开展的健康监测，一般由几个食品安全监管机构之外的其他机构开展，但也可能是某一个政府综合性部门职责。应当明确监控与评估活动的目的是支持食源性风险管理，并在一个基于风险的食品安全体系中为了实现多学科合作而创造机会。食源性疾病调查，包括病因食品调查、病例—对照研究、细菌性危害的基因分型，这样的分析流行病学研究可为人体健康监测提供有价值的补充材料。

在某些情况下，监测结果可能表明需要进行一次新的风险评估，可能降低以往的不确定性，或者利用新的或额外的研究结果对分析结果进行更新。修改了风险评估结果可能造成风险管理过程的重复进行，也可能改变风险管理目标以及选择的风险管理措施。广义上的公众健康目标、社会价值变化及技术革新都可导致重新考虑以往采取的风险管理决策。

3.3 食品安全风险管理的一般原则

风险管理是通过训练有素的立法机构操作，对输入国消费者提供高水平的保护无论数据多少，都需要知识丰富、训练有素的专家根据公众健康需要进行科学的分析，这样的风险管理是必要的。因为风险管理的原则是要求风险管理者将风险减少到最低或可接受水平进行判断。

基于对风险管理的挑战及风险管理自身发展的特点，在进行风险管理时必须遵循一定的原则。

3.3.1 程序化原则

风险管理应该保存风险管理过程（包括决策过程）中所有因素的材料和系统文件，以便所有相关部门能够更加清晰地了解风险产生的原因。风险评估策略的确定应该作为风险管理的特殊组成部分。风险评估策略是在风险评估过程中，为价值判断和特定的取向而制定的准则。因此，最好在风险评估之前与风险评估者共同制定。风险管理应该通过保持风险管理和风险评估的功能独立性，来保证风险评估过程的科学完整性，并减少风险管理和风险评估之间的利益冲突。

风险管理应该是一个连续的过程，应不断地参考风险管理决策的评价和审议过程中产生的新资料进行调整。在风险管理决策之后，为了确定实现动物产品安全性目标的实效性，应对决策进行周期性评价。在审议时，为了保证审议的有效性，有必要实行动物产品风险监控等活动。

3.3.2 统一管理原则

在风险管理体系中，功能整合、统一管理是风险管理的一个显著特征。食品供应链将风险管理集中到一个或几个成员企业，并加大成员企业间的协调力度，以提高管理的效率。风险管理的实施应该对从"农田到餐桌"的全过程进行监控，所有与食品安全相关的环节要进行统一管理，负责人与消费者就食品安全问题进行直接对话，建立食品安全管理和科研机构的合作网络，为风险评估、制定法规和制定标准等管理政策提供信息依据。而食品供应链管理理论（food supply chain management）在整体理念上与"从农田到餐桌"理论相似，也强调对食品种植/养殖、加工、储运、销售和消费等全过程的控制。指出应将食品供应链视为一个整体，通过实施综合性计划、合作和商品流程的控制，做到以较低的成本提供安全食品，同时满足食品供应链上储备、零售商的需要。但食品供应链管理主要是针对食品企业进行分析和研究的，对于非企业组织（如农户、专业协会和中介组织等）的分析还明显不够。因此，食品企业的供应链管理活动并不能囊括整个食品产业链条，对于上下游食品企业之间，以及食品企业与非企业组织之间的整合与协作问题需要进一步研究。

3.3.3 信息公开透明原则

在风险管理过程中，风险信息的交流与传播是一个非常重要的方面。风险管理强调制度建设和管理的公开性、透明度，建立有效的信息系统，通过定时发布市场检测等信息、及时通报有问题的食品召回信息、在 Internet 上发布管理机构的议案等，使消费者了解食品安全的真实情况，增强自我保护能力。同时，政府还应提供平台让消费者参与食品安全管理，并加强对媒体的管理，要求媒体以客观、准确和科学的食品安全信息服务于社会，不得炒作新闻，制造轰动效应，牟取利益，造成消费者对肉品安全的恐慌。

3.3.4　责任主体限定原则

风险管理首先是生产者、经营者的责任。政府在风险管理中也发挥着作用，它的主要职责是通过对生产者、经营者的监督管理，最大限度地减少风险。肉品生产企业作为当事人对肉品安全负主要责任。肉品企业应根据《食品安全法》等规定的要求生产肉品，确保其生产、销售的肉品符合安全标准。政府的作用是制定适合的标准，监督企业按照这些标准和安全法规进行生产，并在必要时采取制裁措施。违法者不仅要承担对于受害者的民事赔偿责任，而且还要受到行政乃至刑事制裁。

3.3.5　预防为主原则

食品生产企业应重视风险管理方面的预防措施，并以科学的 HACCP 作为风险管理政策制定的基础。在风险管理方面，政府应建立危害快速预警系统，一旦发现可能会对人体健康产生危害，而某个食品生产企业无能力完全控制风险时，政府将启动快速预警系统，采取终止或限定肉品销售、使用紧急控制措施。肉品生产企业在获取预警信息后，应采取相应的措施，并及时向公众传播危害信息。实践证明：集中、高效、针对性强的风险管理体系是预防风险的关键。通过上述理论分析，作者认为，风险分析、"从农田到餐桌"、食品安全利益相关者、食品供应链管理、GMP/HACCP 等理论各有特点，强调的环节和重点各有侧重，不能以单一的标准评价它们的优劣，在实践中应交叉结合应用。但总体而言，食品安全控制理论的发展已呈现出综合化趋势。

3.4　委托和管理风险评估时风险管理者的职责

风险管理者在发现风险后，首先要判断是否需要进行风险评估，这一过程取决于许多因素，如健康风险的优先分级、紧迫性、法规需要及是否有可能获得资源与数据。

以下情况可不委托风险评估：

● 明确资料对风险进行了科学描述；

● 食品安全问题相对简单；

● 食品安全问题不是法规所关注的，或者不属于强制管理范畴；

● 要求作出紧急监管措施。

以下情况可委托风险评估：

● 危害暴露途径很复杂；

● 有关危害和（或）健康影响的资料不完善；

● 该问题引起了监管部门和（或）利益相关方的高度关注；

● 对风险评估有强制的法规要求；

● 需要证实针对紧急食品安全问题所采取的临时（或预警性）管理措施是科学合理的。

在与风险评估者进行协商后，风险管理者应在委托风险评估及其统筹完成的过程中履行一些职责，包括组建风险评估队伍、界定风险管理目标和范畴、明确需要有风险评估者解决的问题、制定风险评估策略、规定风险评估结果的形式以及统筹风险评估所需的资源和时间。虽然风险管理者无需知道开展风险评估的所有细节，但他们必须对风险评估的方法学及评估结果的意义有一个基本的了解。这种了解可从风险信息交流中获得，同时也有助于进行成功的风险交流。

3.4.1　组建风险评估队伍

风险评估作为一种先进的质量管理技术，是 WHO 和 CAC 强调的用于制定食品安全控制措施的必要技术手段，是政府制定食品安全法规、标准和政策的主要基础。风险评估是系统地采用一切科学技术及信息，在特定条件下，对动植物和人类或环境暴露于某危害因素产生或将产生不良效应的可能性和严重性的科学评价。若能在食品安全管理中合理的运用该技术，将对食品生产、流通、加工、消费过程中的潜在危害起到良好的预防控制作用，从而有效提升食品安全水平。风险管理者应要求相关的科学机构来组建风险评估队伍，或是自己建立一支风险评估队伍。风险评估队伍应与工作需求相适应。当实施战略性的和大规模的风险评估时，应满足大规模风险评估队伍的一般要求，小规模和直接的风险评估可由较小的风险评估队伍或个人进行。

大规模的风险评估常常需要一个多学科的队伍，包括生物学、化学、食品技术、流行病学、医学、统计学和模型技术等学科的专家。因此，对风险管理者而言，找到具备所需知识和专业技能的科学家可能是一项具有挑战性的任务。在政府的食品安全机构不具备大量科学人才供自己调用的情况下，通常可从国内的科学团体中征调风险评估者。在一些国家，国内的学术机构组织专家委员会为政府实施风险评估工作，与私人公司签订合同开展风险评估工作已变得越来越普遍。

风险管理者需要注意保证组建的队伍是客观中立的，平衡了各种科学观点，且无过分偏见及利益冲突。了解潜在的经济或个人利益冲突方面的信息也非常重要，因为这些可能使个人的科学判断发生偏差。通常在组建风险评估队伍之前，会通过问卷调查的形式了解这些信息。但如果队伍中的某个人具有关键的、独特的专业知识，则有时需作出例外处理；当作出这样的决定时，必须保证透明。

对各种减少风险的方法应进行调查与研究。在进口风险分析过程中，通常要考虑出口国的相关机构的评价结果、分区制和区域化和监测体系。根据进口管理政策，减少风险措施应在产地国家实施；在由产地国家向进口国运送时，或者由进口国采取。有些技术是非常简单的，有些是相对复杂的。另一重要方面是评价对最终结果产生最大影响的一些事件。即在定量评估中进行灵敏度分析。今后，在管理进口产品时，对风险影响最大的因素应被确定为风险控制点（HACCP），这样风险分析就与质量管理有了联系。

动物及其产品的进境风险分析是一个庞大的项目管理工程。充分的风险分析需要不同的技能，如流行病学家、病毒学家、微生物学家、寄生虫学家、食品加工学家、食品安全评价学家、野生动物专家、统计学家和经济学家等。这就需要将每个风险分析作为一个项目来管理，适当的时候由不同技能的专家组成项目组进行风险分析。建议通过国家质检总局、农业部、食药总局、卫计委等相关部门，调动全社会的力量，广泛开展风险分析工作。美国在食品安全方面设立了 3 个主要的食品安全机构 FDA、USDA、EPA，这些食品安全职责清晰，不相互交叉重复，通过风险分析开展多方面交流和合作。我国应当设立专门的风险分析执行机构，既对进口风险进行分析和评估，也对国内动物卫生决策和动物卫生措施进行风险评估，在我国现有的管理体制下，要特别强化各部门风险分析信息的相互交流和信息共享。为国家动物卫生决策部门和相关利益团体提交科学的风险评估结论和风险分析报告。农业部已于 2007 年成立了全国动物卫生风险评估专家委员会，并系统地开展了动物卫生风险评估工作，这是一个良好的开始。

3.4.2　界定风险管理目标和范畴

风险管理者应为风险评估准备一个"目标声明"，在其中应确定具体的风险或有待估计的风险以及广泛的风险管理目标。目标声明通常直接从委托风险评估时所达成的风险管理目标中产生。

在某些情况下，最初的工作可能要建立一个风险评估框架模型，来确定数据缺失，并建立在确定科学资料资源时所需要的研究程序，这种科学资源也是后期完成风险评估所需要的。在使用现有的科学知识可完成风险评估的情况下，该模型仍能确定需要深入研究的问题，这些研究将会在后期进一步完善评估结果。

在风险评估的"范围"部分中，应确定食物生产链中需要评价的环节，并为风险评估者确定需要考虑的科学信息的性质和范围。在针对国内具体的食品安全问题时，风险管理者还应在委托新工作前了解国际在相关问题上的风险评估及前期已进行的其他科学工作。与风险评估者沟通后，针对目前的风险评估状况，风险管理者可大大减少工作和所需资料的范围。

3.4.3　明确风险评估者需要解决的问题

风险管理者在向风险评估者咨询后，应明确规定需风险评估者回答的具体问题，依据所确定的风险评估范畴和现有资源，可充分讨论，提出问题，其问题答案可指导风险管理决策。按照目标声明和范畴，需要风险评估解决问题常常从委托风险评估时所达成的风险管理目标中产生。风险管理者所提出的问题，对于为解答这些问题所选用的风险评估方法有着重要影响。

3.4.4　制定风险评估政策

虽然风险评估实质上是一个客观的、科学的活动，但它不可避免地包含了某些政策因素及主观的科学判断。如，在风险评估碰到科学上的不确定性时，需要运用推理的手段来使该过程继续进行下去。科学家或风险评估者作出的判断常常是在几种科学合理的方法中作出的一种选择，而且政策性因素不可避免地影响了甚至是可能决定了某些选择。这样，科学知识的缺失可通过一系列推断和"默认的假设"来弥补。在风险评估的其他环节可能也需要进行一些假设，这些假设以价值为基础、为大家所认同，通常是在如何处理这些问题的长期经验上形成的。

这些默认的假设形成文件有助于促进风险评估的一致性和透明性。在风险评估政策中应阐明这些政策性决策，这些内容应在开展风险评估之前，风险管理者与风险评估者通过积极合作来完成。风险管理者来决定基于价值的选择和判断政策，而风险评估者来决定基于科学的选择和判断政策。在每次评估中，风险管理者和风险评估者两个功能部门应积极交流。涉及科学证据的充分性时，提前决定风险评估科学方面的风险评估政策相当困难。通常在某一步骤仅能获得有限的数据，且要对是否继续执行风险评估进行科学判断。虽然风险评估政策在很大程度上能指导这些判断，但是按照个案原则进行判断的可能性更大。不同国家法律体系也影响着证据充分性和科学不确定性的解决方式。

3.4.5　规定风险评估结果的形式

风险评估的结果可用非数值化（定性）或数值化（定量）的形式表示。非数值化的风险估计为决策提供的基础不甚明确，但足以达到一些目的。如，确立相对风险或评价不同管理措施在降低风险方面的相对影响。数值化的风险估计可采取以下的一种：一是点估计，是一个单一数值代表。如，在最差情况下的风险；二是概率风险估计，该法包括变异性和不确定性，其结果以反映更真实情况的风险分布来表示。迄今为止，点估计是化学性风险评估结果的最常见形式，而概率风险估计则是微生物风险评估结果的常见形式。

3.4.6　统筹风险评估所需的资源和时间

虽然在实施风险评估时，理想做法是最大限度地进行科学投入和委托具体研究来弥补风险评估时的资料缺失，但所有风险评估都不可避免地在某些方面受到制约。在委托风险评估任务时，风险管理者必须确保风险评估者更多地获得与目标和范围相匹配的充足资源（如，时间、经费、人力和专业技术力量），并为完成该项工作制定一个切实可行的时间表。

第4节　风险交流

4.1　风险交流概述

近年来，随着科学技术的发展以及人们对健康的日益关注，我国食品安全监管工作面临空前的挑战。尤其是国内食品安全风险信息的快速传播，在很大程度上影响着消费者对食品安全以及食品安全监管的认知。加强食品安全风险交流工作有助于实现食品安全问题的早发现、早预警和早处置。根据食品法典委员会及相关标准的定义，风险交流是指在风险分析全过程中，风险评估者、风险管理者、消费者、产业界、学术界和其他利益相关方对风险、风险相关因素和风险感知的信息和看法，包括对风险评估结果解释和风险管理决策依据进行互动式沟通。风险交流是风险分析过程中联系利益各方的重要纽带，成功的风险交流是有效的风险管理和风险评估的前提，而且有助于风险分析过程的透明化。风险交流作为风险分析方法中必不可少的组成部分，在风险管理决策过程中起着重要作用。在实践中风险管理者往往对这一点认识不足，造成利益各方不能充分进行风险交流，这对食品风险管理决策产生了负面影响。风险交流的过程并不是简单的"告知"和"被告知"的关系，它是一个双向互动过程，要求有宽泛的计划性、有战略性的思路，以及投入资源去实施这些计划。因此，进行风险分析的决策部门应该制定有效的食品风险交流机制和策略，来保证风险交流有效进行。

4.2　风险情况交流

风险情况交流就是在风险评估人员、风险管理人员、消费者和其他有关的团体之间就与风险有关的信息和意见进行相互交流。风险情况交流的对象可以包括国际组织（CAC、FAO、WHO 以及 WTO 等）、政府机构、企业、消费者和消费者组织、学术界和研究机构以及大众传播媒介（媒体）。

有效的风险情况交流应包括风险的性质、利益的性质、风险评估的不确定性、风险管理的选择四个方面的要素。

4.2.1　风险的性质

危害的特征和重要性，风险的大小和严重程度，情况的紧迫性，风险的变化趋势，危害暴露量的可能性，暴露量的分布，能够构成显著风险的暴露量，风险人群的性质和规模，最高风险人群。

4.2.2　利益的性质

与每种风险有关的实际或者预期利益，受益者和受益方式，风险和利益的平衡点，利益的大小和重要性，所有受影响人群的全部利益。

4.2.3　风险评估的不确定性

评估风险的方法，每种不确定性的重要性，所得资料的缺点或不准确度，估计所依据的假设，估计对假设变化的敏感度，有关风险管理决定估计变化的效果。

4.2.4　风险管理的选择

控制或管理风险的行动，可能减少个人风险的个人行动，选择一个特定风险管理选项的理由，特定选择的有效性，特定选择的利益，风险管理的费用和来源，执行风险管理选择后仍然存在的风险。

当然，在进行一个风险分析的实际项目时，并非三个部分所有步骤都必须包括在内，但是某些步骤的省略必须建立在合理的前提之上，而且整个风险分析的总体框架结构应当完整。

4.3　各国食品安全风险交流应用

风险交流是一项技术性与政治性都很强的任务，国际上许多国家都非常重视食品安全风险交流工作，设立了从事风险交流的专门机构和部门。如欧洲食品安全局、日本食品安全委员会、英国食品标准局、德国联邦食品安全风险评估所等都在风险评估/管理机构内设有专门的风险交流部门。以我国香港食物安全中心为例，在总共 542 位工作人员中有 33 人从事风险交流。美国 FDA 还专门设立风险交流专家咨询委员会。借鉴国外经验，我国风险评估中心成立后，应专门设置风险交流部门，并培养一批从事食品风险安全的专家队伍。然而，我国目前还没有一个有影响的，提供食品安全科学信息的第三方民间平台。在国际上，民间风险交流平台早已存在。如，国际食品信息中心（IFIC）、欧洲食品信息中心（UFIC）和亚洲食品信息中心（AFIC）等。此外，在风险交流方面也需要政府加大经费投入。

4.3.1　欧洲食品安全局（EFSA）

2002 年 EFSA 成立，是欧盟关于食品和饲料风险评估、风险交流的核心中枢，与欧盟各国政府紧密合作，为各利益相关方提供独立的技术咨询和科学建议。2009 年发布《2010—2013 年欧洲食品安全局交流战略》文件，规定 EFSA 风险交流总体战略框架、目标及预期成果，确定主要目标，明确开展风险交流工作所采用的交流渠道和工具，评估各种交流渠道和工具的影响和成效。

4.3.2 美国食品药品监督管理局（FDA）

美国食品安全监管以分品种监管为主，其中 FDA 负责除肉类和家禽产品外所有食品的监管。作为美国重要的食品安全监管部门，FDA 高度重视食品安全的风险交流工作，其在经济全球化发展，新兴科学领域，不断发展技术水平以及人们对自身健康管理的日渐浓厚的兴趣等背景下，于 2009 年颁布《FDA 风险交流策略计划》，规定 FDA 在食品药品安全风险交流领域所处的角色和地位，介绍 FDA 提高其风险交流效率所制定的策略计划；同时，FDA 还明确开展风险交流工作的三大核心领域——科学、能力和政策。在这些领域中，既能制定相应的策略和措施来提高规定风险及受益交流的效率，也能加大对组织间的风险交流的监控力度。

4.3.3 加拿大卫生部（Health Canada）

作为一个国家级部门，加拿大卫生部处理特别广泛的风险问题，也高度重视风险交流工作。风险交流是加拿大卫生部风险管理过程的不可或缺的组成部分。因此，在其制定的《战略风险交流框架》中强调用一种战略性系统方法来制定和实施有效风险沟通。具体包括五个指导原则、实施指南以及战略风险沟通的详细过程。另外，还描述了加拿大卫生部内部与确保战略风险沟通动作成功相关的职业职责和义务，同时框架中也要求加拿大卫生部的每名员工都有职责和义务帮助确保风险交流工作的有效性，以符合加拿大公民的利益。

4.4 风险交流的目标

风险交流是食品安全风险分析的重要组成部分，开展风险交流的首要任务就是要确定交流的目的。让公众快速、准确地得到信息是各国开展风险交流的主要目的。如 EFSA 提出的"确保公众和有关各方得到迅速、可靠、客观和全面的信息"目标，美国 FDA 提出的"相互分享风险和收益信息"目标等（表 1-2）。同时，相关监管部门也充分认识到了获得信息的重要性，因此 EFSA 提出了"与欧盟及各成员国密切合作，提高风险交流过程的一致性"，美国 FDA 提出了"共享风险信息"。因此，通过比较分析各国风险交流的目的可以看出，风险交流是一个双向的、互动的过程。

表 1-2 各国/国际组织风险交流目标

Tab. 1-2 National/international organizations risk communication goals

	风险交流目标
欧洲食品安全局（EFSA）	①确保公众和有关各方得到迅速、可靠、客观和全面的信息
	②在 EFSA 职责范围内主动交流和沟通
	③与欧盟及各成员国密切合作，提高风险交流过程的一致
	④提供有关营养问题交流的帮助
美国（FDA）	①相互共享风险和收益信息，使人们在使用 FDA 规定产品时能够做出正确评价
	②为相关行业提供指导，使其能够最有效地对规定产品的风险受益进行沟通
加拿大卫生部（Health Canada）	①防止和降低对个人健康和整体环境的风险
	②推广更健康的生活方式

（续）

	风险交流目标
加拿大卫生部 （Health Canada）	③确保优质卫生服务的效率和可用性 ④预防、健康推广和保护领域内整合卫生保健系统更新与更远计划 ⑤降低加拿大社会的健康不平等情况 ⑥提供卫生信息，帮助加拿大公民做出明智决定

从某种意义上来说，风险分析涉及的所有人都算是风险交流过程中某一环节的风险交流者。风险评估者、风险管理者和外部的参与者都需要有风险交流技能和意识。鉴于此，有些食品安全机构配合各专业风险交流的工作人员，尽早使风险交流融入到风险分析的各个阶段中是非常有益的。

4.5　风险交流的要点

在解决食品安全问题时，良好的风险交流在整个风险管理体系实施过程中固然非常重要，但对过程中几个关键点来说，有效交流尤为重要。因此，风险管理者应制定程序以确保在需要进行交流时进行符合要求的交流，并且每一阶段都应有合适的参与者参加。

风险交流的框架（图 1-4）主要分为四个方面：进行初步的风险管理活动；确定并选择风险管理方法；风险管理决策的实施；监控和评估。其中需要进行有效风险交流的步骤包括（图 1-4 中下画线标出）：识别食品安全问题，描述风险轮廓等；确定备选管理措施，评估备选措施，选择最优管理措施；实施选择的控制措施，验证实施情况；对有必要的控制措施环节进行评估。

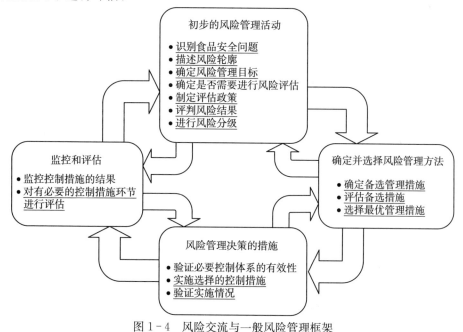

图 1-4　风险交流与一般风险管理框架

Fig. 1-4　Risk communication and risk management framework in general

4.5.1 识别食品安全问题

在初级风险管理的起始阶，所有利益相关方就信息进行开放式的交流对于准确识别食品安全问题非常重要。关于某一食品安全问题的信息可能会通过各种广泛的途径引起风险管理者的注意。然后，风险管理者需要从其他途径搜寻可能进一步了解该问题的信息，比如生产或加工有关食品的生产者、学术专家和其他可能受影响的机构。随着问题了解的逐渐清晰，所有参与者之间经常性、反复性进行交流，这一开放性过程有助于促进形成准确的概念并达成共识。

4.5.2 建立风险轮廓

在这个步骤中，关键的交流环节主要是在领导整个过程的风险管理者与负责建立风险轮廓的风险评估者和其他科学家之间进行。如果能在轮廓描述中确保创建开放性、具有广泛代表性的交流网络，并利用其获取信息和反馈，就可以提高交流的质量。在这项工作中，建立风险轮廓的专家有必要建立和外部科学团体及企业之间的交流网络，以便获得更加充实的信息。

4.5.3 建立风险管理目标

当确定风险管理目标时（决定一项风险评估是否恰当或有必要），风险管理者不应该在隔绝的情况下确定管理目标，他们与风险评估者和外部利益相关方之间的交流很重要。目标中包括涉及的管理政策应视具体情况有所不同。一旦确定解决某个具体食品安全问题的管理目标，就应该通告给相关各方。

4.5.4 制定风险评估政策

风险评估政策为主观的、基于价值的科学决策和判断提供必要指导，这些选择和判断是风险评估者在风险评估中必须进行的。这个步骤中的核心交流过程涉及风险评估者和风险管理者。一般来说，面对面的会议是最有效的方式，但需要投入相当多的时间和精力。通常，即使风险评估者和风险管理者曾经一起工作过一段时间，这两个群体之间不同的语言方式和立场也使得他们需要时间和耐心才能在风险评估政策方面达成一致，因此这一过程通常需要考虑和解决一系列复杂的问题。

在这个环节中，吸收外部利益相关方的知识和观点参与风险评估政策的选择是有价值的。如，可邀请利益相关方对风险评估政策的草案提出建议，或者邀请他们出席听证会的讨论。风险评估政策还应该体现在书面上，使得没有参加与制定的团体能够进行评议。

4.5.5 委托风险评估任务

当风险管理者组织一个风险评估小组并要求风险评估者进行正式的风险评估时，最初交流的质量往往会显著影响最后风险评估结果的质量。这里，最重要的交流就是风险评估者之间的交流。交流应涵盖的核心是风险评估者应该力图回答的问题、风险评估政策指南和评估成果的形式。这个步骤的其他可操作的方面包括风险评估的目的和范围进行清晰而明确的交流，以及可提供的时间和资源（包括可获得多少填补数据漏洞的科学资源）。

跟上一个步骤一样，两个群体之间面对面的会议是最有效的交流机制，会议中反复进行讨论，直到所有参与者都理解。当然，能保证风险管理者和风险评估者之间有效交流的方式可以有多种。在国家层面上，交流机制可能取决于政府的管理结构、法律规定和历史惯例。

由于需要保护风险评估过程免受政治影响的考虑，外部利益相关方与风险评估者和风险管理者之间的交流一般是受到限制的。然而，如果方式设计得当，从他们那里获得的意见也很有用。

4.5.6　实施风险评估

过去风险评估是风险分析中一个相对封闭的环节。风险评估者的工作多半是在公众视线外完成的。当然，与风险管理者保持交流非常必要，风险评估试图解决的问题很可能会随着信息的发展而完善或者发生改变。同时，掌握重要数据相关方，如，应该请影响暴露水平的化学物生产商、食品企业等与风险评估小组交流科学信息。近几年来，风险分析呈现越来越开放、透明的趋势，这一点对风险交流产生了影响，鼓励外部利益相关方更多地参与到后续的重复不断的风险评估过程中。一些国家政府和国际机构近来已经采取措施公开风险评估过程，使利益相关方能够更早和更广泛地参与到工程中。

4.5.7　完成风险评估

一旦风险评估完成，评估报告交给风险管理者，就进入了集中交流阶段。风险管理者需理解风险评估结果、风险管理可能产生的影响以及相关的不确定性。同时，评估结果要向相关团体和公众公布，并收集他们的意见和反馈。从本质上说，风险评估结果一般是复杂而且是技术性的。在这个阶段中，交流是否成功很大程度上取决于风险分析的早期相关参与者进行的有效交流。

风险评估作为风险管理决策的依据，一般以报告的形式出版风险评估结果。在透明度方面，这样的报告在假设、数据质量、不确定性和评估的其他重要方面需要完善、明确，并表述透彻。在有效性方面，交流的报告需要用清晰、直白的语言撰写，以便非专业人士也能理解。可能的话，从一开始就安排一个风险交流专家参与到风险评估小组中，这一般有助于实现后者的目标。

4.5.8　确定风险分级优先次序

为开展风险评估和风险管理而进行的风险分级活动本质上是各方广泛参与的过程。在这个过程中，判断优先次序本身涉及价值问题，所有受到决策影响的利益相关团体都应该参与，以鼓励与利益相关方进行对话。

食品安全官员负责不同任务已构建新的交流平台，从而召集生产者、消费者和政府官员，以平等态度讨论问题、优先次序与策略。该接触能够建立一个桥梁促进风险分析的价值或一些突发事件的共识。这样做也许不能解决当前争端的某个具体问题，但可进一步理解彼此所持的观点。

4.5.9　识别并选择风险管理措施

在整个风险管理体系中，风险管理的关键是在风险分析和均衡性、经济性、成本效益和实现适当保护水平（ALOP）方面形成决议。该阶段有效的风险交流对风险分析的成功非常重要。

管理食品安全新的问题时，政府的食品安全风险管理者对可供选择的风险管理措施可能会有较清晰的看法，并可能也已有初步的倾向。但在这一阶段，对食品生产链的不同环节，有一系列可能控制危害的风险管理措施，可能会在很大程度上改变政府官员的观点。这个时期，具体的食品安全问题取决于咨询发挥的作用。

在食品安全控制措施及技术有效性、经济可行性方面，产业界的专家一般掌握关键信息和观点。作为食源性危害风险的承受者，能对食品风险管理措施提供重要看法的常是消费者组织和非政府组织代表。至关重要的是公众需要获悉什么信息，以什么形式、何种媒介公布信息最有可能被人们注意到。拟采取的风险管理办法，包括教育消费者的宣传活动或警示标志牌等以信息为基础的方法，及如何进一步与消费者交流。

在对风险管理措施进行评价时，风险分析就变成一个公开的政治问题。社会中不同利益的主体会竭力说服政府选择对其有利的风险管理措施。如果管理有效的话这也可能成为一个有用的环节。为促进决策过程透明化，选择风险管理措施时必须权衡价值与利弊。SPS协定就要求世贸组织成员国基于透明的原则实施协定，以在贸易规则和法规方面做到更加透明、可预见和充分的信息交流。

在涉及食品安全控制措施方面，生产者和消费者往往把政府推向相反的方向。尽管生产者的需要和消费者需要之间往往存在具有本质性的区别和不可避免的矛盾，但这些区别有时并没有表面看起来那么大。除了通常的生产者和消费者分别与政府机构进行交流外，政府官员促进生产者和消费者之间进行直接交流以寻找共同点，也是非常有用的。

4.5.10 实施

为确保所选择的风险管理措施得到有效实施，政府风险管理者需要与承担实施任务方保持密切、持续的合作。在生产者实施的初始阶段，政府应与他们共同设计认可的方案及落实食品安全控制措施；通过监督、审查和认证的方式监控其进程和执行情况。当风险管理措施涉及消费者受到危害的信息时，常需要医疗工作者参与信息发布等额外的交流工作。

通过调查、了解重点人群和其他方法也能了解消费者接受和遵循政府建议的效果。此阶段强调的是"对外公布信息"的交流，政府需要向有关人士解释政府希望他们做什么，要建立收集反馈意见的机制，了解政策实施成功或难以执行的信息。

4.5.11 监控和评估

在这个阶段，风险管理者需收集相关数据，以评估控制措施是否达到预期效果。来自其他各方面的信息资源能够起到促进作用，风险管理者在建立正规的监控标准和体系方面起领导作用。同时，除负责监控和评估团体外，还可咨询其他团体以获得政府管理部门关注的信息。风险管理者有时需通过正式的风险交流过程确定是否有必要采取进一步控制风险的新措施。

在这一阶段与公共卫生机构（不包括在食品安全部门中）的交流尤为重要。此外CAC指南一直强调从各方面整合科学信息的重要性，包括整个食品生产过程的危害监控、风险评估、人体健康监测数据（包括流行病学研究）等。

虽然食品风险交流存在着多个层面、多个利益团体和多种方式的交流。但最主要的是如下两个方面：一是食品风险管理者与利益相关方的风险交流；二是风险评估者与利益相关方的风险交流。其中前者交流目的是提高利益相关者对风险管理决策的参与度，以及提高风险决策过程的透明度；而后者则是使利益相关方能够获得容易接受和理解的风险评估结果和科学建议。在这两方面中，风险评估者与利益相关方进行风险交流是所有风险分析过程中风险交流的核心。因为风险评估者都是由相关专家和组织构成的，掌握着风险评估结果和科学建议，在风险交流中往往扮演科学风险信息提供者的角色。因此，风险评估者与利益相关方的交流往往是其他风险交流的基础，常起到主导风险交流的作用。

4.6　风险交流的指导原则

风险交流的内容，包括风险评估结果的解释和风险管理决策的依据，还包括了风险相关的因素，即交流的内容不仅仅涉及风险的实际大小，还要考虑其他相关因素。如，风险是个人可控制的还是外界强加的，个人对于风险负面效应的恐惧程度等。一个完整、到位的风险信息交流通常包括以下几点：危害性质、风险短期和长期影响、受到风险影响人群；风险评估所用方法和结论；应对风险管理措施及其依据；应采用什么措施减少个人风险。风险信息交流的重点是在专家、政府官员、消费者及其他利益相关者之间建立一个畅通的交流机制。

4.6.1　具体指导原则

为了协助各国政府正确开展信息交流，1997 年《风险性分析在食品标准中的应用》（FAO/WHO 专家咨询委员会）总结了几条指导原则，比如要充分了解受影响群体最关心的问题是什么；官员和评估专家要掌握交流技巧，向所有利益相关者（媒体、消费者和企业等）以适当方式传达关键性的信息；政府要在交流中起到主导作用，向消费者和媒体解释采取或不采取控制措施原因；交流时要掌握一些技巧，比如通过将该风险与其他有可比性的、为普通大众所熟悉的风险相比较，以促进公众理解风险性质。熟练运用风险信息交流需要通过大量实践，比如美国健康和人类服务部（DHHS）和环保局将风险交流作为危机管理的一部分对官员进行系统化培训和演练，通过模拟演习等方式提高官员们面对媒体和公众的交流水平。

4.6.2　风险评估、风险管理和风险交流三位一体

食品安全风险分析框架（图 1 - 5）表述了风险分析的过程，并清晰地告知我们风险分析的三个部分在功能上相互独立，并在必要时候三者之间或相互之间需要信息交换。

风险信息交流对风险评估的作用：近年来，一些国家政府和国际机构已通过各种手段发布风险评估过程，使利益相关者能够更早和更广泛地参与。2005 年美国对即食食品中单增李斯特菌进行风险评估时，征求大量来自生产者、消费者保护等团体提供的意见，还获得了生产企业的科学数据，使风险评估结果较最初草案有了多处改进。

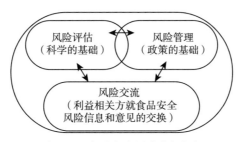

图 1 - 5　食品安全风险分析框架

Fig. 1 - 5　Food safety risk analysis framework

风险信息交流对风险管理的作用：风险管理者要向利益相关者通告管理措施，并收集

他们的反馈意见。如，美国食品药品管理局（FDA）定期举行公众会议收集利益相关者对食品安全问题管理方面的意见。2004 年 FDA 在制定蛋的国家安全标准过程中举行了一系列公众会议就预防沙门氏菌污染带壳蛋的准则草案进行讨论，收集了消费者和相关团体对该草案的意见和改进建议，完善了该项措施。

风险信息交流对利益相关方的作用：在事件处理中，政府部门要不断征询评估专家的意见，对应该采取哪些适当的管理措施进行交流，这体现了行政决策基于科学的做法。同时，政府部门要将管理措施和依据及时告知消费者和媒体，促进公众正确理解风险并支持政府决策；消费者通过风险交流向专家和政府部门反馈自己的问题与看法。

4.6.3 风险（情况）交流的障碍

国外在风险信息交流领域有众多成功与失败的案例。正确的交流有利于事件的控制，而错误的交流只能扩大其负面影响。如，1985 年英国发现疯牛病（BSE），短短十来年该病相继在欧盟 20 多个国家发生，暴露了欧盟动物卫生风险管理方面存在不独立、不科学等问题。BSE 事件的发生，欧盟农业专员 Fischler 称之为"欧盟历史上最为严重的危机"。在 1985—1995 年，英国出现人感染疯牛病例时，农业部反复发布"人吃了疯牛病牛肉绝对不会得病"的信息。1996 年 3 月，英国政府第一次承认疯牛病"有可能"对人造成危害。前后信息不一使公众的恐惧迅速扩大，如何应对"通过吃牛肉而被感染一种可怕的疫病"公众没有心理准备，加上以"疯牛病的大骗局"为标题的媒体报道，称"专家说疯牛病可能导致 50 万人死亡"。截至 2004 年英国已出现 18 万例疯牛病，145 人死亡。该事件使英国政府的公信力受到严重影响，经济损失巨大，农业部部长因此辞职。而加拿大政府处理"疯牛病事件"的过程则是一个较成功的案例。2003 年 5 月 18 日，加拿大确认第一例患有疯牛病的牛之后争取主动，抢先发布，并通过电话咨询、网站和新闻发布等方式传达官方信息。直到 2003 年 7 月，由于政府发布的信息协调一致，减少了贸易损失，也稳定了社会和人心。国际上失败的案例，究其原因：第一，风险分析中的三个组成部分之间缺乏沟通；第二，突发事件中，官员迫于各方面的压力急于做出决策，未能对大众充分地开展风险交流；第三，缺乏专门的交流技术和培训；第四，各利益相关者对待风险的看法和接受程度差异很大，比如消费者要求"零风险"，而政府的任务则是将风险控制在可接受的水平，克服认知不同的障碍是交流的"先天"困难。

我国在风险信息交流存在的问题：以"苏丹红事件"为案例，说明我国信息交流存在的一个问题，即政府未能及时地与公众开展风险交流。2005 年 2 月初，英国从进口的辣椒粉中检出微量的苏丹红，随后，企业召回了超过百种含有苏丹红的食品。在媒体大量报道各国"监控"、"下架"含有苏丹红的食品背景下，消费者最担心的是苏丹红对健康的危害。英国食品标准局和新西兰食品安全局都开展了有针对性的风险交流。2005 年 2 月，英国官方网站登出"Your Questions Answered"，以及"Facts Behind the Issues"，解释"苏丹红在食品中含量很低，对消费者的健康危害极小。"几乎同时，新西兰食品安全局公布"作为一种化工原料，在食品中添加苏丹红是不适合人食用的；由于苏丹红在大部分食品中只有微量存在，即使吃了含有苏丹红的辣椒粉，也不会对健康有害，建议广大消费者不用担心。"可以说，这是一个符合风险分析原则的处理过程。"苏丹红事件"起始于英国，但却没有在英国和新西兰引起广泛的社会恐慌。同年 2 月，紧随英国公布进口食品含有苏丹红的信息，我国有关部门立即在当地市场的某些番茄酱等调料中检出苏丹红，之后投入了大量人力查处、销毁了含有苏丹红的食品，消费者对所有带有红色的加工食品都十分惧怕，以致谈"红"色变。

值得重视的是，"苏丹红事件"发生 2 个月后，我国卫生部专家的评估报告得以公布："苏丹红是动物致癌物，人体通过辣椒酱能摄入的苏丹红最大量仅相当于动物致癌剂量的十万分之一到一百万分之一，由于实际在辣椒粉中苏丹红的检出量通常较低，因此对人健康造成危害的可能性很小，偶然摄入含有少量苏丹红的食品，引起的致癌危险性不大"，可惜为时已晚。媒体炒作"有毒、致癌辣椒酱"已达 2 个月之久。这一评估结论没有在引导政府和消费者正确了解风险之中发挥"交流"的作用。同时"苏丹红事件"中，与我国相比，英国和新西兰食品安全局在采取管理措施的同时对公众进行了风险交流，导致了不同的结果。

类似的案例还有 2006 年我国发生的"多宝鱼事件"。当时，媒体将检出硝基呋喃的多宝鱼称为"致癌毒鱼"，随后，监管部门对违法使用药物的鱼实施了市场控制措施，这并没有错。但问题是消费者并不知道污染了硝基呋喃的多宝鱼所产生的健康风险其实很小这一事实，"禁售"反而加剧了消费者对所谓"毒鱼"的恐慌情绪。

第二个问题是媒体错误报道，如 2005 年，《环球时报生命周刊》刊登了"啤酒业早该禁用甲醛"的新闻，称 95％的啤酒中都加了甲醛，大量饮用含甲醛的啤酒增加肝的负担，长期饮用还会影响生殖力。类似的例子数不胜数，如将用矿物油涂在瓜子表面的瓜子称为"毒瓜子"、用人毛发为原料制作的"毒酱油"、超范围使用二氧化硫的"毒黄花菜"。以上例子说明，缺乏科学依据、不尊重科学的所谓"交流"只会对问题解决起到负面作用，给企业、整个行业甚至国家造成恶劣的影响。"多宝鱼事件"使我国年养殖约 5 万 t、价值 30 亿元多宝鱼产业链受到沉重的打击，消费者对整体食品安全状况产生严重的误解和不胜任。由此，加强信息交流工作是减少食品安全负面影响、更有效地处理食品安全问题的必经之路。

此外，《中华人民共和国食品安全法》规定：食品安全信息由国务院卫生行政部门以及各级地方政府统一公布，从运行的情况来看基本还处于一种"告知"的状态，而且这种"告知"往往发生在遇到紧急食品安全事件时启动，而公众对风险交流的需求则是一个长期和不间断的过程，因此食品风险交流常态化是我国面临的一个主要问题。在监管体系中，我国食品风险管理者和风险评估者还处于合二为一的状况，还没有独立的食品风险评估机构，也没有专业的风险交流政策，这种架构还不能够满足多元化的食品风险交流需要。为此，新修订的《中华人民共和国食品安全法》（2015）在第 2 章 专门列入食品安全风险监测和评估，其中第 17 条要求国家建立食品安全风险评估制度，运用科学方法，根据食品安全风险监测信息、科学数据以及有关信息，对食品、食品添加剂、食品相关产品中生物性、化学性和物理性危害因素进行风险评估。

近年来我国食品安全总体形势好转，但我国是一个发展中国家，食品工业企业规模偏小，集约化程度不高，面临食品安全问题依然严峻。一些企业为了追求经济利益，丧失诚信，不按食品安全法律法规要求执行，甚至在食品中添加非食用物质，三鹿婴幼儿奶粉事件、瘦肉精事件等均是食品安全违法犯罪带来的食品安全问题。食品安全是一个全球性问题，不仅在发展中国家存在，在发达国家同样存在，如德国食品污染二噁英事件、肠出血性大肠埃希氏菌事件、美国香瓜李斯特菌污染引起的食物中毒事件等。因此，消费者必须客观认识我国现阶段的食品安全问题。

食品安全问题发生后，产生分歧的原因主要有：一是没有及时将食品安全监管的相关措施、行动与消费者进行很好的沟通，导致消费者对政府采取的管理措施不理解；二是一些地方食品安全监管部门也确实存在失职行为，导致消费者对政府的不信任；三是专家针对食品安全问题进行风险沟通时，往往就事论事，缺乏风险交流技巧，或者一些不负责任的专家的言论也对消费者和媒体产生误导，使消费者对专家产生误解；四是消费者对食品安全要求零风险，但实际上食品安全零风险是不存在的、不科学的，加之信息沟通不充分，产生了分歧。为避免上述情况的发生，必须加强风险沟通。政府应将食品安全监管采取的相应措施，制定食品安全相关法律、法规和标准及时通过媒体与消费者沟通，让消费者了解政府的决策，对政府有信任感；同时专家在对消费者关注事件进行解读的同时，应掌握公众心理，注重风险交流技巧，语言通俗易懂；再者，应加大食品安全知识的传播和宣传，使得媒体、消费者对食品安全问题有正确客观的认识。

正确积极开展食品安全风险交流工作，可使人们更好地理解国家法律法规、政策及政府采取的各种食品安全风险管理措施，能有效贯彻执行国家法律法规，增强消费者对政府的公信力；出现食品安全事件，可积极开展风险交流，将风险评估结果与消费者沟通，回应消费者的担心，进行解疑释惑，从而消除消费者恐慌，对事件处理起到积极的促进作用，使消费者能正确理解食品安全知识，认识食品安全风险，从而规避食品安全风险。

4.7　有效的风险（情况）交流的策略

对于如今的食品行业而言，最大的挑战是"信任危机"。在"2012年国际食品安全论坛"上，来自全球最为权威的食品安全问题的专家们，共同探讨的话题并非前沿技术，而是食品安全的科学认知问题。从危机应对到风险预防，从企业的过程控制到全程溯源体系，每个环节都凸显了信息沟通的重要性。因此，食品行业的风险交流与沟通是目前急需解决的关键问题之一；提高监管体制的透明度，科学化解"信任危机"是全球业内专家共同的指向。

4.7.1　各国风险交流策略

各国均根据本国（区域）的经济、文化背景制定了符合本国（区域）国情的风险交流策略。表1-3显示各国/国际组织风险交流策略。通过分析不同的风险交流策略可看出两个共同点：一是将风险的利益相关方放在重要的位置；二是保障风险交流信息的科学、易懂。如，EFSA的风险交流策略中提出风险信息要满足公众的需求，FDA也要求风险信息内容全面并且适应公众需求，同时要求风险交流具有科学性；加拿大卫生部明确要求"以利益相关方为中心"，同时风险交流的决策要基于证据，并根据社会和自然科学做出。除上述两个共同点外，各国均有好的交流策略。如，EFSA提出的"促进整个风险评估/风险管理领域的内在风险交流"，这就表明要加强各监管部门以及研究机构之间的交流与协作，尽可能通过沟通在管理层面和技术层面保持一致；而FDA提出的"风险交流方式要具有结果导向性"，意味着政府要作为风险信息发布的主体，发挥主导作用。这些好的策略对我国的启示，均有较好的借鉴意义。

表 1-3　各国/国际组织风险交流策略

Tab. 1-3　National/international organisations risk communication strategies

	风险交流策略
欧洲食品安全局（EFSA）	①理解公众对食物、风险及食物链相关的风险的认识 ②定制信息，满足受众需求 ③促进整个风险评估/风险管理领域的内在风险交流
美国（FDA）	①风险交流具有科学性 ②风险和效益信息要提供风险的前因后果并且适应受众需求 ③风险交流方式具有结果导向性
加拿大卫生部 （Health Canada）	①对于综合风险管理来说，战略风险交流是不可或缺的一部分 ②以利益相关方为中心 ③决策需要基于证据、根据社会科学和自然科学做出 ④风险管理和风险交流方法是透明的 ⑤需要在评估中不断改善战略风险交流过程

4.7.2　各国风险交流的方法

风险交流对食品安全监管的重要性和促进性显而易见，但是交流工作不会自动开展，也不容易实现。表 1-4 显示各国/国际组织风险交流方法。风险交流与风险评估和风险管理一样，需要对各个环节和要素进行认真组织和规划。通过分析，可看出各国共用的风险交流方法，包括对交流对象的风险接收、风险感知水平进行深入调查，针对不同交流对象制定风险信息，实现制定全面的风险交流计划等。因此，对于食品安全监管部门，开展有效的风险交流，需要大量的科学调查和研究作为技术支撑。而基于本国国情，开展消费者的风险感知分析，是风险交流的基础。对于食品安全监管部门，风险交流不仅是一个"对外公布信息的过程"，即食品安全风险和管理措施向公众提供清晰、及时的信息，而采用有效的渠道获得信息也同等重要。

表 1-4　各国/国际组织风险交流方法

Tab. 1-4　National/international organisations risk communication method

	风险交流策略
欧洲食品安全局（EFSA）	①深入理解公众对风险的理解和感知，告知风险交流的途径和内容 ②基于欧洲食品安全局的科学建议，提供简单、清楚、有意义的交流内容 ③定制针对不同受众群体的风险交流信息 ④制订全面风险交流计划，调动各种有效的交流渠道使目标受众接收信息 ⑤树立 EFSA 科学品牌和认知度
美国（FDA）	①确定风险交流和公共传播相关的研究项目及研究进度，提供技术支撑 ②设计一系列公众调查，评估公众对 FDA 监管产品的理解和满意度 ③建立并维护 FDA 内部风险交流数据库 ④定制新闻稿模板，如批准、召回、公共健康咨询/通知等 ⑤建立信息数据收集处置机制，评估消费者对食品安全问题的反应

（续）

	风险交流策略
美国（FDA）	⑥明确风险交流过程中政府官员和专家的角色和责任 ⑦与各方建立合作关系，扩大 FDA 的网站信息发布范围 ⑧提出指导原则，帮助公众理解 FDA 的风险交流
加拿大卫生部 （Health Canada）	①确定风险 ②描述风险状况 ③评估利益相关者关于风险和利益的感知 ④评估利益相关者对风险管理的感知 ⑤制定并预测交流策略、风险交流计划和信息 ⑥实施风险交流计划 ⑦评估风险交流的有效性

4.7.3　我国食品安全风险交流工作的现状及对策建议

我国越来越重视食品安全风险交流工作。我国《食品安全法》第 82 条规定：国家建立食品安全信息统一公布制度。在《食品安全法》的框架下，相关部门研究制定了食品安全信息的管理制度，如《食品安全信息公布管理办法》、《关于加强食品安全风险信息管理工作方案（试行）》等，从制度上明确了食品安全信息的报告制度、处置方式和发布程序。但从整体上来讲。我国食品安全风险交流工作还处在起步阶段，缺少交流双方的互动，同时开展风险交流工作必要的技术支撑体系有待完善，开展风险交流的目的、方法和手段还需进一步明确。

4.7.3.1　确定食品安全风险交流目标

风险交流旨在同包括消费者在内的利益相关方沟通交换食品安全问题，提高消费者对食品安全的认识。我国目前的食品安全问题有被故意夸大的现象，如 2010 年 4 月江苏面粉添加石灰粉事件，经调查发现是由于记者对相关标准不了解，又加以夸大和炒作而导致的。因此，在风险交流工作中有必要确定交流的目标，明确以政府为主导的风险交流机制，协调各部门的风险交流工作，明确各相关方在风险交流中的任务和目标。

4.7.3.2　明确食品安全风险交流策略

针对我国食品安全风险信息传播的特点，以及存在信息内容的真实性和可靠性不稳定的问题，有必要建立以政府为主导的食品安全策略，从法规制度建设、正面引导与回应、形成舆论强势，以及建立互动机制 4 个方面构建食品安全风险交流策略，实现对食品安全信息的引导、控制、监督和管理。

4.7.3.3　优化食品安全风险交流工作流程

食品安全风险交流是一个双向的互动过程。构建一个包括发现筛选、动态跟踪、分析研判、传递报送及实施干预 5 个关键步骤在内的工作流程，实现风险信息的实时采集和动态跟踪，利用食品安全危害数据库和标准数据库，对风险信息进行认识、研究和甄别，最终实现食品安全风险信息的引导、控制、监督和管理，实现源头控制、正面回应和舆论强势，提高风险信息交流和危机处理能力。

4.7.3.4　构建食品安全风险交流技术支撑体系

食品安全风险交流是基于食品安全、文化和传统等多学科为一体的工作，亟需开展食品安全风险信息采集分析技术研究。建立食品安全、食品行业、新闻传播和食品监管等领域的食品安全风险交流咨询专家队伍，建成高效的机构，以保障食品安全风险交流工作的顺利开展。基于本国的实际情况，各国均建立科学的目标与策略，采取合理的风险交流方法。我国相关部门也制定了食品安全信息的要求，如卫生部等六部委联合发布的《食品安全信息公布管理办法》。这说明我国食品安全监管部门越来越重视食品安全风险的交流问题。但有关风险交流的基础研究还相对欠缺。相关部门应利用政策、项目、资金等手段，深入开展基础调查研究，提高风险交流的有效性和科学性。

第 5 节　开展食品安全风险分析的重要意义

自 20 世纪 90 年代以来，一些危害人类生命健康的重大食品安全事件不断发生，如 1997 年侵袭我国香港的禽流感，1998 年席卷东南亚的猪脑炎，1999 年比利时的二噁英风波，2001 年初法国的李斯特杆菌污染事件，2002 年亚洲国家出口欧盟、美国和加拿大的虾类产品中被检测出氯霉素残余，等等。即使在发达国家美国每年食源性疾病的发生也高达 8 100 万例，食品安全已成为一个日益引起关注的全球性问题。

随着经济全球化步伐的进一步加快，世界食品贸易量持续增长，食源性疾病呈现流行速度快、影响范围广等新特点。为此，各国政府和有关国际组织采取措施，以保障食品的安全。为了保证各种措施的科学性和有效性，以及最大限度地利用现有的食品安全管理资源，迫切需要建立一种新的国际食品安全宏观管理模式，以便在全球范围内科学地建立各种管理措施和制度，并对其实施的有效性进行评价，这便是食品安全风险分析。

风险分析是保证食品安全的一种新模式，也是一门发展中的新兴学科。其目标在于保护消费者的健康和促进公平的食品贸易。SPS 协定中明确规定，各国政府可采取强制性卫生措施保护该国人民健康，免受进口食品带来的危害，不过采取的卫生措施必须建立在风险评估的基础上。在食品领域，CAC 标准就是实施措施的基础。1991 年 FAO、WHO 和关贸总协定（CATT）联合召开"食品标准、食品中化学物质与食品贸易"会议，建议 CAC 在制定政策时应采用风险评估原理。CAC 举行第 19 届（1991）和第 20 届（1993）大会同意采用这一程序。1994 年第 41 届 CAC 执委会会议建议 FAO 与 WHO 就风险分析问题联合召开会议。根据这次建议，1995 年 WHO 总部召开了 FAO/WHO 联合专家咨询会议，该会议是国际食品安全评价领域发展的一个里程碑。最终形成《风险分析在食品标准问题上的应用》报告，受到各方高度重视。同时，阐明了风险评估方法及风险评估过程中不确定性等内容。1995 年 CAC 要求下属食品法典分委员会对该报告进行研究，并将风险分析概念应用到具体的工作中。另外，FAO 与 WTO 要求就风险管理和风险交流问题继续研究。1997 年 FAO/WHO 联合专家咨询会议在罗马 FAO 总部召开，会议提交《风险管理与食品安全》报告，规定风险管理框架和基本原理。1998 年在罗马召开了 FAO/WHO 联合专家咨询会议，会议提交《风险交流在食品标准和安全问题上的应用》报告，对风险交流要求和原则进行规定。同时，讨论了风险交流的障碍和策略。至此，形成了食品风险分析基本理论框架。1997 年 CAC 正式决定采用与食品安全有关风险分析术语的基本定义，并把它们包含在新的 CAC 工作程序手册中。需特别指出的是，SPS 协定已为 WTO 成员提供了一个集体采用 CAC 标准、导则和推荐的机制，维持严于 CAC 标准的国家会被要求在 WTO 专门小组中根据风险分析原理的要求对其标准进行解释。

食品可以基本分为物理、化学和生物三类危害。①由于物理危害非常简单，可通过良好的生产操作规范加以避免，因此基本不作讨论。②对于食品中化学危害，有关化学危害的联合专家委员会（JECFA）和 FAO/WHO 农药残留联席会议（JMPR）在这方面已进行了大量的工作，形成了相对成熟的方法。③对于食品中生物危害，FAO/WHO 于 1999 年在日内瓦召开第一次专家会议对食品中生物危害问题进行了讨论。CAC 制定了《食品微生物风险评估的原则与指南》，2001 年召开的 CAC 第 24 届大会制定了《微生物风险管理指南》。目前，风险分析已被认为是制定食品安全标准的基础。在风险分析的三个组成部分中，风险评估是整个风险分析体系的核心和基础，也是有关国际组织今后工作的重点。

◆ 参考文献

[1] 肖安东 . 影响动物源性食品安全的因素、危害与对策［J］. 中国动物保健，2009，11 (1)：80 - 82.

[2] 徐晓新 . 中国食品安全：问题、成因、对策［J］. 农业经济问题，2002 (10)：45 - 48.

[3] 李昌玉 . 对我国食品安全监管体制的思考［J］. 长江大学学报，2010，33 (2)：55 - 59.

[4] 邓跃林 . 比利时的肉、蛋、奶污染事件与"二噁英"［J］. 中国饲料，1999 (13)：29 - 30.

[5] 龚晓菊，洪群联 . 当前我国食品安全监管存在的主要问题与对策建议［J］. 北京工商大学学报（自然科学版），2011，29 (5)：74 - 77.

[6] 闫俊平，魏伟，陈傅言，等 . 风险分析在动物卫生管理中的应用［J］. 上海畜牧兽医通讯，2009 (1)：65 - 67.

[7] 蒋乃华，辛贤，尹坚 . 中国畜产品供给需求与贸易行为研究［M］. 北京：中国农业出版社，2003.

[8] 辛贤，尹坚，蒋乃华 . 中国畜产品市场：区域供给、需求和贸易［M］. 北京：中国农业出版社，2004.

[9] 世界动物卫生组织，农业部畜牧兽医局 . 国际动物卫生法典［M］. 北京：兵器工业出版社，2000.

[10] 夏红民 . 重大动物疫病及其风险分析［M］. 北京：科学出版社，2005.

[11] 谢仲伦，韦欣捷，郭晓波，等 . 动物及动物产品进口风险分析案例［M］. 北京：中国农业出版社，2005.

[12] 陆昌华，王长江，何孔旺，等 . 动物卫生及其产品风险分析［M］. 北京：中国农业科学技术出版社，2011.

[13] 周德庆 . 水产品安全风险评估理论与案例［M］. 北京：中国海洋大学出版社，2013.

[14] WTO. Agreement On The Application Of Sanitary And Phytosanitary Measures［EB/OL］. (2008 - 12 - 14)［2011 - 09 - 10］. http：//www. wto. org/english/tratop _ e/sps _ e/sps _ e. htm.

[15] VITIELLO, D J, THALER, A M. Animal identification：links to food safety［J］. Rev. sci. tech. Off. int. Epiz. ，2001，20 (2)：598 - 604.

[16] VERBEKE W. The emerging role of traceability and information in demand-oriented livestock production［J］. Outlook on Agriculture, 2001, 30 (4)：249 - 255.

［17］ MAHUL O. DURAND B. Simulated economic consequences of foot-and-mouth disease epidemics and their public control in France ［J］. Preventive Veterinary Medicine，2000，47（1－2）：23－38.

［18］ CAPORALE V，GIOVANNINI A，FRANCESCO C D，et al. Importance of the traceability of animals and animal products in epidemiology ［J］. Rev. sci. tech. Off. Int. Epiz.，2001，20（2）：372－378.

第2章 风险评估与风险评估方法学

第1节 风险评估程序

1.1 风险评估目标

风险评估目的是提供基于科学的证据与食品危害相关联的一种健康风险描述。其最终目标：一是保护公众健康，增强消费者信心；二是促进国际贸易。即对于不同国家，关注食品危害优先程度是会有差异的，这取决于该国公众的食品安全意识，关注的重点是对人可否引起死亡或健康伤害，以及是否满足出口的需求。

风险评估过程可分为危害识别、危害描述、暴露评估及风险描述 4 个不同阶段。

1.2 危害识别

危害识别是建立在毒理学和作用模式等可利用的数据基础上，评价和权衡有害作用的证据，对可能存在于特定食品和食品类别中具有导致有害作用的生物、化学和物理等因子的识别。主要考虑两个问题：一是任何可能暴露于人群的对健康危害的属性；二是危害发生的条件。危害识别通过对人群或动物观测的数据、实验动物的研究数据、离体研究数据等进行分析，从研究到观测、从毒性到有害作用的发生，从作用的靶器官到靶组织的识别，最后对给定的暴露条件下可能导致有害作用是否需要评估做出科学的判断。

1.2.1 危害特征描述

危害特征也称剂量—反应评估，是指对可能存在于食品中的生物、化学或物理等危害因子产生的有害作用的属性进行定性或定量评价。对化学危害因子应进行剂量—反应评估；对生物或物理危害因子，当有足够的数据时也应进行剂量—反应评估；同时，需确定随着暴露剂量的增加，首先观测到的是出现有害作用的剂量。危害特征主要描述摄入剂量（暴露剂量）和有害作用事件发生的关系。对大多数有毒作用而言，通常认为在一定的剂量之下有害作用不会发生，即阈值。这个剂量称之为未观察到有害作用剂量（No Observed Adverse Effect Level，NOAEL）或无观测作用剂量（No Observed Effect Level，NOEL），被认为是化学危害因子特定作用的大约阈值。对于关键效应 NOAEL 或 NOEL 通常被作为风险描述的最初或参考作用点。

1.2.2 危害作用是否需要评估做出科学判断

对于有阈值的物质，每日允许摄入量（Acceptable Daily Intake，ADI）可通过毒理学方法得出。实验获得的 NOEL 或 NOAEL 值乘以合适的安全系数等于安全水平或每日允许摄入量。这种计算方式的理论依据：人体和实验动物存在合理的可比较剂量的阈值。对人类而言，可能要更敏感一些，遗传特性的差别更大一些，而且人类的饮食习惯更多样化。鉴于此，JECFA 和 JMPR 采用安全系数以克服这些不确定性。通过长期的动物实验数据研究得出安全系数为 100，但不同国家的监管机构有时采用不同的安全系数。在可用数据非常少或制定暂行 ADI 值时，JECFA 也使用更大的安全系数，其他健康机构按作用强度和作用的不可改变性调整 ADI 值。ADI 值的差异就构成了一个重要的风险管理问题。这类问题值得有关国际组织引起重视。ADI 值提供的信息是这样的，如果对该种化学物质在摄入小于或等于 ADI 值时，不引起明显的风险。如上所述，安全系数用于弥补人群中的差异。所以在理论上某些个体的敏感程度超出了安全系数的范围。

最近，对潜在关键作用，建议使用剂量—反应模型，并由衍生出基准剂量（Benchmark Dose，BMD）和对特定事件（如，5% 或 10% 事件发生）采用置信区间下限（Benchmark Dose Lower Confidence Limit，BMDL），如 ED_{10} 或 ED_{05} 等概念。通过比较 BMDL，可以明确关键的作用。

对于无阈值的物质，比如致突变、遗传毒性致癌物而言，即使采用最低的摄入量时，仍存在致癌的风险。所以，不能采用“NOEL—安全系数”法来制定允许摄入量。在此情况下，动物实验得出的 BMDL 被用作风险描述的起始点（Point of Departure）。因此，对遗传致癌物的管理有两种方法：一是禁止商业化使用该种化学物品；二是建立一个足够小的被认为是可忽略的，对健康影响甚微的或社会能接受的风险水平。在应用后者的过程中，要对致癌物进行定量风险评估。为此，人们提出多种多样的外推模型。目前的模型多为利用动物实验性肿瘤发生率与剂量，几乎没有其他生物学资料。而线性模型被认为是对风险的保守估计，一般运用线形模型作风险描述时，以“合理的上限”或“最坏估计量”等表达，这被许多机构所认可。因为他们无法预测人体真正或极可能发生的风险。许多国家试图改变传统的线性外推法，以非线性来替代。采用这种方法的一个重要步骤就是制定一个可接受风险水平。美国 FDA、EPA 选用百万分一（10^{-6}）作为一个可接受风险水平。它被认为代表一种不显著的风险水平。但风险水平的选择由每一个国家的风险管理者来决策。

1.3　暴露评估

暴露评估是指对通过食品和其他相关来源暴露的生物、化学和物理等危害因子可能的摄入量的定性和/或定量评价。摄入量/暴露评估是风险评估的第三步，决定人体暴露危害因子的实际或预期量。暴露评估要考虑膳食中特定危害因子的存在和浓度、消费模式、摄入含有特定危害因子问题食品和含有特定危害因子高含量食品的可能性等。通常暴露评估提供估算的摄入/暴露范围（如平均消费量和高消费量）和特定的消费人群（如孕妇、小孩和成人等）。暴露评估应充分考虑到不同的膳食模式和潜在的高消费人群，由于人群和亚人群食品消费量数据缺乏，而这又是确保暴露评估一致性的前提，因此，对于暴露评估方法的一致性就变得尤为重要，应鼓励政府强化对相关数据的调查并及时更新，以确保风险评估是建立在最新的知识基础之上。

暴露评估数学模拟模型中，点评估模型、简单分布模型和概率评估模型是常用的。

1.3.1　点评估模型

将食品消费量（如平均的或较高的消费量数据）和固定的残留物质含量或浓度（通常是平均残留量水平或耐受或法规允许值的上限）这两个量相乘。点评估一般采用食品高消费量和污染物高残留量进行计算，体现了保护大部分人群的原则。农药急性暴露估计一般采用点评估模型。点估计法操作简单、便于理解，易于推广。点评估模型常用于筛选食品中风险较高的化学污染物。

1.3.2 简单分布模型

采用食品摄入量的分布，常使用调查的消费量数据库系统，结合食品中化学物残留量（使用一个固定参数值）来计算。点评估和简单分布的方法趋向于使用"最坏情况"的假设，而不考虑化学物在食品中存在的概率，这一保守特征使其在制定化学物摄入量上限值时具有独特优势。

1.3.3 概率评估模型

由于个体间食物消费量和食物间化学物浓度均存在着差异，因此个体间化学物暴露水平也存在着很大变异。概率评估将食品中某化学物浓度与实际含有该物质食品消费量结合起来进行模拟，从而提供了一个真实暴露评价的基础。与点评估和简单分布相比，概率评估模型对人群潜在暴露更为真实，而不是简单的"最差"估计。它可用来描述食品化学物的暴露风险分布，如对某一特定的健康影响发生的概率；它也可用于描述最终可能用于概率风险评估的暴露分布。

1.4 风险描述

风险描述是指在危害识别、危害特性和暴露评估基础之上，对特定人群造成可知或潜在有害作用的发生概率和不确定性的定性和/或定量估计。风险描述是风险评估的最后一步。在这个阶段将暴露评估和危害特性等相关信息整合在一起，形成风险管理所需的决策建议。风险描述将提供不同的暴露模式情况下对人体健康潜在风险的估计，包括关键性的假设、对人体健康风险的属性、关联性和范畴、对风险管理者的定性/定量建议等。

定性估计是根据危害识别、危害描述以及暴露评估的结果给予高、中、低的估计。定性估计的建议内容：一是即便在高暴露的情况下，化学物质没有毒性的陈述/证据；二是特定使用量情况下化学物质是安全的陈述/证据；三是避免、降低或减少暴露的建议。而定量估计的建议内容：一是对于健康的指导值；二是同暴露水平的风险估计；三是最低和最高摄入量时的风险（如营养素）。如果所评价的危害物质有阈值，则对人群风险可暴露量与 ADI 值（或其他测量值）比较作为风险描述。若所评价的物质的暴露量比 ADI 值小，则对人体健康产生不良作用的可能性为零。如果采用安全限值（Margin of Safety），则当安全限值≤1 时，该危害物对食品安全影响的风险是可以接受的；当安全限值>1 时，该危害物对食品安全影响的风险超过了可接受的限度，应当采取适当的风险管理措施。如果所评价的危害物质没有阈值，对人群的风险是暴露量和危害程度的综合结果，即食品安全风险＝暴露量×危害程度。风险描述应明晰地解释风险评估过程基于科学的数据缺失而产生的不确定性，一旦收集了危害特征和摄入量资料，就可建立个体/群体危险性分布模型进行风险描述。这需要掌握各种暴露途径的作用。因为上述各项组成步骤都包含不确定性和变异性，危险性特征描述的全过程可能包含着很大的不确定性。风险描述过程的最后一个重要步骤是描述其不确定性的特征。为了直接认清风险评估中的不确定性特征，可采用多层次分析法。一是阐明导入参数的偏差和它们对最后的风险估计所造成的影响；二是采用灵敏度分析来评估模型的可靠度和数据精确度对模型预测的影响，灵敏度分析的目的在于根据导入参数对结果偏差影响大小进行排序；三是仔细说明风险描述的准确度，采用模型、导入参数及场景有关不确定性和变异性的关系。

暴露于风险的人群，是指危害的食品人群，其摄入量评估是剂量评估的关键，后者反映了运送至靶器官或组织的危害因素的量，而靶器官或组织则是发生不良作用的地方；还应包括易感人群的相关信息、最大潜在暴露情况和/或特定的生理或基因等影响。对风险管理者的建议可采用不同风险管理措施的风险比较形式。风险评估之后既可用于风险管理决策，也可进一步分析并对影响因素进行研究，风险评估过程产生的所有记录应同时作为风险管理决策的科学依据。如果有新的数据可利用，风险分析（风险评估）可以重新启动。

摄入量评估的一个重要组成是确定摄入路径。摄入路径是生物学、化学或者物理学因素从已知来源进入个体的过程。对于食品中的危害因素，化学物和/或活体（微生物、寄生虫等），在土壤、植物、动物和生食物品中的浓度与个体进食时的浓度是不同的。对于化学物，有时由于加工（特别是蒸馏）可能导致污染物浓度的升高，但是食品的贮存、加工和烹调过程更可能导致污染物浓度的降低。活体，如微生物在环境适宜时可以由于自身的复制而显著增加。因此，食用食品时，食品中的实际细菌量与生食品或动物、土壤或植物中细菌浓度比较无疑存在显著的不确定性。

动物及其产品的进境风险分析是一个庞大的工程。充分的风险分析需要不同的技能，如流行病学家、病毒学家、微生物学家、寄生虫学家、食品加工学家、食品安全评价学家、野生动物专家、统计学家和经济学家等。这就需要将每个风险分析作为一个项目来管理，适当的时候由不同技能的专家组成项目组，进行风险分析。美国在食品安全方面设立了 3 个主要的食品安全机构 FDA、USDA、EPA，这些食品安全职责清晰，不相互交叉重复，通过风险分析开展多方面交流和合作。

1.5　风险评估体系

1.5.1　风险评估的组成

OIE 法典将风险评估划分为 4 个步骤：释放评估、暴露评估、后果评估和风险计算。风险评估是整个风险分析过程的基础和核心。图 2－1 显示风险评估的组成。

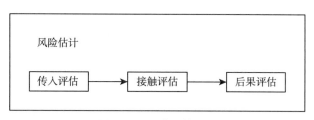

图 2－1　风险评估组成

Fig. 2－1　Risk assessment composition

对于风险评估，它是风险分析的组成部分，不仅要确定影响风险的各种因素，还需测量风险的大小，对风险有关的危害因子进行评估。具体而言，风险评估是指对过去信息资料分析的基础上，运用逻辑推理或概率论及数理统计等方法，对已识别的某一个或某几个特定风险事件发生的概率，以及风险事件发生后所造成损失的严重程度做出评估，从而预测出较准确并满足一定规律结果的过程。

1.5.2 如何进行风险评估

风险评估可以是定量的也可以是定性的，或者是两者的结合（半定量）。在实践中，采用何种方法进行风险评估应该以最大可能获得的信息资料为依据。首先确定危害因子，即确定潜在的可能造成损害后果的病原体。对许多疾病，尤其是在陆生动物卫生法典中列明的，该种疾病的标准在国际中已认同并存在，对于其风险的可能有着广泛的一致意见。在这种情况下，只要求进行定性风险分析。该方法不要求使用数学模型来实现，它是动物进口控制机关内最通常使用的评估方法。但是没有任何一种单一的方法被证明可以适用于所有的进口风险评估，不同的方法适用于不同的具体情况。当某一项目引起了争论或是某些重要政策发生变化时，则需进行正式的定量风险评估。这个阶段最重要的就是科学合理地将所有信息收集起来。在这个阶段是否应设法减小风险或进行风险管理，人们有很多争论。同样地对"非限制性风险评估"这个术语的定义也有很多不同的意见。倾向于"风险管理技术或过程应在风险评估的同时进行"这一观点意见占了大多数。下一步则得出"风险管理"的结论和建议。

对各种减少风险的方法应进行调查与研究。在进口风险分析过程中，通常要考虑出口国的相关机构的评价结果、分区制和区域化和监测体系。根据进口管理政策，减少风险措施应在产地国家实施；在由产地国家向进口国运送时，或者由进口国采取。有些技术是非常简单的，有些是相对复杂的。今后，在管理进口物品时，对风险影响最大的因素就应确定它为风险控制点（HACCP），这样风险分析就与质量管理有了联系。

1.5.3 风险评估体系

该风险评估体系指的是涉及对现存的或潜在的危害采用相关的法律法规、职能机构、运行机制、人才队伍、设备技术等方面进行评估分析。由风险分析基本框架可知，风险评估是基础，风险管理是手段，风险交流是目的。对产品质量安全进行风险评估的结果是制定正确的产品质量标准及风险管理方案的前提，也是风险交流的信息来源，因此，风险评估是整个风险分析系统的核心部分。一般来说，风险评估工作大多由独立专属机构执行，同时对产品危险进行评估时应坚持谨守客观、求实等原则，不能受任何的经济、政治、文化及饮食习惯等因素的约束。

同时，完善健全的产品安全风险评估体系，是实施产品安全风险评估工作的保障，也是保证评估结果科学性、完整性及可信度必要条件。通过健全风险评估制度和工作机制，强化风险评估人才队伍建设，及时更新检测设备和技术，建立科学有效的评估方法；同时确保风险评估工作的独立性和管理工作的透明性；将产品可追溯系统应用于风险评估体系，从源头开始层层把关；充分运用网络平台，加快信息的获取和传送，加强风险交流，才能充分发挥风险评估对产品质量安全监管的支撑作用。

1.6 风险评估体系与可追溯体系

动物产品追溯记录了动物产品生产、经营等环节的相关信息，以实现对动物的饲养、屠宰及动物产品的加工、储藏、运输、销售等全过程的追踪和溯源能力，即动物产品可追溯体系旨在实现动物产品的全程可追溯管理。该可追溯体系包括动物标识、中央数据库和信息传递系统及动物流动登记 3 个基本要素。

在动物产品安全危害因素的风险评估过程中，可追溯体系规定生猪养殖过程中投入品与环境、屠宰过程中卫生检疫的关键追溯指标。通过动物产品安全风险评估与可追溯制度的结合，及卫生质量控制信息与追溯系统的对接方式，适用于生猪生产全过程中卫生质量控制的溯源、信息管理等活动。一旦确立动物产品潜在或已存在的风险，可以采用追踪溯源方法，最大限度地降低危害所造成或将要造成的影响，确保动物产品质量安全。

第 2 节　风险评估支持系统

风险评估的数据是国际化的，需要更多的国家参与风险评估。为了分享风险评估经验，需要富有风险评估经验和没有风险评估经验的国家共同开展风险评估并进行合作。采用介绍和分发风险评估初步报告，同时借鉴已完成报告的方法，有助于提高风险评估水平。目前 WHO 已经颁布了一个风险分析的通则，指导世界各国的风险分析工作。

2.1　数据来源

风险评估的数据主要包括两类：基本的危害数据和基本暴露量数据。其中，基本的危害数据包括人类健康效应数据（急性中毒、局部与长期效应、过敏等特殊效应）、环境效应（对物种的影响、生物降解、生物蓄积和耐久性）、物理/化学数据等。基本暴露量数据包括食品污染数据（食物和食品种类、产品来源、取样和分析方法）、食品消费数据（人群代表、地区差异、急性与慢性摄入数据、高暴露和易敏感人群）、食品成分和分类、职业暴露数据（取样量、大小、随机性）等。高质量数据来源：在国际或同行评审文献中发表的论文、根据良好实验室操作规范（GLP）进行的研究（OECD）、在政府认可监督下的实验室研究，以及具有质量保证声明的研究所有其他报告和数据（可提供原始数据、应有资质、报告应受到审阅）等。

2.2　食品营养成分数据

2.2.1　食品数据库
联合国粮农组织网站中的食品数据库（INFOODS）（http：//www. fao. org/infoods/en/）和欧洲网（http：//www. Eurofir. net）可提供与食物营养成分数据及质量安全有关数据。

2.2.2　GEMS/Food 数据库
GEMS/Food 数据库包括个体或汇总的有关食品污染物和残留物的数据。此外 GEMS 提供核心、中级和全面性的优先污染物/食品组合列表。这些列表会周期性更新。另外，澳大利亚、新西兰、美国和欧盟等国家和地区通过网络能提供食品化学物浓度的数据。

2.2.3　食物消化量数据
1）基于人口方法收集的数据
世界粮农组织的数据库是一个汇编类似统计信息的数据库，包括 250 多个国家的数据。但成员国的官方数据缺失时，则由国家的食品生产和使用统计信息进行估算。

2）基于个人调查方法收集的数据库

美国农业部（USDA）食品摄入量不间断调查（CSFII）资料。美国全国健康和营养问卷调查（NHANES）为美国个人提供的 2d（CSFII）、1d 或 2d（NHANES）的食品消费量数据资料，同时，包括人口和个人测量数据（年龄、性别、人种、民族、体重和身高等）。

匈牙利于 1992—1994 年进行的随机营养调查，为匈牙利成年人提供了 24h 回顾数据和食物频度调查数据。

1995 年澳大利亚全国营养调查，24h 食品回顾法，收集了两岁以上的 13 858 个人的数据资料。

1997 年新西兰的全国营养调查，通过个人 24h 食品回顾法，对 4 636 名 15 岁及其以上的个人和年龄为 5～14 岁的 2 002 名儿童收集了相关数据（New Zealand Ministry of Health，2003）。

2002—2003 年巴西家庭预算调查（Pesquisa de Orcamentos FamiGiares）提供了巴西国内所有 27 个州的 48 470 户家庭连续 7d 的食品量数（http//www. ibge. gov. br）。

2.3 风险评估常用软件

污染物的膳食暴露评估是将食品中化学浓度的数据和居民膳食暴露消费量数据相结合，运用一定的统计学处理，计算膳食暴露量。膳食暴露评估需要根据评估目的、目标化学物特征、人群特点、评估精度要求等构建模型，在此过程中需要设计大规模计算机模拟，因而必须有相应的膳食暴露评估软件支持。

膳食暴露评估软件在国内外都有不同的版本，欧美等发达国家都有自己评估的软件，如，微软 Excel，@ risk，Crystal ball，DEEM，LifeLineTM，DEPM，CARESTM，SHEDS 等软件。这些软件在膳食消费数据的调查及残留数据支持下，对人体暴露污染物实施蓄积性和累积性暴露风险评估。如，澳大利亚对二噁英进行膳食暴露评估，方法是借助自主开发的营养数据膳食建模（Dietary Modelling of Nutritional Data，DIAMOND）软件和 SAS 软件。欧盟及美国等发达国家在这方面比较领先，而我国自加入 WTO 以来，也在加强相关软件开发研究。鉴于我国膳食结构、消费食物种类和水平与国外不同，膳食暴露评估软件也就相应不同。刘沛等借鉴欧盟蒙特卡罗风险评估（Monte Carlo Risk Assessment，MCRA）自主开发了我国膳食暴露评估模型软件（Dietary Exposure Evaluation Models，DEEMS），通过膳食调查研究数据库，结合我国膳食暴露评估软件，根据其研究目的和目标进行膳食概率评估。其中主要是建立数据库、选择污染物数据、膳食调查数据及桥梁数据等。DEEMS 的开发已通过规范化的验证。

2.3.1 膳食详细记录模型

膳食详细记录模型（Cumulative and Aggregate Risk Evaluation System-Dietary Minute Module，CARES-DMM）是与累积和聚集风险评估有关的膳食详细记录模型，由国际生命科学研究所开发。CARES2.0 的膳食模式根据美国 EPA 基于 USDA 个体食物摄入连续调查（CSFII），所形成的食品消费数据库（FCID），选择相应的消费群体进行膳食暴露评估。该模型包括 2 种模块：

1）DMM 描述生成模块

根据食物、日期和时间形成暴露描述。DMM 运行包括 2 个新图标文件：①膳食备忘选择——选择消费（备忘）和残留数据；②膳食备忘分析——根据食用时间计算暴露日期。

2）DMM 运算处理模块

基于三个不同的运算法则，生成群体中单个消费者的备忘暴露数据以及相应的群体百分位分布。该模型的最大特点是在按照每日膳食模型扩展到按照时间段（如分钟）的膳食量进行，也就是将评估的时间进行了具体化，采用概率性评估方法进行的食物、水和居住地暴露的短期评估。

2.3.2　膳食潜在暴露模型

膳食潜在暴露模型（Dietary Exposure Potential Model，DEPM）是美国 EPA 利用现有食品数据库和监测化学残留数据进行膳食潜在风险的暴露评估，其中消费和污染物残留数据库，主要是用于营养和法规检测，以及环境化合物的膳食摄入描述；而居民数据库系统包括很多国家、政府组织的膳食调查和监测计划的化学残留数据。其残留物摄入量的估计是基于超过 350 种农药和环境污染物残留的平均值；而食物消费量包括 11 种类别食品中大约 820 种核心食品（ECF），超过 6 700 个食物品种的平均消费量。DEPM 最大的特点是将准备消费（已加工）的食品数据量与基于原料（未加工）检测的残留数据联系起来进行暴露评估，并将膳食消费量与人口统计学方面的因素联系起来，如年龄、性别、地域、宗教和经济状况等。该模型是一种基于平均数据量的暴露评估，尽管不是用于风险分析，但有助于设计和解释暴露途径，发现数据差距，确立优先评估的研究内容。

2.3.3　膳食暴露评价模型

膳食暴露评价模型（Dietary Exposure and Evaluation Model，DEEM）主要用于毒物、养分、农药、食品添加剂和天然成分，也就是水和食品中任何化学组分的评估。DEEMTM 包括 4 个软件模块：DEEM 模型主体模块、急性分析模块、慢性分析模块和 RDFgen 残留分布模块。DEEM 模型主体模块用于生成和编辑特定化学物或累积性应用的残留文件，进而开始 DEEM 急性、慢性、或者 RDFgen 残留分布模块。残留数据来自美国农业部（USDA）残留数据计划（PDP）的监测数据或软件使用者提供的数据，消费量基于 USDA 的消费数据。DEEM 软件可以将膳食暴露和非膳食暴露整合到一起评估，且考虑多种残留量和膳食量变化的多种因素，尽可能地进行最佳估计，来了解影响评估结果的主要因素。

2.3.4　LifeLineTM 软件

1996 年美国通过食品质量保护法（Food Quality Protection Act，FQPA），风险评估的法规基础发生了一些实质性变化。LifelineTM 软件 4.3 版基于 FQPA 的法规要求，按照聚集和累积暴露原则来描述食物和水中的农药残留风险。该软件的特点是药物来源考虑同一化合物不同来源的聚集暴露和同一来源中相同作用机理化合物的累积暴露，同时也是针对特殊群体如婴幼儿童、老人和孕妇等。另外 EPA 将 DEEM 文件导入 LifelineTM 软件，可进行有机磷农药累积风险的膳食暴露评估。

2.3.5 蒙特卡罗——@Risk 分析软件

蒙特卡罗@RISK 是目前一种主要用于商业风险分析的通用型软件，为决策者进行预测、制定策略、决策等方面提供全面的、量化的分析。@RISK 的分析实现了与常用办公软件 Excel 的结合，基于蒙特卡罗（Monte Carlo）方法，对各种可能出现的结果进行模拟，给出相应事件的发生概率，并以各种图形表示分析结果。采用@RISK 进行风险分析可分为 4 步：

①建模型。根据实际问题建立数学模型，数据可以在 Excel 中输入，其中农药数据、膳食数据等可以是数据库数据，也可以是使用者的检测数据。

②确认不确定性。确定需要输入模型的不确定值，以@RISK 内置的概率分布函数表示，然后确定模型的输出结果。

③模型仿真分析。@RISK 从输入的函数中选取随机数，进行千百次运算，模拟各种结果，计算出相应概率。

④决策。仿真分析结果与其他背景资料结合，帮助决策者做出尽可能合理的决定。@RISK的最大特点是可以模拟数据，概率性地确定数据分布，直观地表现风险评估结果。

第 3 节 风险评估方法学

不同国家及各国内部使用的风险评估方法不同，且可使用不同的方法来评估不同的食品安全问题。根据危害的类型（化学性、生物性或物理性）、食品安全情况（受关注的已知危害、新出现的危害、生物技术、生物耐药性的复杂危害途径）以及可用的时间和资源，所采用的方法也不同。与微生物危害相比，对化学性危害所用的风险评估方法显著不同。其部分原因在于这两种类型的危害存在本质的差异（表 2-1）。这些差异还反映了一个事实：对于很多化学性危害来说，有多少化学危害物能进入到食品供应链中是可选择的。如，食品添加剂、兽药残留以及农作物中的农药残留。对这些化学物的使用是可监管的，从而使消费环节的残留不会对人体造成风险。相反，微生物危害在食物链中无处不在，尽管有控制措施，但它们仍经常能够以对人体健康造成明显风险的水平存在于消费环节。

表 2-1 微生物和化学性危害中一些能影响风险评估方法选择的特征

Tab. 2-1 Some of microbial and chemical hazard can affect

the characteristics of the risk assessment methods

微生物危害	化学性危害
危害能"从生产到消费"的很多环节中进入食品	危害一般从原料食品或随食品配料进入，或通过某些加工步骤（如包装迁移物）进入食品
危害的流行和浓度在整个食物生产链的不同环节会发生显著变化	食物中存在的危害水平自危害进入食品后通常不会发生显著变化
健康风险通常是急性的，并来源于食物的单一可食部分	健康风险有可能是急性的，但一般是慢性的
个体不同水平危害的健康反应存在很大的变异	毒性作用的类型在不同个体之间一般是相似的，但是个体敏感性可能不同

风险评估结果会存在可变性和不确定性。不确定性主要是由于数据的不完整和不精确造成的。不确定性大小取决于科学数据的类型和质量，即数据的针对性、数据之间的相关性、获取数据方法的合理性、研究设计的完整性、数据统计的合理性、数据的重现性以及与文献结论的一致性等。

3.1　风险评估不确定性来源

风险评估结果的不确定性来源：一是数据的质量。数据代表的范围和相互关联以及来源的确定性。二是数据与目标人群的相关性。将动物试验结果外推到人时存在不确定性，如，喂养 BHA 的大鼠发生前胃肿瘤和喂养阿斯巴甜引发了小鼠神经毒性效应的结果可能不适用于人。三是保守的暴露研究方案。传统的暴露研究方案或许不能很好地适合各种人群。四是安全性因子。现采用的安全性因子可能会因为物种变异而不同。风险评估结果的可变性是因为来源于特定人群的相关指标不同，如，食品消费不同、接触时间不同、预期寿命的不同等。

3.2　处理的不确定性和变异性

进行定量风险评估所需的权威数据经常不够充分，有时候用以描述风险形成过程的生物学或其他模型存在明显的不确定性，风险评估常常利用一系列的可能数值来解决现有科学信息的不确定性问题。

变异性是一个观察值和下一个观察值不同的现象。如，人们对一种食品的消费量不同，并且特定危害水平的同一种食品中也可能在两份食品中存在很大的不同。不确定性是未知性的，可能是现有数据不足，或者对涉及的生物现象不够了解造成的。如，在评估化学性危害时，因为人类流行病学数据不充分，科学家可能需要依赖啮齿类动物的毒性实验数据。

风险评估者必须保证让风险管理者明白现有数据的局限性对风险评估结果的影响。风险评估者应该对风险评估中的不确定性及其来源进行明确的描述。还应描述如何影响风险评估结果的不确定性的。如有必要或在适当的情况下，风险评估结果的不确定性应当与生物系统内在变异性所造成的影响分开描述。对慢性不良健康影响的不确定性化学风险评估使用点估计来给出结果，但一般不会对结果中的不确定性和变异性进行明确的量化。

第 4 节　风险评估方法的选择

风险评估可分为定性风险评估、半定量风险评估和定量风险评估。这 3 种评估都可以提供有用的信息，根据评估工作所需的速度及复杂程度可以进行选择。

4.1　定性风险评估

定性风险评估是用于日常决策的最常用的风险分析评估方法。定性风险评估是通过对风险因素进行合理的逻辑推理，以确定风险发生的可能性及造成后果严重性的方法。该方法是用文字表达风险水平，如采用"很可能"、"可能"、"不可能"和"非常不可能"等描述风险发生的可能性，以及用"很高"、"高"、"中等"、"低"或"可忽略"等来描述损失结果。对于多变量风险问题，数据资料非常有限或者根本没有相关资料，常使用定性风险评估方法。在进行定性风险评估时，最常用的是专家调查法，对风险发生的可行性和损失后果做出定性描述，然后汇总得出风险评估结果。定性风险评估根据风险发生的概率和造成损失影响的严重性进行风险水平排序，通常用"可能性—后果"矩阵表示。假设风险评估事件发生的可能性分为 5 个水平：几乎可确定、可能、中等、低和几乎不可能发生。损失后果也分为 5 个水平：灾难性、严重、中等、小和不显著。定性分析评估结果可用矩阵（5×5）对风险水平进行描述（表 2-2）。其中，E 代表极高水平的风险，需要立即采取风险管理措施；H 代表高水平风险，需要密切关注，根据实际情况采取必要的风险管理措施；M 代表中等风险，L 代表低风险。

表 2-2 定性风险评估分类
Tab. 2-2 Classification of qualitative analysis

可能性	损失后果				
	不显著	小	中等	严重	灾难性
几乎可确定	H	H	E	E	E
可能	M	H	H	E	E
中等	L	M	H	E	E
低	L	L	M	H	E
几乎不可能	L	L	M	H	H

在实践中，可以根据损失概率和损失幅度的分级情况对上述简化矩阵扩展，如损失概率分为 N 级、损失幅度分为 M 级，则可用 N×M 级矩阵对风险事件进行排序。定性分析评估的优点是相对简单，易于操作、易于沟通；缺点是难以对不确定性问题进行深入分析。

4.2 半定量风险评估

半定量风险评估，是对定性评估中各要素赋予数值后，形成对风险的总体度量。在很多情况下，由于缺乏有效的数据，风险分析人员无法进行完整的定量化风险评估。此时，如果有一种方法能对风险产生的后果及控制风险的策略进行比较，显然会有助于风险管理。半定量风险评估正是一种介于定性与定量之间的评估方法。在对风险评估中各要素赋予数值时，数值可以是评分，也可以是概率范围。以澳大利亚《进口风险分析手册》为例，其半定量风险评估评分和概率范围方法如表 2-3 所示。

表 2-3 半定量风险评分和概率
Tab. 2-3 Semi-quantitative risk analysis scores and probability

	定性描述	半定量评分	概率范围
高	事件很可能发生	6	0.7～1
中等	事件可能发生	5	0.3～0.7
低	事件发生的可能性低	4	0.05～0.3
很低	事件发生的可能性很低	3	0.01～0.05
极低	事件发生的可能性极低	2	10^{-6}～0.01
可忽略不计	几乎可以肯定事件不发生	1	0～10^{-6}

半定量化风险评估的基本步骤：一是构建风险评估概念模型；二是对半定量风险评分和概率范围进行预定义；三是对风险事件发生的可能性、损失的后果严重性进行定性估计，将估计结果归类于预先定义的半定量评估类别中；四是将估计结果转变为评分分值或概率范围值，在对这些数值运算前要考虑权重。

半定量风险评估方法的优点：风险可以用系统的方法进行比较，可以对不可接受风险水平设定阈值；在一定的可利用资源条件下，半定量风险评分可建立一个有效的、一致的使危害评分最小化的政策框架。其不足在于：一是该法难于保持高的透明度，不利于风险评估利益方对评估结果的交流和认同。二是该法如没有正确的引导，容易被人错误地使用，认为半定量分析评估法使用了数值，所以比定性分析评估法更客观，这是危险的行为。

4.3 定量风险评估

4.3.1 定量风险常用评估方法

定量风险评估方法使用数字来表述风险发生的概率和影响后果的方法。常用手段：一是用蒙特卡罗模拟模型风险事件（包括不确定性和变异性）；二是使用代数法即利用概率理论建立模型描述风险事件。相对于代数法，蒙特卡罗模拟技术更便于操作。尤其在具有生物统计与风险分析计算机软件技术的情况下，它可提高模型的灵活性，便于理解、检查和解释，不易产生人为错误。但对稀有事件，蒙特卡罗模拟手段可能会变得复杂，在这种情况下，可采用代数法和模拟法相结合的手段，对一个风险事件场景中简单部分采用代数法，其他部分采用模拟法。

4.3.2 定量风险评估的基本步骤

4.3.2.1 构建风险评估概念模型

在进行风险评估时，首要任务是构建风险评估模型。可通过对某项活动所面临的危害、风险事件发生的途径等有一个清晰的认识。同时，也有利于风险评估人员、管理人员和利益各方的交流和沟通。构建风险评估概念模型的基本步骤：

1) 明确定义需要评估的风险问题

开始风险评估工作时，明确定义需要评估的风险是非常必要的。如果风险问题没有很好地定义，直接会影响风险评估结果的可靠性。同时，在向有关利益方解释和交流风险评估结果时也会不可避免地产生很多问题。

2) 采用幕景分析法剖析风险问题

幕景分析法也称情景分析法、场景分析法，由美国 SIIELL 公司的科研人员 Pier-rWark 于 1972 年提出。幕景分析法是一种能识别关键因素及其影响的方法，一个幕景就是一项事业或组织未来某种状态的描述，可以在计算机上计算和显示，也可用图表曲线等简述。它研究当某种因素变化时，整体情况怎样？有什么危险发生？像一幕幕场景一样，供人们比较研究。幕景分析的结果大致分两类：一类是对未来某种状态的描述，另一类是描述一个发展过程，及未来若干年某种情况一系列的变化。它可向决策者提供未来某种机会带来最好的、最可能发生的和最坏的前景，还可能详细给出这三种不同情况下可能发生的事件和风险。

采用幕景分析法可提醒决策者注意某种措施或政策可能引起的风险或危机性的后果；

建议需要进行监视的风险范围；研究某些关键性因素对未来过程的影响；提醒人们注意某种技术的发展会给人们带来哪些风险。幕景分析法是一种适用于对可变因素较多的活动或项目进行风险预测和识别的系统技术，它在假定关键影响因素有可能发生的基础上，构造出多种情景，提出多种未来的可能结果，以便采取适当措施防患于未然。在具体应用中，还用到筛选、监测和诊断过程。其中，筛选适用某种程序将具有潜在危险的产品、过程、现象和个人进行分类选择的风险辨识过程，如哪些因素非常重要而必须加以考虑，哪些因素又明显的不重要；监测是对应预测中险情及其后果对产品、过程、现象或个人进行观测、记录和分析的重复过程；诊断是根据症状或其后果与可能的原因关系进行评价和判断，以找出可能的起因并进行仔细检查，并且做出今后避免风险带来损失的方案。

20 世纪 70 年代中期国外广泛应用幕景分析法，其中绘制场景树是最常用的方法之一。场景树以开始事件为起点，然后根据该事件的各种不同发展可能性进行延伸，最后导致不同的结果，场景树的基本框架如图 2-2 所示。场景树是一个简单透明而又十分有效的工具，它是对危害因子引发风险事件发生生物学途径的直观表示。通过绘制幕景树，可以：①识别风险事件发生途径和有关的变量；②确定在风险评估过程中需要收集的信息；③确保所描绘的风险事件链接在空间、时间方面的逻辑性和合理性；④为构建数学模型提供概念性框架；⑤确保对适当估计的风险进行计算；⑥有助于促进利益各方对模型结构的交流和沟通；⑦澄清思路和理解。

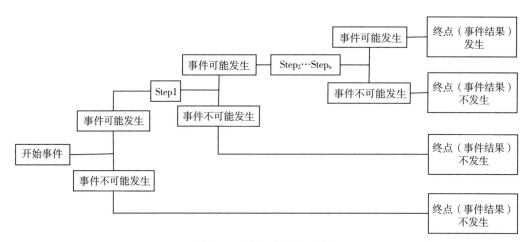

图 2-2　幕景树的基本框架

Fig. 2-2　The basic framework of the tree view screen map

3) 绘制变量依存关系图

在构建风险评估概念模型时，另一个重要分析手段是绘制变量之间的依存关系图。变量之间可能是独立的，也可能是相互依赖或相关的。如果模型中两个或两个以上的变量相关，就可以通过绘制变量依赖关系图对它们的关联性进行分析，并利用概率论和数理统计等理论对依赖变量计算。

4.3.2.2　确定输入变量和获取数据

进行定量评估时缺乏有效数据是常见问题，所以必须依靠有限数据、采纳专家意见和对一些变量进行模拟，并综合起来考虑。对于变量要分离变异性与不确定性。变异性是任何可测的或所表示变量的自然特性，反映变量的分散程度，是由于偶然机会造成的，属客观性。对数据测量越准确变异程度越小，但不可能绝对消除变异性。不确定性是由于缺乏对描述变量与参数分布的认识造成的，属主观性。可以通过获得更多的信息与数据来降低和消除不确定性。

4.3.2.3　采用重复模拟方法

第一次构建模型时，几乎不可能建立完整的模型框架；随着对问题的熟悉、获得更多的数据及深入的讨论，需要对输入变量或假设作进一步的修改，这一过程可以多次重复。

4.3.2.4　进行敏感性分析

如果数据中存在众多不确定性，通过模型的敏感性分析，可指出最终结果影响最大的是哪些输入数据。如果这些数据也是不确定性很高的输入变量，就有必要对这些数据进行检查、分析，以确保没有额外数据可以降低那些关键输入变量的不确定性。鉴别那些对结果影响较大的关键输入变量是很有用的，因为它可以促使风险评估者更好地理解和解释分析结果，并为进一步收集数据和优化今后研究领域提供依据。如果输入变量存在相关性，敏感性分析可以帮助确定这种相关性是否影响模型的结果。

4.3.3　成功定量风险评估的构成部分

定量评估构成部分：①客观性；②清楚地针对某一界定的问题；③应用合乎逻辑的科学方法；④就使用方法、资料和假设而言应做到透明和公开；⑤承诺遵守风险评估结果；⑥所有受影响的各方参与；⑦从开始就注意沟通工作。

定量评估的优点是可以获得更多的信息，能够更好地体现不确定性和变异性；其缺点是需要大量数据资料，需要更专业的技术支持，评估工作耗费大量的时间，相对难以沟通。

4.3.4　怎样量化所意识到的风险

这里进一步介绍处在风险的情况当中，风险的估计与量化。对于给定的不确定情况，怎样量化所意识到的风险？量化风险意味着确定一个风险变量可能获得的所有可能的值，并且确定每个值的相对概率。假设不确定情况是抛硬币的结果，可以重复抛硬币若干次，直到你确定了这个事实：正面朝上或背面朝上的次数近乎各为一半。像这种抛硬币方法，利用数学的公式计算风险是客观的。另一种方法，可在概率统计的基础上，计算结果。在现实生活中，大多数都不能用抛硬币的方式来计算风险。那么又如何计算呢？可引用新的关联方法，如大概的学习曲线（probable learning curve）来解决这个不确定性的问题。这就意味着正确地对风险进行量化，是涉及日后的最佳判断。然而，在日常工作中经常缺乏可利用的完整信息，也不可能像抛硬币那样是可重复的，或者它太复杂了，以至于不能提出一个含糊的回答。这种风险量化是一种主观的，意味着某些人往往不会同意你这种评估。当获得更多的有关这种情况的信息时，主观的风险估价可能会发生变化。如果主观地得出风险估价，必须一直问，是否可利用额外的信息帮你做出更好的评估。如果这种信息是可以利用的，得到它有多困难？多昂贵？它将在多大程度上改变已做出的评估？这些变化在多大程度上影响正在分析的模型最后结果。

在风险评估系统项目中，概率分布是一种对于一个变量呈现量化风险的图形。如果已经量化了风险，就可以利用概率分布描述不确定的值，并表示有关的结果。概率分布可以有许多形式和种类，其中每一种都描述了可能值的范围和出现的可能性。如传统的"铃形曲线"呈正态分布。除此之外，还有不同种类的分布类型，从均匀分布和三角分布，到更复杂的形式，如伽马分布和泊松分布。所有种类的分布都使用一组参数来指定实际值的范围和概率分布。如正态分布使用中值（mean）和方差作为它的参数。中值定义了"铃形曲线"在中心所围绕的值，而方差定义的是围绕中值的其他值范围。在风险评估系统中，可使用 30 多种分布来描述项目中的不确定值的分布。

4.3.5　小结

对于风险评估，已阐述了定性风险评估、半定量风险评估和定量风险评估 3 种方法。

4.3.5.1　定性是根据性质进行区分

性质是一种特征或属性。定性风险评估是不用数字衡量而是用文字表达风险水平的方法，例如很可能、可能、不可能、非常不可能（用以描述可能性），以及用高、中、低、忽略来描述结果。在很多情况下，定性的风险评估已经可以充分地满足于动物或动物产品有关的决策需要了，尤其处理 OIE 所规定的 A 类病和 B 类病时是足够的。这些疫病的有关信息可在 OIE 网站上陆生动物卫生法典中找到。定性风险评估是用于支持进口决策的最通常的方法。

4.3.5.2　半定量风险评估方法

半定量风险评估方法是对定性风险评估中各要素赋予数值后，形成对风险的总体度量。通常情况下，风险管理者们在分析一组风险事件时，由于缺乏恰当数据不能对所有风险进行完全的定量评估，所以建立一种可以比较危险大小和降低危险策略效果方法，将非常有利于解决因为数据缺乏等原因而不能进行全部定量风险评估的问题。如果能够正确执行半定量风险评估，这是对管理风险事件相当有效且透明的方法，还不需要对风险进行完全的定量分析，当然也无须采取过度的风险防范行为。

半定量风险评估技术具有如下优势：一是可以通过系统的方式来比较风险；二是可以为不可接受风险设定一个严重性阈值；三是可以建立一个持续有效的政策框架，在资源可充分获得的情况下使所有风险的严重性评分降到最低。半定量风险评估方法的使用和解释都要非常谨慎，因为在解释用不同数字所代表的意义时会存在很多困难。其缺点主要是难以做到透明，缺乏指导方针，且时常被滥用，因此目前在国际风险评估中尚未被广泛使用。

4.3.5.3　定量风险评估方法

定量评估方法使用各种数字度量风险。定量风险可以提供关于风险程度大小的一些额外理解，以及不同潜在风险管理措施的不同效果。当然，定量风险评估同样也存在一项额外负担，那就是要保证数字的评价，对于所代表因素的度量是有效的。

图 2-3 显示定性、半定量与定量风险评估之间关系。无论使用哪种风险评估方法，保证评估的透明度和做好文档的保存都是非常重要的。所有的信息、资料、假设、不确定性、方法和结论都要进行存档，要保证所有的结论都有充分的理由和逻辑讨论作为支持。评估应该被同行审议。

到目前为止，政府主管部门绝大部分决策都是建立在定性评估的基础上的。定性风险

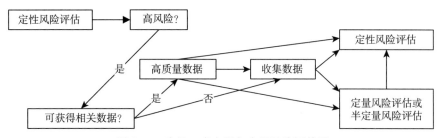

图2-3　定性、半定量与定量风险评估图

Fig. 2-3　Qualitative，semi-quantitative and quantitative risk analysis chart

分析具有目标明确、重复性好、透明度高、花时少和成本低等优点。这些决策对于处理一些日常动物制品进口等，起到重要作用。但是，随着检疫数量的增加，政府主管部门迫切希望用定量的方法进行风险评估。

第5节　国内外风险评估发展现状

自世界贸易组织《实施卫生和植物卫生措施协议》（WTO/SPS协议）签署以来，各国政府明确规定可采取强制性卫生措施保护该国人民健康、免受进口食品带来的危害，其采用的卫生措施必须建立在风险评估的基础上。风险分析是保证食品安全的一种新模式，它已成为动物食品安全管理领域的一个重要决策工具。食品安全与技术性贸易壁垒已成为世界各国所关注的大事，发达国家率先采用风险分析进行食品安全性评价，并通过风险分析制度的建设，达到提高本国动物食品安全预警能力和防控水平，保护消费者健康和促进公平的食品贸易。

5.1　风险评估的应用

为了保证食品安全，要加强对动物食品风险评估机制、要求、内容、模式和方法的研究，制定适合本国的风险预警及快速反应模式及控制风险措施。风险评估是风险分析的一个重要组成部分，它由两个方面构成：首先，判定是否构成危害，认定危害的种类、性质，并根据现有的研究，初步判定该危害是否有价值继续纳入下面的步骤进行评估等。开展一项风险评估难度相当大且耗费巨大，必须兼顾成本—效益。所以，对于真正启动一项风险评估显得非常重要。第二，确定危害发生概率及严重程度的函数关系，即确定风险，也就是真正意义上的风险评估，并为最终执行风险管理提供科学依据。

近年来，我国陆续发生的"苏丹红"、"三聚氰胺"和"瘦肉精"等食品安全突发事件，它包括农药残留、兽药残留、天然毒素、重金属、环境污染物以及食品加工过程中形成有害物质等多与化学污染物有关。多年的监测数据表明，农药残留、兽药残留、重金属污染和添加剂滥用等化学性污染所造成的急性（如中毒、死亡）、慢性（如癌症、痴呆）疾病，不仅严重影响人类的生活质量，也给家庭和社会带来沉重的经济负担。因此，进行化学污染物的风险评估是保障食品安全的重要手段，也是当前食品安全领域研究的重点和热点。如，2008年发生的三鹿婴幼儿奶粉事件中，开展了应急风险评估，制定了乳与乳制品中临时管理三聚氰胺限量值，为政府及时掌握市场中乳与乳制品食品安全状况和三聚氰胺对健康产生的风险提供科学依据。在风险评估的基础上开展了风险交流，媒体认识食品安全问题，科学引导消费者，为政府应对突发公共卫生事件处理提供了技术支撑。

5.2 国内外风险评估发展现状

人类生存在这个地球上，安全是第一的需要，安全即指防范潜在的危险。但在社会活动中发生一些危险是难免的，所谓的危险就是可能造成伤害或破坏的根源，或者是可能导致伤害或破坏的某种状态。一般来说，如果遭遇某种危险的概率低于十万分之一，属于低风险，稍加提防就能坦然处之；但如果概率较高，就必须采取适当的防范措施。

食品中含有来自植物和动物自身的天然化学物，在生产、加工和制备过程中也会接触多种天然和人工合成物质。食物中所有可能危害健康的物质叫做危险物。如微生物、天然生成的化学物质、烹饪产生的化学物质、环境带来的污染物，还有添加物和杀虫剂等。我们把食品中的危险物对健康产生的不良影响可能性称为风险。食物之中任何一种危险物都可能对健康产生不良作用，其风险有高低之分。在确定食品是否安全时，必须衡量食品给我们健康带来的益处与受到食品危害的风险大小。

运用风险分析原理，根据风险程度采取相应的风险管理措施可以控制或者降低风险。风险分析可以运用在社会活动的各个领域，比如金融业，商业银行非系统性风险有信用风险、流动性风险、资本风险和竞争风险等 7 个方面的风险；在新药研制过程中，面临的风险主要有项目来源风险、市场风险、技术风险和政策风险等 4 个方面。对食品安全性进行风险分析是风险分析领域的一个具体应用。

风险分析包括风险评估、风险管理、风险信息交流三部分，其中风险评估是整个风险分析体系的核心和基础，也是工作的重点。进行食品安全风险分析过程中要进行风险评价，由于食品情况多样，各自的生产、加工过程不同，要分别评价能够引起风险存在的不同风险因素，并确定这些因素属于哪一类的危害物。食品安全风险评估在各种情况下是确定食品中化学物安全与否的必不可少的办法。如果没有风险评估，将有更多的食品危险物不能被发现。

5.2.1 对食源性疾病的控制

5.2.1.1 食源性疾病的现状

食源性疾病是指通过食物进入人体内的致病因子而导致的感染或中毒。大多数食源性疾病是由细菌、病毒、蠕虫和真菌引起的。世界卫生组织（WHO）统计报告表明，全球因食物污染而致病者已达数亿人，每年约有几亿腹泻病例，导致约 300 万 5 岁以下儿童死亡，其中约 70%是因生物性污染的食品所致。在发展中国家，估计每年腹泻及其相关疾病有 2.7 亿病例，导致 240 万 5 岁以下儿童死亡。由于目前只有少数几个国家建立了食源性疾病年度报告制度，并且漏报率相当高，所以很难准确估计全球食源性疾病的发病率。据 WHO 报告，食源性疾病的实际病例数要比报告的病例数多 300～500 倍，报告的发病率不到实际发病率的 10%。

我国虽有较健全的食物中毒报告系统，但没有健全的食源性疾病监测体系，故难以估计食源性疾病的发病情况。据卫生部统计，近几年我国食物中毒例数、人数、死亡人数有较大上升，食品安全形势不容乐观，食物中毒事件屡有发生。尽管各级卫生部门在预防和控制食物中毒方面采取了一系列有效措施，积极开展食品安全专项整治工作，严厉打击产销假冒伪劣和有毒有害食品的违法犯罪行为，取得了一定效果。但从整体上看，各种生物性和化学污染尚未得到根本控制，食品安全和食源性疾病预防控制工作仍然十分艰巨。

5.2.1.2 影响食源性疾病发生的因素

1）食品生产加工问题

食品的生产加工过程中超量使用、滥用添加剂或非法添加物，生产工艺流程未能严格执行，微生物杀灭不全，生产储存运输过程微生物引起腐败，应用新原料、新技术、新工艺等都可能产生食品安全问题，增加食源性疾病发生的危险性。

2）生活方式的改变

生活方式与食源性疾病关系密切。由于生活节奏加快，消费者对快餐的需求量增加，在外就餐机会增多，且就餐注重口味、以鲜为快、喜吃生食，加之一些食品安全管理措施不完备、制作不规范，都增高了食品污染病原体和食源性疾病发生的危险。

3）环境变化

近年来，大量农村人口无计划地向城市地区流动，导致城市人口拥挤，居住条件变差，饮用水供应和废弃物处理都处于重大压力之下，增加了食源性病原体传播的机会。同时人口不断增长，农用化学物质和工业废弃物的排放量不断增加，水体中有机物污染、重金属在农畜水产品中富集，使污染加重。这些有毒化学物质可进入人类的食物链，通过食物进入人体而损害人体健康，降低人体抗病力。2000 年农业部对 14 个经济发达的省会城市的 2 110 个样品检测，结果蔬菜中重金属超标的占 23％。

4）社会因素

贫穷和落后是引起疾病的主要因素。贫穷曾经被称作世界上最致命的疾病。贫困导致食品生产设备简陋，知识落后，则影响食品良好卫生规范的实施。

5）其他因素

除上述这些因素外，尚有许多因素与食源性疾病流行有关，如食品贸易国际化可引起食源性疾病跨国传播，病原微生物适应性改变，新食源性病原体不断出现，消费者食品安全意识薄弱，等等。

5.2.1.3 食源性疾病控制策略

1）立法制标，加强部门合作

立法和标准制定是食品卫生管理工作的根本。加速健全和完善食品安全法律法规体系，尤其是食品安全标准体系的建设，为食品安全的综合监督管理、保证食品安全和预防食源性疾病提供法律依据。同时，完善监督管理体系，建立责任追究究制度；建立和完善食品市场准入制度、食品安全监测和监督抽查制度、食品安全评价体系、食品安全预警及应急体系，为食品安全监管提供保障。

2）实现从农田到餐桌的全过程管理

强调政府监管部门、企业和消费者共同承担责任的观念，建立一个高层次的、强有力的食品安全机构，协调各部门之间的合作，形成各部门齐抓共管的局面。

5.2.1.4 规范程序，科学实施监测

1）建立和实施食品安全和食源性疾病报告制度

建立食品安全综合数据库，制定食品安全信息采集和发布制度。获得食品安全和食源性疾病的信息非常重要，定期报告和分析研究可获得必要的信息，为立法和制定疾病防治策略提供依据。通过食源性危害与食源性疾病发生率评估信息可确定食源性疾病是否得到有效控制。

2）加强食源性疾病监测系统和食品污染物检验

这对揭示食源性疾病流行病学变化特点和新病原体都具有重要意义。建立简便而经济的方法，获取评价和抵抗食源性危害所需的信息，为食源性疾病的预防和控制提供科学依据。美国在此方面有成功经验，他们对食源性利斯特菌病进行主动监测，并采用防治措施，使利斯特菌感染的死亡率降低了48％。

5.2.1.5 加强监督管理，实施责任追究

建立和完善食品市场准入制度、食品安全监测和监督抽查制度、食品安全评价体系、食品安全预警及应急体系，并加强监督管理，对未严格履行职责导致发生食品安全事件的有关负责人，应严格追究责任。

5.2.1.6 借鉴国外先进经验，因地制宜

要善于借鉴国外先进的管理经验，重点推广食品生产企业的良好生产规范（GMP）和危害分析控制关键点（HACCP）管理，形成覆盖各行业的HACCP指导原则和评价准则。推广食品生产企业的良好生产规范（GMP）和HACCP管理，是保证工业化食品安全的重要措施，应加快推广进程。美国在肉禽加工厂全面推广应用HACCP技术，使发病率很高的食源性沙门菌感染明显减少。我国出口食品企业现已采用了HACCP技术，但缺少覆盖各行业的HACCP指导原则和评价准则。需科学制定我国食品HACCP的评价和认证准则，建立食品HACCP评价和认证体系，进行推广应用。

5.2.1.7 提高队伍专业素养，普及法制教育和食品卫生知识宣传

1）专业人才培养

风险评估是一个综合多个专业的交叉学科，需要既专又全的人才。要加强高校学科建设和课程设置，增加食品安全科技投入，培养合适的食品安全风险评估专业人才。

2）食品安全教育培训

对食品从业人员和消费者进行食品安全教育培训，形成人人自觉对本人负责、对他人负责、对社会负责的良好风尚，是保障食品安全和预防食源性疾病的前提和基础。通过卫生知识培训，提高食品生产经营企业的管理水平和责任意识，为食品安全生产和销售提供保障，同时提高消费者的安全意识，增强自我保护能力。

5.2.1.8 经济、社会效益分析报告

总结食品安全风险评估的研究进展，分析其发展趋势，探讨食品安全风险评估和食源性疾病控制的联合策略，为创新和完善食品安全风险评估体系建设，有效控制食源性疾病，从一定程度上改善食品安全问题现状有着显著的社会效益，既保障人民的饮食安全和健康，同时为国家和企业避免不必要的经济损失。项目研究成果十分具有意义。

5.2.2 中国

我国传统的食品安全管理方式是依据法规条例，清除市场上的不安全食品，以责任部门认可项目的实施对食品安全进行监管。食品安全问题受到全球重视和关注，食品中污染

物是引发食品安全事件的直接因素。风险评估不仅是针对食品生产供应过程中所涉及的各种危害对人体健康不良影响的科学评估，是 WHO 和 CAC 强调的用于食品安全控制措施的必要技术手段，也是政府制定食品安全法规、制定、修订食品安全标准和对食品安全实施监督管理的科学依据。OIE 和 CAC 等国际组织都规定，在法典框架下制定的所有食品安全标准都要应用风险分析原理。在国外利用风险分析进行决策的例证颇多。为提高动物源性食品质量安全，必须遵循国际规则，健全基于风险分析技术的法规和标准体系。然而，我国多为事后监管，缺乏预防性手段，故不能做出及时而迅速的控制食品安全问题及可能出现的危险因素。因此，必须健全评价体系，建立与食品有关的化学、微生物及新的食品技术等风险评价的方法。

　　为了有法可依、更有效地开展食品安全工作，保障消费者身心健康，预防事故发生。20 世纪 70 年我国完成了 20 多个地区食品中铅、砷、镉、汞、铬、硒和黄曲霉毒素 B_1 等污染物的流行病学调查，并于 1959—2002 年先后进行 4 次全国居民营养与健康调查，积累了居民膳食消费基础数据，成功开展了总膳食研究，成为全球食品污染物监测计划参与国。2001 年我国构建食品污染物监测及食源性疾病监测网络系统，初步掌握食品中重要污染物的状况。在微生物领域，启动了食物中毒沙门氏菌和大肠杆菌 O_{157}：H_7 的定量风险评估，旨在通过食物中毒暴发的调查和运用数学模型，估计引起食源性疾病的最低活菌摄入量或造成 50％食用者发病的活菌量。

5.2.2.1　我国食品安全管理现状

　　我国作为一个农业大国，食品在国民经济中占重要位置。多年来，我国政府十分重视食品安全工作，建立了一系列的法律法规，采取了多项控制措施，取得了很大进展。2001年将"食品安全关键技术"列入国家"十五"攻关重大项目，2002 年上升为国家 12 个重大科技项目之一。"十五"期间，我国投入经费 16 亿多元开展食品安全技术研究。目前我国已构建了共享的全国食品污染物监测网、进出口食品监测与预警网，制订或修订国家标准 39 项、行业和地方标准 161 项，提出了 595 个食品安全标准限量指标的建议值。同时建立了 219 项实验室食品安全检测方法，研制出 81 个检测技术相关试剂（盒）和现场快速检测技术，以及 25 种相关检测设备。并首次进行了实验室质量控制国际对比试验，有168 个实验室参与国际有关实验室组织之间的对比试验获得互认。

　　目前我国的食品安全状况不断改善，总体形势趋于好转。但是，随着人民群众生活质量的提高和食品工业的快速发展，我国食品安全问题仍然突出，处于食品安全事故风险高发期和矛盾凸显期。食品安全管理目前还存在许多不足和亟待解决的问题，有待更加科学化。如多数城市和地区尚未推行市场食品准入制度，许多食品未经检验就直接上市。食品加工业以中小型企业为主，约 213 消费者的食品由这些企业生产，这些企加工设备比较落后，卫生管理和技术水平较差，难以从整体上实施 HACCP 管理。总之，我国食品安全检测技术及控制体系还不够完善，检测和预警体系也处于起步阶段，还没有真正地将危险性分析原则作为决策和管理的基础，先进的食品安全关键控制技术的使用尚未形成规模，对食品生产新技术进行评价和控制的技术能力不足，专业人员和经费短缺仍严重制约着食品卫生监管工作的有效开展。

5.2.2.2 建立风险评估机制

长期以来，我国的食品科技体系主要是围绕解决食物供给数量建立起来的，对于食品安全问题的关注相对较少，目前还没有广泛地应用与国际接轨的危险性评估技术。与发达国家相比，食源性危害关键检测技术和食品安全控制技术还比较落后。加入 WTO 后的中国，风险分析机制尚未形成。一方面我国采取动物卫生措施时，往往会遭遇他国的质疑；另一方面，无法对别国的动物卫生措施是否符合 SPS 协议给出科学的评议。因此，我国亟须以风险分析为基础，建立风险评估机制：

1）设立专门的风险评估机构

国家应当设立专门的风险评估机构，既对进口风险进行分析和评估，也对国内动物卫生决策、屠宰卫生措施和标准进行风险评估。

2）风险分析应该考虑的因素

分析过程中应考虑生物学、商品和国家等多个风险因素。其中商品因素要考虑进口商品数量、易污染程度、产品用途、加工影响、储存和运输影响，以及处置措施等。在评价潜在经济影响时，应考虑直接经济影响因素；以及间接经济影响因素：监控开支、赔偿损失、潜在贸易损失和对环境的不利影响等。

3）开展风险分析的法定情形

确定风险分析的法定情形——进口新的产品，从新的国家（地区）进口产品；贸易国的动物卫生状况发生改变，区域区划认证过程中，动物卫生决策或制定标准。

4）制定风险分析程序

参照国际规则，结合我国实际情况，尽快建立国家进口风险评估程序与决策评估程序。

5）制定全过程管理标准体系

实行全过程管理是控制动物源性食品安全国际通行做法，发达国家就是依靠标准体系将动物源性食品风险降到最低，从而提高动物源性食品质量安全。我国食品安全应在风险分析的基础上，尽快建立健全适应全过程管理标准体系框架。

6）等效采用国际标准

CAC 和 OIE 标准是建立在风险分析基础上的国际标准，对适合动物源性食品安全管理标准，我国应等效采用，以尽快提高我国动物源性食品安全监控的整体水平。

7）优先采用贸易国的先进管理标准

我国动物源性食品的主要出口地是欧盟、日本和东南亚等地区。可直接采用发达国家相关标准，并尽快转化为我国的动物源性食品安全管理标准，既可提高我国动物源性食品安全管理标准的科学水平，又能降低技术性贸易措施对我国动物源性食品贸易的影响。

8）加快管理标准制修订进程

参照国际标准审查和修订已发布的相关标准，加快与国际标准接轨步伐。根据动物源性食品安全的迫切需要，抓紧制定符合国际规则的行业标准和国家标准。

9）建立食品安全风险监测和评估制度

我国加入 WTO 后，因国际贸易中畜产品的出口，以及老百姓对畜产品安全的需求，关注食品安全、动物福利以及环境保护等方面的综合平衡与协调发展；并要求从整个产品链的角度考虑，无论采用系统分析方法、定性与定量分析方法，还是经济学评价方法，均有大量的工作要做。新修订的《中华人民共和国食品安全法》（2015 修正）在第 2 章专门列入食品安全风险监测和评估，其中第 17 条要求国家建立食品安全风险评估制度，运用科学方法，根据食品安全风险监测信息、科学数据以及有关信息，对食品、食品添加剂、食品相关产品中生物性、化学性和物理性危害因素进行风险评估。

　　10）建立健全动物源性食品安全标准体系

　　安全的动物源性食品是生产（饲养）出来的。而动物的饲养、动物产品的生产、加工、贮藏、运输和经营必须有科学的标准加以规范。因此，我国必须在风险分析的基础上，建立健全动物源性食品安全的标准体系，以适应我国动物源性食品饲养环节、屠宰加工环节和贮运经营环节，切实提高动物源性食品卫生质量对管理标准的迫切需求。归纳起来，风险分析体系的建立，也为各国在食品安全领域建立合理的贸易壁垒提供了一个具体的操作模式。按照发展趋势，在今后相当长的时期内，风险分析将成为未来制定食品安全政策，解决一切食品安全事件的总模式。同时，还将指导进出口检验体系，食品放行或退货标准，监控和调查程序，提供有效管理策略信息的制定，以及根据食品危害类别全面分配食品安全管理的基本内容。

5.2.2.3　我国食品安全风险评估现状

　　2003 年，中国农科院质量标准与检测技术研究所成立时设立了风险分析研究室。2006 年颁布的《农产品质量安全法》中规定对农产品质量安全的潜在危害进行风险分析和评估。2007 年 5 月，农业部成立了国家农产品质量安全风险评估委员会。

　　长期以来，我国的食品科技体系主要是围绕解决食物供给数量建立起来的，对于食品安全问题的关注相对较少，目前还没有广泛地应用与国际接轨的危险性评估技术。与发达国家相比，食源性危害关键检测技术和食品安全控制技术还比较落后。近年来，我国新的食品种类（主要为方便食品和保健食品）大量增加。很多新型食品在没有经过危险性评估的前提下，已经在市场上大量销售。方便食品和保健食品行业的发展给国民经济带来新的增长点的同时，也增加了食品风险。方便食品中，食品添加剂、包装材料与保鲜剂等化学品的使用是比较多的。保健食品中不少传统药用成分并未经过系统的毒理学评价，长期食用，其安全性也值得关注。另外，转基因技术的应用一方面给食品行业的发展带来良好的机遇，另一方面也增加食品安全的不确定因素，判断转基因食品是否安全必须以风险分析为基础。目前，受管理、商业、社会、政治、学术诸多方面的限制，科学的统计数据很难获得，对转基因食品进行风险分析非常困难，这给食品安全带来了前所未有的挑战。

　　一直以来，我国对食品安全的监管是以对不安全食品的立法、清除市场上的不安全食品和负责部门认可项目的实施作为基础的。这些传统的做法由于缺乏预防性手段，故对食品安全现存及可能出现的危险因素不能做出及时而迅速的控制。因此，必须建立一套评价和降低食源性疾病暴发的新方法，同时加强对与食品有关的化学、微生物及新的食品相关技术等危险因素的评价从而逐步健全我国的食品安全评价体系，并在实践中不断完善。例如，新技术的安全评价，由于基因工程和辐照等高新技术在食品生产领域的应用，同时对食品安全提出挑战。某些新技术虽然会提高农业生产量，同时也可能使食品更安全，但若让广大消费者接受，必须对其应用和安全性进行评估，而且这种评估必须公开、透明，并采用国际上认可的方法。

2009年2月28日，全国人大常委会通过了《食品安全法》，并自6月1日起施行。《食品安全法》规定，国家建立食品安全风险监测和评估制度，对食源性疾病、食品污染以及食品中的有害因素进行监测，对食品、食品添加剂中生理性、化学性和物理性危害进行风险评估。

为提升我国食品安全整体水平，我国在"十一五"初期开始重点开展食品安全风险评估研究等五个方面的科技攻关，旨在为保护我国食品行业核心竞争力和国民健康的膳食水平提供核心技术支撑，保障我国食品进出口贸易利益，基本形成食品危害物检测技术体系、溯源和预警体系，提高食品安全应急处理能力，最终全面实现食品安全保障从被动应付型向主动保障型的战略转变。

5.2.3 欧盟

5.2.3.1 独立进行风险评估和风险管理的起因

1985年英国发现疯牛病（BSE），短短十来年该病相继在法国、德国、爱尔兰、西班牙、意大利、瑞士、荷兰和丹麦等20多个国家发生，暴露了欧盟动物卫生风险管理方面存在不独立、不科学等问题。BSE事件后，欧盟各国意识到了为了更科学地开展动物卫生风险管理工作，食品安全政策从强调保障食品供应转变为强调保护消费者健康，需要将风险评估与风险管理独立开来。

5.2.3.2 成立欧洲食品安全局（EFSA）机构，专门负责欧盟风险评估工作

根据2000年《食品安全白皮书》的要求，为确保欧盟各国做到"从农场到餐桌"的食品安全控制，不仅要建立欧盟各国自己的食品安全监管机构，而且还要符合欧盟统一食品法的基本原则与要求。

1）机构设置

2002年成立了欧洲食品安全局（EFSA），由管理委员会、行政主任、咨询论坛、科学委员会和8个专家小组组成，内设4大部门25个处室，工作人员达400余人，它是欧盟进行风险评估的主要机构。

2）职责范围

根据新出现的食品安全问题开展项目研究，独立地对有关食品安全事件提出建议。对科学数据及其相关信息收集分析均由科学家独立完成，对已经存在或突发性风险进行全方位交流，宣传正确的食品安全知识，避免误解和误导，其评估结果直接影响欧盟成员国的食品安全政策和立法。EFSA自成立以来已经在支持政府决策、提升消费者信心方面发挥了不可替代的作用。虽然欧盟是多国组织，不能行使国家主权，其食品安全管理局没有制定规章制度的权限，但可以对整个食品链进行监控，再根据科学的证据做出风险评估，为政治家制定政策和法规提供信息依据。

3）主要任务

提供政策建议，建立各成员国食品安全机构之间密切合作的信息网络，评估食品安全风险，向公众发布相关信息。①根据欧盟理事会、欧盟议会和成员国的要求，为风险管理决策提供有关食品安全和其他相关事宜（如动物卫生、植物卫生、转基因生物和营养等）的政策建议；②为制定食品链的政策与法规提供技术性建议；③收集和分析食品安全潜在

风险的信息，监控欧盟食品链的安全状况，确认和预报食品安全风险；④在其权限范围之内向公众提供有关信息。

5.2.3.3　风险管理工作专门由政府（欧盟理事会、欧盟议事会和欧盟各成员）负责

EFSA 还在风险管理方面向其成员国提供必要的支持，而风险管理则由欧盟理事会、欧盟议事会和欧盟各成员负责。该决策过程是一个从政治、经济、技术和文化等方面的可行性，以及经济发展、贸易、社会状况和进出口需求等方面考虑，由政府的风险管理机构独立执行。负责向欧盟委员会提出一切与食品安全有关的科学意见及向民众提供食品安全方面的科学信息等，旨在增强消费者信心，并确保欧盟各成员国人民吃到放心的食品，保证人们的身体健康。EFSA 是很多国家共同构建的机构，承担国家风险管理事务，并在某种程度上提供建议。EFSA 所开发出来的食物安全评估办法让欧洲的消费者安全更有保障。

5.2.4　美国

美国负责食品安全及相关风险评估工作的，主要有卫生部食品药品管理局（FDA）、农业部食品安全检验局（FSIS）、疾病预防控制中心（CDC）、动植物健康检验局（APHIS）和环境保护局（EPA）。这 5 个部门在制定食品安全标准、实施食品安全监管和食品安全教育等方面各行其职，形成食品卫生监管体系。为提高畜禽类产品的安全程度，实施综合策略，改造已有 90 年历史的检测体系和检测方法，实现检测现代化，FSIS 建立新食品安全体系，规定所有接受联邦和州检验的肉、禽类屠宰场和加工厂必须制定 HACCP 计划，受联邦和州监督的畜禽产品生产企业必须制定书面卫生标准操作程序（SSOP）等。国际食品微生物规范委员会（ICMSF）提出用食品安全目标（FSO）来定量描述工艺间的食品卫生要求差异，按照该目标要求规范生产危害管理模式，就食品中的多种危害进行独立、完整的风险评估。

近年来，美国作为食品安全水平最高的国家之一，对多种化学物危害，如药品、杀虫剂等危害都有着成熟的评估技术和法律规范。美国在化学污染物评估方面，对特定人群（职业人群和敏感人群）评估和累积暴露评估等也做了大量工作。2003 年美国成立了一个跨机构的食品安全风险评估联盟（RAC）。

5.2.4.1　RAC 概况

由来自卫生部、农业部、商务部、环保署、国防部以及食品安全与应用营养联合研究所的 17 个成员构成。卫生部食品药品管理局的食品安全与应用营养中心是风险评估联盟的领导机构，因此 RAC 的主席由食品安全与应用营养中心派员担任。下设政策委员会和多个工作组，政策委员会负责对联盟进行指导监督。

5.2.4.2　RAC 任务

确定风险评估的优先领域，实施风险评估的技术指导，提高食品安全风险管理水平。

1）**信息平台的构建**

为各机构提供一个得以共享的风险评估方法、数据、研究成果、法规、政策和进展等的信息平台。

主要任务：①确定风险评估的欠缺数据和关键研究的需求；②减少重复性研究与鼓励多学科参与促进风险评估研究；③审定风险评估报告、方法、模型和数据集合并加以分

类，向食品安全与应用营养中心提供食品安全风险分析的汇总信息；④向成员机构提供技术资源、建议和服务。

2）职责清晰

需强调的是 RAC 只是将食品安全风险评估的机构有机联系在一起，重在协调与交流，具体评估工作仍由各机构执行。在风险评估领域，农业部、卫生部和环保署 3 个食品安全机构职责清晰，有侧重地开展工作，不存在交叉重叠。

5.2.4.3 对畜禽产品风险评估的研究

近年来，FSIS（1998）对带壳鸡蛋和鸡制品肠炎沙门氏菌进行了风险评估。FDA（2000）报道对生食牡蛎致病性副溶血性弧菌（Vibrio Parahemolyticus）公共卫生影响进行定量风险评估，并协同 FSIS 完成了对水产品中李斯特菌（Listeria monocytogenes）的定量风险评估。美国农业部专家 Oscar 一直致力于鸡肉中沙门氏菌的建模和风险评估的研究，通过蒙特卡罗模拟评估了熟食鸡肉在食用时因可能污染的沙门氏菌所带来的风险，研究了不同贮藏条件下不同接种水平对沙门氏菌生长或失活的影响。Juneja 等研究了鸡肉中沙门氏菌在不同贮藏条件下的生长情况，并在一级模型构建过程中比较了修正的 Gompertz 模型、Baranyi 模型和 Logistic 模型，这些模型可以为沙门氏菌的定量风险评估提供支持。Boone 等在基于专家观点的基础上，开展了猪肉中沙门氏菌的风险评估研究，所建立的风险评估模型可以用于评估因食用污染沙门氏菌的猪肉馅而带来的风险。Parsons 等建立了鸡肉中沙门氏菌从鸡场到屠宰场的整个鸡肉产品链的风险评估，同时比较了 Bayesian 网络模型、蒙特卡罗模拟方法及更详细的仿真模型等 3 种建模方法的优缺点。需要指出的是，以上研究者在获取沙门氏菌生长曲线时，所有实验均在恒温条件下进行，如果能够开展沙门氏菌在动态温度条件下的生长失活模型的研究，将会使定量风险评估工作更具实际应用意义。

5.2.5 日本

为响应公众对食品安全问题的日益关注及提高食品质量安全的需求，2003 年日本颁布"食品安全基本法"，成立食品安全委员会，下设 16 个专家委员会，以委员会为核心，实行综合管理。分别对化学物质、生物材料和新食品（转基因食品、新开发食品等）进行风险评估及风险交流工作。自 2003 年以来接收到风险评估提议 470 项，评估内容涉及国内水产品、转基因食品、抗药菌、肉禽类食品，以及外国所生产的食品等。当发生食品安全突发事件时将采取预警措施。同时，建立由相关政府机构、消费者、生产者等广泛参与的风险信息沟通机制。

5.2.6 加拿大

20 世纪 90 年代加拿大成立了风险评估小组，由加拿大食品检验署 CFIA（Canadian Food Inspection Agency）负责动物卫生风险分析工作。其职责：①开展国家/区域疫病状况和兽医机构评估；研究风险分析理论、方法和技术；②制定国家动物卫生计划 NAHP（National animal health plan），构建风险分析的框架、体系和程序；③制定区域风险分析、流行病学调查、兽医机构和经济学分析评估等国家和国际标准，为决策和进出口政策提供依据。在进行风险分析时，采用把人的健康置于最高地位，决策必须以科学证据为依据与全面合作的风险管理原则。

5.2.7　德国

成立专门的动物卫生风险分析机构。如，欧盟成立 EFSA 负责风险评估和风险交流。德国成立联邦风险评估研究所（BfR），其中心任务是在国际认可的评价标准基础上，独立于政府开展食品安全风险评估和风险交流工作，机构的建立为风险分析有效开展创造条件，达到保护消费者健康的目的。德国既有专门的风险评估机构——联邦风险评估研究院，也有专门的风险管理机构——联邦消费者保护和食品安全办公室。前者成立于 2002 年，该机构与欧盟食品安全总局和国内各研究机构密切合作，就食品、药品、消费品的安全问题向德国政府、联邦消费者保护和食品安全办公室以及国际组织提出政策建议，同时负责向公众通报风险，使消费者对农产食品中可能的危害有足够的认识，以将致病风险降至最低；后者是欧盟食品与饲料快速预警体系的国家预警点，负责将各地监督检查机构反馈的信息传向欧盟委员会，并将欧盟委员会的相关信息向地方机构通报，并具有卫生监督检查职能，在综合风险评估结果后向德国政府以及欧盟委员会提交管理方面的政策建议。

5.2.8　法国

法国于 1998 年 7 月 1 日专门通过《公共健康监督与产品安全性控制法》，把风险评估和卫生监督这种技术性相对较强的内容从管理工作中独立出来，并成立了"法国食品卫生安全署"和"国家卫生监督署"，将分散的评估咨询机构集中起来，专门负责农产食品质量安全监督检查、公众健康状况的动态观察以及相应的风险评估工作。法国食品卫生安全署在食品安全方面有很大的权限，从原材料（动植物产品）的生产到向最终用户的销售都在其评估范围内。为保证评估的科学性，该机构的专家委员涉及营养学、微生物学、生物技术、物理和化学、污染和残留物、动物饲料、添加剂、技术工艺辅助物质和香料、动物健康、水供应等诸多学科领域。

5.2.9　澳大利亚

澳大利亚把进口食品分为风险食品、积极监督食品和随机监督食品三类。有一套用于进口食品中化学剧毒物和有害微生物的风险分析系统。

5.2.9.1　食品的风险管理

　　1）风险食品

风险食品是指那些已知能够给人体健康及安全带来风险的食品。风险食品进口时必须由澳大利亚主管部门（澳大利亚检疫检验局 ARIS）批批抽样检验。检验项目取决于供应商的历史记录。典型的风险食品包括冷冻海鲜的微生物和品质，浆果类的杀虫剂，保鲜水果的合成甜味剂，花生的黄曲霉毒素，罐头食品和糖果的铅污染等。

风险食品有三种检查水平：①严格水平。对进口实施批批检验，连续 5 批检验通过后转为正常水平；②正常水平。按进口批的 25%抽样检验，连续 20 批检验通过后转为简化水平；在正常水平状态下，只要一次检验不通过，则转为严格水平；③简化水平。按进口批的 5%进行检验；在简化水平下，只要一次检验不通过，则转为正常水平。

　　2）积极监督食品

积极监督食品是指有可能给人体健康及安全带来风险，但目前对这些风险了解不足，或者由于种种原因需要对风险进一步确认或评估。

3）随机监督食品

随机监督食品是除风险食品和积极监督食品以外的食品。进口时随机抽查 5％。澳大利亚进口食品不通过的主要原因有以下 9 种：①标签；②合成甜味剂；③镉；④色素；⑤乙烯氧化物；⑥重金属；⑦破损的罐头；⑧罐头容器没能通过压力测试；⑨防腐剂。

5.2.9.2 食品微生物的风险分析

以进口生奶酪为例，需要以下步骤：①确认奶酪中的有害的微生物病原体；②在奶酪生产的各个环节评估此微生物的寿命；③与经巴氏灭菌或热处理过的牛奶所作的奶酪进行等同比较；④检查原产地的检验审核机构，以保证此奶酪产品是严格按照规章生产的。

5.2.9.3 转基因食品的风险分析

澳大利亚卫生主管部门认为转基因食品的风险分析数据可以有很多来源，安全性评估主要是以同类非转基因食品为基准。

◆ 参考文献

[1] 高志新，刘志强．兽药残留与动物性食品安全管理［J］．山东畜牧兽医，2009（12）：59-60.

[2] 张森富，赵婷．现阶段我国食品安全问题的成因及其对策研究［J］．长春理工大学学报（社会科学版），2010，23（1）：38-39.

[3] 刘德炎．我国动物性食品中兽药残留的现状、问题及对策［J］．养殖与饲料，2009（1）：78-82.

[4] 张雨梅．动物源食品的安全性及药物残留监控［J］．江苏农业科学，2001（6）：60-63.

[5] 吴娟．我国畜产品安全存在的问题及风险评估［J］．肉类工业，2013，385（5）：49-55.

[6] 边连全．农药残留对饲料的污染及其对畜产品安全的危害［J］．饲料工业，2005，26（9）：1-5.

[7] 陆昌华．重大动物疫病防治数字化监控与风险评估及预警的构建［J］．中国动物检疫，2009，26（10）：24-26.

[8] 陆昌华，胡肄农．用信息化数据管理思路浅析标准化示范猪场建设的产加销流程［J］．猪业科学，2011（3）：50-55.

[9] 陆昌华，胡肄农，谭业平，等．动物及动物产品质量安全的风险评估与风险预警［J］．食品安全质量检测学报，2012，3（1）：45-52.

[10] 陆昌华，吴孜忞，胡肄农，等．疫病及兽药残留事件暴发的经济损失评估模型构建［J］．江苏农业学报，2014，30（1）：212-218.

[11] 周妍，闻胜私，刘潇，等．食品中化学污染物风险评估研究进展［J］．食品安全质量检测学报，2014，5（6）：1868-1875.

[12] 陈家华，方晓明，朱坚，等．畜禽及其产品质量和安全分析技术［M］．北京：化学工业出版社，2007.

[13] 蒋乃华，辛贤，尹坚．中国畜产品供给需求与贸易行为研究［M］．北京：中国农业出版社，2003.

[14] 辛贤，尹坚，蒋乃华．中国畜产品市场：区域供给、需求和贸易［M］．北京：中国农业出版社，2004.

[15] 陆昌华，王长江，何孔旺，等．动物卫生及其产品风险分析［M］．北京：中国农业科学技术出版社，2011.

[16] 周德庆．水产品安全风险评估理论与案例［M］．青岛：中国海洋大学出版社，2013.

［17］刘亚东 . 我国畜产品安全风险评估体系现状及分析［D］. 郑州：河南农业大学，2013.

［18］龚伟丽 . 公共治理视角下的我国食品安全监管研究［D］. 北京：首都经济贸易大学，2010.

［19］Council of Canadian Academies. Healthy Animal，Healthy Canada［EB/OL］.（2011 - 09 - 22）［2013 - 03 - 11］. http：//www. scienceadvice. ca/en/assessments/completed/animal - health. aspx.

［20］Department of Agriculture，Fisheries and Forestry. Australia's import risk analysis handbook［EB/OL］.（2011 - 05 - 20）［2013 - 03 - 12］. www. daff. gov. au/ _ data/assets/pdf _ file/0012/1897554/import-risk-analysis-handbook-2011. pdf.

［21］Qualitative risk analysis：Animal disease outbreaks in countries outside the UK［EB/OL］.（2011 - 05 - 20）［2013 - 03 - 12］. http：//archive. defra. gov. uk/foodfarm/farmanimal/diseases/monitoring/documents/riskplan. pdf.

［22］Rose N，Larour G，Le Diguerher G，et al. Risk factors for porcine post-weaning multisytemic wasting syndrome（PMWS）in 149 French farrow-to-finish herds［J］. Prev Vet Med，2003，61（3）：209 - 225.

［23］Rose N，Eveno E，Grasland B，et al. Individual risk factors for Post-weaning Multisystemic Wasting Syndrome（PMWS）in pigs：a hierarchical Bayesian survival analysis［J］. Prev Vet Med，2009，90（3/4）：168 - 179.

［24］OSCAR T P. Validation of lag time and growth rate models for Salmonella fyphimunum：acceptable prediction zone method［J］. Journal of Food Science，2005，70（2）：M129 - M137.

［25］OSCAR T P. Development and validation of a tertiary simulation model for predicting the potential growth of Salmonella typhimunum on cooked chicken［J］. International Journal of Food Microbiology，2002，76（3）：177 - 190.

［26］OSCAR T P. Development and validation of a stochastic model for predicting the growth of Salmonella typhimunum DT104 from a low initial density on chicken frankfurters with native microflora［J］. Journal of Food protection，2008，71（6）：1135 - 1144.

［27］OSCAR T P. Predictive model for survival and growth of Salmonella typhimurium DT104 on chicken skin during temperature abuse［J］. Journal of Food Protection，2009，72（2）：304 - 314.

第3章 肉品危害因素

第1节 畜禽养殖过程中产生的危害

1.1 化学性危害

畜禽在养殖过程中化学性危害主要来自饲料中的农药残留、饲料中药物添加剂和疫病治疗用兽药残留、饲料中重金属残留、饲料中霉菌毒素污染及人为添加的瘦肉精等。

1.1.1 饲料中引入的农药残留

农药残留问题是随着农药大量生产和广泛使用而产生的，农药尤其是有机农药的大量施用，造成严重的农药污染问题。

1.1.1.1 饲料分类

按国际分类法，饲料可分为八类：即粗饲料、青绿饲料、青贮饲料、能量饲料、蛋白质饲料、矿物质饲料、维生素饲料、添加剂饲料等。

①干草和粗饲料（dry roughage and forages）指干物质中粗纤维含量≥18％的饲料，包括青干草、秸秆、牧草等。

②青绿饲料（pasture range plants and green forages）天然含水量≥60％的饲料，包括鲜牧草、蔬菜、树叶等。

③青贮饲料（silages）指用新鲜的天然植物性饲料经自然发酵或加入添加剂发酵制成的饲料，包括水分含量在45％～55％的低水分青贮（或半干青贮）饲料。

④能量饲料（energy or basal feeds）指干物质中粗纤维含量≥18％，粗蛋白含量≥20％的饲料，包括谷物籽实、糠麸、块根块茎类饲料。

⑤蛋白质饲料（protein supplements）指干物质中粗纤维含量≥18％，粗蛋白含量≥20％的饲料，包括豆类、饼粕类、动物性来源饲料等。

⑥矿物质饲料（mineral supplements）指天然和工业合成的矿物质含量丰富的饲料，如食盐、石粉、硫酸锌等。

⑦维生素饲料（vitamin supplements）指工业合成或纯化的单一或复合的维生素，但不包括某种维生素含量高的饲料，如胡萝卜。

⑧非营养性添加剂饲料（non-nutritive additives）指不包括在矿物质饲料、维生素饲料内的其他所有微量添加剂饲料，主要包括防腐剂、着色剂、抗氧化剂、生长促进剂和其他药物添加剂等。

1.1.1.2 农药种类

上述饲料中，有95％以上来自于农作物、牧草，在农作物、牧草生长过程中不可避免地使用农药，造成饲料中农药残留。依据GB2763—2014食品安全国家标准食品中农药最大残留限量，饲料中农药残留包括：

①有机磷类：乙酰甲胺磷、磷化铝、毒死蜱、甲基毒死蜱、二嗪磷、敌敌畏、乐果、

敌瘟磷、乙硫磷、灭线磷、苯线磷、杀螟硫磷、倍硫磷、水胺硫磷、甲基异柳磷、马拉硫磷、甲胺磷、久效磷、对硫磷、甲基对硫磷、甲拌磷、亚胺硫磷、磷胺、辛硫磷、甲基嘧啶磷、喹硫磷、稻丰散、特丁磷、三唑磷、敌百虫、嘧啶氧磷等。

②拟除虫菊酯：氯氰菊酯、溴氰菊酯、氰戊菊酯、氟氰戊菊酯、氯菊酯，共 5 种。

③氨基甲酸酯类：涕灭威、丙硫克百威、甲萘威、克百威、丁硫克百威、杀螟丹、仲丁威、异丙威、灭多威、抗芽威等。

④有机氯类：氯化苦、滴滴涕、六六六、七氯、艾氏剂、狄氏剂等。

⑤其他类：三氟羧草醚、甲草胺、敌菌灵、莠去津、苄嘧磺隆、灭草松、杀虫双、噻嗪酮、丁草胺、多菌灵、矮壮素、百菌清、绿麦隆、氰化物、野燕枯、除虫脲、烯唑醇、敌草快、吡氟禾草灵、精吡氟禾草灵、氯氟吡氧乙酸、氟磺胺草醚、四氯苯肽、草甘膦、吡氟甲禾灵、稻瘟灵、甲霜灵、异丙甲草胺、噁草酮、多效唑、百草枯、丙草胺、咪鲜胺、敌稗、丙环唑、五氯硝基苯、稀禾定、戊唑醇、杀虫环、三唑酮、三环唑、氟乐灵等。

1.1.1.3　农药残留的途径

农药残留的途径，包括：

①施用农药后对作物直接污染；

②空气、水、土壤的污染造成动植物体内含有农药残留；

③来自食物链和生物的富集作用；

④在饲料储存、运输过程中，由于饲料与农药混装、混放造成的污染。

1.1.1.4　农药残留造成的危害

食用含有大量高毒、剧毒农药残留的动物性食品会导致人急性中毒事故；长期食用农药残留超标的食品，虽然不会导致急性中毒，但可能引起人的慢性中毒，导致疾病发生，甚至影响到下一代。具体表现如下：

1）对成人的危害

①免疫力下降。如经常性的感冒、头晕、心悸、盗汗、失眠、健忘等。

②致癌。残留农药中常常含有的化学物质可促使组织内细胞发生癌变。

③加重肝脏负担。残留农药进入体内，主要依靠肝脏制造的酶来吸收这些毒素，进行氧化分解。如果长期食用带有农药残留的瓜果蔬菜，肝脏就会不停地工作来分解这些毒素，长时间超负担工作会引起肝硬化、肝积水等一些肝脏病变。

④导致胃肠道疾病。由于胃肠道消化系统胃壁褶皱较多，易存毒物。这样残留农药容易积存在其中，引起慢性腹泻、恶心、肠炎等症状。

2）对儿童的危害

①对新生儿及幼儿大脑发育、智商发育有严重影响。由于儿童处于生长发育期，生长迅速的细胞较成人比较静止的细胞更易受到致癌农药的影响。有关资料调查，我国农村 40％～50％ 的儿童白血病患者中，其发病诱因或直接原因就是化学农药。

②性早熟。残留农药会危害 16 岁前的孩子的生长发育环境激素，是全世界公认的造成人异常生长发育的主要凶手。4 岁的小女孩乳房几乎完全成熟，5 岁的孩子有了月经，这样的现象在儿童医院已有发现。这些都和长期使用较高农药残留的瓜果蔬菜有密切关系。

③造成严重疾病。科学研究表明，当学龄前的儿童接触 8 种以上农药时可能致癌。长

期接触有机磷农药会损伤孩子的视觉功能，表现出近视、水肿的症状。医学研究证实，几乎所有的农药都会对孩子的免疫系统造成伤害，对疾病的抵抗力下降。

3）对孕妇的危害

①受孕率下降。据统计，我国目前每 8 对夫妻就有一对不育，农残是造成如此高不孕不育率的主要原因之一。

②流产、死胎或畸形儿。农残造成孕妇流产、死胎和胎儿畸形已为世界所公认。农药对胎儿危害最明显的时期是怀孕初期，也是胎儿器官的发生期。

1.1.2 饲料中药物添加剂和疫病治疗用兽药残留

兽药残留是指在畜禽饲养过程中使用的抗生素、磺胺类、激素类药物，在体内倘若没有完全消化降解，形成药物残留，这在导致细菌产生抗药性的同时，还可能对消费者产生毒副作用。

1.1.2.1 药物添加剂的作用及作用机理

1）药物添加剂的作用

20 世纪 40 年代末，人们发现了四环素对动物生长具有促进作用，从而开创了抗生素作为饲料添加剂的时代。目前动物饲料中广泛使用亚治疗剂量的抗生素作为饲料添加剂，促进动物生长及预防某些疾病的发生，对饲料工业及畜牧业的发展起到了促进作用。长期以来，由于抗生素在畜牧业中的广泛应用，其除了作为治疗用药物以外，还经常被误用来作为促进牲畜体重增长的刺激素。

2）药物添加剂的作用机理

药物添加剂的作用机理有以下两个方面：

①竞争性抑制那些消耗寄主营养，并产生不良或有害物质的有害微生物，使肠黏膜处于最佳环境，更有效地吸收营养物质，提高饲料转化效率，促进动物生长。

②改善处于较差饲养环境中动物的健康状况，即使在良好的管理条件下，健康仔猪日粮添加抗生素，仍使畜体增重和饲料转化效率提高。

1.1.2.2 药物添加剂的种类

饲料中药物添加剂按化学结构分为如下几类：

1）多肽类

吸收差，排泄快，无残留，毒性小。抗药性细菌出现概率低，且抗药性不易通过转移因子传递给人。

常用药物：杆菌肽锌、硫酸粘杆菌素、持久霉素、弗吉尼亚霉素、硫肽霉素、阿伏霉素、那西肽等。

2）大环内酯类

放线杆菌或小单孢菌产生、具有大环状内酯环；对 G＋和支原体有较强的抑制能力；使用量仅次于四环素类抗生素，其中有的是人用药；肠道能吸收，产生交叉抗药性。

常用药物：红霉素、泰乐菌素、北里霉素、螺旋霉素、林肯霉素等抗生素属于此类。

3）含磷多糖类

分子量大，不被消化吸收，排泄快；主要抑制 G＋，在欧美广泛使用。

常用药物：黄霉素、魁北霉素、玛卡波霉素属于此类。

4）聚醚类

很好的生长促进剂，有效的抗球虫剂；几乎不被吸收，无残留。

常用药物：有莫能菌素、盐霉素、拉沙里菌、马杜拉霉素。

5）四环素类

人畜共用抗生素，易产生抗药性，因而属于淘汰型抗生素。此类抗生素在我国产量大、质量好、价格低。目前仍在大量使用土霉素。

常用药物：土霉素（氧四环素），金霉素（氯四环素）

6）氨基糖苷类

对革兰氏阴性菌作用强、部分有驱线虫的作用；口服不易吸收。

常用药物：链霉素、新霉素、硫酸弗氏霉素、阿普拉霉素、潮霉素 B、越霉素 A 等。后两者因具驱虫作用而常归入驱虫保健药品类。

7）化学合成抗生素

以前使用量较大，由于毒副作用大，正被逐渐淘汰；大部分此类药物只允许作兽药，而不作饲料添加剂。

常用药物：磺胺类、喹乙醇、卡巴多、呋喃唑酮、硝呋烯腙及有机砷制剂等属于此类药物。

1.1.2.3　药物导致的危害

①引起畜禽内源性感染；

②产生耐药菌株，近年来，抗菌药物的广泛使用，细菌的耐药性不断加强，而且很多细菌已由单一耐药发展到多重耐药；

③使畜禽免疫功能下降；

④残留在动物产品中的药物通过食品链对人体造成如下危害：

● 致癌、致畸形、致突变。

● 急性中毒。如 1990 年西班牙发生因食用含有盐酸克仑特罗饲养的动物肝脏引起 43 个家庭集体中毒。

● 过敏反应。一些抗菌药物如青霉素、磺胺类药物、四环素及某些氨基糖苷类抗生素能使部分人群发生过敏反应。

● 促性早熟。动物产品中的高浓度激素残留，特别是性激素对儿童、青少年的生长发育极为不利，使孩子性成熟加快。

⑤污染环境。药物残留还可能破坏我们的周围生活环境。许多研究表明绝大多数药物排入环境后，仍然具有活性，会对土壤微生物、水生生物及昆虫等造成影响。

1.1.2.4　药物添加剂使用规定

①为加强兽药的使用管理，进一步规范和指导饲料药物添加剂的合理使用，防止滥用饲料药物添加剂，根据《兽药管理条例》的规定，农业部制定了《饲料药物添加剂使用范围规范》。明确规定：有 33 种饲料药物添加剂具有预防动物疾病、促进动物生长作用，可以在饲料中长时间添加使用，其产品批准文号须用"药添字"（表3-1）。生产含有 33 种所列品种成分的饲料，必须在产品标签中标明所含兽药成分的名称、含量、适用范围、停药期规定及注意事项等；有 24 种药物添加剂药物，用于防治动物疾病，并规定疗程，仅是通过混饲

给药的饲料药物添加剂，其产品批准文号须用"兽药字"（表3-2），各畜禽养殖场及养殖户须凭兽医处方购买、使用，所有商品饲料中不得添加24种所列的兽药成分。

②在饲料中长时间添加使用的药物添加剂名单（33种），见表3-1。

表3-1 饲料中长时间添加使用的药物添加剂名称

Tab. 3-1 Drug additives name list in feed

序号	药物添加剂名称	序号	药物添加剂名称
1	二硝托胺预混料 Dinitolmide Premix	17	氨苯砷酸预混剂 Arsanilic Acid Premix
2	马杜霉素铵预混料 Maduramicin Ammonium Premix	18	洛克沙胂预混剂 Arsanilic Acid Premix
3	尼卡巴嗪预混剂 Nicarbazin Premix	19	莫能菌素钠预混剂 Monensin Sodium Premix
4	尼卡巴嗪、乙氧酰胺苯甲酯预混剂 Nicarbazin and Ethopabate Premix	20	杆菌肽锌预混剂 Bacitracin Zinc Premix
5	甲基盐霉素、尼卡巴嗪预混剂 Narasin Premix	21	黄霉素预混剂 Flavomycin Premix
6	甲基盐霉素预混剂 Narasin and Nicarbazin Premix	22	弗吉尼亚霉素预混剂 Virginiamycin Premix
7	拉沙诺西钠预混剂 Lasalocid Sodium Premix	23	喹乙醇预混剂 Olaquindox Premix
8	氢溴酸常山酮预混剂 Halofuginone Hydrobromide Premix	24	那西肽预混剂 Nosiheptide Premix
9	盐酸氯苯胍预混剂 Robenidine Hydrochloride Premix	25	阿美拉霉素预混剂 Avilamycin Premix
10	盐酸氨丙啉、乙氧酰胺苯甲酯预混剂 Amprolium Hydrochloride and Ethopabate Premix	26	盐霉素钠预混剂 Salinomycin Sodium Premix
11	盐酸氨丙啉、乙氧酰胺苯甲酯、磺胺喹恶啉预混剂 Amprolium Hydrochloride、Ethopabate and Sulfaquinoxaline Premix	27	硫酸黏杆菌素预混剂 Colistin Sulfate Premix
12	氯羟吡啶预混剂 Clopidol Premix	28	牛至油预混剂 Oregano Oil Premix
13	海南霉素钠预混剂 Hainanmycin Sodium Premix	29	杆菌肽锌、硫酸粘杆菌素预混剂 Bacitracin Zinc and Colistin Sulfate Premix
14	赛杜霉素钠预混剂 Semduramicin Sodium Premix	30	土霉素钙预混剂 Oxytetracycline Calcium
15	地克珠利预混剂 Diclazuril Premix	31	吉他霉素预混剂 Kitasamycin Premix
16	复方硝基酚钠预混剂 Compound Sodium Nitrophenolate Premix	32	金霉素（饲料级）预混剂 Chlortetracycline（Feed Grade）Premix
		33	恩拉霉素预混剂 Enramycin Premix

③混饲给药，并规定疗程的药物添加剂名单（24 种），见表 3 - 2。

表 3 - 2　混饲给药并规定疗程的药物添加剂名称
Tab. 3 - 2　Mixed feeding, and course of drug additive name list

序号	药物添加剂名称	序号	药物添加剂名称
1	磺胺喹恶啉、二甲嘧啶预混剂 Sulfaquinoxaline and Diaveridine Premix	13	氟苯咪唑预混剂 Flubendazole Premix
2	越霉素 A 预混剂 Destomycin A Premix	14	复方磺胺嘧啶预混剂 Compound Sulfadiazine Premix
3	潮霉素 B 预混剂 Hygromycin B Premix	15	盐酸林可霉素、硫酸大观霉素预混剂 Lincomycin Hydrochloride and Spectinomycin Sulfate Premix
4	地美硝唑预混剂 Dimetridazole Premix	16	硫酸新霉素预混剂 Neomycin Sulfate Premix
5	磷酸泰乐菌素预混剂 Tylosin Phosphate Premix	17	磷酸替米考星预混剂 Tilmicosin Phosphate Premix
6	硫酸安普霉素预混剂 Apramycin Sulfate Premix	18	磷酸泰乐菌素、磺胺二甲嘧啶预混剂 Tylosin Phosphate and Sulfamethazine Premix
7	盐酸林可霉素预混剂 Lincomycin Hydrochloride Premix	19	甲砜霉素散 Thiamphenicol Powder
8	赛地卡霉素预混剂 Sedecamycin Premix	20	诺氟沙星、盐酸小檗碱预混剂 Norfloxacin and Berberine Hydrochloride Premix
9	伊维菌素预混剂 Ivermectin Premix	21	维生素 C 膦酸酯镁、盐酸环丙沙星预混剂 Magnesium Ascorbic Acid Phosphate and Ciprofloxacin Hydrochloride Premix
10	呋喃苯烯酸钠粉 Nifurstyrenate Sodium Powder	22	盐酸环丙沙星、盐酸小檗碱素预混剂 Ciprofloxacin Hydrochloride and Berberine Hydrochloride Premix
11	延胡索酸泰妙菌素预混盐 Tiamulin Fumarate Premix	23	恶喹酸散 Oxolinic Acid Powder
12	氯羟吡啶预混剂 Cyromazine Premix	24	磺胺氯吡嗪钠可溶性粉 Sulfaclozine Sodium Soluble Powder

1.1.2.5　兽药使用规定

为加强兽药残留监控工作，保证动物性食品卫生安全，根据《兽药管理条例》规定，农业部修订了《动物性食品中兽药最高残留限量》，于 2002 年 12 月 24 日，以 235 号公告的形式发布实施。《动物性食品中兽药最高残留限量》明确规定：

①禁止使用的药物，在动物性食品中不得检出，见表 3 - 3。

表 3-3　禁止使用的药物名称

Tab. 3-3　Name to ban the use of drugs

序号	药物名称	序号	药物名称
1	氯霉素 Chloramphenicol 及其盐、酯（包括琥珀氯霉素 Chloramphenico Succinate）	15	醋酸甲孕酮 MengestrolAcetat e
		16	硝基酚钠 Sodiumnitrophenolate
2	克伦特罗 Clenbuterol 及其盐、酯	17	硝呋烯腙 Nitrovin
3	沙丁胺醇 Salbutamol 及其盐、酯	18	毒杀芬（氯化烯）Camahechlor
4	西马特罗 Cimaterol 及其盐、酯	19	呋喃丹（克百威）Carbofuran
5	氨苯砜 Dapsone	20	杀虫脒（克死螨）Chlordimeform
6	己烯雌酚 Diethylstilbestrol 及其盐、酯	21	双甲脒 Amitraz
		22	酒石酸锑钾 Antimonypotassiumtartrate
7	呋喃它酮 Furaltadone	23	锥虫砷胺 Tryparsamile
8	呋喃唑酮 Furazolidone	24	孔雀石绿 Malachitegreen
9	林丹 Lindane	25	五氯酚酸钠 Pentachlorophenolsodium
10	呋喃苯烯酸钠 Nifurstyrenatesodium	26	氯化亚汞（甘汞）Calomel
11	安眠酮 Methaqualone	27	硝酸亚汞 Mercurousnitrate
12	洛硝达唑 Ronidazole	28	醋酸汞 Mercurousacetate
13	玉米赤霉醇 Zeranol	29	吡啶基醋酸汞 Pyridylmercurousacetate
14	去甲雄三烯醇酮 Trenbolone	30	甲基睾丸酮 Methyltestosterone
		31	群勃龙 Trenbolone

②允许作治疗用，但不得在动物性食品中检出的药物，见表 3-4。

表 3-4　允许作治疗用，但不得在动物性食品中检出的药物名称

Tab. 3-4　Allows for treatment, but not in the name of the drug in animal foods detection

序号	药物名称	序号	药物名称
1	氯丙嗪 Chlorpromazine	6	甲硝唑 Metronidazole
2	地西泮（安定）Diazepam	7	苯丙酸诺龙 Nadrolone Phenylpropionate
3	地美硝唑 Dimetridazole	8	丙酸睾酮 Testosteronepropinate
4	苯甲酸雌二醇 EstradiolBenzoate	9	塞拉嗪 Xylzaine
5	潮霉素 BHygromycinB		

③按质量标准、产品使用说明书规定用于食品动物，但需要制定最高残留限量的药物，见表 3-5。

表 3-5　按质量标准、产品使用说明书规定用于食品动物，但需制定最高残留限量药物名称

Tab. 3-5　Used in food animals as stipulated in the product specification,

but need to develop maximum residue limits

序号	药物名称	序号	药物名称
1	阿灭丁（阿维菌素）Abamectin	33	三氮脒 Diminazine
2	乙酰异戊酰泰乐菌素 Acetylisovaleryltylosin	34	多拉菌素 Doramectin
3	阿苯达唑 Albendazole	35	多西环素 Doxycycline
4	双甲脒 Amitraz	36	恩诺沙星 Enrofloxacin
5	阿莫西林 Amoxicillin	37	红霉素 Erythromycin
6	氨苄西林 Ampicillin	38	乙氧酰胺苯甲酯 Ethopabate
7	氨丙啉 Amprolium	39	苯硫氨酯 Fenbantel
8	安普霉素 Apramycin	40	芬苯达唑 Fenbendazole
9	阿散酸/洛克沙胂 Arsanilicacid/Roxarsone	41	奥芬达唑 Oxfendazole
10	氮哌酮 Azaperone	42	倍硫磷 Fenthion
11	杆菌肽 Bacitracin	43	氰戊菊酯 Fenvalerate
12	苄星青霉素/普鲁卡因青霉素 Benzylpenicillin/Procainebenzylpenicillin	44	氟苯尼考 Florfenicol
		45	氟苯咪唑 Flubendazole
13	倍他米松 Betamethasone	46	醋酸氟孕酮 FlugestoneAcetate
14	头孢氨苄 Cefalexin	47	氟甲喹 Flumequine
15	头孢喹肟 Cefquinome	48	氟氯苯氰菊酯 Flumethrin
16	头孢噻呋 Ceftiofur	49	氟胺氰菊酯 Fluvalinate
17	克拉维酸 Clavulanicacid	50	庆大霉素 Gentamycin
18	氯羟吡啶 Clopidol	51	氢溴酸常山酮 Halofuginonehydrobromide
19	氯氰碘柳胺 Closantel	52	氮氨菲啶 Isometamidium
20	氯唑西林 Cloxacillin	53	伊维菌素 Ivermectin
21	粘菌素 Colistin	54	吉他霉素 Kitasamycin
22	蝇毒磷 Coumaphos	55	拉沙洛菌素 Lasalocid
23	环丙氨嗪 Cyromazine	56	左旋咪唑 Levamisole
24	达氟沙星 Danofloxacin	57	林可霉素 Lincomycin
25	癸氧喹酯 Decoquinate	58	马杜霉素 Maduramicin
26	溴氰菊酯 Deltamethrin	59	马拉硫磷 Malathion
27	越霉素 ADestomycinA	60	甲苯咪唑 Mebendazole
28	地塞米松 Dexamethasone	61	安乃近 Metamizole
29	二嗪农 Diazinon	62	莫能菌素 Monensin
30	敌敌畏 Dichlorvos	63	甲基盐霉素 Narasin
31	地克珠利 Diclazuril	64	新霉素 Neomycin
32	二氟沙星 Difloxacin	65	尼卡巴嗪 Nicarbazin

(续)

序号	药物名称	序号	药物名称
66	硝碘酚腈 Nitroxinil	80	大观霉素 Spectinomycin
67	喹乙醇 Olaquindox	81	链霉素/双氢链霉素 Streptomycin/Dihydrostrepto-mycin
68	苯唑西林 Oxacillin	82	磺胺类 Sulfonamides
69	丙氧苯咪唑 Oxibendazole	83	磺胺二甲嘧啶 Sulfadimidine
70	噁喹酸 Oxolinicacid	84	噻苯咪唑 Thiabendazole
71	土霉素/金霉素/四环素 Oxytetracycline/Chlortet-racycline/Tetracycline	85	甲砜霉素 Thiamphenicol
72	辛硫磷 Phoxim	86	泰妙菌素 Tiamulin
73	哌嗪 Piperazine	87	替米考星 Tilmicosin
74	巴胺磷 Propetamphos	88	甲基三嗪酮（托曲珠利）Toltrazuril
75	碘醚柳胺 Rafoxanide	89	敌百虫 Trichlorfon
76	氯苯胍 Robenidine	90	三氯苯唑 Triclabendazole
77	盐霉素 Salinomycin	91	甲氧苄啶 Trimethoprim
78	沙拉沙星 Sarafloxacin	92	泰乐菌素 Tylosin
79	赛杜霉素 Semduramicin	93	维吉尼霉素 Virginiamycin
		94	二硝托胺 Zoalene

④动物性食品允许使用，但不需要制定残留限量的药物，见表3-6。

表3-6 动物性食品允许使用，但不需要制定残留限量的药物名称

Tab. 3-6 Allows the use of animal food, but I don't need to develop in the name of the drug residue limits

序号	药物名称	序号	药物名称
1	乙酰水杨酸 Acetylsalicylic acid	14	碳酸钙 Calciumcarbonate
2	氢氧化铝 Aluminiumhydroxide	15	氯化钙 Calciumchloride
3	双甲脒 Amitraz	16	葡萄糖酸钙 Calciumgluconate
4	氨丙啉 Amprolium	17	磷酸钙 Calciumphosphate
5	安普霉素 Apramycin	18	硫酸钙 Calciumsulphate
6	阿托品 Atropine	19	泛酸钙 Calciumpantothenate
7	甲基吡啶磷 Azamethiphos	20	樟脑 Camphor
8	甜菜碱 Betaine	21	氯己定 Chlorhexidine
9	碱式碳酸铋 Bismuthsubcarbonate	22	胆碱 Choline
10	碱式硝酸铋 Bismuthsubnitrate	23	氯前列醇 Cloprostenol
11	硼酸及其盐 Boricacidandborates	24	癸氧喹酯 Decoquinate
12	咖啡因 Caffeine	25	地克珠利 Diclazuril
13	硼葡萄糖酸钙 Calciumborogluconate	26	肾上腺素 Epinephrine

（续）

序号	药物名称	序号	药物名称
27	马来酸麦角新碱 Ergometrinemaleata	58	胃蛋白酶 Pepsin
28	乙醇 Ethanol	59	苯酚 Phenol
29	硫酸亚铁 Ferroussulphate	60	哌嗪 Piperazine
30	氟氯苯氰菊酯 Flumethrin	61	聚乙二醇（分子量范围从 200 到 10 000）Polyethyleneglycols（molecular weight ranging from 200 to 10 000）
31	叶酸 Folicacid		
32	促卵泡激素 Folliclestimulatinghormone		
33	甲醛 Formaldehyde	62	吐温-80 Polysorbate80
34	戊二醛 Glutaraldehyde	63	吡喹酮 Praziquantel
35	垂体促性腺激素释放激素 Gonadotrophinreleasinghormone	64	普鲁卡因 Procaine
		65	双羟萘酸噻嘧啶 Pyrantelembonate
36	绒促性素 Humanchoriongonadotrophin	66	水杨酸 Salicylicacid
37	盐酸 Hydrochloricacid	67	溴化钠 SodiumBromide
38	氢化可的松 Hydrocortisone	68	氯化钠 Sodiumchloride
39	过氧化氢 Hydrogenperoxide	69	焦亚硫酸钠 Sodiumpyrosulphite
40	碘和碘无机化合物 Iodineandiodineinorganiccompoundsincluding	70	水杨酸钠 Sodiumsalicylate
		71	亚硒酸钠 Sodiumselenite
41	碘化钠和钾 Sodiumandpotassium-iodide	72	硬脂酸钠 Sodiumstearate
42	碘酸钠和钾 Sodiumandpotassium-iodate	73	硫代硫酸钠 Sodiumthiosulphate
43	碘附 Iodophorsincluding	74	脱水山梨醇三油酸酯（司盘 85）Sorbitantrioleate
44	聚乙烯吡咯烷酮碘 polyvinylpyrrolidone-iodine	75	士的宁 Strychnine
45	碘有机化合物 Iodineorganiccompounds	76	愈创木酚磺酸钾 Sulfogaiacol
46	碘仿 Iodoform	77	硫黄 Sulphur
47	右旋糖酐铁 Irondextran	78	丁卡因 Tetracaine
48	氯胺酮 Ketamine	79	硫柳汞 Thiomersal
49	乳酸 Lacticacid	80	硫喷妥钠 Thiopentalsodium
50	利多卡因 Lidocaine	81	维生素 A VitaminA
51	促黄体激素（各种动物天然 FSH 及其化学合成类似物）Luteinising hormone（natural LH from all species and their synthetic analogues）	82	维生素 B_1 VitaminB_1
		83	维生素 B_{12} VitaminB_{12}
		84	维生素 B_2 VitaminB_2
52	氯化镁 Magnesiumchloride	85	维生素 B_6 VitaminB_6
53	甘露醇 Mannitol	86	维生素 D VitaminD
54	甲萘醌 Menadione	87	维生素 E VitaminE
55	新斯的明 Neostigmine	88	盐酸塞拉嗪 Xylazinehydrochloride
56	缩宫素 Oxytocin	89	氧化锌 Zincoxide
57	对乙酰氨基酚 Paracetamol	90	硫酸锌 Zincsulphate

1.1.3 饲料中引入的重金属污染

在饲料作物生长过程中，如果气体、大气、土壤、水体被重金属污染，同样，可导致重金属在畜禽体内蓄积，将成为对人体健康的严重威胁。

重金属元素一般是指密度在 $4.59g/cm^3$ 以上的金属元素。它包括的元素种类很多，仅就饲料卫生而言，重金属元素通常是指铅、砷、镉、汞、硒、钼、铬等多种生物毒性严重的元素，它们的密度依次为 $11.3g/cm^3$、$5.7g/cm^3$、$8.6g/cm^3$、$13.6g/cm^3$、$4.8g/cm^3$、$10.2g/cm^3$ 和 $7.3g/cm^3$。这些重金属元素在常量甚至微量下，即可对动物产生明显的毒害作用，故常被称为有毒金属元素。

1.1.3.1 饲料中重金属元素的污染来源

饲料中重金属元素的污染来源有以下几方面。

1）环境中高本底含量

某些地区（如矿区）自然地质化学条件特殊，其地层中的重金属元素含量显著增高，从而使饲用植物中含有较高水平的重金属元素。

2）工业"三废"的排放

采矿和冶炼是向环境排放重金属元素的最主要途径。例如在锌矿、铅矿、铜矿中含有多量的镉，尤其是在锌矿中镉与锌伴生，含镉量通常约 $0.1\%\sim0.5\%$，有时可高达 $2\%\sim5\%$。含砷矿石如雌黄（As_2S_3）、雄黄（As_2S_2）、砷硫铁矿（$FeAsS$）等的砷含量高达 $20\%\sim60\%$。此外，通过"三废"向环境排放重金属元素的工业企业更是不胜枚举。上述工矿企业"三废"的排放，造成对环境和饲料的污染。

3）农业生产活动造成的污染

农药施用、农田施肥和污水灌溉等，如果管理不善，可使重金属元素进入土壤并随之积累，从而被作物吸收与残留造成污染。例如，施用有机砷杀菌剂（甲基胂酸铁胺、甲基胂酸钙等）、有机汞杀菌剂（氯化乙基汞、醋酸苯汞等）、砷酸铅（杀虫剂）等，可造成砷、汞、铅的污染。磷肥中含砷量约为 $24mg/kg$，含镉约 $10\sim20mg/kg$，含铅约 $10mg/kg$。因此长期施用磷肥可引起土壤中砷、镉、铅的积累，使这些重金属元素在作物中的含量增高。污水灌溉农田时，如果用未经处理或处理不达标的污水灌溉，会造成镉、砷、铅、汞等对土壤和作物的污染。

4）饲料加工造成的污染

饲料加工过程中所用的金属机械、管道、容器等可能含有某些重金属元素，在一定的条件下进入饲料。如采用表面镀镉处理的饲料加工机械、器皿及上釉的陶、瓷容器，当饲料的酸度较大时可将镉、铅溶出而污染饲料；机械摩擦可使金属尘粒混入饲料。此外，矿物质饲料（如饲用磷酸盐类、饲用碳酸钙类）和饲料添加剂（特别是微量元素添加剂）的质地不纯，其中的重金属元素杂质含量过高也可使饲料受到污染。如近年湖北省及某些省市饲料监测站，对饲料级硫酸锌产品中含镉量检测结果，平均镉含量达到 1% 以上，高的甚至达 3.67%。由此导致添加剂预混料和配合饲料中镉含量严重超标而引起产蛋鸡、雏鸭及母猪镉中毒与死亡，造成养殖业损失。

1.1.3.2 重金属元素的毒作用机理及影响因素

1）毒作用机理

重金属元素被吸收后，随血液循环到全身各组织器官。它们在动物体内多以原来的形式存在，也可能转变为毒性更大的化合物。多数重金属元素可在机体内蓄积，其半减期较长。大剂量重金属元素进入机体后可引起动物急性中毒，常出现呕吐、腹痛、腹泻等消化道症状，并损害肝、肾及中枢神经系统。随饲料长期少量摄入的重金属元素多产生慢性中毒，它是逐渐积累并需经过一段时间才呈现毒性反应。因此在初期它们对机体的危害不易被人们察觉。

重金属元素的毒作用机理最主要的是抑制酶系统的活性。其作用方式主要有：

①置换生物分子中的金属离子：许多酶含有金属离子或者需要金属离子激活，如铁、铜、锌、钙、锰等。作为生物催化剂的酶，这些金属元素属于必需元素。重金属元素可以与这些必需元素竞争并予以置换，从而使酶的功能受到影响。在元素周期表中，同族元素的化学性质和外层电子的电性类似，因此有毒的重金属元素往往能取代同族中的必需金属元素，如镉能置换含锌酶中的锌，而锌也能拮抗镉的毒性。

②与酶的活性中心起作用：酶蛋白有许多功能基因（如巯基、氨基、羟基、羧基等），形成酶的活性中心。这些基团大多位于活性中心以内，也有的位于活性中心以外，但都是酶分子中与活性有关的必需基团。这些必需基团与重金属元素结合或受到破坏后，酶的活性即被抑制。许多重金属元素（如砷、汞、镉）因易与硫结合而与体内酶系统的巯基具有很强的亲和力。但是不同的重金属元素可抑制不同的巯基酶，或虽作用于同一酶但可产生不同程度的毒作用。

2）影响重金属元素毒性的因素对机体的毒性作用的因素有：

①重金属元素的化学形式：重金属元素的毒性大小与其存在的化学形式有关。例如，无机态的氯化汞在机体中的吸收率仅 2％，而有机态的醋酸汞、苯基汞及甲基汞的吸收率分别为 50％、50％～80％ 及 90％ 以上。这表明有机汞比无机汞易于被机体吸收，其毒性比无机汞大，在有机汞中又以甲基汞的毒性最大。又如硝酸铅、醋酸铅易溶于水，易被吸收，毒性大；硫化铅、铬酸铅不易溶解、毒性小。易溶于水的氯化镉、硝酸镉比难溶于水的硫化镉、氢氧化镉的毒性大。无机砷的毒性比有机砷大，三价砷的毒性比五价砷的毒性大。

②日粮的营养成分：适当提高日粮的蛋白质水平和添加蛋氨酸和胱氨酸，可阻止慢性中毒（铅、砷、镉、汞等）动物的体重下降，提高机体对这些重金属元素的抵抗力。维生素 C 可以降低镉、砷、铅、汞等的慢性中毒。而日粮中过量的脂肪则可增加铅等毒物从肠道的吸收。

③金属元素之间的相互作用：金属元素之间对其毒性可以发生相互影响。这种作用有时表现为相互拮抗，有时表现为相互协同。例如，镉的毒性与锌/镉比值有密切关系，当日粮中锌/镉比值较大时，镉显示的毒性小。硒可以降低砷、汞、铅、镉的毒性。铜可降低镉、铅的毒性，但却增强汞的毒性。当日粮中缺铁和钙时，可使铅、镉的毒性增大。

1.1.3.3 饲料中重金属元素的限量标准

我国《饲料卫生标准》（GB 13078—2001）及第 1 号修改单对砷、铅、镉、铬、汞等重金属元素规定了限量标准。现将砷、铅、铬、汞及镉的允许量列示于表 3-7。

表 3 - 7　饲料中砷、铅、镉的允许量

Tab. 3 - 7　Arsenic, lead, cadmium in feed allowances

单位：mg/kg

饲料种类	砷（以总砷计）	铅（以 Pb 计）	铬（以 Cr 计）	汞（以 Hg 计）	镉（以 Ca 计）
家禽配合饲料	≤2.0	/	/	/	/
鸡配合饲料	≤2.0	≤5	≤10	≤0.1	≤0.5
猪配合饲料	≤2.0	≤5	≤10	≤0.1	≤0.5
牛精料补充料	≤10.0	≤8	/	/	/
羊精料补充料	≤10.0	/	/	/	/
猪、家禽浓缩饲料	≤10.0	/	/	/	/
猪、家禽添加剂预混合饲料	≤10.0	/	/	/	/
生长鸭、产蛋鸭、肉鸭配合饲料	/	≤5	/	/	/
产蛋鸡、肉用仔鸡浓缩饲料	/	≤13	/	/	/
仔猪、生长肥育猪浓缩饲料	/	≤13	/	/	/
产蛋鸡、肉用仔鸡复合预混合饲料	/	≤40	/	/	/
仔猪、生长肥育猪复合预混合饲料	/	≤40	/	/	/

1.1.3.4　饲料中重金属元素污染与危害的预防

1）预防饲料中重金属元素污染的主要措施有：

①加强农用化学物质的管理。禁止使用含有毒重金属元素的农药、化肥和其他化学物质，如含砷、含汞制剂；严格管理农药、化肥的使用；农田施用污泥或用污水灌溉时，要严格控制污泥和污水中的重金属元素含量和施用量，严格执行 GB4284 农用污泥中污染物控制标准和 GB5084 农田灌溉水质标准。

②控制工业"三废"的排放。通过改革工艺、回收处理，最大限度地减少重金属元素的流失，严格执行工业"三废"的排放标准。

③减少重金属元素向植物体内的迁移。在可能受到重金属元素污染的土壤中施加石灰、碳酸钙、磷酸盐等改良剂和具有促进还原作用的有机物质（如绿肥、厩肥、堆肥、腐殖酸类等有机肥），以降低重金属元素的活性，减少重金属元素向农作物体内迁移和累积。

④限制使用含铅、镉等重金属元素的饲料加工工具、管道、容器和包装材料。

⑤加强对重金属元素的监控。制订和完善饲料（配合饲料、添加剂预混料和饲料原料）中重金属元素的卫生标准，加强对饲料中重金属元素的监督检测工作。

2）预防饲料中重金属元素对机体的危害

为了减少与防止饲料中重金属元素对机体的危害，可根据不同重金属元素对机体损害的特点，对日粮中营养成分进行调控，作为对机体的保护性措施。可考虑采取以下营养性措施：

①提高日粮蛋白质水平。适当提高日粮的蛋白质水平，特别是增加富含含硫氨基酸的优质蛋白质，可提高机体对毒物的抵抗力。

②大量补充维生素 C。维生素 C 能保持谷胱甘肽处于还原形式，还原型谷胱甘肽的巯基能与重金属离子结合，保护巯基酶避免被毒物破坏而引起中毒。

③适当补充维生素 B$_1$、维生素 B$_2$。铅、砷、汞等重金属元素都可损害神经系统，并常引起多发性神经炎，适当补充维生素 B$_1$、维生素 B$_2$ 可预防其危害。

④补充铁、锌和铜。日粮中适当增加铁、锌和铜，可以减少铅、镉等的吸收与贮留，从而减轻它们的毒性作用。

1.1.4　饲料中引入的霉菌毒素

霉菌毒素是霉菌在谷物（大豆、玉米、麸皮）繁殖过程中或者储存过程中产生的有毒代谢产物。黄曲霉毒素是主要由黄曲霉寄生曲霉产生的次生代谢产物，属剧毒物质，是迄今发现的最强的化学致癌物，并且具有强烈的致畸形、致突变作用。因此，在饲料生产过程中对黄曲霉毒素的含量及其毒性进行有效的系统控制尤为重要。

1.1.4.1　黄曲霉毒素属的特性

1993 年黄曲霉毒素被世界卫生组织（WHO）的癌症研究机构划定为 I 类致癌物，是一种毒性极强的剧毒物质，黄曲霉毒素的危害性在于对人及动物肝脏组织有破坏作用，严重时可导致肝癌甚至死亡。

黄曲霉毒素在紫外线照射下能产生荧光，根据荧光颜色不同，将其分为 B 族和 G 族两大类及其衍生物。B 族发蓝色荧光，G 族发绿色荧光。B1 是最危险的致癌物，经常在玉米，花生，棉花种子，一些干果中检测到。哺乳类动物摄入被黄曲霉毒素 B1 污染的饲料或食品后，通过羟基化作用转化成黄曲霉毒素 M1。

1）物理化学特性

在紫外线下黄曲霉毒素 B1、B2，黄曲霉毒素 G1、G2，黄曲霉毒素的相对分子量为 312～346，难溶于水，易溶于油、甲醇、丙酮和氯仿等有机溶剂，一般在中性溶液中较稳定，但在强酸性溶液中稍有分解，在 pH 9～10 的强碱溶液中分解迅速，其纯品为无色结晶，耐高温黄曲霉毒素 B1 的分解温度为 268℃，紫外线对低浓度黄曲霉毒素有一定的破坏性。

2）毒性

黄曲霉毒素毒性远远高于氰化物、砷化物和有机农药的毒性，其中以 B1 毒性最大。当人摄入量大时，可发生急性中毒，出现急性肝炎、出血性坏死、肝细胞脂肪变性和胆管增生。当微量持续摄入，可造成慢性中毒，生长障碍，引起纤维性病变，致使纤维组织增生。

3）具耐热性

一般烹调加工温度不能将其破坏，裂解温度为 280℃。在水中溶解度较低，溶于油及一些有机溶剂，如氯仿和甲醇，但不溶于乙醚、石油醚及乙烷。

1.1.4.2　黄曲霉毒素造成的危害

1）急性中毒

它是一种剧毒物质，毒性比 KCN 大 10 倍，比砒霜大 68 倍，仅次于肉毒霉素，是已知霉菌中毒性最强的。它的毒害作用针对所有动物，呈急性肝炎、出血性坏死、肝细胞脂肪变性和胆管增生，脾脏和胰脏也有轻度的病变。

2）慢性中毒

长期摄入小剂量的黄曲霉毒素则造成慢性中毒。其主要变化特征为肝脏出现慢性损伤，如肝实质细胞变性、肝硬化等，出现动物生长发育迟缓，体重减轻，母畜不孕或产仔少等系列症状。

3）致癌性

黄曲霉毒素是所知致癌性最强的化学物质，其致癌特点是：

①致癌范围广，能诱发鱼类、禽类，各种实验动物、家畜及灵长类等多种动物的实验肿瘤；

②致癌强度大，其致癌能力比六六六大1万倍；

③可诱发多种癌，黄曲霉毒素主要诱发肝癌，还可诱发胃癌、肾癌、泪腺癌、直肠癌、乳腺癌、卵巢及小肠等部位的肿瘤，还可出现畸胎。

④对畜牧业造成的危害。由于食用黄曲霉毒素污染的饲料，每年至少要使美国畜牧业遭受10％的经济损失，在我国，由此而带来的畜牧业损失可能也很大。黄曲霉毒素能导致家禽法氏囊和胸腺萎缩，皮下出血，反应差，抵抗力下降，疫苗失效，蛋变小，蛋黄重量变低，受精率、孵化率降低，胚胎死亡增加及不健康。对家畜引起生长缓慢，饲料率下降，黄疸，皮毛粗糙，低蛋白血症，肝癌和免疫抑制。

⑤危害事件：20世纪60年代在英国发生的10万只火鸡突发性死亡事件被确认与从巴西进口的花生粕有关，进一步确认系黄曲霉毒素B1所致。

1.1.4.3 黄霉毒素的主要来源及分布

1）黄霉毒素的主要来源

黄曲霉毒素是黄曲霉、寄生曲霉等产生的代谢产物。当粮食未能及时晒干及储藏不当时，往往容易被黄曲霉或寄生曲霉污染而产生此类毒素。

2）黄霉毒素的分布

黄曲霉毒素存在于土壤、动植物，各种坚果中，特别是花生和核桃中，在大豆、稻谷、玉米、通心粉、调味品、牛奶、奶制品、食用油等制品中也经常发现黄曲霉毒素。一般在热带和亚热带地区，食品中黄曲霉毒素的检出率比较高。在我国产生黄曲霉毒素的产毒菌种主要为黄曲霉。1980年测定了从17个省粮食中分离的黄曲霉1 660株，广西地区的产毒黄曲霉最多，检出率为58％。总的分布情况为：华中、华南、华北产毒株多，产毒量也大；东北、西北地区较少。

黄曲霉毒素进入机体后，在肝脏中的量较其他组织器官高，说明肝脏可能受黄曲霉毒素的影响最大。肾脏、脾脏和肾上腺也可检出，肌肉中一般不会检出。黄曲霉毒素如不连续摄入，一般不在体内积蓄。一次摄入后约1周即经呼吸、尿、粪等将大部分排出。

1.1.4.4 黄曲霉毒素的标准

1）美国标准

美国联邦政府法律规定人类消费食品和奶牛饲料中的黄曲霉毒含量（指B1＋B2＋G1＋G2的总量）不能超过15μg/kg，人类消费的牛奶中的含量不能超过0.5μg/kg，其他动物饲料中的含量不能300μg/kg。

2）欧盟标准

而欧盟国家规定更加严格，落花生和坚果及其加工产品和所有谷类食品及加工产品中黄曲霉毒素B1限量为2.0μg/kg；原奶、热处理奶及加工奶产品中M1限量为0.050

μg/kg；婴儿食品（包括婴幼儿奶）中 M1 限量为 0.025μg/kg。

　　3）中国标准

　　我国《食品中真菌毒素限量》（GB 2761—2011）对黄曲霉毒素规定了限量标准。现将黄曲霉毒素 B1、M1 的限量量列示于表 3-8。

表 3-8　饲料和食品中黄曲霉毒素的限量
Tab. 3-8　Feed and aflatoxin in food limited

单位：mg/kg

饲料和食品种类	黄曲霉毒素 B1	黄曲霉毒素 M1
玉米	≤20	/
稻谷、糙米、大米	≤10	/
小麦、大麦、其他谷物	≤5.0	/
花生及其制品	≤20	/
乳及乳制品	≤10.0	≤0.5

1.1.4.5　预防措施

　　防霉，霉菌生长繁殖需要一定的温度、湿度、氧气及水分含量，如能控制这些因素的其中之一，即可达到防霉的目的；对黄曲霉毒素含量超过国家标准规定的粮油食品必须进行去毒处理。

1.1.5　饲养过程中投入的瘦肉精

　　瘦肉精：一类动物用药的统称。任何能够促进瘦肉生长、抑制动物脂肪生长的物质都可以叫做"瘦肉精"，这类药物实际上既不是兽药，也不是饲料添加剂，而是 β-2 肾上腺受体激动剂，是严重危害畜牧业健康发展和畜产品安全的毒品。

1.1.5.1　瘦肉精种类

　　农业部等部局先后公布了瘦肉精主要有盐酸克伦特罗、沙丁胺醇、硫酸沙丁胺醇、莱克多巴胺、盐酸多巴胺、西马特罗、硫酸特布他林、班布特罗、盐酸齐帕特罗、盐酸氯丙那林、马布特罗、西布特罗、溴布特罗、酒石酸阿福特罗、富马酸福莫特罗和苯乙醇胺 A 共 16 种。

　　1）盐酸克伦特罗

　　盐酸克伦特罗又名克喘素、氨哮素，化学名：4-氨基-α-（叔丁胺甲基）-3.5-二氯苯甲醇。盐酸克伦特罗（Clenbuterol，简称 CLB），是一种从天然儿茶酚胺衍生合成的化合物。外观为白色或类白色的结晶粉末，无臭、味微苦，溶于水和乙醇，微溶于丙酮，不溶于乙醚，是 β-2 肾上腺受体激动剂。盐酸克伦特罗性质稳定，加热至 172℃ 才分解。

　　20 世纪 70 年代中后期，克伦特罗作为一种新的、选择性的 β-2 肾上腺受体激动剂逐步应用与临床实验，它能够引起交感神经兴奋，在治疗剂量下，强效并且持久的松弛支气管平滑肌，口服治疗剂量仅为 30～40μg，对支气管哮喘和伴随有可逆性期待梗塞的慢性支气管炎均有良好的效果，能较长时间增加肺的最高呼气量。克伦特罗可作为支气管扩张及治疗慢性梗塞性肺部疾病。

　　从 20 世纪 80 年代初人们发现在肉用动物生产中每天使用克伦特罗 1 000～3 000μg 具

· 89 ·

有促进肌肉发育和脂肪分解的作用，可明显提高饲料的利用率和瘦肉率，具有能量重分配的作用。其机理是克伦特罗通过作用于骨骼肌的β-2肾上腺受体，引起肌肉中环磷酸腺苷和乳酸浓度的快速升高，及糖原浓度下降，加快肌肉蛋白质的合成速度，长期使用能增加肌肉体积、增加体重，对心肌和后肢肌肉影响最为明显。此外，盐酸克伦特罗有抑制肌肉萎缩的作用。据报道，给予因臂丛神经损伤而导致肱二头肌完全神经支配的患者盐酸克伦特罗60μg，2次/天连续用药3周，结果表明，盐酸克伦特罗能有效防治神经骨骼肌萎缩。研究发现，盐酸克伦特罗可提高矫形病人的相对肌肉力量，因此被认为对肌肉废用性萎缩有潜在的治疗作用。

2）莱克多巴胺

莱克多巴胺（Ractopamine），化学名为1-（4-羟基苯基）-2［1-甲基-3-（4-羟基苯基）-丙氨基］-乙醇。可溶于水，微溶于丙酮，可溶于乙醇，熔点159.8℃。盐酸莱克多巴胺是莱克多巴胺的盐酸盐，是一种医药原料，一种可用于治疗充血性心力衰竭症的强心药。还可以用于治疗肌肉萎缩症，增长肌肉，减少脂肪蓄积，并对胎儿和新生儿生长有益。美国FDA在2000年批准，可以用于动物营养重新配剂，广泛地用于畜牧业和养殖业。可以同时提高动物的日增重，提高饲料利用率，提高动物的蛋白质含量。

3）沙丁胺醇

沙丁胺醇（Salbutamol），化学名为1-（4-羟基-3-羟甲基苯基）-2-（叔丁氨基）。沙丁胺醇为一种选择性β-2受体激动剂，用于治疗喘息型支气管炎、支气管哮喘、肺气肿所致的支气管痉挛。可由对羟基苯乙酮经氯甲基化、酯化、溴化、胺化后再经水解、中和、氢化制得。其硫酸盐为白色或近白色的结晶性粉末。无臭，味微苦。略溶于水，可溶于乙醇，微溶于乙醚。

4）硫酸沙丁胺醇

硫酸沙丁胺醇，中文别名：硫酸舒瑞灵、硫酸嗽必妥、1-（4-羟基-3-羟甲基苯基）-2-（叔丁氨基）乙醇硫酸盐、沙丁胺醇硫酸盐。沙丁胺醇为一种选择性β-2受体激动剂，适用于支气管哮喘、喘息型支气管炎及肺气肿等，缓解发作多用气雾吸入，而预防发作则可口服给药。不良反应：常见肌肉震颤，亦可见恶心、心率加快或心律失常。偶见有头晕、头昏、头痛、目眩、口舌发干、心烦、高血压、失眠、呕吐、颜面潮红等。

5）特布他林

特布他林（Terbutaline），化学名为α-［（叔丁氨基）甲基］-3.5-二羟基苯甲醇，本品为白色或类白色的结晶性粉末，无臭，味苦，遇光后渐变色，在水中易溶，在甲醇中微溶，在氯仿中几乎不溶。其硫酸盐硫酸特布他林是一种药物，用于治疗支气管哮喘，喘息性支气管炎，肺气肿等。

6）西巴特罗

2-氨基-5-1-羟基-2-（异丙基氨基）乙基苯甲腈，美国氰胺公司开发的产品，一种β兴奋剂。

7）盐酸多巴胺

盐酸多巴胺，中文别名：多巴胺、3-羟酪胺、儿茶酚乙胺；4-（2-氨基乙基）-1，2-苯二酚盐酸盐。盐酸多巴胺是去甲肾上腺素生物合成的前体，为中枢性递质之一，具有兴奋β-受体、α-受体和多巴胺受体的作用，兴奋心脏β-受体可增加心肌收缩力，增加心输出量。兴奋多巴胺受体和α-受体使肾、肠系膜、冠脉及脑血管扩张、血流量增加。对周围血管有轻度收缩作用，升高动脉血压，本药的突出作用为使肾血流量增加，肾小球滤过率增加，从而促使尿量增加，尿钠排泄也增加。临床用于各种类型的休克，尤其适用于休克伴有心收缩力减弱，肾功能不全者。

1.1.5.2 瘦肉精的作用

在动物体内，对营养物质具有重新分配的作用，能促进动物生长、提高瘦肉率、降低脂肪沉积、提高饲料报酬等。

①能使家畜提高生长速度，增加瘦肉率，毛色红润光亮，收腹，卖相好；

②可促进体内蛋白质合成，加速脂肪的转化和分解，提高了肉的瘦肉率；

③用量大、使用的时间长、代谢慢，导致在屠宰前到上市，在畜体内的残留量都很大。

1.1.5.3 瘦肉精导致的危害

人食用残留有瘦肉精的肉后，出现肌肉震颤、心慌、战栗、头疼、恶心、呕吐等症状，特别是对高血压、心脏病、甲亢和前列腺肥大等疾病患者危害更大，严重的可导致死亡。长期食用则有可能导致染色体畸变，会诱发恶性肿瘤。

2006年9月，上海连续发生瘦肉精食物中毒事故，波及全市9个区300多人。患者都出现头晕、手发麻、浑身冒冷汗症状，其罪魁祸首居然是猪肉和猪内脏；

2009年2月，广州出现瘦肉精中毒事故，发病人数达70人，病猪猪源来自湖南省；

2010年9月，广州13人因食用瘦肉精蛇肉而中毒。瘦肉精的使用范围有扩大趋势，从传统意义上的猪转移到蛇等其他物种。

1.1.5.4 对禁用瘦肉精的规定

为加强饲料、兽药管理，杜绝滥用违禁药品的行为，保证动物源性食品安全，维护人民身体健康，根据《饲料和饲料添加剂管理条例》《兽药管理条例》等有关规定，农业部等部门发布公告，对禁止在饲料、动物饮用水和畜禽水产养殖过程中使用的瘦肉精做了明确规定。

农业部、卫生部、国家药品监督管理局2002年第176号公告，《禁止在饲料和动物饮水中使用的药物品种目录》：

①盐酸克仑特罗（Clenbuterol Hydrochloride）：β-2肾上腺素受体激动药。

②沙丁胺醇（Salbutamol）：β-2肾上腺素受体激动药。

③硫酸沙丁胺醇（Salbutamol Sulfate）：β-2肾上腺素受体激动药。

④莱克多巴胺（Ractopamine）：一种β兴奋剂，FDA（Food and Drug Administration（美国）食品及药物管理局）已批准，我国未批准。

⑤盐酸多巴胺（Dopamine Hydrochloride）：多巴胺受体激动药。

⑥西马特罗（Cimaterol）：美国氰胺公司开发的产品，一种β兴奋剂，FDA未批准。

⑦硫酸特布他林（Terbutaline Sulfate）：β-2肾上腺受体激动药。

中华人民共和国农业部公告第193号《食品动物禁用的兽药及其它化合物清单》中明确规定：2002年5月15日起，对克仑特罗Clenbuterol、沙丁胺醇Salbutamol、西马特罗

Cimaterol 及其盐、酯及制剂原料药及其单方、复方制剂产品停止经营和使用。

中华人民共和国农业部公告第 1519 号，明确规定从 2010 年 12 月 27 日期，禁止在饲料和动物饮水中使用以下物质：

①班布特罗（Bambuterol）；

②盐酸齐帕特罗（Zilpaterol Hydrochloride）；

③盐酸氯丙那林（Clorprenaline Hydrochloride）；

④马布特罗（Mabuterol）；

⑤西布特罗（Cimbuterol）；

⑥溴布特罗（Brombuterol）；

⑦酒石酸阿福特罗（Arformoterol Tartrate）；

⑧富马酸福莫特罗（Formoterol Fumatrate）；

⑨盐酸可乐定（Clonidine Hydrochloride）；

⑩苯乙醇胺 A（又称：克伦巴胺）（Phenylethanolamine A）。

1.2 生物性危害

重大动物疾病发生传染不仅影响动物健康，而且危及人类的生命。

1.2.1 传染病

在饲养过程中，畜禽感染或传染上细菌或病毒，导致发生传染病。表 3-9 显示一般畜禽传染病。

表 3-9 在饲养过程中导致发生传染病

Tab. 3-9 In breeding process, causing infectious diseases

序号	传染病	序号	传染病
1	口蹄疫	16	猪水疱病
2	乙型脑炎	17	猪传染性胃肠炎
3	布氏杆菌病	18	猪流行性腹泻
4	结核病	19	猪气喘病（猪支原体肺炎）
5	炭疽	20	猪肺疫
6	破伤风	21	猪传染性萎缩性鼻炎
7	放线菌病	22	猪副嗜血杆菌病
8	衣原体病	23	猪副伤寒
9	附红细胞体病	24	仔猪黄白痢
10	猪瘟	25	猪增生性肠炎
11	猪细小病毒病	26	猪链球菌病
12	猪伪狂犬病	27	牛传染性鼻气管炎
13	猪圆环病毒病	28	牛副流感
14	蓝耳病	29	牛呼吸道合胞体病毒病
15	猪流感	30	牛轮状病毒病

（续）

序号	传染病	序号	传染病
31	牛气喘病	50	鸡传染性支气管炎
32	牛传染性胸膜肺炎	51	鸡传染性喉气管炎
33	奶牛魏氏梭菌病	52	鸡产蛋下降综合征
34	羊痘	53	鸡慢性呼吸道病
35	羊梭菌病	54	鼻气管炎鸟杆菌
36	羊螨	55	鸭瘟
37	羊鼻蝇蛆病	56	鸭病毒性肝炎
38	马传染性贫血	57	鸭副黏病毒病
39	马鼻疽	58	鸭黄病毒病
40	马流感	59	番鸭细小病毒病
41	马腺疫	60	番鸭花肝病
42	禽流感	61	鸭传染性浆膜炎
43	禽衣原体病	62	鸭传染性窦炎
44	禽大肠杆菌病	63	小鹅瘟
45	禽沙门菌病	64	鹅副黏病毒病
46	禽曲霉菌病	65	鹅的鸭瘟病
47	鸡新城疫	66	鹅霍乱
48	鸡传染性法氏囊病	67	鹅口疮
49	鸡痘	68	鹅肉毒梭菌中毒病

1.2.2　寄生虫

在饲养过程中，畜禽感染或传染上寄生虫，导致发生寄生虫病。畜禽寄生虫病见表 3 - 10。

表 3 - 10　在饲养过程中导致发生寄生虫病

Tab. 3 - 10　In the process of breeding, causing a parasitic diseases

序号	寄生虫病	序号	寄生虫病
1	蛔虫病	9	羊线虫病
2	囊虫病	10	羊螨
3	旋毛虫病	11	羊鼻蝇蛆病
4	牛焦虫病	12	球虫病
5	牛绦虫病	13	禽蛔虫病
6	羊焦虫病	14	禽绦虫病
7	羊绦虫病	15	鹅嗜眼吸虫病
8	羊吸虫病		

1.2.3 普通病

在饲养过程中，畜禽患上病。畜禽普通病一般包括：①黄疸、②黄脂病病、③心肌炎、④皮炎。

1.3 物理性危害

物理性危害来自注射针头、误食金属异物等，不仅危害着畜禽的健康，而且对人类造成伤害。

1.3.1 注射针头

在养牛过程中，一头育肥牛按照标准免疫程序，一般注射疫苗 5～8 次，在养猪生产中，一头育肥猪按照标准免疫程序，一般注射疫苗 4 次，而一头母猪按照标准免疫程序一生至少要注射 25 次疫苗。在畜禽养殖过程中，因病治疗需要注射的情况时有发生，这有可能导致针头断在动物体内，危害畜禽健康，如果消费者误食了含有注射针头的肉，对误食者造成伤害。

1.3.2 采食过程中误入的金属异物

1.3.2.1 误食金属异物的发生

基于牛消化系统的特殊解剖结构和采食过程的特点，误食金属异物往往发生在反刍动物（如牛、羊）上，由于牛采食时很少挑剔，用舌头卷裹大量草料入口，而且不经仔细咀嚼就吞咽下去，因此混入饲草中的金属异物（如铁钉、铁丝、铁片以及一些带棱角的铁块）很容易随同草料吞咽入瘤胃，当胃收缩时，因铁类金属异物比草料要重些，一旦进入牛的网胃后，往往都沉于网胃下部，不易随被消化物一起进入肠道而排出体外，因此会对牛网胃造成伤害，甚至穿透胃壁伤到邻近器官，形成了创伤性网胃炎，进而刺伤了与其邻近的脏器——心、肝、脾、肺等。这是一种常见多发病，对养牛业危害极大。

屠宰证明，许多生前健康的牛，网胃中能发现各种各样的金属异物。

1.3.2.2 金属异物混入饲料的途径

金属异物混入饲料的途径是多种多样的，如捆扎干草用的或由捆晒场地混入干草中的铁丝未仔细取尽，铡草机铡草过程中由于机身振动脱落的铁钉、螺丝钉等，邻近工厂仓库等散落的金属异物，畜舍场地堆放的废铁及缝衣针、发夹等。这些金属异物是导致创伤性网胃炎最主要的原因。

1.3.2.3 金属异物带来的危害

存在安全隐患，金属异物可能硌坏牙齿，划伤或卡伤口腔和喉咙。

第 2 节 畜禽屠宰过程中产生的危害

2.1 化学性危害

在畜禽屠宰过程中，使用清洁剂、消毒剂，设备使用润滑油，部分去头蹄、胴体残毛时使用松香，使用不当，往往带来化学性危害。

2.1.1　消毒剂

2.1.1.1　消毒剂的种类

1）过氧化物类消毒剂

过氧乙酸、过氧化氢（双氧水）、过氧戊二酸、臭氧、二氧化氯、（复合亚氯酸钠）、过硫酸复合盐；

2）含氯消毒剂

①有机含氯消毒剂：如二氯异氰尿酸钠、二（三）氯异氰尿酸、氯胺－T、二氯二甲基海因、四氯甘脲氯脲等的消毒剂。

②无机含氯消毒剂：漂白粉［$Ca(ClO)_2$］、漂（白）粉精［高效次氯酸钙，$3Ca(ClO)_2 \cdot 2Ca(OH)_2$］、次氯酸钠（$NaClO \cdot 5H_2O$）、氯化磷酸三钠［$Na_3PO_4 \cdot 1/4 NaOCl \cdot 12H_2O$］等。

3）碘类消毒剂

是以碘为主要杀菌成分制成的各种制剂。一般来说可分为：

①传统的碘制剂：碘水溶液、碘酊（俗称碘酒）和碘甘油。

②碘伏（Iodophor）：碘伏是碘与表面活性剂（载体）及增溶剂等形成稳定的络合物。有非离子型、阳离子型及阴离子型三大类。其中非离子型碘伏是使用最广泛、最安全的碘伏，主要有聚维酮碘（PVP－I）和聚醇醚碘（NP－I）；尤其聚维酮碘（PVP－I），我国及世界各国药典都已收入在内。非离子型：元素碘与非离子表面活性剂等形成的络合物，例如聚维酮碘（PVP－I）、聚醇醚碘（NP－I）、聚乙烯醇碘（PVA－I）、聚乙二醇碘（PEG－I）。使用最广泛的是 PVP－I 和 NP－I。阳离子型：元素碘与阳离子表面活性剂等形成的络合物，例如：季铵盐碘。阴离子型：元素碘与阴离子表面活性剂等形成的络合物，例如：烷基磺酸盐碘。

③其他复合型：碘酸溶液（百菌消：碘、硫酸、磷酸、表面活性剂）等。

4）醛类

能产生自由醛基，在适当条件下与微生物的蛋白质及某些其他成分发生反应。如甲醛（多聚甲醛）、戊二醛、邻苯二甲醛 OPA。

5）酚类消毒剂

苯酚（石炭酸）、煤酚皂液（来苏儿）、复合酚（农福）、氯甲酚溶液（4－氯－3－甲基苯酚）。缺陷与危害：苯酚、甲酚、二甲苯酚和双酚类、复合酚等（氯甲酚除外）具有强致癌及蓄积毒性，酚臭味重。

6）醇类消毒剂

如：75％酒精。

7）酸碱类

如：火碱/氢氧化钠、石灰等。

2.1.1.2　消毒剂的作用

即杀菌和抑菌。

2.1.1.3　消毒剂的危害

①过氧化物类消毒剂：不稳定、刺激性强，长期使用对人和动物眼睛、呼吸道黏膜、

环境有强力的破坏。

②含氯消毒剂：代谢物为三氯甲烷，高致癌、绝大多数刺激性强，长期使用，易对呼吸道、眼睛等造成破坏，易对环境将造成破坏。

③碘类消毒剂：长期使用，易对环境将造成破坏。

④醛类：甲醛、聚甲醛具有高度刺激性、高致癌。

⑤酚类消毒剂：致癌并有蓄积毒性。

⑥酸碱类：极易灼伤皮肤、眼睛、呼吸道和消化道，腐蚀金属，破坏环境。

2.1.2　洗洁精

2.1.2.1　主要成分

直链烷基苯磺酸钠、十二烷基硫酸钠、烯烃磺酸钠、脂肪醇聚氧乙烯醚硫酸钠、烷基醇酰胺、烷基糖苷、烷基甜菜碱等。

2.1.2.2　洗洁精的作用

①清洗上的作用：氢氧化钠与磺酸反应生成磺酸钠，磺酸钠溶液特别容易和油污反应，达到清洗作用。

②杀菌上的作用，部分洗洁精有杀菌成分，可以杀菌，不过杀得很不充分。

③建议：减少使用洗洁精或洗手液，虽然看起来清洁多了，其实残留的药物富集在人体里，久了很容易得慢性疾病，普通不太油腻用清水洗就可以了，油的用开水泡泡冲洗就可以了。

2.1.2.3　洗洁精的危害

从成分上来讲，洗洁精其实是从石油中提炼出来的，其本身属于化学用品，而且在后续的加工生产当中，又添加了其他的香精、黏稠剂等化学用料，所以其本身的成分并非天然可食用品，对人体自然有伤害。

就我们日常使用来看，并不能将清洗盘子、碗等上面的洗洁精彻底清洗干净，就算你用清水冲上10遍，上面的残留物也还是有一定的量，更何况很多人喜欢放很多洗洁精。这样，每天都将这些残留物混合着食物进入肠胃，尤其是锅的上面沾了洗洁精，随着温度升高，定然会引起变化，可能会产生其他毒素。

2.1.3　松香

2.1.3.1　松香的作用

畜禽特别是猪屠宰加工头、蹄去毛时使用，烫毛、打毛后不干净的毛使用食品级松香拔毛，去毛很干净

2.1.3.2　松香的危害

松香含有对人体健康有害的物质，经反复的高温熬制会发生化学反应，产生可致癌的有害物质。使用松香去畜禽毛时，高温下有害物质会渗入畜禽肉体内。

2.1.3.3　危害的预防

对松香的危害可采取以下预防措施：

①不提倡使用松香拔毛，最好在烫毛过程中按规范操作，掌握好烫毛水温，水温既不过高也不过低，去毛设备要维护好、使用好。

②个别情况要使用松香时，使用的松香必须是食用级的，从而降低松香对消费者的危害。

2.2　生物性危害

2.2.1　病害肉尸

2.2.1.1　病害肉尸的种类

根据肉类加工企业宰后检验统计，病害肉尸包括如下疾病和问题：炭疽、鼻疽、口蹄疫、结核病、放线菌病、布氏杆菌病、痘疮、猪瘟、猪丹毒、猪巴氏杆菌病（猪出血性败血病、猪肺疫）、猪喘气病、牛瘟、牛传染性胸膜肺炎（牛肺疫）、禽痘、传染性喉头气管炎、禽结核、禽霍乱、禽伤寒、副伤寒、野兔热、旋毛虫病、囊尾蚴病、棘球蚴病、住肉孢子虫病、肝蛭及肺蛭、细颈囊尾蚴病、肺丝虫、家兔球虫病、家兔豆状囊尾蚴病；黄疸及黄脂病、脓毒症、尿毒症、全身性肿瘤、过度瘠瘦及肌肉变质，高度水肿等。

2.2.1.2　主要病害肉尸的处理

对病害肉尸的处理，因病害带来的危害采取不同的处理方法。

1）宰前

如发现炭疽、鼻疽、牛瘟、恶性水肿、气肿疽、狂犬病、羊快疫、羊肠毒血症、马流行性淋巴管炎、马传染性贫血等暂定为恶性传染病。凡患恶性传染病的家畜，应采取不放血的方法扑杀后作工业用或销毁，不得屠宰；患布氏杆病菌、结核病、肠道传染病、乳房炎和其他传染病以及非传染病的病畜，均须在指定的地点或急宰间屠宰；患鸡新城疫（亚洲鸡瘟）、鸡瘟（真性鸡瘟）、鸡痘（鸡白喉）、鸡传染性喉头气管炎、鹦鹉病、禽霍乱（禽巴氏杆菌病）、禽伤寒、副伤寒（沙门氏杆菌病）的家禽，应速急宰。

2）宰后发现口蹄疫的处理

① 体温增高的患畜的肉尸、内脏及副产品等高温处理后出场。

② 体温正常的患畜，其剔过骨的肉尸及其内脏，经产酸无害处理法处理后出场。如不能进行产酸无害处理者，高温处理后出场。

③患畜的头（包括脑）、蹄、肠、食道、膀胱、血、骨骼、角及肉屑等高温处理后出场，毛皮消毒后出场。

3）宰后发现结核病的处理

①患全身性结核病，且肉尸瘠瘦者（全身没有脂肪层，肌肉松弛，失去弹性，有浆液浸润或胶冻状物），其肉尸及内脏作工业用或销毁。

②患全身性结核而肉尸不瘠瘦者，有病变部分割下作工业用或销毁，其余部分高温处理后出场。

③肉尸部分的淋巴结有结核病变时，有病变的淋巴结割下作工业用或销毁，淋巴结周围部分肌肉割下高温处理后出场；其余部分不受限制出场。

④肋膜或腹膜局部发现结核病变时，有病变的膜割下作工业用或销毁，其余部分不受限制出场。

⑤内脏或内脏淋巴结发现结核病变时，整个内脏作工业用或销毁，肉尸不受限制出场。

⑥患骨结核的家畜，将有病变的骨剔出作工业用或销毁，肉尸和内脏高温处理后出场。

4）宰后发现猪瘟、猪丹毒、猪巴氏杆菌病（猪出血性败血病、猪肺疫）的处理

①肉尸和内脏有显著病变者，其肉尸、内脏和血液作工业用或销毁。

②有轻微病变的肉尸及内脏高温处理后出场，血液作工业用或销毁，猪皮消毒后利用，脂肪炼制后食用。

③规定高温处理的肉尸和内脏，应在24h内处理完毕。超过24h者，应延长处理时间半小时，内脏作工业用或销毁。

2.2.1.3 病害肉尸检出情况

表3-11 1965—1988年某大型国有肉类加工厂对猪宰后检验病害的汇总统计

Tab. 3-11 1965—1988, a large state-owned meat processing plant to the pig slaughter inspection after diseases of summary statistics

加工头数	猪瘟		猪丹毒		猪肺疫		猪囊虫	
	检出头数（头）	检出率%	检出头数（头）	检出率%	检出头数（头）	检出率%	检出头数（头）	检出率%
7 625 615	14 020	0.184	25 580	0.335	860	0.011	136 422	1.789

表3-11显示1965—1988年共24年某大型国有肉类加工厂对宰后猪三大传染病（猪瘟、猪丹毒、猪肺疫）为40 460头，占0.53%，而囊虫检出136 422头，检出率更是高达1.789%。四种病害的检出率为2.32%，所有病害检出率为3%左右。

随着生活水平的提高，畜禽养殖的环境得到了改善，再加上对畜禽防疫的高度重视，畜禽发病率逐渐下降，反映在屠宰厂，其病害检出率也在逐渐下降。

近期笔者对屠宰场的检疫检验做了一次调查，据对某大型生猪屠宰企业调查，2015年共屠宰生猪879 896头，病害检出率为0.57%，这其中包括因内伤导致的淤血、坏死等不可食部分；对某大型羊屠宰厂调查，2015年共屠宰活羊723 832只，病害检出率为0。从此次调查可看出病害肉尸的检出率在下降。但是，在调查中也看到屠宰场对宰前检疫、宰后检验失控的现象，比如，重瘦肉精检测轻病害的检验，不论是生猪屠宰厂、牛屠宰厂还是羊屠宰厂，对瘦肉精如临大敌，检测抽样率一般在5%、10%、20%，个别屠宰厂甚至达到100%检测，投入了大量的人力、物力、财力，但对屠宰的生猪、牛、羊的检疫、宰后检验，有的未配置专职人员；有的配置的人员形同虚设，做做样子；有的采取检查的来了检验，检查的一走就不检验，存在着极大的食品安全隐患，这应引起有关部门的高度重视。

2.2.2 交叉污染

由于屠宰加工厂在设计和环境卫生、车间及设备设施、屠宰加工的卫生控制、包装、储存、运输的卫生、人员卫生等方面达不到规定要求，导致交叉污染。

2.2.2.1 设计和环境卫生不符合如下要求

①选址。企业应远离污染源，厂区周围应保持清洁卫生，不得建在有碍肉类卫生的区域；厂区内不得兼营、生产、存放有碍食品卫生的其他产品。

②厂区主要道路应铺设适于车辆通行的坚硬路面（如混凝土或沥青路面等），路面平整、易冲洗，无积水。

③屠宰厂应设有畜禽待宰圈（区）、可疑病畜观察圈、病畜隔离圈、急宰间和无害化处理设施；可疑病畜观察圈、病畜隔离圈的位置不应对健康动物造成传染风险。

④厂区卫生间应有冲水、洗手、防蝇、防虫、防鼠设施，墙裙以浅色、平滑、不透水、耐腐蚀的材料修建，易于清洗并保持清洁。

⑤厂区排水系统畅通，厂区地面不得有积水和废弃物堆积，生产中产生的废水、废料的处理和排放应符合国家有关规定。

⑥厂区应建有与生产能力相适应，并符合卫生要求的原料、辅料、化学物品、包装物料储存等辅助设施和废弃物、垃圾暂存设施。

⑦无害化处理设施、锅炉房、贮煤场所、污水及污物处理设施应与屠宰、分割、肉制品加工车间和储存库相隔一定的距离，并位于主风向的下风处。锅炉房应设有消烟除尘设施。

⑧企业应分设活动物进厂、成品出厂的大门及专用通道。

⑨厂区应设有运输动物车辆和工具的清洗、消毒的专门区域及其相关设施。

⑩生产区与生活区应分开设置。

2.2.2.2　车间及设备设施未达到如下要求

①车间面积应与生产能力相适应，布局合理，排水畅通；车间地面应用耐腐蚀的无毒材料修建，防滑、坚固、不渗水、不积水、无裂缝、易于清洗消毒并保持清洁；车间地面排水的坡度应为 1‰～2‰，屠宰车间应为 2% 以上。

②车间入口处应设有鞋靴消毒设施；车间出口及与外界相连的排水口、通风处应安装防鼠、防蝇、防虫等设施。排水系统应有防止固体废弃物进入的装置，排水沟底角应呈弧形，易于清洗，排水管应有防止异味溢出的水封装置以及防鼠网。

③车间内墙壁、屋顶或者天花板应使用无毒、浅色、防水、防霉、不脱落、易于清洗的材料修建，墙角、地角、顶角应具有弧度。固定物、管道、电线等应采取适当的防护措施。车间窗户有内窗台的，内窗台应下斜约 45°；车间门窗应采用浅色、平滑、易清洗、不透水、耐腐蚀的坚固材料制作，结构严密。

④按照生产工艺的先后次序和产品特点，将原料处理、半成品加工、工器具的清洗消毒、成品内包装、外包装、检验和贮存等不同清洁卫生要求的区域分开设置，防止交叉污染。

⑤车间应设有通风设施，防止天花板上有冷凝水产生。生产线上方的照明设施应装有防护罩。

⑥冷却或冻结间及其设备的设计应防止胴体与地面和墙壁接触。

⑦有温度要求的工序或场所应安装温度显示装置，车间温度应按照产品工艺要求控制在规定的范围内。预冷设施温度控制在 0～4℃；腌制间温度控制在 0～4℃；分割间、肉制品加工间温度不能超过 12℃；冻结间温度不高于 −28℃；冷藏库温度不高于 −18℃。预冷间、冻结间、冷藏库应配备自动温度记录装置，必要时配备湿度计；温度计和湿度计应定期校准。

⑧在车间入口处、卫生间及车间内适当的地点应设置与生产能力相适应的热水洗手设施及消毒、干手设施。消毒液浓度应能达到有效的消毒效果。洗手水龙头应为非手动开

关。洗手设施的排水应直接接入下水管道。

⑨设有与车间相连接的更衣室、卫生间、淋浴间，其设施和布局不得对产品造成潜在的污染。卫生间的门应能自动关闭，门、窗不得直接开向车间。卫生间内应设置排气通风设施和防蝇防虫设施，保持清洁卫生。

⑩不同清洁程度要求的区域应设有单独的更衣室，个人衣物与工作服应分开存放。

⑪车间内的设备、工器具和容器应采用无毒、无气味、不吸水、耐腐蚀、不生锈、易清洗消毒、坚固的材料制作。其结构应易于拆洗，其表面应平滑、无凹坑和缝隙。禁止使用竹木工器具。

⑫容器应有明显的标识，废弃物容器和可食产品容器不得混用。废弃物容器应防水、防腐蚀、防渗漏。如使用管道输送废弃物，则管道的建造、安装和维护应避免对产品造成污染。

⑬加工设备的位置应便于安装、维护和清洗消毒，并按工艺流程合理排布，防止加工过程中交叉污染。加工车间的工器具应在专门房间进行清洗消毒，清洗消毒间应备有冷、热水及清洗消毒设施和适当的排气通风装置。生产线的适当位置应配备带有82℃热水的刀具消毒设施。

⑭供水能力应与生产能力相适应，确保加工水量充足。加工用水（冰）应符合国家生活饮用水或者其他相关标准的要求。如使用自备水源作为加工用水，应进行有效处理，并实施卫生监控。企业应备有供水网络图。企业应定期对加工用水（冰）的微生物进行检测，必要时检测余氯含量，以确保加工用水（冰）的卫生质量。每年对水质的公共卫生检测不少于两次。加工用水的管道应有防虹吸或防回流装置，不得与非饮用水的管道相连接，并有标识。

⑮屠宰间面积充足，能使操作符合要求。不得在同一屠宰间，同时屠宰不同种类的动物。浸烫、脱毛、刮毛、燎毛或剥皮应在与宰杀明显分开的区域进行，相隔至少5m或用至少3m高的墙隔开。应分别设专门的心、肝、肺、肾加工处理间，胃、肠加工处理间，头、蹄（爪）、尾等加工处理间。胃肠加工设备的设计、安装与操作应能有效地防止对鲜肉的污染。食用副产品应设有专用的预冷间、包装间。应设有专门区域用于贮存胃肠内容物和其他废料。如果皮、角、蹄、猪鬃、羽毛等在屠宰的当天不直接用密封、防漏的容器运走，应设有专门的贮存间。

2.2.2.3 屠宰加工的卫生控制未达标

①供宰动物应符合规定要求。屠宰企业不得接受在运输过程中死亡的动物、有传染病或疑似传染病的动物、来源不明或证明不全的动物。

②宰前检查应考虑初级生产的相关信息，如动物饲养情况、用药及疫病防治情况等。

③应通过一系列特定的程序和方法观察活动物的外表，如动物的行为、体态、身体状况、体表、排泄物及气味等。对有异常症状的动物应隔离观察，测量体温，并由兽医作进一步检查。必要时，进行实验室检测。

④对判定不适宜正常屠宰的动物应进行急宰或无害化处理。

⑤应将宰前检验信息及时反馈给饲养场和宰后检验人员，并做好宰前检验记录。

⑥宰后检验应按照国家有关规定、程序和标准执行。应利用初级生产和宰前检验信

息，结合对动物头部、胴体和内脏的感官检验结果，判定肉类是否适合人类食用。

⑦感官检验不能准确判定肉类是否适合人类食用时，应进一步检验或检测。

⑧废弃的肉类或动物其他部分，应做适当标记，并用防止与其他肉类交叉污染的方式处理。废弃处理应做好记录。

⑨为确保能充分完成宰后检验，主管兽医有权减慢或停止屠宰加工。

⑩宰后检验应做好记录。宰后检验结果应及时分析汇总后上报检验检疫部门并反馈给饲养场。

⑪应采取适当措施，避免可疑动物屠体、组织、体液（如胆汁、尿液、奶汁等）、胃肠内容物等污染其他肉类、设备和场地。

⑫污染的设备和场地应在兽医监督下进行清洗和消毒后，才能重新屠宰、加工正常动物。被脓液、病理组织、胃肠内容物、渗出物等污染的胴体或肉类，应以卫生的方式去除或废弃。

⑬在家畜屠宰检验过程使用的某些工器具、设备，如宰杀、去角设备、头部检验刀具、开胸和开片刀锯、同步检验盛放内脏的盘等，每次使用后，都应进行清洗、消毒。

⑭分割、去骨、包装时，肉的中心温度应保持7℃以下，禽肉保持4℃以下，食用副产品保持3℃以下。加工、分割、去骨等操作应尽可能迅速，使产品保持规定的温度。

⑮对加工过程中产生的不合格品和废弃物，应在固定地点用有明显标志的专用容器分别收集盛装，并在检验人员监督下及时处理，其容器和运输工具应及时清洗消毒。

⑯班前班后应对设备设施进行清洁消毒。生产过程中应对工器具、操作台和接触食品的加工表面定期进行清洗消毒，防止对产品造成污染。

⑰需无害化处理的动物和动物组织应用专门的车辆、容器及时运送。无害化处理应在专用的设施中进行。企业应制定严格的防护措施，防止交叉污染和环境污染。

⑱对有毒有害物品的储存和使用应严格管理，确保厂区、车间和化验室使用的洗涤剂、消毒剂、杀虫剂、燃油、润滑油和化学试剂等有毒有害物品得到有效控制，避免对肉类造成污染。

2.2.2.4　包装、储存、运输的卫生达不到如下要求

①包装物料应符合卫生标准，不得含有有毒有害物质，不得改变肉的感官特性。

②包装物料应有足够的强度，保证在运输和搬运过程不破损。

③肉类的包装不得重复使用，除非包装是用易清洗的、耐腐蚀的材料制成，并且在使用前经过清洗和消毒。

④内、外包装物料应分别专库存放，包装物料库应干燥、通风，保持清洁卫生。

⑤肉类包装上应有注册编号。

⑥产品包装间的温度应符合其特定的要求。

⑦储存库内应保持清洁、整齐，不得存放有碍卫生的物品，同一库内不得存放可能造成相互污染或者串味的食品。有防霉、防鼠、防虫设施，定期消毒。

⑧库内物品与墙壁距离不少于30cm，与地面距离不少于10cm，与天花板保持一定的距离，并分垛存放，标识清楚。

2.2.2.5 人员卫生达不到如下要求

①从事肉类生产加工和管理的人员经体检合格后方可上岗。每年进行一次健康检查，必要时做临时健康检查。凡患有影响食品卫生的疾病者，应调离食品生产岗位。

②从事肉类生产加工和管理的人员应保持个人清洁，不得将与生产无关的物品带入车间；工作时不得戴首饰、手表，不得化妆；进入车间时应洗手、消毒并穿着工作服、帽、鞋，离开车间时换下工作服、帽、鞋；工厂应设立专用洗衣房，工作服集中管理，统一清洗消毒，统一发放。生产中使用手套作业的，手套应保持完好、清洁并经消毒处理，不得使用纺织纤维手套。

③清洁区与非清洁、生区与熟区等不同岗位的人员应穿戴不同颜色或标志的工作服、帽，以便区分。不同加工区域的人员不得串岗。

2.3 物理性危害

畜禽加工过程中操作不当，导致浮毛、血污、胆污、废物、油污等对物理性危害的发生，影响消费者的身体健康。

2.3.1 浮毛

屠宰加工过程中，浮毛附着在肉尸上，造成污染。

①浮毛的产生。在屠宰加工过程中活畜体淋浴不净、烫毛去毛不净、火焰燎毛不净、肉尸冲洗不净，从而导致浮毛。

②浮毛的危害。污染肉品，损害消费者的身体健康。

③浮毛的预防。提高操作人员的操作技能，规范操作，活畜体淋浴干净、烫毛去毛干净、火焰燎毛干净。

2.3.2 污物

污物包括粪污、胆污、血污、油污等，这些污物在屠宰加工过程中如操作不当极易对肉品造成污染。

2.3.2.1 粪污

1）粪污的产生原因

在屠宰加工过程中不封肛或封肛不严、取白脏时操作不当刺破胃肠，从而导致粪污。

2）粪污的危害

污染肉品，损害消费者的身体健康。

3）粪污的预防

提高操作人员的操作技能，规范操作，封肛严密，取白脏时不刺破胃肠。

2.3.2.2 胆污

1）胆污的产生原因

在屠宰加工过程中，取红脏时操作不当刺破胆囊，从而导致胆污。

2）胆污的危害

污染肉品，损害消费者的身体健康。

3）胆污的预防

提高操作人员的操作技能，规范操作，取红脏时不刺破胆囊。

2.3.2.3　血污

1）血污的产生原因

在屠宰加工过程中刺血部位不准确、沥血时间过短、胴体冲洗不干净，从而导致血污。

2）血污的危害

污染肉品，损害消费者的身体健康。

3）血污的预防

提高操作人员的操作技能，规范操作，刺血部位要准确、沥血时间符合规定要求、胴体冲洗干净。

2.3.2.4　油污

1）油污的产生原因

对畜禽屠宰加工设备的维护保养不到位。一是未采取错时保养，不是班前或班后实施保养，而是在屠宰加工中实施保养，油污不可避免污染肉尸；二是在对设备、轨道实施润滑时，添加润滑油过量，油溢出，造成对肉品的污染；三是对润滑油保管不善，随意放置，造成对肉品的污染。

2）油污的危害

污染肉品，损害消费者的身体健康。

3）油污的预防

提高操作人员的操作技能，规范操作。一是采取错时保养，选择在班前或班后实施保养；二是在对设备、轨道实施润滑时，添加润滑油适量；三是对润滑油保管不善，随意放置，对润滑油实施"五定"（定点、定质、定量、定期、定人）和"三过滤"（入库、发放、加油三过滤）的管理方法。

2.3.3　操作人员饰品

人员饰品包括耳环、项链、耳坠、手表、挂件等。

2.3.3.1　人员饰品带入的原因

操作人员将个人饰品带入生产现场的原因：一是企业卫生管理制度未建立健全；二是对卫生管理制度执行力不足，未落实、未检查，或对查出的问题未处理；三是员工食品安全意识淡漠。

2.3.3.2　人员饰品带入的危害

个人饰品直接接触肉品造成对肉品的污染，或个人饰品掉落在肉品中，都可造成对消费者的身体健康的危害。

2.3.3.3　人员饰品带入的预防

一是建章立制，建立健全企业卫生管理制度；二是对员工实施培训，提高员工的食品安全意识；三是对进入车间的所有人员（包括外来参观、检查人员）一律进行检查，所有个人饰品一律严禁带入生产现场。

◆ 参考文献

［1］刘德炎 . 我国动物性食品中兽药残留的现状、问题及对策［J］. 养殖与饲料，2009（1）：78 - 82.

［2］王俊文．严格控制兽药残留、确保动物性食品安全［J］．北京农业，2009（6）：42-44．

［3］陈杖榴，曾振灵．对我国动物源性食品中兽药残留问题的思考［J］．中国动物保健，2003（12）：8-12．

［4］周明霞．我国兽药残留监控体系建设的成绩与思考［J］．中国动物检疫，2009，26（1）：15-16．

［5］陈一资，胡滨．动物性食品中兽药残留的危害及其原因分析［J］．食品与生物技术学报，2009，28（2）：162-166．

［6］张长贵，谢伍容，王兴华．畜产食品的安全与控制［J］．肉类工业，2010，346（2）：38-42．

［7］陈冠林，高永清．我国食品安全问题频发的原因及对策［J］．中国食物与营养，2012，18（3）：5-8．

［8］张洁，黄蓉，徐桂花．肉类食品中兽药残留的来源、危害及防控措施［J］．肉类工业，2011，359（3）：46-50．

［9］徐聪，薛涛，杨耀兰等．动物性食品兽药残留的研究进展［J］．云南畜牧兽医，2013（4）：36-38．

［10］陈景来，李效波，刘先蕊，等．畜产品药物残留的来源、危害与控制措施［J］．河南畜牧兽医，2010，31（12）：24-25．

［11］聂芳红，徐晓彬，陈进军．食品动物兽药残留的研究进展［J］．中国农学通报，2006，22（9）：71-75．

［12］张瑾．动物性食品中兽药残留的原因、危害及控制对策［J］．吉林畜牧兽医，2009，30（3）：1-3．

［13］黄运茂，施振旦，田允波．抗生素在饲料添加剂中的使用［J］．广东饲料2006，15（6）：21-23．

［14］王云鹏，马越．养殖业抗生素的使用及潜在危害［J］．中国抗生素杂志，2008，33（9）519-521．

［15］李振，王云建．畜禽养殖中抗生素使用的现状、问题及对策［J］．中国动物保健，2009（7）：55-57．

［16］于炎湖．饲料安全性问题（4）：饲料中重金属元素污染的来源、危害及其预防［J］．养殖与饲料，2003（2）：3-5．

［17］王集学，尹文进，闫晓兰，等．浅谈三大传染病的区域性流行及防制［J］．肉禽蛋，1990（3）：22-24．

［18］肖金东．畜禽疫病防治手册［M］．北京：化学工业出版社，2013．

［19］方希修．抗生素替代饲料添加剂研究与应用［EB/OL］．（2012-08-09）［2016-01-28］．http://www.doc88.com/p-7048005344936.html．

第4章　动物食品安全风险评估实施

第1节　危害识别

危害识别是对被评价对象中可能存在的危害因素进行识别和分析。根据流行病学调查、动物实验、体外实验等研究结果，确定人体在暴露于某种危害后对健康是否会发生不良影响。由于流行病学研究费用昂贵且提供的数据很少，危害识别一般以动物和体外试验的资料为依据。危害识别一般依靠筛查方法和动物试验。试验系统包括定量的结构—活性关系、短期生物学测试和动物试验。其不确定性包括对因子的正确分类（如它是或者不是一种对人体健康的危害）和对该因子进行分类时测试的质量。如果某因子在评价中经多次测试，被认定为阳性或者阴性，则具有一定程度的测试精确度。动物试验有助于毒理学作用范围/终点的确定。其设计应考虑找出 NOEL（可观察的无作用剂量水平）值、可观察的无副作用剂量水平或临界剂量，根据这些数值来选择剂量。

危害识别过程与不确定性和变异性密切相关，存在以下 3 个相关问题。一是错误地将一种因素分类，即确定一种因素是一种危害，而实际上该因素却不是危害，反之亦然；二是筛查方法的可靠度，恰当地确定一个危害和采用可重复、可操作的检测方法；三是外推问题，对人体危害试验所得结果，可采用外推法来预测。

而动物源性食品中对人体健康造成不良作用的危害，可从化学性、生物性和物理性 3 个方面进行识别。

1.1　化学性危害的危害识别

化学性危害。除原料中抗生素等残留外，还有复合磷酸盐、硝酸盐和亚硝酸盐添加剂超标使用，山梨酸或山梨酸钾防腐剂超标使用，以及苯甲酸钠违规使用等。对于食品，无论是农产品制品、水产品制品，还是肉类制品等，其危害品质的基本环节就是抓好源产品的生产环节。只有从源头抓起，才能保证后续产品的质量安全。它们主要来自农兽药残留、添加剂、重金属、环境污染物、化学溶剂等污染物及放射性污染等的危害。这些有害化学成分会在食物链中逐级残留，当饮用含残留的食物后，往往会引发人们各种疾病或潜在性的慢性中毒。其后果对公众健康造成严重威胁，形势不容乐观。所以，只有从养殖、运输、屠宰、加工、储藏、销售、进口动物及其产品、无疫区建设与管理、抗菌药物使用对动物健康状况影响及生物制品等进行系列的风险分析，才能保障动物源性食品安全。对于化学危害，如，食品法典委员会（CAC），联合专家委员会（JECFA）和 FAO/WHO农药残留联席会议（JMPR）已进行了大量风险评估工作，形成相对成熟的方法。

1.2　生物性危害的危害识别

生物性危害。有腐生微生物和病原微生物污染。腐生微生物包括有细菌、酵母菌和霉菌；原料肉可带有病原菌，如沙门氏菌、金黄色葡萄球菌、结核分枝杆菌、炭疽杆菌和布氏杆菌等，也可污染产品。由有害细菌、生物毒素、病毒等引发食源性疾病，其特点是流行速度快、影响范围广。

对于生物危害的界定和控制均有较大的不确定性，目前尚缺乏统一的科学评估方法。CAC 制定了《食品微生物风险评估的原则和指南》，并认为 HACCP 体系是迄今为止控制食源性危害最经济有效的手段。CAC 刚开始对生物性因素（细菌、病毒、寄生虫）作系统的风险性分析，主要由 JEMRA 采用个案研究进行，集中用于沙门氏菌和单核细胞增多性李斯特杆菌。最近，食品卫生法典委员会（CCFH）评价了李斯特杆菌在食品中检出的情况。CCFH 使用国际食品微生物规格委员会（ICMSF）定性风险性描述。此外，肉类卫生法典委员会（CCMH）对肉类食品进行风险性分析，提出卫生标准和卫生规范。有关微生物的风险性管理信息，FAO/WHO 已建立一个相应的专家委员会 JEMRA 开展定量风险性的评估。通过所有的参与者，在风险分析过程中提高对所研究的特定问题的认识和理解，在达成和执行风险管理决定时增加一致化和透明度，为理解建议或执行中的风险管理决定提供坚实的基础，从而改善风险分析过程中的整体效果和效率。

1.3　物理性危害的危害识别

物理性危害。对于物理危害可通过一般控制措施，如，良好操作规范（GMP）等加以控制，无需进行复杂风险评估。在食品生产过程中有效地控制物理危害，及时去除异物，必须坚持预防为主，保持厂区和设备卫生，充分了解一些可能引入物理危害的环节，如运输，加工，包装和储藏过程以及包装材料的处理等过程中加以防范。

1.3.1　食品中的异物

对食品来说，非加工要求或根据产品标准应该含有的物质，均可以称为异物。异物分为内源性的和外源性的，如产品原料、辅料本身含有，但产品要求剔除的物质，称为内源性异物，如肉中的骨头，菜中的菜根；而原本就不属于产品原辅料的一部分而混入产品的物质，称为外源性异物，如金属、玻璃、头发、杂草、飞虫、化学药品污染等。内源性异物和外源性异物是相对的，不是绝对的。

1.3.2　异物的危害

①存在安全隐患，一定尺寸的金属异物、碎玻璃、木块、石子、骨头，可能硌坏顾客牙齿，划伤或卡伤顾客口腔和喉咙；含有化学药品的异物，或化学药品直接污染食品，可能给人体带来不适，甚至中毒。

②存在卫生隐患，头发、飞虫以及不清洁的其他异物混入到产品中，会造成微生物的污染。

③存在质量隐患，即使不存在以上安全卫生隐患（没有安全隐患，异物也是在加热前混入的，通过加热进行了杀菌），任何的异物混入都会给消费者带来不快的感觉，让消费者觉得不适宜，不满意。

第 2 节　暴露评估

暴露评估是指对于通过食品的可能摄入和其他有关途径暴露的化学因素的定性和/或定量评价。它有总膳食研究、个别食品的选择性研究和双份饭研究 3 种方法。暴露评估是食品安全风险评估的核心步骤，主要根据膳食调查和各种食品中化学物质暴露水平计算人体对该种化学物质的暴露量。暴露评估分为短期急性暴露和长期慢性暴露。

2.1　暴露评估中的不确定性和变异性

用于表达摄入量的任何模型应该包括如下信息：

● 某一因素在产品中检测的值或制作该产品的土壤、植物或动物体中的检测值；
● 用于定义某一因素在加工、烹调和稀释过程中水平变化的下降率或富集率；
● 人体摄入了某产品的频度和强度；
● 人体摄入了某产品的时间周期或者属于人生不同阶段；
● 某种健康损害效果在临床上能检测到的平均时间。

这些因素在确定人群摄入量分布中十分有用。以畜禽养殖为例。对于生产阶段暴露评估的目的是去评价（最终）在屠宰点（加工）时，一个随机的个体（畜或禽）可能带有致病性细菌的可能性。该可能性取决于表示所有畜（禽）群（national flock）中畜（禽）群感染率的阳性比例，以及屠宰时一个阳性畜（禽）群内的感染率。一个阳性畜（禽）群定义为包含一头或多头被致病性细菌感染的个体。在暴露评估时，应当使用代表一个国家范围内畜（禽）生产方法的畜（禽）群样本，用以评价这个模式的输入。在暴露评估模式中可使用流行病学和公开发表的资料，用以评价畜（禽）群被感染率。

在一个阳性畜（禽）群内，预期被致病性细菌感染的畜（禽）只的数量，是畜（禽）群内感染率测定标准的基础。畜（禽）群内感染率，直接相关于传播率。因此，对于一个阳性畜（禽）群这是一个时间依赖性现象。在暴露评估时，还要考虑一个畜（禽）群对之暴露的（细菌的）宿主。宿主可能包括野鸟、啮齿动物，以及经农场工人造成的交叉污染。

对于生产阶段暴露评估的这个模式——在两个阶段畜（禽）群感染的时间依赖性过程，给出传播的描述是适宜的。第一阶段是在包括第一头（羽）被感染的畜（禽）在内的畜（禽）群内的传播，以及第二阶段是在畜（禽）群内剩下全部个体之间的传播。

对于暴露于风险的人群，是指消费含有危害的食品人群，摄入量评估是剂量评估的关键，后者反映了运送至靶器官或组织的危害因素的量，而靶器官或组织则是发生不良作用的地方。摄入量评估的一个重要组成是确定摄入路径。摄入路径是生物学、化学或者物理学因素从已知来源进入个体的过程。对于食品中的危害因素，化学物和/或活体（微生物、寄生虫等），在土壤、植物、动物和生食物品中的浓度与个体进食时的浓度是不同的。对于化学物，由于加工（特别是蒸馏）可能导致污染物浓度的升高，但是食品的贮存、加工和烹调过程更可能导致污染物浓度的降低。活体，如微生物在环境适宜时可由于自身的复制而显著增加。因此，食用食品时的实际细菌量与生食品或动物、土壤或植物中细菌浓度无疑存在显著的不确定性。

2.1.1　暴露评估需考虑的因素

- 患病动物中耐药菌的流行情况；
- 食物和/（或）动物环境中耐药菌的流行情况；
- 动物之间细菌的传播；
- 某种特效抗菌药治疗的动物的数目或百分比；
- 动物耐药菌的传播扩散（动物管理方法，动物转移）；
- 动物饲料中耐药菌的流行情况；
- 用于动物的抗菌药的总量；
- 治疗方案（剂量、给药途径、疗程）；
- 食品被污染的食用部位微生物生长情况；
- 耐药菌的存活能力（在混合菌群中的竞争生长，在环境中存活，污染循环〈包括以下潜在因素：动物、人类、动物饲料、环境、食品、野生生物及非食品用动物〉）；
- 耐药菌及耐药因子的扩散；
- 对废弃产物的处理及人类暴露于废弃物中耐药菌或耐药因子的机会；
- 耐药菌在人体肠道菌丛中定殖存活的能力；
- 对其他来源的耐药因子的暴露；
- 剂量、给药途径及人类治疗的疗程；
- 药物（代谢）动力学（新陈代谢、生物利用率、能否进入肠丛菌）。

2.1.2　禽肉与禽蛋污染的暴露评估

2.1.2.1　沙门氏菌对禽肉的污染

家禽在生产加工线上连续被电击、屠宰、放血、烫洗和拔毛。烫毛和浸没式烫洗过程，已被证实是禽肉中沙门氏菌污染和交叉污染的主要来源。在家禽运输过程中，由于其脚、毛、皮肤很容易沾上粪便，因此，沙门氏菌能存在于饲养场中，并在加工操作开始时传染给禽类。

2.1.2.2　沙门氏菌对禽蛋的污染

沙门氏菌对禽蛋的污染首先作用于蛋壳表面，或者通过其他途径进入禽蛋内部而造成污染。沙门氏菌既可以通过被感染的母鸡、母鸭水平传播，又可以通过产蛋进行垂直传播。

1）禽蛋表面的污染

环境卫生状况差是造成禽蛋表面沙门氏菌污染的最重要因素。沙门氏菌首先对禽蛋表面造成污染。如果产蛋禽类体内携带有沙门氏菌，当其下蛋时，禽蛋表面已被感染了，因此孵化室会得到这些受感染的禽蛋。被污染的种蛋在孵化过程中，一部分中途死亡，一部分孵出病雏，病雏通过与健雏接触，使沙门氏菌在整个禽类中传播。

2）禽蛋内部的污染

近年来，蛋的内部受沙门氏菌污染的事件有上升趋势。由沙门氏菌引起蛋污染，主要是沙门氏菌对母禽繁殖器官侵袭力强有关。如果禽蛋黄被沙门氏菌感染会导致：在孵化之中胚胎就死亡；或孵出有病的幼禽，长成后的禽健康也带菌。Shackelford

（1988）研究表明，从孵房中孵出的禽会被蛋壳上的沙门氏菌所污染，这些"健康"的禽可分泌高达 10 个沙门氏菌/g 粪便，这是沙门氏菌污染的最大来源。另外没有冷藏过的蛋类是最容易受污染的。

第 3 节　风险特征描述

风险特征描述是对人体因摄入化学污染物造成的已知或潜在健康不良效果的发生可能性和严重程度进行定性和/或定量的估计，其中包括伴随的不确定性，它是危害识别、危害特征描述和暴露评估的综合分析。利用毒理数据、污染物残留数据、统计方法、暴露量评估等相关资料和模型做出风险特征描述的过程。根据评估的结果估计出该种风险因子对食品和人体的危害性，从而制定科学的限量标准，保障食品安全，保护人体健康，促进食品公平贸易。

3.1　风险描述中的不确定性和变异性

一旦收集了危害特征和摄入量资料，就可建立个体/群体危险性分布模型进行风险描述。这需要综合考虑各种暴露途径的作用。因为上述各项组成步骤都包含不确定性和变异性，危险性特征描述的全过程可能包含着很大的不确定性。

风险描述过程的最重要一个步骤是描述其不确定性的特征。为了直接认清风险评估中的不确定性特征，可采用多层次分析法。其一，阐明导入参数的偏差和它们对最后的风险估计所造成的影响；其二，采用灵敏度分析来评估模型的可靠度和数据精确度对模型预测的影响。灵敏度分析的目的在于根据导入参数对结果偏差影响大小而进行排序；其三，仔细说明风险描述的准确度，采用模型、导入参数及场景有关不确定性和变异性的关系。

暴露于风险的人群，是指消费含有危害的食品人群，摄入量评估是剂量评估的关键，后者反映了运送至靶器官或组织的危害因素的量，而靶器官或组织则是发生不良作用的地方。摄入量评估的一个重要组成是确定摄入路径。摄入路径是生物学、化学或者物理学因素从已知来源进入个体的过程。对于食品中的危害因素，化学物和/或活体（微生物、寄生虫等），在土壤、植物、动物和生食物品中的浓度与个体进食时的浓度是不同的。对于化学物质，由于加工（特别是蒸馏）可能导致污染物浓度的升高，但是食品的贮存、加工和烹调过程更可能导致污染物浓度的降低。活体，如微生物在环境适宜时可以由于自身的复制而显著增加。因此，食用食品时，食品中的实际细菌量与生食品或动物、土壤或植物中细菌浓度比较无疑存在显著的不确定性。

3.1.1　食品中的化学危害与风险特征描述

食品中的化学危害是指有毒的化学物质污染食物而引起的危害。化学性危害能引起急性中毒或慢性积累性伤害，包括天然存在的化学物质、残留的化学物质、加工过程中人为添加的化学物质、偶然污染的化学物质等。常见的化学性危害有重金属、自然毒素、农用化学药物、洗消剂及其他化学性危害。食品中的化学性危害可能对人体造成急性中毒、慢性中毒、过敏、影响身体发育、影响生育、致癌、致畸、致死等后果。

主要包括工业和环境污染物（如重金属、不易降解的多氯联苯和二噁英等）和天然存在的毒素（如霉菌毒素）。风险性分析结果以暂定每周耐受量（PTWI）或暂定每日最大耐受量（PMTDI）估计值来表示，类似于ADI的对健康不构成危险性的每日允许摄入量。然而，ADI是食品添加剂因技术需要而设置的一个可接受值，污染物采用"可耐受"而不是"可接受"，强调食品中不可避免摄入污染物的允许量。因为污染物存在体内的聚积过程，采用PTWI；对于没有聚积性的砷、锡、苯乙烯等采用PMTDI。这些数据是以NOEDI及安全系数为基础的。对于如黄曲霉毒素等传统的毒性致癌物，JECFA不提出PTWI或PMTDI，而是采用尽可能地减少到实际可达到合理的最低水平（ALARA），即在不失去食品或不对主要食品供应造成严重影响的情况下，不可能再现的污染物水平。CCFAC会同CAC的有关专家委员会设定食品中化学污染物的最高限量。CEMS/Food和其他国家级机构进行的污染物摄入量评估是CAC制定最高限量的依据。目前，CCFAC已经按照风险性评估和风险性管理的原则制定了污染物及其毒素通用标准（GSCTF）。

3.1.2 化学因素对输入国可能带来的危害

环境污染，农药的滥用和动物饲料添加剂的非正常使用，直接导致环境污染。一些重金属、农药和治疗使用的抗生素在动物体内大量富集，超出了正常值，这些动物及其产品进入输入国被消费者食入后，进一步在人体内富集，对消费者身体造成损害，危及健康。此外，新的国际贸易方式影响需要引起重视。其一，考虑到消费区域和生产成本（包括饲料供给、劳动力及运输成本等），动物产品的生产基地发生明显的转移，如欧洲等出口国家的肉类生产向南美等低生产成本国家转移。其二，转口贸易成为动物产品国际贸易中的一个重要变化。由于发展中国家劳动力方面的优势，许多发达国家将初级动物产品转口到发展中国家深加工，然后转口到其他市场，这就使第三国成为进出口链条。然而，在饲养、屠宰、加工、包装、运输、储存和销售等任何一个环节出现污染，都可能导致化学因素的跨边境传播，详述见第5节。

3.2 生物性危害的风险特征描述

畜产品中的沙门氏菌污染一般可分为内源性污染和外源性污染。

3.2.1 内源性污染

指活畜禽已患有沙门氏菌病，如猪副伤寒、牛肠炎和鸡白痢等。这些患病畜禽不但其血液、内脏和肌肉中均可能含有大量的沙门氏菌，甚至在其卵中也可能会含有沙门氏菌。如禽蛋，健康禽所产的蛋中是不含沙门氏菌；但蛋禽一旦感染上沙门氏菌病，蛋壳形成前，经卵巢或产卵时的污染，将导致沙门氏菌进入蛋体内的可能。

3.2.2 外源性污染

指畜产品在屠宰、加工、运输、储存和销售过程中，受到污水、粪便和加工工具等的污染会感染上沙门氏菌。因此，要有效控制畜产品中沙门氏菌的污染，就必须针对其污染源，有区别地采取不同的监控措施。

3.2.2.1 禽

病禽或健康带菌禽的体内都存在大量沙门氏菌。病禽未彻底清除、带菌禽未被检出，都可能造成再次污染。

3.2.2.2 饲料

饲料中的主要污染源是含有肉成分的原料,特别是鱼粉、血粉和骨粉等蛋白质饲料更易受沙门氏菌的污染。沙门氏菌被发现在鱼粉和肉骨粉中的含量为 0.2%~4%。

3.2.2.3 环境及其他因素

禽舍地面、笼具、供饲设备和饮水器等环境条件都会成为沙门氏菌的传播源。带菌蛋、孵化器内环境中的胎绒,被沙门氏菌污染的空气,可引起同群雏禽的呼吸道感染。其他动物(如犬、猫、鼠和野鸟等)都可带菌,这些动物一旦进入禽舍也会带来传播的危险。

3.2.3 控制污染的焦点

3.2.3.1 控制养殖场的污染

应把对畜产品中沙门氏菌污染控制的焦点放在其首要环节——养殖场,从源头上确保畜产品不受沙门氏菌的污染。

3.2.3.2 控制加工及流通环节的污染

应加强对畜产品加工、流通环节的监管。要求生产加工企业严格遵循畜产品安全生产技术规程,降低生产加工过程中沙门氏菌污染的危险,对上市前的畜产品进行强制性抽检,确保受污染的畜产品不能进入市场。

3.2.3.3 控制饲料的污染

是对畜产品进行风险管理的关键,具体措施如下:

①加酸处理。沙门氏菌在温度 10℃、pH6.0~7.5 内繁殖最快。在商品饲料生产条件下,饲料不可能作冷藏处理,但添加各种有机酸(甲酸、乙酸、丙酸和乳酸)降低饲料的pH,就可以消灭或抑制饲料中沙门氏菌生长,并可改善动物肠道的微生物体系。

②合理使用抗菌剂。肉禽日粮甲酸钙添加量大于 0.72% 时,可使生长和饲料效率下降。而添加 0.5%~1% 的富马酸可以明显地(P<0.05)促进生长。饲料中添加抗菌剂已证实能有效地抑制沙门氏菌。

③加热处理。制粒过程中饲料所受到的热足以杀死沙门氏菌。Liu 等(1969)发现,当饲料含水量为 15%,加热到 88℃ 时可完全将沙门氏菌杀灭。调查表明,41% 的肉禽开食料和 58% 的蛋用种禽日粮样品都有沙门氏菌存在,经蒸汽调质和压粒后,这 2 种日粮大约只有 4% 的样品尚有沙门氏菌存在。

3.2.3.4 严格执法

严格执行有关畜产品安全的法律法规,以法律的手段来约束整个畜禽产品生产链所有参与者的行为,尽量避免因沙门氏菌污染的畜禽产品而导致的食物中毒。在畜禽产品的整个生产链中,对养殖、加工、销售等各个环节应全面推行 HACCP(危害分析关键控制点)系统管理,即以沙门氏菌的流行病学为开端,沿着畜禽产品生产链一直追溯到养殖场实行全面有效的控制,并将控制的重点放在对人类健康的直接危害上。只有这样,才能确保畜产品在到达消费者手中时是安全的。

3.2.4 禽肉沙门氏菌风险分级指标体系的设定

从养殖管理、屠宰环节、运输与贮存环节、销售环节 4 个维度设定禽肉沙门氏菌风险分级指标体系,其构成如下:

①养殖环节。包括群内感染率、饲料带菌率、养殖水。

②屠宰环节。包括烫毛后禽体带菌率、拔毛后禽体带菌率、屠宰器具及操作工人手带菌率。

③运输与贮存环节。包括仓库带菌率、运输车箱笼带菌率。

④销售环节。包括集贸市场熟制禽肉带菌率、集贸市场生禽肉带菌率、超市熟制禽肉带菌率、超市生禽肉带菌率、从业人员带菌率。

3.3 物理性危害的风险特征描述

物理性危害是指食用后可能导致物理性伤害的异物。物理危害通常被描述为从外部来的物体或异物。物理性危害与化学性危害和生物性危害相比，有其特点，往往消费者看得见。因而，也是消费者经常表示不满和投诉的事由。物理性危害包括碎骨头、碎石头、铁屑、木屑、头发、蟑螂等昆虫的残体、碎玻璃以及其他可见的异物。物理性危害不仅令食品造成污染，而且时常损坏消费者的健康。

第4节　我国进境动物及产品化学因素危害风险评估

随着人们对生活的需求也不断加大，工业化的进程加快，废液，废气，废渣工业的"三废"不断地排入到环境中，经过植物的吸收在粮食中加以富集成为动物的饲料主要来源或者直接进入动物引用的水源，最终在动物体内富积。其次，由于农药的非正常使用或者处理不当，也会以同样的途径进入动物体内蓄积。另外，由于动物疫病防治和促生长的需要，一些防治性和促生长性抗生素动物饲料添加剂广泛应用，不正当的使用这些抗生素并在其休药期内上市，将会给人体健康带来危害。这些有害的化学因素进入动物体内蓄积，经食物链进入人体后对人体产生严重危害，因此对动物及动物产品中化学因素危害风险评估十分重要。

4.1 汞的风险评估

4.1.1 汞的危害识别

环境中的汞主要表现为金属汞和各种不同的有机汞（主要为甲基汞）、无机汞形式，通过自然过程和人类活动自然分布在环境中。汞在适用的范围非常广泛，汞矿加工设备和汞电池、原油燃料和燃料、污水处理等过程，相当部分的汞流入环境中。人体主要含汞的食物来源是动物食品，研究表明动物食品中甲基汞的浓度是其他食品的 $1\,000\sim10\,000$ 倍。易污染动物产品的为有机汞，在大多数动物产品中 $90\%\sim100\%$ 的汞为甲基汞。甲基汞是水体和地球环境中有元素汞自然形成的。甲基化的过程大概是在湖底或海洋的上沉淀层形成的。当进入水体中，任何汞化合物事实上都可被微生物转化成甲基汞。环境中的微生物可以使毒性低的无机汞转变成毒性高的甲基汞，动物引用了这种毒性高的甲基汞污染水后，吸收甲基汞的速度很快，通过食物链引起生物富集。汞在动物体内的生物半生期大约是 $2\sim3$ 年。有机汞很容易被肠胃道吸收。蛀牙暴露来源为环境中的汞，经由食物链进入人体，从而引起人的各种危害。

4.1.2　汞的风险描述

汞主要积累于肝、肾、脑和血液中，可造成急、慢性中毒，急性影响包括严重的中枢神经损伤、失明、致聋、致哑、肠胃损伤、心瓣塌陷、肾枯竭、致死，最小致死剂量为 $20\sim60mg/kg$。血液中的金属汞进入脑组织后，被氧化成汞离子，逐渐在脑组织中积累，达到一定量时，就会对脑组织造成损害。另一部分汞离子转移到肾脏。因此，慢性中毒以神经系统症状为主，特别是中枢神经，损伤最为严重的是小脑和大脑，如头痛、头晕、肢体麻木和疼痛、肌肉震颤、运动失调等。甲基汞在体内易与硫基结合，干扰蛋白质和酶的生化功能，可能出现四肢末梢或口唇周围麻木、视野缺损。严重者可导致小脑功能失调及痴呆等。易兴奋是慢性汞中毒的一种特殊的精神状态，表现为易激动、口吃、胆怯、焦虑、不安、思想不集中、记忆力减退、精神压抑等。此外，胃肠道、泌尿系统、皮肤、眼睛均可出现一系列症状。急性汞中毒其症候为肝炎、肾炎、蛋白尿、血尿、尿毒症。

另外，汞还可能导致肾损伤、影响免疫系统和生殖系统，如甲基汞可通过胎盘或经由母体分泌致母乳中，导致胎儿及婴儿中枢神经系统的损伤，如精神发育不全、失明、致聋、致哑等。可能造成体重过轻、发育迟缓、肌张力下降等症状。目前尚未有说服力的实验证据表明甲基汞暴露能引起癌症发病率的增加，对动物研究方面也只有有限的证据。

日本熊本县水俣湾外围的"不知火海"是被九州本土和天草诸岛围起来的内海，那里海产丰富，是渔民赖以生存的主要渔场。水俣镇是水俣湾东部的一个小镇，1956 年，水俣湾附近发现了一种奇怪的病。这种病症最初出现在猫身上，被称为"猫舞蹈症"。病猫步态不稳、抽搐、麻痹，甚至跳海死去被称为"自杀猫"。随后不久，此地也发现了患这种病的人。患者由于闹钟中枢神经和末梢神经被侵害，轻者口齿不清、漫步蹒跚、面部呆痴、手足麻痹、感觉障碍、视觉丧失、震颤、手足变形，重者精神失常，或酣睡，或兴奋，身体弯弓高叫，直至死亡。当时这种病由于病因不明而被叫做"怪病"。

这种"怪病"就是日后轰动世界的"水俣病"，是最早由于工业废水排放污染造成的公害病。"水俣病"的罪魁祸首是当时处于世界化工业尖端技术的氮（N）生产企业。氯乙烯和醋酸乙烯主要使用含汞的催化剂，这种排放的废水含有大量的汞。当汞在水中被水生生物使用后，会转化成甲基汞。这种剧毒的物质只要有挖耳勺的一半大小就可以致人死亡，而当时由于氮的持续生产已使水俣湾的甲基汞含量达到了足以毒死日本全国人口两次都有余的程度。水俣湾由于常年的工业废水排放而被严重污染了，水俣湾里的鱼虾类也由此被污染。这些被污染的鱼虾通过食物链又进入了动物和人类的体内。甲基汞通过鱼虾进入人体，被肠胃吸收，侵害脑部和身体其他部位。进入脑部的甲基汞会使脑萎缩，侵害神经细胞，破坏掌握身体平衡的小脑和知觉系统。据统计，有数十万人食用了水俣湾中被甲基汞污染的鱼虾。

由于汞的残留易对发育造成影响，因此两类育龄妇女值得关注：一类是那些每天食用 10g 以上水产品的妇女。通过膳食发现，1 096 名育龄妇女食用的是一般消费者 5 倍以上的水产品，如果水产品的含汞量为 $0.1\sim0.15\mu g/ml$，那么其汞的暴露水平将接近或稍微超过参考剂量 RfD 到 2RfD。另一类是那些使用含高浓度汞的水产品的妇女。如果水产品中汞的浓度为 $0.5\mu g/ml$，育龄妇女即使每天食用平均数量的水产品（小于 10g/d），其汞的暴露也接近 RfD，如果其水产品的平均摄入量为 40～70g/d，她们的暴露水平将是 RfD 的 3～6 倍。

汞在肾中残留浓度最高，汞在人体全身性的半衰期大约为 70 d，在血液中的半衰期为 3～30 d。在脑中较快的半衰期大约 21 d，慢者则达数年之久。

由 JECFA 1972 年指定的汞的 PTWI（暂定周摄入量）为 0.005mg/kg bw，甲基汞的 PTWI 为 0.003 3mg/kg bw，相当于一个人每周摄入可容许量为 0.3mg。美国环保局制定的甲基汞的参考计量为 0.000 1mg/kg/d，是世界卫生组织建议的摄入水平（0.000 49mg/kg/d）的 1/5。我国及世界其他主要国家水产品中汞的最大允许残留量（MRL）如下：

CCFAC（食品添加剂和污染物法典委员会）：0.5mg/kg

　欧盟：0.5mg/kg

　美国：1.0mg/kg

　日本：0.4mg/kg

　韩国：0.5mg/kg

　我国：0.3mg/kg

（U. S. Public Health Rervice，1991，1992，1993，Guideline Levels for Methylmercury in Fish（CAC/GL 7 - 1991），Jiont Expert Committee on Food Additive（JECFA），U. S. Environmental Protection Agency，1994，1994，1998，World Health Organization.）

4.1.3　汞的风险评估

来自世界各地包括国际汞小组在内的 20 多个工作小组，发布了其对鱼类含汞的研究结果，他们坚持认为：被污染的鱼和哺乳动物是一个全球性的公共健康问题，欧盟环保局国际汞小组的统一协调员 Michael Bender 的研究表明：测试在世界不同地区的鱼类，其甲基汞超过了国际公认的暴露水平。日常食用以鱼为食的海洋哺乳动物的地区的人们，其中膳食暴露风险大大增加。

其他动物及产品的汞污染报道较少，一般污染来源于污染物的饲料或者饮用被污染的水源，造成汞在动物体内蓄积，人食用该类动物具有一定的暴露风险。

出入境检验检疫部门在进境动物及其产品中汞的检出率很低，在水产品的检出率也较低。汞释放评估级别低，暴露评估根据食物污染程度及食入量不同差异较大，但综合判定风险评估级别为低。

4.2　镉的风险评估

4.2.1　镉的危害识别

20 世纪初发现镉以来，镉的产量逐年增加。镉广泛应用于电镀工业、化工业、电子业和核工业等领域。镉是炼锌业的副产品，主要用在电池、燃料或塑料胶稳定剂，它比其他重金属更容易被农作物所吸附。相当数量的镉通过废气、废水、废渣排入环境，造成污染。污染源主要是铅锌矿，以及有色金属冶炼、电镀和用镉化合物作为原料或触媒的工厂。镉对土壤的污染主要有气型和水型两种。水型污染主要是铅锌矿的选矿废水和有关工业（电镀、碱性电池等）废水排入地面水或渗入地下水引起的。水体中镉的污染物主要来自地表径流和工业废水。硫铁矿石制取硫酸和由磷矿石制取磷肥时排出废水中含镉较高，每升废水含镉可达数十至数百微克。动物食用了被镉污染的饲料和水后，在体内富集，最终通过食物链进入人体，对人体造成危害（U. S. Public Health Service，1992）。

4.2.2 镉的风险描述

在生理学上，人类不需要镉元素。镉的毒性不依赖于其他化学形式镉可引起急性中毒和慢性中毒，急性中毒包括肺炎、支气管炎。慢性中毒主要表现为肾脏、肺、肝、血液、免疫系统、神经系统、骨骼和消化器官的损害，镉使骨钙析出，从尿排出体外，从而引起骨质疏松，造成多发性病理骨折，关节重度疼痛。镉对人体发育影响方面有限，但有些证据表明母亲镉暴露可以导致婴儿体重过轻，经动物实验证实有致癌、致畸作用。

20世纪初期开始，日本富士山县的人们发现该地区的水稻普遍生长不良。1931年又出现了一种怪病，患者大多是妇女，病症表现为腰、手、教等关节疼痛。病症持续几年后，患者各部位会发生神经痛、骨痛现象，行动困难，甚至呼吸都会带来难以忍受的痛苦。到患病后期，患者骨骼软化、萎缩，四肢弯曲，脊柱变形，骨质松脆，就连咳嗽都能引起骨折。患者不能进食，疼痛无比，常常大叫"痛死了"。有的人因无法忍受痛苦而自杀。这种病由此得名"骨癌病"或"痛痛病"。1946—1960年，日本医学界从事综合临床、病理、流行病学、动物实验和化学分析的人员经过长期研究发现，"骨癌病"主要是由于重金属镉中毒引起的。

镉在人体中半衰期约18～38年。镉主要聚集在人体组织内，特别是在肝和肾内。由JECFA1988年33届会议制定的镉PTWI（暂定周摄入量）值为0.007mg/kg bw，该值的最后一次评估是在1933年JECFA第41次会议上。美国环保局（1994）计算出镉的膳食摄入参考剂量为0.001mg/kg/d。世界一些国家水产品中镉的最大允许残留量如下：

欧盟：0.5mg/kg

美国：0.05mg/kg

韩国：2.0mg/kg

中国：0.1mg/kg

（U. S. Public Health Service，1992；Joint Expert Committee on Food Additives（JECFA）；Denmark，1999；U. S. Department of Health and Human Service，1993；U. S. Environmental Protection Agency，1993）

4.2.3 镉的风险评估

镉元素广泛存在于地壳中，水质方面的污染主要是因为镀锌或者有焊接的管道不纯的物质所造成的，在都市水源的污染是因为含有色素或安定剂的塑料或金属被剖伤所致，另外燃料的燃烧亦造成污染。在陆地上，以硝酸盐、氯化物碳酸盐、水合物及与有机化合物螯合形式存在；在水溶液中，镉以二价形式存在。

①镉一般在环境中含量较低，但可以通过食物链的富集，使食品中的镉含量相当高，镉以食物为主要路径进入人体，镉的排泄很慢，生物半减期达10年以上。生产实践中多是镉在体内缓慢蓄积而引起慢性中毒。对于不吸烟者，膳食摄入是镉暴露的最大来源（约为94%），实际摄入量占总摄入量的80%。

②镉可引起贫血。其机理是镉在肠道内阻碍铁的吸收，且摄入大量镉后，尿铁明显增加。镉还能抑制骨髓内血红蛋白的合成。因此，镉中毒动物的血相发生变化，表现为血细

胞比容、红细胞和白细胞数量、血红蛋白含量降低。镉可干扰锌、铜、铁在体内的吸收和代谢，导致铁、铜、锌的缺乏症。

③镉对动物的慢性毒作用主要是损害肾小管，使肾小管的重吸收功能发生障碍，可出现蛋白尿、氨基酸尿和糖尿，尿钙及尿磷增加。由于体内钙的不断丢失，在外源性钙补充不充足的条件下，机体动员贮存钙（骨钙）以维持血钙正常的水平，从而导致骨质疏松症。

④在正常情况下水产品中仅包含少量的镉，但作为滤食性的甲壳类和贝类，能够从环境中吸收大量的镉，但甲壳类和贝类占膳食的很少一部分，所以对一般消费者来说，这些产品对个人的摄入贡献很少。镉进境动物及其产品（不包括水产品及其消费品）检出率很低，进境释放评估级别低，暴露级别低，因此进境动物及其产品镉的风险评估级别低。

⑤镉对雄性动物生殖系统有明显的毒害作用。镉明显损害睾丸和附睾，引起生精上皮细胞广泛变性、坏死、核皱缩、曲细精管纤维化，直到睾丸萎缩、硬化，同时附睾管上皮细胞变性、萎缩、管间结缔组织增生，其结果可影响精子的形成，使精子畸形、数量减少直到消失，引起动物生育障碍。镉对雌性动物的生殖系统和后代的生长发育也有一定的毒害作用。镉可抑制雌性动物的排卵，引起暂时性不育。

⑥镉可干扰子宫胎盘血流量、内分泌及各种代谢酶的功能，从而影响胚胎的正常发育，引起畸胎、死胎，并使子代的生长率降低，甚至使生长停滞。

⑦镉具有遗传毒性。镉可引起染色体畸变和DNA损伤，因而被怀疑是一种致癌物。

⑧据报道，鸡、鸭、猪日粮中镉含量分别超过30mg/kg、25mg/kg、50mg/kg即可引起动物采食量和增重明显降低，出现贫血。镉对鸡的半数致死剂量（LD_{50}）为165～188mg/kg体重。

4.3 铅的风险评估

4.3.1 铅的风险确定

铅及其化合物广泛应用于工业生产中，铅烟和铅尘是大气铅污染的主要形式。以烟和尘的形式逸散到大气中的铅烟和铅尘主要来自含铅汽油的燃烧、含铅煤炭的燃烧、铅及铅合金的冶炼及铅、含铅产品使用等高温作业过程。此外，还有含铅油气、涂料、彩釉陶瓷、蜡纸制造、含铅玩具等的生产过程。

铅是一种有害人类健康的重金属元素，对神经有毒性作用，在人体内无任何生理作用，其理想血铅浓度应为零。然而，由于环境中铅的普遍存在，特别是工业发展较快地区的环境和空气中铅浓度增加，造成动物和环境遭受铅污染，铅通过食物链进入人体，对人体最终造成危害。

4.3.2 铅的风险描述

铅的毒性很强，低剂量的铅能对人体造成各种影响。急性铅中毒不常见，一般由于溶于酸中的铅化合物或者吸入铅蒸汽造成。

随饲料摄入的铅可在动物体内蓄积，90％～95％的铅以不溶性磷酸三铅的形式蓄积于骨骼中，少量存在于肝、脑、肾和血液中。一般认为软组织中的铅能直接引起有害作用，而硬组织内的铅具有潜在的毒害作用。铅污染饲料引起的慢性中毒主要表现为损害神经系统、造血系统和肾脏。

铅对神经系统的作用主要是使大脑皮质的兴奋和抑制过程发生紊乱，从而出现皮层—内脏调节障碍，表现为神经衰弱症候群及中毒性多发性神经炎，重者可出现铅中毒性脑病。

铅对造血系统的作用主要是抑制血红蛋白的合成，引起贫血。铅也能直接作用于红细胞膜而使红细胞的脆性增加，造成溶血。铅还可影响凝血酶活性，因而妨碍血凝过程。

肾脏是排泄铅的主要器官，接触铅的量较多，因而铅对肾脏有一定的损害，引起肾小管上皮细胞变性、坏死，出现中毒性肾病。

铅对消化道黏膜有刺激作用，导致分泌与蠕动机能扰乱，出现便秘或便秘与腹泻交替出现。此外，在动物试验中发现铅有致畸形、致突变和致癌作用，但尚未发现铅盐对人有致癌性。

慢性铅中毒可分为 6 个部分：胃肠道，神经肌肉，中枢神经系统，血液，肾脏及维生素 D 代谢等方面，其可分别发生或数种同时发生；神经肌肉及中枢神经系统的症状通常由于严重暴露，而腹部症状则是一种非常非常缓慢及不知不觉性中毒的常见症状；在美国，中枢神经的症状通常发生在小孩身上，而肠胃道症状则发生在成年人身上。

低浓度铅进入人体后将对人体正常细胞产生危害，铅分子通过血液干扰神经细胞的正常工作，在血液中破坏血红素的生存和脑微血管的渗透性，特别是铅在大脑里蓄积影响尤为严重，在大脑发育的早期（如胚胎期），可导致大脑发育迟缓、不健全，最终影响人的智力。铅中毒诱因很多，一方面是人体直接摄入受铅污染的水和大气，另一方面动物食用了被铅污染的饲料和饮水，进而在动物体内富集，人食用了以这些动物为原料的食物后也可引起铅中毒。科学研究证明，血铅水平每上升 $0.1\mu g/ml$，儿童智商将丧失 6～7 分。有研究表明，目前儿童出现注意力缺失症和多动综合征，与血铅水平有很大关系性。由 JECFA1986 年制定并经 1999 年评估保持至今的铅的 PTWI（暂定周摄入量）值为 $0.025mg/kg$ bw。我国及其他主要国家水产品中铅的最大允许残留量如下：

CCFAC：0.5mg/kg

欧盟：0.2mg/kg

美国：1.5mg/kg

韩国：2.0mg/kg

中国：0.5mg/kg

（U. S. Public Health Service，1992，1997；Joint Expert Committee on Food Additives（JECFA）；Environmental Protection Agency. 1999；Pazzaglia G，1991）

4.3.3　铅的风险评估

铅是日常生活和工业生产中广泛使用的金属，食品加工设备、食品容器、包装材料以及食品添加剂等均含有铅自然污染源，主要为人为污染源的有铅制造工业、消耗铅的工业如电池制造业、烷基铅制造业。人类可能暴露途径是口腔暴露和吸入暴露，几乎所有环境中的铅暴露都是对无机铅而言的。

血铅水平超标（世界性组织和美国国家疾病控制中心以及美国儿科协会制定儿童铅中毒诊断的标准为"血铅水平超过或者等于 $0.1\mu g/ml$"），不但会引起儿童智能发育障碍，还会引起体格生长落后。最重要的是铅中毒对儿童智力的影响是不可逆的，可能造成一代人或者几代人的智力缺损。

铅进入人体后危害后果严重。从近几年来检验检疫部门对进境动物及其产品（不包括水生动物及其产品）铅的总检测情况看来，铅的检出率很低或极低。2008 年 1 月—2009年 3 月，国家质检总局发布的预警信息显示，检疫部门仅从新加坡进口的燕窝中检测出铅残留超标，表明在进境动物及其产品中铅的检出率非常低。因此，铅随进境动物及其产品释放和暴露风险非常低，进境风险可以忽略。

4.4 砷的风险评估

4.4.1 砷的风险确定

砷（AS）是广泛分布于自然界的非金属元素。环境中的砷主要来源于火山活动、矿山开采、煤炭燃烧、杀虫剂使用、木材防腐、微电子和半导体工业等，经过自然代谢过程使食品中产生了大量的有机砷和无机砷残留物。砷以含砷肥料、农药、食品添加剂、砷化合物污染食品为主。在食品中，水产品残留量最高，大部分被认为是无毒的有机砷形式存在，只有少部分为无机砷。在土壤、水、矿物、植物中能检测出微量的砷，在正常人体组织中也含有微量的砷。砷污染主要来源于人为和地球化学因素，工业污染的"三废"是人为污染的主要来源。砷主要由污染的水、食物和空气进入人体和动物体，并能在人体和动物体内富集从而造成更大的危害。

4.4.2 砷的风险描述

砷可引起急性中毒、慢性中毒。急性中毒主要表现为恶心、呕吐、腹痛、腹泻等肠胃炎症状，损害中枢神经系统，如头痛，心血管系统、肝、肾、血管等。对老鼠的动物实验显示，无机砷具有中度的急性毒性。对无机砷的人类急性入口暴露的致死剂量约为 600mg/kg/d。慢性中毒表现为肠胃炎、贫血、肝、肾损伤、皮肤色素沉着过度角化，多发性神经炎等植物神经衰弱症。美国环保局建立了无机砷在色素沉着、心血管并发症基础上的参考剂量（0.000 3mg/kg/d）。在生长发育方面，无机砷能穿过人类的胎盘将胎儿暴露于其中；动物实验研究表明，高剂量的无机砷能导致生殖缺陷。近年来，发现砷有致癌作用。虽然砷不是直接的致癌物，但在很多病例中，很多内脏的次发性癌（Secondary Carcinoma），是由于对于砷暴露（包括食入、注射或吸入）引起原发性皮肤癌转移的结果。在台湾曾发现有某个地区因饮水中含有砷而引起该地区人们的手、脚出现皮肤癌和坏疽的情况，称之为乌脚病。$10\sim50\mu g/kg$ bw 的无机砷摄入量将会引起癌症问题，如乌脚病。

在日本，调查 214 个在 1955 年喝了受砷污染的牛奶的婴儿，和他们的弟妹成长情形作比较，发现这群婴儿智商较低，生长迟滞的情形较多，近视，脑波图不正常，牙齿生长情形不佳，脸型不正常。

在 6 个慢性砷中毒的个案中有白血球减少的现象，有 3 个人血小板减少，而每个人都有相对的嗜伊红血球减少，各种血液不正常的现象在治疗 2～3 周后消失。

在许多急性、次急性和慢性砷暴露的病人中，其周边神经系统的效应是出现周边神经炎。刚开始是发生在末梢，几个星期后就扩散，经常在上、下肢散布开来，通常先是下肢，后来是上肢。周边运动神经的症状包括四肢对称性肌肉衰弱，先是末梢，有时扩散到近端的肌肉群，在极少的神经病例中还迅速发展为下肢肌肉的头部小肌肉的麻痹和萎缩。

泌尿方面：血尿、蛋白尿、无尿症。

最低致死剂量：人类致命剂量：70~180mg（视体重而定）。

由 jECFA1988 年制定的砷的 PTWI（暂定周摄入）值为 0.015mg/kg。我国及世界其他主要水产品中砷的最大允许残留量如下（Joint Expert Committee on Food Additives（JECFA）；Denmark，1999；M. Windolz；U. S. Environmental Protection Agency，1984，1993）：

美国：甲壳类（总砷）76mg/kg

新加坡：鱼、甲壳类、软体动物 1mg/kg

欧盟：水产品 1.0mg/kg

中国：1.0mg/kg

4.4.3 砷的风险评估

砷中毒，由于短期大量或长期砷化合物引起的全身性疾病。在生产和使用砷化合物中，因发生生产事故或设备检修时，接触到含砷化物烟雾、蒸汽或者粉尘，如防护不周，可经由呼吸道吸入，少量也可经由消化道及皮肤污染吸收而中毒。生活中多因误服三氧化二砷或应用过含砷药物引起，亦可因食用被砷污染食品、食盐、饮水等引起急性或慢性砷中毒。单质砷无毒性，砷化合物具有毒性。三价砷比五价砷毒性大，约为 60 倍；有机砷与无机砷毒性相似。人口服三氧化二砷中毒剂量为 5~50mg，致死剂量为 70~180mg（体重 70kg 的人，约为 0.76~1.95mg/kg，个别敏感者 1mg 可中毒，20mg 可致死，但也有口服 10g 以上而获救者）。长期食用砷含量过高的动物产品时，会出现砷中毒，但需要相当长的时间，而且是轻度。

进境动物及其产品（不包括水生动物及其产品）砷检出率低，释放评估级别低；国内消费者对进口动物及其产品摄入量不大，暴露评估低；因此进境动物产品砷的释放评估级别低，暴露级别低，后果评估级别低，进境风险评估综合判断为低。

①砷的毒性与其化学形式有关。一般三价的毒性大于五价砷，无机砷的毒性大于有机砷。

②砷化合物的毒作用主要是影响机体内酶的功能。三价砷（As^{3+}）可与体内酶蛋白分子上的巯基结合，特别是与含双巯基结构的酶如丙酮酸氧化酶结合，形成稳定的复合体，使酶失去活性，从而阻碍细胞的正常代谢，导致细胞死亡。五价砷（As^{5+}）能抑制 α-甘油磷酸脱氢酶和细胞色素氧化酶，但五价砷与酶形成的络合物不稳定，能自然水解，使酶的活性恢复，故对组织生物氧化作用的影响较小。五价砷在体内可还原为三价砷。一般认为五价砷的毒性主要是由于在体内转变为三价砷所致。

③砷引起的细胞代谢障碍首先危及最敏感的神经细胞，引起中枢神经及外周神经的功能紊乱，呈现出中毒性神经衰弱症候群及多发性神经炎等。在砷的毒作用下，维生素 B 消耗量增加，而维生素 B_1 的不足又加重砷对神经系统的损害。

④砷吸收入血后，可直接损害毛细血管，也可作用于血管运动中枢，使血管壁平滑肌麻痹、毛细血管舒张，引起血管壁通透性改变，导致脏器严重充血，有碍组织营养过程，

引起实质器官的损害。

⑤动物通过饲料长期少量摄入砷时，主要引起慢性中毒。慢性砷中毒进程缓慢，开始时常不易察觉。神经系统和消化机能衰弱与扰乱，表现为精神沉郁，皮肤痛觉和触觉减退，四肢肌肉软弱无力和麻痹，瘦削，被毛粗乱无光泽，脱毛或脱蹄，食欲不振，消化不良，腹痛，持续性下痢，母畜不孕或流产。

⑥砷化合物已被国际癌症研究机构（IARC）确认为致癌物。动物实验还表明，砷可使动物发生畸胎，但人类是否有此现象尚未得到证实。

第5节　我国进境动物及其农产品农药残留的风险评估

在农药生产使用过程中，可经呼吸道、皮肤入侵机体，但更重要的是通过污染食品进入人体。农药污染食品的途径和农药施用后的归宿有密切关系，农药施用后食用作物的污染包括：①喷洒后残留于食用作物上；②植物吸收后在其体内残留；③小部分漂浮于空中随雨雪等降落于陆地、江、河、湖、海等；④水中的农药（来自雨水冲刷、地下水溶解渗透部分的农药）进入浮游生物、水产动物；⑤运输及贮存中混放而造成污染。在上述污染中还有一个富集的过程，既当动物食用饲料时，农药随饲料进入体内和水生小动物吞食了含农药的浮游生物后又被较大的水生动物吞食，在构成连锁关系的食物链中，最后的动物体内含的浓度最高，其危害性也最大。如鱼体内的 DDT 可比湖水浓度提高 150 万～300 万倍。

5.1　有机氯残留的风险评估

5.1.1　有机氯残留的风险确定

有机氯农药是世界范围内最早大规模使用的农药，20 世纪 80 年代初达到巅峰。有机氯农药主要有六六六、DDT，曾因广谱、高效、廉价、急性毒性小而广泛使用。我国使用长达 30 年之久。这类杀虫剂化学性质稳定和在人际动物体内积蓄，并有一定毒性，1970 年至今有 20 多个国家相继限制使用和禁用，但仍有违规生产和使用的情况。有机氯农药有高度的化学、物理和生物学的稳定性，半衰期长达数年，最长可达 10 年，在自然界极难分解。由于有机氯农药的溶脂性强，在食品加工的过程中经单纯的洗涤不能除去。

5.1.2　有机氯残留的风险描述

有机氯农药容易在人体内积蓄，污染食物只存在慢性毒性作用，主要表现在侵害肝、肾及神经系统，动物实验证实有致畸、致癌作用。国内通过系列毒理学实验发现工业六六六主要损害动物肝、肾；丙体六六六对雄鼠引起肾损害，病变程度与六六六呈显著剂量效应关系。亦有报道六六六甲体对动物有致癌性，乙体无致癌性但最易在体内积蓄，丙体的致癌性尚有争论。DDT 毒性近似六六六，亦有 DDT 引起小鼠肝、肺、淋巴系统肿瘤和大鼠肝肿瘤的报道。

六六六和 DDT 进入人体主要积蓄于脂肪和含脂肪高的组织中。人耳垢中六六六、DDT 含量与人脂肪中含量呈正相关。六六六和 DDT 对人体的影响主要是引起肝组织和肝功能的损害。20 世纪 80 年代初我国 14 个省、38 个县、市调查发现人耳垢中六六六、DDT 积蓄量与当地施药量密切相关。六六六积蓄量与男性肝癌、肠癌、肺癌及女性直肠癌发病率相关，并有统计学意义。

动物及人体资料都表明六六六和 DDT 可引起血液细胞染色体畸变，能通过胎盘进入胎儿体内，从母体乳汁中排除婴儿摄入。高剂量 DDT 对男性生殖功能包括精子形成有损害。由 JMPR2000 年制定的滴滴涕的暂定每日耐受摄入量 PTDI 值为 0.01mg/kg bw。未查到六六六的 PTDI。经查阅外国的相关标准，我国及重要的出口国家水产品的六六六、DDT 的 MRL 如下（Kashyap R et al，2002；Baraket AO et al，2002；Cressey PJ et al，2003；Daniel V et al，2002）：

中国：六六六：2mg/kg；DDT：1.0mg/kg

美国：六六六：0.3mg/kg；DDT：5.0mg/kg

欧盟：六六六：0.3mg/kg；DDT：1.0mg/kg

5.1.3 有机氯残留的风险评估

有机氯农药的主要来源为地表径流入湖、大气沉降和工业污水排放。数据表明湖泊沉积物的 HCHs、DDTs 比报道的江河沉积物要高，但低于海湾沉积物。有机氯农药在土壤、水源等沉积，造成饲料和水污染，动物食用后进一步富集到动物及其产品中，因此进口该类动物及其产品对我国人民身体健康的危害风险不容忽视，由于口岸检验检疫部门对进境动物及其产品抽检率低，监测数据很少，今后有待加强，获取更多的数据来进行风险评估。

5.2 六氯苯残留的风险评估

5.2.1 六氯苯残留的风险确定

六氯苯（Hexachlorobenzen，C_6Cl_6，简称 HCB），为有机氯杀虫剂，主要用于小麦、大麦等谷类作物种子外膜真菌危害的防治。污染环境的主要来源是真菌污染和化工污染，六氯苯已成为全球性的环境污染物，目前已被列入环境内分泌干扰物（Environmental Endocrine Disruptors，简称 EEDs），其健康危害已越来越引起广泛的重视。HCB 在于水中含量很低，淡水中浓度一般低于 1.0ng/L，但如有污染源，淡水中 HCB 浓度会明显升高，海水中 HCB 浓度一般低于 0.1ng/L，如此低的浓度很难发现其对海洋生物有毒性作用，但有报道海洋鱼肝中 HCB 水平超过人类安全摄入量，水体中 HCB 浓度起主要作用的是水体底泥及水中生物的富集及生物放大作用和生物的食物链。底泥中的 HCB 浓度较高，而且随时间推移，底泥中的 HCB 水平会有明显的增高，但生物体脂肪中的 HCB 含量不一定高（Meijier SN et al，2003）。

5.2.2 六氯苯残留的风险描述

HCB 在人体内分布的研究甚少，动物体内主要积蓄在含脂肪较多的部位，如脂肪组织，骨髓及一些内分泌器官如甲状腺、胸腺。人体脂肪中 HCB 含量变异较大，达数十、数百纳克每千克。

HCB 主要经口摄入，少量经皮肤，吸入资料尚无研究，50ng/kg HCB 喂食雌鼠时，脂肪内含量大于甲状腺，甲状腺大于肾上腺和卵巢，卵巢含量大于胸腺、肝及肺中含量，均有显著的差异（P＜0.05）。

另有研究发现怀孕妇女如孕期接触 HCB，体内高 HCB 在早期授乳期会移至新生儿体中，20世纪90年代初期，我国局部地区人群母乳HCB检出率为100%，其含量（以乳汁计，中位数）为0.058ug/kg。

HCB具有低或较低的急性毒性作用，同时具有慢性或亚慢性毒性作用，雌雄白鼠口服LD50均大于15g/kg，在1 280μg/ml剂量对大鼠生长发育有显著影响，320μg/ml以上剂量组喂饲数周产生叶琳症。

很多研究在HCB的亚慢性/慢性靶器官毒性作用中，生殖毒性具有剂量反应关系，用Skuiper-Goodman鼠做亚慢性毒性实验中，最低发现效应水平为每天0.25~0.2mg/kg，而无效水平为每天0.05~0.5mg/kg。

在乳腺癌病人中的乳房脂肪中的包括HCB的有机氯比非乳腺癌高。HCB是否引起乳腺癌缺乏流行病学资料，HCB自食物摄入产生致癌性，已发现HCB类物质在人类乳腺癌中扮演重要角色，HCB这些广泛存在的污染物能在恶性乳腺癌妇女乳腺中发现，经对年龄校正后比较发现，良性肿瘤妇女乳腺中HCB浓度比恶性肿瘤低。

1955—1959年Turkey HCB污染谷物事件出现600例叶琳血症，主要机制为影响亚铁血红素合成，导致亚铁血红素的前驱物叶琳在血和尿中增多。

HCB的环境污染和积蓄是在环境中不易分解，通过食物链富集到人体，对健康产生危害，尤其是研究并建立毒性无作用剂量水平（NOELS），目前的资料尚不够完善。1969年JNPR建立了临时可忽略日摄入量为0.000 6mg/kg bw，1974年转化限定条件为ADI，欧盟MRL为0.2mg/kg。

5.2.3　六氯苯残留的风险评估

我国水中允许排放的六氯苯含量为0.2mg/kg。根据来自WHO/FAO食品监测合作中心1980—1983年的数字，日本、英国、美国六氯苯的平均摄入量为0.002~0.004mg/kg bw。有学者（1984）报道781个芬兰人体脂肪组织内的六氯苯残留水平，并发现平均水平与每月使用水产品的次数呈正相关。尚未见到我国检疫部门从进境动物及其产品中检出此类残留，进境释放评估级别很低，六氯苯残留的风险评估级别很低。

5.3　多氯联苯残留的风险评估

5.3.1　多氯联苯残留的风险确定

多氯联苯有稳定的物理化学性质，属于半挥发或不挥发物质，具有较强的腐蚀性。多氯联苯是一种无色或者浅黄色的油状物质，难溶于水，但易溶于脂肪和其他有机化合物中。多氯联苯具有良好的阻燃性，低电导率，良好的抗热解能力，良好的化学稳定性，抗多种氧化剂。PCB结构稳定，自然条件下不易降解。研究表明，PCB的半衰期在水中大于2个月，在土壤和沉积物中大于6个月，在人体和动物体内则从1年到10年。因此，即使是十年前使用过的PCB，在许多地方依然能发现残留物。一旦污染的多氯联苯进入水体和土壤，污染水体和饲料可在动物体内蓄积，经食物链进入人体进一步富集，对人体具有一定的危害。

5.3.2　多氯联苯的风险描述

历史上，多氯联苯曾引起了三次重大的环境事件：1967年，日本米糠油事件，生产米糠油用多氯联苯作为脱臭工艺的热载体，由于生产管理不善，混入米糠油，食用后中毒，患者超过 1 400 人，至七八月份患病者超过 5 000 人，其中 16 人死亡，实际受害者约为 13 000 人。患者一开始只是眼皮发肿、手心出汗、全身起红疙瘩，随后全身肌肉疼痛、咳嗽不止，严重时恶心呕吐、肝功能下降，有的医治无效而死亡。这种病来势凶猛，患者很快达到 13 000 人。用这种油米糠中的黑油饲喂家禽，致使几十万只鸡死亡；1978—1979 年间为期 6 个月的时间里，台湾油症地区约 2 000 人食用受多氯联苯和多氯二苯并呋喃污染的食用油。多氯联苯从热交换器中漏入成品食用油中。一部分多氯联苯受热降解产生了多氯二苯并呋喃和其他氯化物，造成高达数万人的患者，病症有眼皮肿、手脚指甲发黑、身上有黑色皮疹。PCBs 若由孕妇吸收，可透过胎盘，或乳汁导致早期流产、畸胎、胎儿中毒。一些受到影响的胎儿出生时，皮肤深棕色素沉着，全身黏膜黑色素沉着，发育较慢，很像一瓶可口可乐，被民间俗称为"可乐儿"。这样的后遗症还包括婴儿的体重过轻、黄疸、眼球突出、头骨点状钙化，肝脾肿大，脚跟突出，皮肤脱落，眼部奶酪状分泌，免疫功能低下，都是"可乐儿"的畸形表现。1986 年，加拿大一辆卡车载着一台高浓度多氯联苯液体的变压器去废物存储场，途中经过安大略省的北部凯拉城附近时，有 400 多升的 PCBs 从变压器中泄漏，污染了 100km 的高速公路和其他车辆，对当地居民的身体造成了极大的伤害。多氯联苯生物毒性主要体现在以下四个方面：①致癌性：国际癌症研究中心已将多氯联苯列为人体致癌物质，"致癌性影响"代表了多氯联苯存在人体内达到一定浓度后的主要影响。②生殖毒性：PCB 能使人类精子数量减少、精子畸形的人数量增加；女性不孕现象明显上升；有的动物生育能力减弱。③神经毒性：PCB 能对人体造成脑损伤、抑制脑细胞合成、发育迟缓、降低智商。④干扰内分泌系统：比如使得儿童的行为怪异，使水生动物雌化。

5.3.3　多氯联苯的风险评估

由于 PCB 具有亲脂憎水性，可通过生物富集在生物体内聚集。当 PCB 被食物链底端的生物吸收后，通过食物链逐级放大，可传递，鱼类、猛禽、哺乳动物以及人类等。由于处在食物链顶端，所以会大量吸收 PCB，引起中毒。在进境动物及其产品的检出报告极少，表明释放风险很低，因此多氯联苯残留物的风险评估基本属于低。

5.4　有机磷类残留的风险评估

5.4.1　有机磷类残留的风险确定

世界各国生产的有机磷农药绝大部分为杀虫剂，如对硫磷、内吸磷、马拉硫磷、乐果、敌百虫、敌敌畏等；也有些品种如稻瘟净、克瘟散等可做杀菌剂。近年来，又先后合成了一些灭鼠剂、杀线虫剂、除草剂、脱叶剂、不育剂、生长调节剂等。有机磷类残留一旦排放到环境中，它们很难被分解，因此可在水体，土壤和底泥等介质中存放数年甚至数十年或更长的时间。结构中所含的氯原子，使其具有低水溶性，高脂溶性的特征，因而能在脂肪组织中发生生物积蓄，从而使周围媒介物质富集到生物体内，并通过食物链的生物放大作用达到中毒的浓度。正是由于该类农药的滥用，使其成为一种世界广泛分布的环境污染物，从大气到海洋，湖泊，江河到内陆池塘，从遥远的南极大陆到荒凉的雪域高原，从苔藓谷物等植物到鱼类飞鸟等动物，甚至人奶，血液无处不在，含量不等。

5.4.2 有机磷类残留的风险描述

使用少量有机磷类的残留农药，人体会自然降解，不会突然引起急性中毒，但长期使用残留农药动物产品，必然会对人体健康带来极大危害，其危害主要有：

①可能致癌。残留有机农药中常常含有的化学物质可促使各组织内细胞发生癌变。

②导致身体免疫力下降。有机磷类被血液吸收后，可以分布到神经突触和神经肌肉接头处，直接损害神经元，造成中枢神经死亡，导致身体各器官免疫力下降。如，经常性的感冒、头晕、心悸、盗汗、失眠、健忘等。

③加重肝脏负担。残留有机磷类进入体内，主要依靠肝脏制造酶来吸收这些毒素，进行氧化分解。如果长期食用带有残留农药的瓜果蔬菜，肝脏就会不停地工作来分解这些毒素。长时间的超负荷工作会引起肝硬化、肝积水等一些肝脏病变。

④导致肠胃道疾病。由于肠胃道消化系统胃壁褶皱较多，易存毒物。这样残留有机磷农药易积存其中，引起慢性腹泻、恶心等症状。

5.4.3 有机磷残留的风险评估

有机磷农药因其广谱高效而广泛应用于农业生产中，残留的有机磷通过食物等途径可进入人体，并在体内积蓄，危害健康。市场上的蛋禽、肉类受污染程度最严重，残留物超过国家标准的比例分别为 33.1% 和 22.1%。肉类食品虽说没有被农药化学品直接污染，但通过饲料、饮水间接污染。如果长期食入有机磷类超标的食物，对人体的神经系统、肝脏、肾脏会造成损害。

同时，牧场常常将有机磷类杀虫剂喷洒在羊身上或存储的羊毛上，以防治虫害。由于有机磷类杀虫剂大多是亲脂性的，已聚集在羊毛脂肪里。如果处理不当，含脂羊毛中残留的杀虫剂会影响人体健康并危害生态环境。欧盟有关纺织机品生态标签（EcoLabel）标准的指令 2002/371/EC 对有机磷农药在内的 30 多种杀虫剂在含脂羊毛中的残留提出了限量要求。从国家质检总局发布的有毒有害物质风险来看，有机磷类检出率极低。虽然国外对动物及其产品是否残留有机磷相当重视，但仅仅从风险评估级别考虑，进境风险评估级别还是非常低的。

第6节　我国进境动物及其产品抗生素类残留的风险评估

6.1 抗生素残留的风险确定

6.1.1 氯霉素残留的风险确定

氯霉素是一种广谱抗生素，对需氧菌、厌氧菌和许多细胞内寄生的微生物均有作用。氯霉素分子结构中包括三个功能性分子基团，很大程度上确定了其生物活性，及对位硝基酚基、二氯乙酰基和丙二醇链第三位碳原子上的乙醇基团。

人因氯霉素诱导的再生障碍性贫血主要来源于食品动物残留。如果氯霉素用于治疗动物的有害菌感染或者在饲料中添加用于预防细菌引起的相关疫病时，这样的动物就有可能被氯霉素污染，人就有可能消费来自动物可食组织中低浓度氯霉素，在敏感个体可能引起再生障碍性贫血。已知氯霉素在动物体内残留可持续较长时间。

6.1.2　硝基呋喃类的风险确定

在养殖业中经常使用的硝基呋喃类药物主要包括呋喃西林、呋喃妥因、呋喃唑酮、呋喃它酮。呋喃西林由于毒性较大，一般做外用消毒药物，也有拌饵投喂防治水生动物疾病的报道。呋喃唑酮价格便宜，疗效确切广泛应用在家畜、家禽的痢疾、肠炎、球虫病和火鸡黑头病的预防和治疗，在一些不发达的国家呋喃唑酮在水产养殖中使用比较常见。

6.1.3　四环素类药物残留的风险确定

四环素类抗生素（tetracyclines，TCs）在化学结构上都属于氢氧化并四苯衍生物，由放线菌属产生。四环素类为广谱抗生素，对革兰式阳性和阴性细菌、立克次氏体等有抑菌作用，其作用机理主要是和 30s 核糖体的末端结合，从而干扰细菌蛋白质的合成。常用的四环素类抗生素有：四环素（tetracycline，TC）、金霉素（chlorotetrcycline，CTC）、土霉素（oxytetracy-cline，OTC）、强力霉素（doxycycline，DOTC，即脱氧土霉素）等在畜禽生产中四环素类抗生素被广泛作为药物添加剂，用于防治肠道感染和促生长，在奶牛业中四环素被用来治疗乳腺炎等常见疾病。因此，四环素类作为抗生素类已被广泛应用，由此带来的四环素残留问题也接踵而来。

6.2　抗生素残留的风险描述

6.2.1　氯霉素残留的风险描述

氯霉素对人的造血系统、消化系统具有严重的毒性反应，同时还会引起神经炎、皮疹等不良反应。但氯霉素在人的最重要不良反应是骨髓抑制。由氯霉素引起的骨髓损伤分为两种类型：第一种类型最常见，且涉及预计量有关的骨髓前体物成红细胞系列物的抑制。此种毒性是可逆的，通常在血浆氯霉素水平超过 $25\mu g/ml$ 时出现。有证据表明这种骨髓抑制是线粒体损伤和线粒体蛋白质合成抑制的结果。第二种类型，即引起人再生障碍贫血。这种毒性极少发生，与剂量和用药持续期无关，临床表现为广泛而持久的各类血细胞减少症。在介绍氯霉素治疗的人群中，再生障碍贫血出现几率为 1：10 000～1：450 000，氯霉素结构中的对位硝基是引起这种毒性的主要因素。对位硝基经过还原反应后，生成亚硝基氯霉素和其他有毒中间产物，引起人的肝细胞损伤。美国联邦政府在 2003 年 12 月公布了两年一度的致癌物质新报告，将氯霉素列入可能的人类致癌物名单。报告指出，根据有限的人类研究证据显示，氯霉素可增加白血病的发病率。

由于再生障碍贫血与剂量无关，因此即使消费的量是很小的一部分也有可能发生。由于对消费含氯霉素残留的个体存在公共健康风险，因此，包括美国、欧盟、日本、韩国在内的世界大多数国家和地区精制氯霉素在食品动物的应用。FDA 认为，现在还不能确定人对氯霉素暴露的安全阈值，这是由于不能确定不同患者服用氯霉素后产生的影响，我们既不能量化它对普通群体的危害性，又不能评估出剂量的风险性。JECFA 也未制定 ADI 和 MRL。我国也禁止本品用于食品动物的所有用途。

6.2.2　硝基呋喃类残留的风险描述

硝基呋喃类药物是人工合成的具有 5-硝基呋喃基本结构的广谱抗菌药物，曾经在养殖业中较为广泛使用，硝基呋喃类药物的副作用引起人们的高度关注。硝基呋喃类药物及其残留主要危害是：

①具有致癌致畸致突变。呋喃唑酮具中等强度致癌性。通过对小白鼠和大白鼠的毒性研究表明，呋喃唑酮可以诱发乳腺癌和支气管癌，并且有剂量反应关系；高剂量饲喂食用鱼和观赏鱼，可导致鱼的肝脏发生肿瘤；繁殖毒性结果表明，呋喃唑酮能减少精子的数量和胚胎的成活率。硝基呋喃类化合物是直接致变剂，它不用附加外源性激活系统就可以引起细菌的突变。

②代谢产物对人体危害严重。硝基呋喃类药物在体内代谢迅速，代谢的部分化合物分子与细胞膜蛋白成为结合状态，结合态可长期保持稳定，从而延缓药物在体内的消除速度。用呋喃唑酮对种鸡进行处理后，代谢残留物将按种鸡—种蛋—雏鸡—成鸡的生物链条传递。普通的食品加工方法（如烧烤、微波加工、烹调等）难以使蛋白结合成呋喃唑酮残留物大量降解。这些代谢物可以在弱酸性条件下从蛋白质中释放出来，因此当人吃了含有硝基呋喃类抗生素残留的食品，这些代谢物可以在人胃液的酸性条件下从蛋白质中释放出来被人体吸收而对人类健康造成危害。动物肝脏为主要的药物代谢器官，蛋白质结合态的残留物主要累积在肝脏。

6.2.3 四环素类药物残留的风险描述

四环素类直接通过食物链进入人体后会对人体带来很大的危害，首先会对骨、牙的生长造成影响。四环素可与新形成的骨、牙中所沉积的钙相结合，妊娠 5 个月以上的妇女服用这类抗生素时，出生的幼儿牙齿可出现荧光、变色、牙釉质发育不全、畸形和生长抑制。幼儿尤其是出生后第一年，由于发育不全，药物不能充分排泄，即使短期用药，也极易引起乳牙的色素沉着和牙釉质发育不全，易造成龋齿牙染色由黄转为棕黄，剂量越大黄染越深，牙釉质发育不全也更加显著。同时四环素类可造成胃肠道紊乱，恶心、呕吐、上腹部不适、腹胀、腹泻、舌炎、口腔炎和肛门炎等。

四环素类还可造成头晕或轻度头痛。摄入一年或更长会产生灰黑色素沉着，在身体任何部位都会有，特别是在腿胫部。国外报道二甲胺四环素引起可逆性前庭副作用，包括恶心、呕吐、头晕、眩晕及运动失调。前庭反应妇女较男性多见，发生率与数量高低无明显关系。脱氧土霉素的皮疹少见。近年来，国外学者用米诺太环素治疗 RA 的研究过程中还发现了该药可诱发类狼疮样症状，并称之为"米诺泰环素诱导自身免疫综合征"，其特点主要有可逆性的关节痛、关节炎、发热、晨僵、皮肤损害，偶有慢性活动性肝炎表现，同时出现抗核抗体阳性及 p - ANCA 抗体滴度增高。另外长期用四环素后，使正常菌群的分布发生变化，敏感菌受到抑制，耐药细菌、真菌（主要是白色念珠菌）等沉积在体内繁殖，发生消化道、呼吸道和泌尿道等感染。

6.3 抗生素残留的风险评估

6.3.1 氯霉素残留的风险评估

长期微量摄入氯霉素不仅使沙门氏菌、大肠杆菌产生耐药性，还会引起机体正常菌群失调，使人类易患各种疾病。氯霉素在动物体内的残留，通过肉、蛋、奶等传递给人类，使人体受到伤害。氯霉素能导致严重的再生障碍性贫血，并且其发生与使用剂量和频率无关。人体对氯霉素较动物更敏感，氯霉素在组织中的残留浓度能达到 1mg/kg 以上，对使用者威胁很大。

动物食品中氯霉素残留对人类健康构成潜在的危害已被越来越多的人认识。欧共体不允许氯霉素用于产奶母牛和产蛋鸡，在其他动物的使用上也有限制，并严格规定肉中的氯霉素残留量不得超过 $10\mu g/kg$。1984 年美国食品和药理管理局禁止用于所有食品动物。氯霉素对人和动物的骨髓细胞、肝细胞产生毒性作用，可导致再生障碍性贫血；婴儿可出现致命的"灰婴综合征"。氯霉素在食品中的残留高达 $1mg/kg$ 以上时对食用者有严重威胁，因此成为被世界各国禁止用于食品的抗生素。

为了确保我国动物产品质量，维护我国的食品安全和人民身体健康，农业部为加强兽药残留监控工作，保证动物源性食品卫生安全，根据《兽药管理条例》规定，组织修订《动物源性食品中兽药最高残留限定》已于 2002 年 12 月 24 日发布实施。该标准明确规定：氯霉素及盐、脂（包括琥珀氯霉素）禁止在所有食品类动物里应用，并不得在食品动物的所有组织内检测到。我国进境的动物及其产品种类繁多，来源地区差异大，总的来说检出率较低，2008 年 1 月至 2009 年 3 月国家质检总局发布的预警信息显示，共有 2 批次 48 320kg 的冻鸡被检出氯霉素，随动物及其产品的释放风险较小。

6.3.2 硝基呋喃类残留的风险评估

硝基呋喃类在动物防治上的广泛使用，食入硝基呋喃类残留的动物产品的危害越来越受到相关部门的重视。在风险近几年来，检验检疫部门加大了对进口动物产品硝基呋喃类残留的监控力度，来自国家质检总局发布的信息显示，从 2008 年 1 月至 2009 年 3 月，检验检疫部门共从进境动物产品中检测出 28 批次残留超标情况，重达 1.10×10^6kg，其中 22 批次是来自美国的冻鸡爪和冻鸡翼尖（见表 4-1）（国家质检总局网站，2009）。进境动物及其产品中的冻鸡爪和冻鸡翼尖硝基呋喃类残留存在一定的释放风险，消费人群的暴露风险也在增加。

表 4-1 动物产品中硝基呋喃类检出情况（2008.1—2009.3）

Tab. 4-1 Detection of nitrofuran in animal products（2008.1 to 2009.3）

输出国家和地区	品种	数量（kg）	不合格情况	上报局
美国	冻鸡翼尖	47 200	呋喃西林代谢物超标	上海检验检疫局
美国	冻带骨鸡爪	245 000	呋喃西林代谢物超标	上海检验检疫局
美国	冬季翼尖	18 000	呋喃西林代谢物超标	上海检验检疫局
美国	冻鸡爪	25 000	呋喃西林代谢物阳性	深圳检验检疫局
美国	冻鸡爪	25 000	呋喃西林代谢物阳性	深圳检验检疫局
美国	冻鸡爪	25 000	呋喃西林代谢物阳性	深圳检验检疫局
美国	冻鸡翼尖	23 040	检出呋喃西林代谢物	广东检验检疫局
美国	冻鸡爪	25 000	检出呋喃西林代谢物	广东检验检疫局
美国	冻鸡爪	24 500	呋喃西林代谢物阳性	深圳检验检疫局
美国	冻鸡爪	34 948	检出呋喃西林代谢物	深圳检验检疫局
美国	冻鸡爪	32 940	检出呋喃西林代谢物	深圳检验检疫局
美国	冻鸡爪	25 000	检出呋喃西林代谢物	深圳检验检疫局

（续）

输出国家和地区	品种	数量（kg）	不合格情况	上报局
美国	冻鸡爪	49 900	检出呋喃西林代谢物	深圳检验检疫局
美国	冻鸡杂翼	24 710	检出呋喃西林代谢物	深圳检验检疫局
美国	冻鸡翼尖	24 710	检出呋喃西林代谢物	深圳检验检疫局
美国	冻鸡爪	24 490	检出呋喃西林代谢物	深圳检验检疫局
美国	冻鸡爪	24 720	检出呋喃西林代谢物	深圳检验检疫局
美国	冻鸡翼尖	24 710	检出呋喃西林代谢物	深圳检验检疫局
美国	冻鸡翼尖	24 710	检出呋喃西林代谢物	深圳检验检疫局
美国	冻火鸡全翼	24 490	检出呋喃西林代谢物	深圳检验检疫局
美国	冻鸡爪	24 490	检出呋喃西林代谢物	深圳检验检疫局
美国	冻鸡爪	23 600	检出呋喃西林代谢物	深圳检验检疫局
美国	乳清蛋白粉	32 000	检出呋喃西林代谢物	山东检验检疫局
美国	乳清蛋白粉	48 000	检出呋喃西林代谢物	山东检验检疫局
美国	乳清蛋白粉	160 000	检出呋喃西林代谢物	山东检验检疫局
美国	冻牛板筋	12 038.6	检出呋喃西林代谢物	辽宁检验检疫局
美国	冻带骨绵羊肉	23 000	检出呋喃西林代谢物	山东检验检疫局
美国	冻牛筋	4 000	检出呋喃西林代谢物	天津检验检疫局

6.3.3 四环素类药物残留的风险评估

由于四环素类抗生素在畜牧产业中的广泛应用，随之而来的残留问题也日益凸显，人食用了四环素残留的食物后危害有时发生，特别是对妊娠妇女更为严重，因为四环素母乳口服常规剂量的四环素，乳汁中的浓度约为血清浓度的70%，可使乳儿牙齿染黄，骨骼发育受影响。4～6个月的乳儿在出乳牙之前，四环素类药进入体内的危害更大。许多国家对四环素残留实施例行监控，如欧盟的限量规定牛奶中最高残留量为0.1mg/kg。近2年来，未见公开资料显示进境动物产品四环素类药残留超标量信息，初步判断进境释放风险级别低，具体风险评估级别有待进一步研究。

6.4 小结

我国进境动物及其产品中具有危害性的化学因素主要包括化学污染物汞、镉、铅、砷等；常见的农药残留主要有有机氯类、六氯苯类、多氯联苯类和有机磷类等；常见的抗生素残留主要有氯霉素、磺胺类和四环素类等。针对这三类化学危害因素，对其危害的风险确定、风险描述和风险评估三方面进行评价，最终对化学因素危害在我国动物及其产品进口中的风险进行初步风险评估。

◆ 参考文献

[1] 崔景香，周苗苗，朱文君．动物性食品安全现状与分析［J］．家禽科学，2014（9）：6-8.
[2] 冯学慧，黄素珍，杨国胜．浅析动物产品兽药残留的危害与对策［J］．动物医学进展，2010（1）：

250 - 254.

［3］雷苏文，唐小哲，侯培森，等．对当前我国食品安全工作的几点思考［J］．中国公共卫生管理，2012，28（3）：348 - 350.

［4］关嵘．应用酶免疫技术检测动物源性食品中氯霉素残留的研究［J］．检验免疫科学，2002，12（4）：5 - 8.

［5］曾望军，邬力祥．生成、危机与供给：食品安全公共性的三个维度——基于公共经济学的分析视角［J］．现代经济探讨 2014，（11）：69 - 73.

［6］刘小红，王健，刘长春，等．我国生猪标准化养殖模式和技术水平分析［J］．中国农业科技导报，2013，15（6）：72 - 77.

［7］韩荣伟，王加启，郑楠，等．牛奶质量安全主要风险因子分析Ⅲ．兽药残留［J］．中国畜牧兽医，2012，39（4）：1 - 10.

［8］范志溶．基于公共经济学视角的食品安全问题思考［J］．中小企业管理与科技，2013（7）：119 - 120.

［9］吴娟．我国畜产品安全现状及制度［D］．合肥：安徽农业大学，2013.

［10］左晓磊，刘怡菲，霍惠玲等．畜产品安全与兽药残留的研究［C］．中国畜牧兽医学会动物药品学分会第四届全国会员代表会员大会暨 2011 学术年会，2011：340 - 347.

［11］Ramos F，Barbosa J，Cruz C，et al. Food poisoning by Clenbuterol in Portugal［J］. Food Addit Contam，2005，22（6）：563 - 566.

［12］CAPORALE V，GIOVANNINI A，FRANCESCO C D，et al. Importance of the traceability of animals and animal products in epidemiology［J］. Rev. sci. tech. Off. Int. Epiz.，2001，20（2）：372 - 378.

［13］U. S. Public Health Service，Department of Health and Human Services，Agency for Toxic Substances and Disease Registry（ATSDR）. Case Studies in Environmental Medicine，Lead Toxicity. Atlanta，GA. 1992.

［14］U. S. Public Health Service，U. S. Department of Health and Human Services，Agency for Toxic Substances and Disease Registry（ATSDR）. Case Studies in Environmental Medicine，Mercury Toxicity. Atlanta，GA. 1992.

［15］U. S. Public Health Service，U. S. Department of Health and Human Services，Agency for Toxic Substances and Disease Registry（ATSDR）. Toxicological Profile for Cadmium. Altanta，GA. 1992.

［16］U. S. Public Health Service，U. S. Department of Health and Human Services，Agency for Toxic Substances and Disease Registry（ATSDR）. Toxicological Profile for Mercury（Draft）. Altanta，GA. 1992.

［17］U. S. Public Health Service. Dental Amalgams：A public Health Service Strategy for Research，Education，and Regulation. Final Report. Committee to Coordinate Environmental Health and Related Programs，Washington，DC. 1993.

［18］U. S. Public Health Service，Department of Health and Human Services，National Institutes of Health，National Toxicology Program. Toxicology and Carcinogenesis Studies of Mercuric Chloride in F344 Rats and B6c3F1 Mice（Gavage Studies）. Bethesda. MD. 1991.

［19］Guideline Levels for Methyl mercury in fish（CAC/GL 7 - 1991）.

［20］Joint Expert Committee on Food Additives（JECFA）Monographs and Evaluations，http：//www. inchem. org/jecfa. html.

［21］U. S Environmental Protection Agency. Integrated Risk Information system（IRIS）on Mercury. Environmental Criteria and Assessment Office, Office of Health and Environmental Assessment, Office of Research and Development, Cincinati, OH. 1994.

［22］U. S Environmental Protection Agency. Summary Review of Health Effect Associated with mercuric Chloride: Health Issue Assessment. EPA/600/R - 92/199. Office of Health and Environmental Assessment, Washington, DC. 1994.

［23］World Health Organization. Inorganic Mercury. Volume 118. Distribution and Sales Service, International Programme on Chemical Safety, Geneva, Switzerland.

［24］Denmark, Joint FAO/WHO Food Standards Programme Codex Committee on Food Additives and Contaminants (Thirty - first Session) . Discussion paper on cadium, the Hague, the Netherlsand, 1999: 22 - 26.

［25］U. S. Department of Health and Human Services. Registry of Toxic Effects of Chemical Substances (RTECS, online database) . National Toxicology Information Program, National Library of Medicine, Bethesda, MD. 1993.

［26］U. S. Environmental Protection Agency. Integrated Risk Information System (IRIS) on Arsine. Environmental Criteria and Assessment Office, Office of Health and Environmental Assessment, Office of Research and Development, Cincinnati, OH. 1993.

［27］U. S. Environmental Protection Agency. Integrated Risk Information System (IRIS) on Cadmium. Environmental Criteria and Assessment Office, Office of Health and Environmental Assessment, Office of Research and Development, Cincinnati, OH. 1993.

［28］U. S. Public Health Service, U. S. Department of Health and Human Services, Agency for Toxic Substances and Disease Registry (ATSDR) . Toxicological Profile for Lead (Update) . Draft for Public Comment. Atlanta, GA. 1997.

［29］U. S. Environmental Protection Agency. Integrated Risk Information System (IRIS) on Lead and Compounds (Inorganic) . National Center for Environmental Assessment, Office of Research and Development, Washington, DC. 1999.

［30］U. S. Environmental Protection Agency. Integrated Risk Information System (IRIS) on Tetraethyl Lead. National Center for Environmental Assessment, Office of Research and Development, Washington, 1999.

［31］Pazzaglia G, Sack RB, Salazar E, et al. High frequency of coinfecting enteropathogens in Aero monasassociated diarrhea of hospitalized Peruvian infants. J Clin Microbiol, 1991 (29): 1151.

［32］国家质检总局网站 . http: //dzwjyjgs. aqsiq. gov. cn/dwjyjy/jjdwjyjy/200812/t20081222101371. htm, 2009.

［33］国家质检总局网站 . http: //dzwjyjgs. aqsiq. gov. cn/fwdh/dwyq/index. htm, 2009.

［34］国家质检总局网站 . http: //www. aqsiq. gov. cn/zwgk/zjjs/, 2009.

［35］国家质检总局网站 . http: //www. zhiciq. gov. cn/showColumn. do? colId＝5024, 2009.

［36］国家质检总局网站 . http: //www. zhiciq. gov. cn/showNews. do? infold ＝ 1000950&colId ＝ 1&threadId＝101, 2009.

［37］国家质检总局网站 . http: //www. zhiciq. gov. cn/jcksphzpfxyj/jjspfxyj/jjbhgsptb/index. htm, 2009.

［38］U. S. Public Health Service, U. S. Department of Health and Human Services, Agency for Toxic Substances and Disease Registry (ATSDR) . Toxicological Profile for Arsenic (Draft). Altanta, GA. 1989.

［39］M. Windolz. The Merck Index An Encyclopedia of Chemicals, Drugs, and Biologicals. 10thed,

NJ. 1983.

［40］ U. S. Environmental Protection Agency. Health Assessment Document for Inorganic Arsenic. EPA/ 540/1 - 86/020. Environmental Criteria and Assessment Office，Office of Health and Environmental Assessment，Office of Research and Development，Washing，DC. 1984.

［41］ Kashyap R，Bhatnaga VK，Saiyed HN. Integrated past management and residue levels of dich lorodiphenyltrichloroethane（DDT）and hexachlorocyclohexane（HCH）in water samples from rural areas in Gujarat State，India. Arch Environ Health. 2002，57（4）：337 - 339.

［42］ Barakat AO，Moonkoo K，Yoarong Q，et al. Organochlorine pesticides and PCB residues in sediments of Alexandria Harbour，Egypt. Mar Pollut Bull. 2002，44（12）：1426 - 1434.

［43］ Cressey PJ，Vannoort RW. pesticide content of infant formulae and weaning foods available in New Zealand. Food Addit Contam. 2003，20（1）：57 - 64.

［44］ Daniel V，Huber W，Bauer K，et al. Associations of dichlorodiphenyl trichloroeth-ane（DDT）4. 4 and dichlorodiphenyl dichloroethylene（DDE）4. 4 blood levels with plasma IL-4 Arch Environ Health. 2002，57（6）：541 - 7.

［45］ Meijer SN，Ockenden WA，Sweetman A，et al. Global distribution and budget of PCBs and HCB in background surface soils：implications for sources and environmental process. Environ Sci Technol. 2003，37（4）：667 - 72.

［46］ Nakashima Y，Ikegami S. High-Fat Diet Enhances the Accumulation of Hexachlorobenzene（HCB）by Pregnant Rats during Continuous Exposure to HCB. J Agric Food Chem. 2003，51（6）：1628 - 33.

［47］ Mutanda-Garriga J. M. Rodriguez-Jerez，J. J，Lopez-Sabater，E. I. ，al. . Effect of chilling and freezing temperatures on survival of Vibrio parahaemolyticus inoculated in homogenate of oystermeat. Lett. Appl. Microbiol. ，1995，20（4）：225 - 227.

［48］ Iscan M，Coban T，Cok I，et al. The organochlorine pesticide residues and antioxidant enzyme activities in human breast tumors：is there any association Breast Cancer Res Treat. 2002，72（2）：173 - 82.

［49］ Muir D，Savinova T，Savinov V，et al. Bioaccumulation of PCBs and chlorinated pesticides in seals，fishes and invertebrates from the White Sea，Russia. Sci Total Environ. 2003，306（1 - 3）：111 - 131.

［50］ Skotvold T，Savinov V. Regional distribution of PCBs and presence of technical PCB mixtures in sediments from Norwegian and Russian Arctic Lakes. Sci Total Environ. 2003，（3060 - 3）：85 - 97.

［51］ Joint Meeting on Pesticide Residues（JMPR），http：//www. inchem. org/jmpr. Html U. S Environmental Protection Agency. Drinking Water Criteria Document for Inorganic Mercury.（Final）. PB 89 - 19A 2207. Environmental Criteria and Assessment Office，Cincinnati，OH. 1988.

第5章　动物食品安全整条产业链的风险评估

动物食品安全整条产业链由畜禽养殖、畜禽贩运、畜禽屠宰、肉品加工、肉品流通和消费终端各环节组成。本章节分别阐述了各环节的风险评估。

第1节　畜禽养殖风险评估

畜禽养殖是生产安全畜禽产品的起点，畜禽的健康是决定畜产品质量的关键因素之一。只有保证动物健康，才能生产出安全的畜产品。动物健康又与产地饲养环境、饲料及饲料添加剂的使用、兽药使用、动物防疫和饲养管理等因素密切相关。如何控制养殖过程中每个环节的潜在污染源，生产出满足消费者需求的畜禽产品，并解决畜产品出口贸易遇到的难点，是各级政府、生产者和广大消费者十分关注的热点问题。

近年来，我国畜牧业生产规模不断扩大，养殖密度不断增加，从原先的农村家庭副业已发展成为农业农村经济的重要产业之一，规模化、集约化、产业化程度逐步提高。畜禽感染病原机会增多、病原变异几率加大、疫病发生风险增加，对环境的影响越来越大。同时，随着畜牧业产业化、国际化、标准化的实施，国际市场对畜禽产品质量提出了更高的要求，畜禽生产及相关产业正在逐步自我完善和提高。畜牧产业快速发展，畜禽产量保持稳定增长，资源优势明显，为保障城乡居民"菜篮子"产品有效供给作出了重要贡献。但是，畜牧业遭遇瘦肉精、速生鸡、H7N9疫情多重不利因素的冲击，生猪生产深度亏损和盈利反差巨大，家禽业遭受重创，牛羊肉供给持续趋紧，行业损失惨重，加之受国际市场行情的影响。对畜禽养殖进行风险评估，是对畜禽养殖过程中有关有害事件信息进行分析，考虑动物养殖生产事件发生风险的各因素，从而科学、客观地反映各种事件的风险程度；将环境、生态和社会人文活动等方面的相关因素综合，确定动物养殖生产事件的风险程度，尽早做好预防工作的安排、部署和实施，值得从事畜牧业人员的深思。

1.1　成绩与问题共存

我国畜牧业发展到今天，有四个方面成绩值得肯定：

①形成了比较充足的生产能力，经过二十多年的发展，现在畜牧业出现了一些产能过剩问题，比如说肉鸡、蛋鸡的产能是过剩的。

②形成了充满活力的发展机制。改革开放以来，畜牧业的改革走在了前列，市场开放较早，市场在起作用，因此发展机制比较灵活多变，适应当前畜牧业形势，行业内部竞争比较激烈。

③生产方式越来越现代化，标准化、规模化、集约化、产业化、国际化，生产方式在竞争中不断调整。

④有了稳定可控的质量安全系统，法律法规逐步健全，管理逐步强化，全社会的认识

和行业内的认识都在加深。

这些年发展，使畜牧业能够基本满足国内消费的需要，但是，我国畜牧业仍存在两个严峻的问题：①生产方式相对粗放，生产技术比较落后；②产业化程度相对较低。

1.2　畜牧业发展历程和转型

畜牧业承前启后，前连种植业，后连加工业，是大农业的主要角色。世界发达国家畜牧业产值占农业的比重普遍超过 50%，甚至达到 70% 以上。在我国无论现在还是将来，畜牧业都是农村经济的重要支柱，都是农牧民增收的重要途径，也是新农村建设的重要内容。

1.2.1　畜牧业分为传统化、工业化（规模化）、生态化三个阶段

1.2.1.1　第一个阶段是传统化阶段（1980—1990 年代）

其特点是在村庄里庭院内进行零星养殖，是"老太太养鸡"、"老大爷养猪"、"老爷爷养牛"，这是原始的传统的阶段；养猪为过年，养鸡为换盐，省工省料，但生产效率低，不利于动物疫病防控。

1.2.1.2　第二个阶段是工业化阶段（1990—2015 年）

工业化是畜牧业领域的一场革命，由于采取了优良品种，全价配合饲料，先进的设备工艺等，大大地提高了效率，大幅度增加了产量，取得了举世瞩目的成就。但规模化、工厂化、集约化的饲养方式，也带来了环境污染和生态破坏的严重后果，引发了多种问题，造成人与自然的不和谐，难以持续发展，迫切需要提升转型。

1.2.1.3　第三个发展阶段是生态化阶段（"十三五"开始）

此阶段是饲养方式由工厂化向生态化转型的阶段。发展目标主要集中在"现代化"和"可持续"两个关键词上，我国工业化要走新型工业化的路子，畜牧业也要走我国特色创新型畜牧业的路子，要达到科技含量高，经济效益好，资源消耗低，环境污染少，人力资源优势得到充分发挥的要求。

1.2.2　传统畜牧业向现代畜牧业转型

当前，我国畜牧业正处在十字路口，正在由传统畜牧业向现代畜牧业转型。那么转型的方向在哪里？转型的路线图是什么？对于我国畜牧业转型的大方向，2016 中央 1 号文件要求，按照科学发展观的要求，建设资源节约环境友好型畜牧业；建设人与自然和谐，以人为本健康型畜牧业；建设循环经济可持续发展型畜牧业。

1.2.2.1　畜牧业转型路线图之一

要发展中型以上规模化种养结合的新型农户（家庭农场），实行饲养方式由工厂化（规模化）向生态化的转型。

在全球经济一体化的大背景下，畜牧业的现代化既无法摆脱市场化制约，也无法离开国际化的冲击，畜牧业现代化离不开国际化和市场化。所以，畜牧业转型路线图，需要含有针对国际化市场化的对策安排。

1.2.2.2　畜牧业转型路线图之二

发展新型农户（家庭农场），将其培育成适应市场经济环境的微观经营主体，推行"龙头企业（公司、基地、服务体系）＋农户"的产业化模式，搭建全社会都能介入参与

的平台，构建适应市场经济环境的畜牧产业体系。

1.2.2.3 畜牧业转型路线图之三

弄清谁是我们的对手，理清世界畜牧发展的格局，采取优质取胜的差异化竞争战略，打有机食品这张硬牌，可收到既能守住国门，又能破解国际贸易绿色壁垒一石双鸟的效果。这是提升畜产品国际竞争力，进行创新实现转型。

1.2.3 急需对畜产品过剩采取宏观调控措施

单靠市场力量自由调节，畜牧业难以稳定持续发展，还迫切需要政府用有形之手进行宏观调控。由于国际贸易绿色壁垒强大，导致畜产品出口困难；也由于国门敞开，造成对畜产品的进口冲击。现在，畜产品市场过剩价跌伤农，已成为严峻的现实，危及畜牧业的持续发展，影响了农民的增收。急需国家对畜产品过剩采取宏观调控措施，实施结构性改革。推动增长方式由数量型向质量型转变，让消费者吃上安全放心健康的畜产品，让农民能够通过畜产品的提质增值来实现增收。

1.3 新常态下畜牧业特征

我国宏观经济形势的增长转入新常态，所以要理解新常态、适应新常态、引领新常态。在这种新常态的大背景下，政府和行业组织特别是企业，需要深刻思考新常态下我国的畜牧业发展会呈现哪些特点？畜牧业新常态有哪些基本特征？

1.3.1 畜产品消费形式发生变化

消费总量正在进入一个平稳增长的状态。近些年来畜产品消费总量发展非常迅猛，改革开放以来对畜产品的消费需求每年都大幅增长，最近几年表现为消费增长乏力，原因是多方面的。其中很重要的原因，是八项规定出台以来，对公款宴请浪费都做出了相当具体的规定，这样一来畜牧业产品消费总量当中铺张浪费的部分给阻断了。这个"量"绝对不是一个小量，再就是每年逢年过节企事业单位发放肉、蛋、奶、鱼等少了。由于宏观形势下经济增长速度放缓，过去的工地、工厂畜产品消费也大幅度下降，加在一起，整个畜产品的消费总量的需求下滑，这不是一时的，会持续相当长的一段时间，今后，可能就步入到这样的阶段。

1.3.2 畜产品供求关系发生变化

畜产品供求从总体上进入一个总量基本平衡，结构性短缺和阶段性有余并存的新状态，供求形式发生了很大变化。畜产品供求关系从总量上看基本稳定，但这里面包含两个方面，一个是结构型短缺，例如牛肉、羊肉总产量偏低，还有一个是结构性剩余，现阶段家禽和禽蛋是剩余的。

1.3.3 畜牧业生产结构发生新变化

调节产能进入到新状态。现在畜牧业的问题和矛盾是部分品种严重短缺或过剩，生猪和部分家禽尤其突出。畜牧业未来的发展应该着重如何调整结构，并不是短期能够解决的，是需要在相当长的一段时间内都要很好地调整生产结构。

1.3.4 国内外畜产品价格严重倒挂

进口产品冲击不断加剧。国内受到的冲击也越来越大，例如羊肉非常短缺，进口了一批羊肉，国内的羊肉价格大幅下跌。虽然进口的量不大，但是释放的信号冲击力特别大。

1.3.5 畜牧业生产布局发生了新变化

区域布局进入到南压北扩的新状态。现在从整体趋势上看，将来南方的养殖规模要不断地压缩，北方要不断地扩展，前些年已经进入到这种状态当中。

1.3.6 生产方式发生新变化

经营主体表现为散户退出加快，规模化发展速度放缓这样一个新状态。现在看，散户的退出不断加快，但是今后一段时间规模化的发展速度比前些年要放缓。

1.3.7 畜牧业发展的制约因素也在发生变化

规模化养殖进入到用地、环保双重制约，日益趋紧的情况。

1.3.8 畜产品的经销方式也在发生新变化

畜产品及其加工品的销售进入到直销、电子交易、期货、网购多元化发展的新状态。现在畜产品、特别是加工品新型交易方式发展的速度特别快，尤其是将来电子交易、期货和网购这种模式发展会越来越快，还有就是消费结构和消费意识也在发生变化，整个畜产品消费进入到多元化和更加注重营养安全的新状态。

总之，在宏观经济"新常态"的大背景下，我国畜牧业发展确实在多个方面呈现出新常态的特点，所以我们需要深刻的理解、切实的把握，才能衔接好、适应好。

1.4 畜牧业发展面临的机遇

畜禽养殖由小规模饲养向规模化饲养过渡，由粗放经营向产业化经营发展；龙头企业大量涌现，产业化进入快速发展时期，多元主体，企业主导的现代产业形态正逐步成熟；越来越多的社会资本、技术和人才等资源正不断被吸引进入畜牧产业；产业化发展提速提质，采取"公司＋规模户（家庭农场）"、"公司＋基地"、"公司＋合作社"，通过订单合同、要素入股等形式，产加销融合发展。

1.5 畜禽养殖面临的主要风险因素

风险评估是将专家经验知识和现代数学方法相结合，来确定风险程度并根据风险因素进行预警，提出相应的防控措施。对畜禽养殖环节的风险评估，基本包括环境评估，疫病评估、决策评估和养殖污染评估等4个方面。

畜牧业发展正处于加快转型的关键时期，产业发展内部遇到的困难和矛盾与外部环境的制约相叠加，畜牧业可持续发展面临不少挑战与压力。

1.5.1 养殖成本不断攀升，饲料、人工水电费用呈上升态势

2014年每头生猪精饲料、人工成本分别是2004年的2.4倍、2.9倍，年均增长9.6％、12.7％。近几年环保成本迅速增长，每头生猪的环保成本需要30~50元。

1.5.2 产业基础仍然薄弱

农户分散养殖仍占主体，中小养殖户饲养管理水平不高，万头以上猪场出栏量占比只有10％，畜牧业规模化、标准化水平整体仍然偏低，导致生产成本偏高，养殖效益不高，价格涨跌幅度大。

1.5.3 生产效率不高

生产效率不高。与国际先进水平相比，我国生猪产业的良种化水平、单产水平科技支

撑还比较落后，一头母猪年提供的商品猪不足 15 头，而发达国家一头母猪提供的商品猪头数为 20～25 头，我国生猪出栏率 137.6％，发达国家大于 170％。生猪、奶牛、家禽、牛羊等主要畜禽良种大多依赖国外进口，自主育种能力亟待提升。以市场为导向、以企业主体、产学研相结合的畜禽育种机制尚未形成，畜禽单产水平与发达国家差距比较大。饲料转化率比国外低很多，导致了我国畜牧业的竞争力低下。

1.5.4 资源约束破题困难

金融服务与生产需要有差距，贷款难；生产发展受资源限制，用地难。两难制约着养殖业的发展。

1.5.5 动物疫病防控形势依然严峻

禽流感等重大动物疫病防控形势依然严峻，对生产影响较大。近年发生的 H7N9 流感疫情给包括黄羽肉鸡在内的家禽产业造成巨大冲击，对种禽繁育、商品禽饲养、屠宰加工、批发零售等各个产业链环节造成巨大损失，消费者更是"谈禽色变"，禽产品消费一度陷入谷底。

1.5.6 国际竞争不断加剧

近年来，随着我国贸易政策和环境的变化，我国畜产品国际竞争优势大幅下降，国外畜产品迅速抢占国内市场份额，畜牧业生产面临日益激烈的国际竞争。国内市场竞争力不强，保护本土企业和品牌形势不乐观，且未来随着我国贸易政策的进一步开放，国内产业将遭受更大冲击。

1.5.7 环境保护压力越来越大

目前，社会发展对环境的要求越来越高，《畜禽规模养殖污染防治条例》已于 2014 年 1 月 1 日正式实施，2016 年又出台《水污染防治行动计划》即"水十条"，这些都是政府面对环境污染提出的政策保护，对畜牧业污染防治提出了更高要求。由于畜禽养殖废弃物处理成本偏高，部分养殖场户环境保护意识薄弱，粪污处理设施设备和技术力量缺乏，畜禽养殖污染已经成为现代畜牧业发展的突出问题。一些地区特别是东部沿海、南方发达省市出于环境保护考虑，限制畜禽养殖。"水十条"出台后，不少省份开始划定禁养区、限养区，许多已建养殖场户不得不拆迁，畜牧业发展环保约束日益凸显。

1.5.8 质量安全事件时有发生

畜产品质量安全关系到千家万户，点多面广，任何疏漏都可能造成恶劣影响。目前，全国有饲料生产企业 1 万多家、经销门店数十万个，畜禽养殖场户近 4 000 万户，数量庞大、素质不高等问题十分突出。这些年连续发生的"婴幼儿奶粉"、"瘦肉精"等事件，每一次都是严峻考验。对于这些突发的事件，如果处置不及时，应对不得当，就会产生恶劣的社会影响，威胁产业健康发展。

1.5.9 市场风险进一步加大

受畜产品生产特点和市场供求等因素的影响，畜产品价格呈波动态势。当前畜产品价格波动的诱因明显增多，各种突发因素对市场波动的放大效应增加。同时，近年来饲料成本、水电费、防疫费等上涨较快，劳动力供给从过剩变为结构性紧缺，养殖业进入了高投入、高成本、高风险的发展阶段，畜禽养殖业保持平稳健康发展的难度更大。

1.6　畜禽养殖的风险控制

1.6.1　养殖环境

①养殖场选址时，应充分考虑场址周围环境及疫病的存在状况、建筑物的分区和布局等。

②应有圈舍清扫消毒的相应防疫设施设备，圈舍地面与墙壁选用的材料是否便于清洗消毒，是否有良好的卫生消毒制度。

③坚持自繁自养、阶段饲养、全进全出的原则，做好疫病防治和饲养管理工作。在规模化养殖场，人们过多地将注意力集中到传染病的控制和扑灭措施上，而饲养管理条件和应激因素与畜禽健康的关系常常被忽略，形成恶性循环。

1.6.2　畜禽的引进

按照农业部《动物检疫管理办法》规定，建立和执行引进畜禽管理制度，跨省引进乳用种用家畜的，按规定进行报批；对跨省引进的畜禽，先按规定报告；对引进的商品用畜禽，按规定进行隔离观察，合格后方可混群饲养。

1.6.3　投入品的使用

①饲料及饲料添加剂。由于饲料的安全性直接影响到畜禽产品的安全性，所以饲料及原料是否符合营养指标和卫生要求，所使用的饲料添加剂产品必须是农业部公布的《允许使用的饲料添加剂品种目录》中所规定的品种和取得批准文号的新饲料添加剂品种，严格执行休药期的规定，不得使用国家规定的兴奋剂、镇静剂、激素、类激素等违禁药品。

②疫苗的使用。购买合法机构生产的疫苗；疫苗应分类管理、合理贮藏保存。

1.6.4　防疫检疫规范

①卫生消毒。实行三级消毒制度，并按规定开展日常消毒和紧急消毒；按规定落实防鼠、防鸟、防虫等措施。

②疫病的预防接种。按国家规定必须免疫的动物疫病，实施强制免疫；依据当地疫病流行和受威胁情况对计划免疫以外的动物疫病进行免疫，按照免疫程序进行。对免疫抗体效价低于保护水平的，重新进行免疫；实行畜禽免疫登记制度，做好登记记录。

③疫病监测。按规定开展免疫抗体效价监测和疫病监测并结合当地的实际情况制定相应监测计划，有相应技术水平的监测技术人员，定期对技术人员进行培训。

1.6.5　无害化处理

按规定对粪便、污水、诊疗废弃物、病害畜禽等进行无害化处理。

1.6.6　积极推进健康养殖，促进畜牧业向全面、协调和可持续方向发展

①大力改善养殖设施，畜禽养殖场实行标准化建设，实现自动喂料、自动饮水、自动除粪、自动调温和自动消毒现代生产方式，养殖设施现代化。

②加强环境污染控制，所有的规模养殖场，全部配套粪污治理设施设备，根据养殖品种不同，建设沼气池、粪污堆积场所、污水储存池、雨污分流道，添置干湿分离机械，实现干湿分离、固液分离、雨污分离，干粪和沼液，污水土地消纳，还田利用，无污染。

③扶持养殖小区建设，由于各地禁养区、限养区的划分，在人口集中区、河流两侧禁

养，需要拆迁很多养殖场，要进行合理的规划，建设高标准养殖场（小区），实现健康养殖。

④推进畜牧业循环经济发展，种养结合，以地定养，畜地平衡，养殖促进种植业发展，种植为养殖业提供原料，实现农牧良性循环。

1.6.7 创新生产组织方式，促进畜禽养殖向规模化、专业化发展

①壮大龙头企业，规范利益分配关系，继续完善产业化经营。畜牧业产前、产中、产后各环节实现一体化发展，龙头企业带动畜牧产业发展，采取"龙头企业＋基地＋农户"或"公司＋农户"的组织形式，规范利益分配关系，提高规模化、专业化水平。

②多方引导，合理规范，积极推进畜禽养殖的专业合作组织建设。积极发展农民专业合作组织，统一供种、统一供料、统一防疫和统一销售，降低成本，增加利润。

③充分发挥行业协会的引导和服务作用。大力发展专业学会和行业协会，探索企业与农民之间更加紧密、合理的利益联结方式，帮助农民规避自然风险和市场风险，增强畜牧业全面协调可持续的发展能力。

1.6.8 保障产品质量安全和确保公共卫生安全

①进一步明确动物防疫体系的建设重点。建成县、乡、村三级防疫网络，有效防控重大动物疫病。

②强化动物防疫基础设施和队伍建设。充实各镇畜牧兽医站化验设备，开展常规检验和免疫检测，完善三级防疫队伍。

③构筑饲料和畜产品质量安全监管体系。对饲料实施从生产到销售、养殖场使用的全程监管，畜禽及其产品实行全程质量控制，确保公共卫生安全。

1.6.9 加强科技创新和推广，提升产业整体素质

①进一步强化畜牧业科技推广，增强发展后劲。大力推广畜牧生产新技术新成果，围绕畜牧业提质增效，重点推广产出高效、产品安全、生态健康的新品种、新技术和新模式。加快国内外先进畜禽品种、技术引进、开发和推广，大力运用生物技术、加工技术，无公害处理技术等现代科技改造、嫁接和提高传统产业，促进产业升级。推广生态健康养殖等新技术，促进农业科技成果转化。加大养殖户培训力度，通过广播、电视、网络、科技入户等多种载体和形式，让养殖技术走进千家万户。

②加强畜牧业高新科技的产业化应用，促进畜牧业产业升级。加大畜牧业重大科技成果转化与推广力度，尽快建立现代养殖体系，提高重大动物疫病控制能力，促进畜牧业技术升级和产业转型。

1.6.10 加快发展现代流通和产品加工，提高产业的整体效益

加快发展现代流通和产品加工，提高产业整体效益。推动畜禽产品加工业转型升级，由初加工向精深加工转变，实施畜禽产品加工质量品牌提升行动；健全统一开放、布局合理、竞争有序的现代畜禽产品市场体系。加强生产、加工、储运布局和市场流通体系的衔接，搞好实物流通和电子商务相结合的物流体系建设，促进物流配送、冷链设施设备等发展；鼓励农村经纪人和新农民搞活农产品流通。

1.7 禽类疫病传入家禽饲养场风险评估

在畜禽养殖的风险分析中，动物卫生是畜禽养殖中最为重要的方面之一，畜禽疫病不

仅对畜禽的养殖和贸易构成巨大危害，而且也严重影响畜禽产品及产品加工，更会危及人类公共卫生。现基于 OIE 风险评估的理论，借鉴概率风险方法构建家禽养殖动物卫生风险分析模型，对疫病传入家禽养殖场进行风险评估，以此为畜禽养殖进行风险评估提供借鉴。

1.7.1　禽类疫病传入风险因素确定

当前我国家禽养殖场流行且危害严重的传染性疫病共分为 4 类。

①Ⅰ类：高致病性禽流感、鸡新城疫等；

②Ⅱ类：鸡传染性支气管炎、鸡传染性喉气管炎、鸡传染性法氏囊病等；

③Ⅲ类：禽传染性脑脊髓炎、传染性鼻炎、禽结核等；

④Ⅳ类：衣原体病、支原体病、禽腺病毒病等。

1.7.2　禽类疫病风险评估指标的确定

通过家禽养殖场实地调查研究，查询我国知网 CNKI 数据库（http：//www. cnki. net）、万方数据库（http：//www. wanfangdata. com. cn）、维普资讯数据库（http：//lib. cqvip. com）及 PubMed-NCBI 数据库（http：//www. ncbi. nlm. nih. gov/pubmed），确定上述禽类疫病传入家禽养殖场的风险因素。确定了禽类疫病传入家禽养殖场 3 个层次（图 5-1），19 个风险因素作为风险评估指标（表 5-1）。

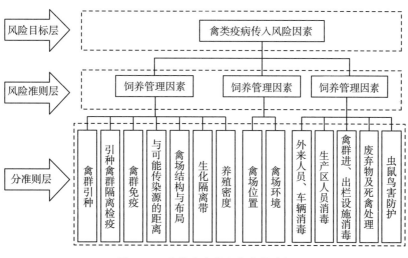

图 5-1　禽类疫病传入家禽养殖场

Fig. 5-1　Poultry disease spread into poultry farms

1.7.3　风险因素数据获取途径

风险因素数据来源于家禽养殖场的记录数据、流行病学研究、文献查阅及基于德尔菲法（Dephi）获得。调查问卷对象为农业科研院所禽类疫病研究专家 20 人，家禽养殖场负责人及养殖场兽医人员 20 人，官方兽医 20 人，禽病诊疗机构兽医 20 人，禽类兽药、饲料公司技术、销售人员 20 人，发放问卷 100 份，经统计学分析获得禽类疫病传入家禽养殖场风险因素数据。

表 5 - 1　禽类疫病传入家禽养殖场风险因素

Tab. 5 - 1　Poultry disease spread into poultry farms risk factors

传入风险	疫病传入风险途径	风险因素
R 疫病传入家禽养殖场 的风险因素	P_A 经外来人员、车辆和物品 发生禽群的风险	P_1 外来人员、车辆及物品携带病原微生物概率
		P_2 外来人员、车辆及物品经消毒后携带病原微生物概率
		P_3 养殖场内人员、物品被感染概率
		P_4 养殖场内人员、物品污染后携带病原微生物概率
		P_5 养殖场内人员、物品经消毒后携带病原微生物概率
		P_{14} 养殖场内人员、物品携带病原微生物感染禽群概率
	P_B 经外源引种发生禽群感染 的风险	P_4 养殖场内人员、物品污染后携带病原微生物概率
		P_5 养殖场内人员、物品经消毒后携带病原微生物概率
		P_6 雏鸡引种隔离检疫后携带病原微生物概率
		P_7 雏鸡引种隔离检疫后携带病原微生物感染禽群概率
		P_{14} 养殖场内人员、物品携带病原微生物感染禽群概率
		P_{18} 引种孵化场携带病原微生物概率
	P_C 经虫、鼠、鸟及节肢昆虫 感染禽群风险	P_4 养殖场内人员、物品污染后携带病原微生物概率
		P_5 养殖场内人员、物品经消毒后携带病原微生物概率
		P_8 虫、鼠、鸟及节肢昆虫携带病原微生物概率
		P_{10} 虫、鼠、鸟及节肢昆虫经防护措施后带病原微生物概率
		P_{11} 虫、鼠、鸟及节肢昆虫经防护措施后带病原微生物污染场内人员及物品概率
		P_{12} 虫、鼠、鸟及节肢昆虫经生活管理区防护措施后携带病原微生物概率
		P_{13} 虫、鼠、鸟及节肢昆虫经生产养殖区防护措施后携带病原微生物概率
		P_{14} 养殖场内人员、物品携带病原微生物感染禽群概率
		P_{15} 虫、鼠、鸟及节肢昆虫携带病原微生物感染禽群概率
		P_{19} 虫、鼠、鸟及节肢昆虫经生化隔离带后携带病原微生物概率
	P_D 经空气途径感染禽群风险	P_9 空气中携带病原微生物概率
		P_{16} 空气中携带病原微生物感染禽群的概率
		P_{17} 经生化隔离带过滤后空气携带病原微生物概率

1.8　禽类疫病传入风险评估暴露模型构建

我们通过查询文献及德尔菲法问卷获取禽类疫病流行病学信息，通过对禽类疫病的传染源、传播途径等进行分析，依据禽类疫病流行特点、家禽养殖场外来风险因素、养殖场管理防护措施及养殖场的生物安全体系构建了禽类疫病传入动物卫生风险暴露评估图（图

5-2）。P_A 代表外来人员、车辆和物品携带病原微生物并导致禽群感染的概率；P_B 代表经外源雏鸡引种导致的禽群感染病原微生物概率；P_C 代表虫、鼠及鸟害等携带病原微生物导致的禽群疫病传入概率；P_D 代表空气中携带病原微生物导致疫病传入风险概率。P_n（$1 \leqslant n \leqslant 19$）代表经家禽养殖场管理防护措施处理后仍然具有的疫病感染禽群风险（表5-1，图5-2）。

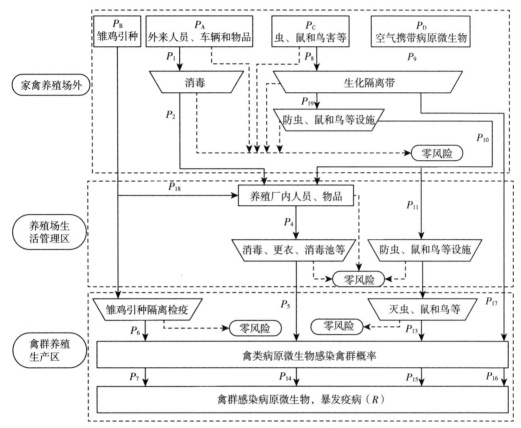

图 5-2　禽类疫病传入动物卫生风险暴露评估图

Fig. 5-2　Poultry disease risk assessment model

1.9　禽类疫病传入家禽饲养场风险评估数学模型建立

我们通过查阅文献及专家问卷确定了禽类疫病传入风险因素指标（表5-1），并构建了风险暴露评估图（图5-2），进行了层次分析，展示了各个风险因素之间的横向联系及纵向层次关系，明确了各个风险因素在数学评估模型的作用。我们设定 R 为禽类疫病传入风险值；P_A（外来人员、车辆和物品携带病原微生物并导致禽群感染的概率）、P_B（经外源雏鸡引种导致的禽群感染病原微生物概率）、P_C（虫、鼠及鸟害等携带病原微生物导致的禽群疫病传入概率）、P_D（空气中携带病原微生物导致疫病传入风险概率）为禽类疫病传入风险的四条路径；基于上述风险因素我们构建数学评估模型如下：

$$P_A = P_{14}\ P_1\ P_2\ P_3\ P_4\ P_5 \quad \text{（外来人员、车辆和物品携带病原微生物并导致禽群感染}$$

的概率）

$P_B = P_6 P_7 P_{18} + P_4 P_5 P_{14} P_{18}$（经外源雏鸡引种导致的禽群感染病原微生物概率）

$P_C = P_4 P_5 P_8 P_{10} P_{11} P_{19} + P_8 P_{10} P_{12} P_{13} P_{15} P_{19}$（虫、鼠及鸟害等携带病原微生物导致的禽群疫病传入概率）

$P_D = P_9 P_{16} P_{17}$（空气中携带病原微生物导致疫病传入风险概率）

$R_1 = 1 - (1 - P_A)$（发生单一途径风险）

$R_{12} = 1 - [(1 - P_A)(1 - P_B)]$（两条途径风险同时发生）

$R_{123} = 1 - [(1 - P_A)(1 - P_B)(1 - P_C)]$（三条途径风险同时发生）

$R = 1 - [(1 - P_A)(1 - P_B)(1 - P_C)(1 - P_D)]$（四条途径风险同时发生）

第2节 畜禽贩运的风险评估

2.1 应激因素的风险

畜禽在长途贩运过程中易受冷热、饥饿、缺水、疲劳、拥挤、外伤等应激因素的影响，引起机体营养物质大量消耗，免疫力下降，从而导致各种疾病的发生，应多加防范。应激因素包括：

2.1.1 眩晕

如猪苗在长时间运行中，因路面不平颠簸震摇，猪苗受折腾和惊扰异常剧烈，机体内耳前庭感受器受到强度刺激而产生晕眩。

2.1.2 高湿、高热

受外界高温和运输车厢内水分、粪尿蒸发的影响，形成车厢内小气候的高湿高温，引起猪体体温调节紊乱，体内积热。

2.1.3 挤压、踩踏

因运输颠簸、刹车以及车床面打滑，猪群前推后拥、相互挤压、踩踏、不安和受损。

2.1.4 饥饿和缺乏饮水

运输途中不便投料和供水或猪眩晕反应后的厌食，被运猪在胃肠内容物排空后长时间处于饥饿、缺水状态，造成体温和体组织耗损，酸类代谢产物蓄积、而产生脱水和代谢性酸中毒。

2.2 运输中易发的疾病的风险

①易引发严重感冒、支气管炎和支气管肺炎等呼吸系统疾病。

②易引起猪消化功能紊乱，发生胃弛缓和积食等消化系统疾病。

③易造成猪脱水、电解质紊乱和代谢性酸中毒等营养代谢疾病。

④少数肉猪由于应激反应而中毒死亡。

⑤区域之间调运畜禽数量的增加，也加大了疫病发生流行的可能性，特别是现在交通方便，畜禽贩运范围广，疫病防控难度加大。运输途中若发现畜禽发生传染病，要尽快将病死畜禽进行无害化处理；可疑畜禽隔离到运输工具的一角，接着进行带畜禽消毒和给药防控。如发生一类传染病和当地已扑灭或从未流行过的传染病，押运人员要立即就近向畜

禽行政管理部门报告，请他们组织扑灭、处理畜（禽）尸和进行污染工具、用具、人员、场地等的消毒，以防疫病扩散。

2.3 运输风险管控

2.3.1 选择适宜的季节和运输时间

春、秋季节气候温和是运输畜禽的最佳季节。特殊情况下，须在炎热季节运输时，应切实加强防暑降温措施，妥善安排运输时间，避开高温时分，下午装车晚上行走。如出场的畜禽处于饱食状态时，不宜立即装车起运，必须在休息1～2h后，方可起运；否则，由于运输颠簸、挤压等，容易压迫、损伤内脏，加剧呕吐和意外事故的发生。

2.3.2 设置防护措施

在运输前可根据运载数量、品种，搭盖好顶棚，周围用绳网扎严，以利于通风换气，防止日晒雨淋和途中逃脱；切勿用不透气的帆布等封盖。

2.3.3 选择好运输工具

如运输家禽，选用篾制或铁丝制笼具，笼底铺垫干净稻草等，以减轻振动对家禽的影响。笼与笼之间要用软铁丝拉紧固定，可防途中笼具倾翻损伤家禽。家禽按体重、性别、日龄等分别装笼，每笼留1/3空余，以防过挤。家禽运输途中应开窗通风，随时检查运具内的温、湿度变化和家禽的健康状态，及时添饲给水、清扫粪便。

2.3.4 加强运输途中的护理

车行一段时间，应停车观察，及时赶散堆压的猪只，要投喂一些多汁青饲料，用长嘴塑料瓶逐头给予饮水，饮水中加少许食盐；在当日最高气温时分，应停车蔽荫休息，并用冷水冲刷车厢，降低车内温度。

2.3.5 运输车辆管理

运输车辆应做过彻底清洗消毒；附带动物卫生监督机构签发的检疫合格证明；装运及运输过程中没有接触过其他同类动物。

2.3.6 家畜（禽）装运前的要求

种用和生产用家畜、家禽，应来自符合下列要求的家畜（禽）场：装运前至少3个月内无规定的动物疫病。

2.4 贩运人员管理

2.4.1 实行调运资格管理制度

凡从事畜禽贩运活动的养殖专业户、贩运经营户，必须具备一定条件，方可从事畜禽贩运活动，同时应遵守有关动物防疫规定，接受动物卫生监督机构的监督检查。凡无证经营或不遵守有关动物防疫规定者，将依法予以处罚。

2.4.2 实行宣传告知制度

县（市、区）动物卫生监督机构要加强对动物贩运人员的宣传教育，履行宣传告知义务，宣传告知要做到全覆盖。告知内容主要包括：对贩运人实行登记备案、培训上岗、防疫承诺、台账记录、无害化处理、黑名单、定期考核等。

2.4.3　实行登记备案制度

县（市、区）动物卫生监督机构要对辖区内所有从事动物贩运的人员进行实名登记备案，填写《动物贩运人员备案登记表》。备案登记的内容包括：贩运人的姓名、身份证号码、联系方式、居住地址、运载工具类型和车牌号、贩运动物种类、主要收购区域、主要销售去向、违法记录、培训记录、年审记录等详细内容。登记备案情况应采取适当方式向社会公布，接受监督。对外地进入辖区内从事动物贩运活动的贩运人员，要及时掌握收购贩运动态，实行跟踪监管，一旦发现违法行为，立即依法查处。登记备案情况要进入国家数据库，并对公众开放查询权限。

2.4.4　实行调前申报准调制度

凡需到省外调进畜禽，应在调运前两天到所在地县动物卫生监督机构申报，了解调出地疫情情况，经所在县动物卫生监督机构同意并办理准调证后方可开始调运，到达调入地必须进一步了解当地疫情情况，并办齐有关检疫手续。

2.4.5　实行贩运台账制度

动物贩运人员应建立《动物贩运台账》，每次动物贩运活动，都要详细记录动物来源、检疫和去向等情况，并由畜主、官方兽医、贩运人员三方签字确认。官方兽医要严格履行监督责任，经核对无误后方可签字确认。贩运经营户从省外调进畜禽到达后，必须在24h内向当地动物卫生监督机构报告。

第3节　畜禽屠宰的风险评估

畜禽屠宰是指对各种畜禽进行宰杀，以及鲜肉冷冻等保鲜活动，但不包括商业冷藏。

3.1　屠宰企业的发展现状

①大多数畜禽屠宰企业竞争实力弱，产能较低。

②对屠宰行业监管难度大。私屠滥宰变化多端，难以彻底根除。定点屠宰企业依然存有私屠滥宰和注水等隐患，还存在监管盲区、盲点。屠宰监督管理执法人员配备少，无法实施有效监管。

③新建大型屠宰企业，受资金、土地、环评等影响，建设速度慢。

④国家层面尚未规定对牛羊禽实行定点屠宰。

3.2　屠宰下列畜禽的风险

①未附有动物检疫证明、佩戴畜禽标识的；

②在用药期、休药期内的；

③使用有休药期规定的兽药，未提供准确、真实的用药记录的；

④兽药等化学物质残留或者含有的重金属等有毒有害物质不符合农产品质量安全标准的；

⑤含有的致病性寄生虫、微生物或者生物毒素不符合农产品质量安全标准的；

⑥注水或者注入其他物质的；

⑦病死或者死因不明的；

⑧其他不符合法律、法规和国家有关规定的。

3.3　畜禽屠宰风险控制

①继续加大执法检查力度，严厉打击私屠滥宰行为。采取日常监督与集中整治相结合的办法进行拉网式排查，对私屠滥宰易发地、重点区域和"专业村"、"钉子户"进行重点打击。

②强化生猪定点屠宰大厂（场）监管工作。针对静养、检疫、检验、无害化处理等关键环节，加大监督检查力度，增加暗访频次，推动屠宰企业生产经营，提高标准化管理水平。

③建立肉品冷链配送中心。立足新建大型定点屠宰企业，完善县（市区）"配送中心＋乡镇批售点＋村连锁店（专卖店）"三位一体的肉类加工销售配送体系，保障人民群众食肉安全和身体健康。

④畜禽屠宰厂（场）应当按照国家规定对病害畜禽及畜禽产品进行无害化处理。

⑤推进牛羊禽实施定点屠宰。鉴于牛羊禽消费量逐渐增加的实际情况，建议推行牛羊禽定点屠宰制度，采取政府出资和补贴扶持，吸引民间资本投资或者入股等方式，筹建牛羊禽定点屠宰厂，确保广大市民吃上放心的牛羊禽肉。

3.4　屠宰加工过程的质量控制

畜禽屠宰过程中的污染很大程度上取决于进入屠宰加工环节前的卫生状况及加工过程中的卫生操作，如果在屠宰前就已受感染，那么在加工环节中就不可避免地产生一定程度的污染。加工过程中致病微生物感染的途径主要为畜禽自身携带和其他鸟类或环境的交叉污染，每一环节的感染均是通过上述一种或两种途径，因此，屠宰加工过程是控制致病微生物污染畜禽胴体的重要环节。屠宰加工过程根据畜禽加工工艺分为多个环节。本评估中主要针对加工流程中的出栏与屠宰、挂烫、脱毛、去内脏、预冷消毒等环节展开讨论。

3.4.1　出栏与屠宰

出栏后电晕屠宰前，在运输和畜禽待宰时有可能会导致微生物交叉污染，屠宰时，一般运用电击或割喉放血的方式对畜禽进行宰杀。这两种处理方法不太可能引起明显的屠体污染和交叉污染，因此本环节发生微生物污染的风险相对较低。

3.4.2　挂烫

挂烫环节主要是为了使胴体表面的毛更易去除，为了达到这一目的，挂烫时的温度必须严格控制。挂烫温度取决于净毛的难易程度，并随不同畜禽类型而变化，较高温度的挂烫虽然有益于减少畜禽胴体表面的细菌数量，但会使胴体表面的皮肤变色从而影响肉质。挂烫温度较低，畜禽体表面的微生物被冲淋下来，却可以在冲淋后的废水中存活，因此有可能让畜禽胴体也会被污染。调查显示，挂烫前后所检出的沙门氏菌的阳性率为 8.3%，并没有明显减少，因此，挂烫过程对于减少微生物的作用并不显著。而且，挂烫水的酸性条件会增强沙门氏菌等微生物的耐热性。基于以上分析，降低挂烫环节污染风险可采取的主要措施有采用对流水冲淋模式、减少挂烫用水的循环，在不影响胴体感官和品质的情况下应尽量提高挂烫温度。

3.4.3 净毛

净毛过程也有可能造成交叉污染，沙门氏菌等致病微生物可能会附着在缝隙中或橡胶棒上，因此需要保持橡胶棒的清洁，对磨损棒要定期更换，拆卸脱毛器彻底进行清洁和消毒。

3.4.4 冲洗

冲淋是在净毛环节之后对胴体表面进行冲洗以去除沾染的毛和微生物的过程，但去除畜禽胴体的微生物是非常困难的，因为细菌广泛分布在胴体的皮肤和毛孔中。冲洗畜禽胴体时，水温应保持在18℃以下。

3.4.5 净膛去内脏

净膛是指将畜禽内脏等其他内部的组织从畜禽胴体内取出的过程，此环节中有些内脏或器官被沙门氏菌污染的可能性较高。净膛过程中的污染程度能够反映加工的复杂程度和生产线的速度，若各环节控制不佳，则会导致肠道破裂使胴体污染致病微生物。流水线速度过快会增加净膛时粪便污染的可能性，因为设备没有足够的时间进行完整的清洗消毒和校准。因此，应当在生产间歇全面地清洗和消毒设备，以减少积累的致病微生物的污染。根据相关研究结果显示，肉鸡净膛取内脏前后沙门氏菌的阳性率分别为8.3%和41.7%，阳性率升高了5.02倍，因此，去除内脏的过程是造成沙门氏菌污染的重要来源，净膛去内脏环节是畜禽加工过程中风险较大的环节。

3.4.6 清洗、冷却

净膛后先进行浸泡清洗去除胴体表面的血迹、内脏残留等，以减少污染，并经冷却工艺使整个胴体温度降低。冲淋冷却的水温应保持在4℃以下，有效的清洗冷却过程能够有效减少致病微生物的污染，降低畜禽表面的细菌数。冷却过程的作用与诸多因素有关，且沙门氏菌只要15s就能附着在胴体表面造成污染，有可能会大大降低冷却消毒的有效性。另外，清洗消毒一般与水温、冷却时间和有效氯的浓度有关。国际上一般使用的消毒剂的种类有食品级次氯酸盐、磷酸三钠等。冷却过程中包含浸泡清洗环节，假如不能予以适当控制，则有可能成为致病微生物交叉污染的重要来源。因此，合理的清洗冷却工艺能够有效减少致病微生物的阳性率及含量，从而降低致病微生物的污染风险。

3.4.7 包装

包装是指出厂前对冷却后的畜禽进行包装的过程。此环节也可能产生致病微生物的交叉污染。如果畜禽胴体的内外温度没有降到7℃以下，包装环节的温度不能控制在10℃以下，致病微生物就有可能生长，且在实际生产中，接触面应尽量保证每8h进行一次清洗和消毒，以保证接触面不会产生致病微生物的累积。

第4节 肉品加工的风险评估

4.1 肉品加工概况

我国肉类加工行业发展现状良好，农村人口向城镇转移，收入逐步提高是推动肉类消费的主要动力。肉类加工行业仍保持高速增长，市场变化加大，将为龙头企业提供较大的整合、发展空间，肉品产业的龙头企业将通过收购、兼并、重组、新建等模式迅速加快发展，同时良好的经济环境有利于肉类行业的发展，居民消费结构升级、产业结构调整、城市化建设步伐加快，为肉类加工行业的发展提供了广阔空间和历史机遇。我国肉制品加工业仍处于初级发展阶段，深加工产品的比重低于国外水平，肉品加工有广阔空间，消费逐渐由高温、冷冻向低温、冷藏转变，对口感、营养安全要求更高，消费升级将带来行业产品结构转变。

4.2　肉品加工风险

4.2.1　企业运营成本增加的风险

由于成本推动和需求拉动，造成粮食和能源价格的不断上涨，工业加工业长期处于高成本状态，从紧的货币政策、土地政策，节能减排、环境保护等一系列宏观调控政策的实施，必将进一步增加企业的运营成本，对产品质量与食品安全高度关注，中小企业面临更大的风险。

4.2.2　污染畜禽胴体的风险

肉品加工过程由高度受控制的工序组成，开始于屠宰加工，直至最终的销售产品的运输。当畜禽经长途运输后未经休息而立即宰杀，细菌经消化道进入血液，导致肌肉、肠道内和某些器官有细菌侵入，则在屠宰和加工期间存在污染畜禽胴体的潜在可能性。污染的程度取决于禽（畜）只致病性细菌的感染率，以及加工期间使用的卫生标准。污染发生方式有两种，一是因被感染的活禽（畜）只，二是由加工设备造成。

4.2.3　畜禽屠宰过程污染的风险

在畜禽屠宰过程中，为了检查加工过程对畜禽产品污染水平可能的影响，需要先了解加工过程和加工过程的每个步骤对被污染产品感染率和污染水平的影响。这个暴露评估的模式试图抓住加工过程的关键要素和步骤，受外界环境污染造成的微生物污染，去内脏时，内脏破裂带来的交叉污染。这个模式的输出结果是一个对随机畜禽产品被致病性细菌污染及其含有可能的致病性细菌数量的可能性的评价。

4.2.4　畜禽加工过程污染的风险

宰杀完成后，冲洗不彻底造成的致病菌繁殖和冷却阶段温度不当造成的致病菌生长。考虑到不同国家、产品类型、或公司/加工厂，可能使所涉及的加工步骤不同。对加工各步骤的定性评估，需要确定加工过程最终影响产品中致病性细菌状态的步骤。对这些步骤的每一个部分，需要收集实验性数据，并且这些步骤对污染一个给定产品的致病性细菌水平所具有的影响可由适当的数学模型来描述；还要考虑加工过程的复杂性，以及对于每个加工步骤可用的定性和定量的数据。

4.2.5　畜禽加工阶段对胴体污染水平的风险评估

对于评估模式，这里考虑了1羽（头）随机选择自当地畜禽群的禽（畜）只的加工，并且考虑了对养殖和运输阶段评价所得到的畜禽群感染率和畜禽群内感染率。在加工阶段所进行的风险评估，评价了每个加工步骤对胴体污染水平的随机影响。

4.2.6　畜禽风险评估的注意事项

包装不合理所致的包装材料中有害化学物的污染；一些加工商为了增加禽肉重量，在宰杀前给畜禽注水造成禽产品质量下降。更有甚者，把病死畜禽屠宰后加工成肉制品运到市场上销售，对食用者健康直接造成威胁。

注意：在制备和消费之前，只要1羽（头）禽（畜）制品携带了至少1个致病性细菌，则它就能界定为被污染。以一种条件性的陈述方式来评估，它能够阐述一个有选择的产品受到污染或者不被污染。因此，这种评估模式评价了对加工产品的感染率和污染水平。

4.3　肉品加工的风险管控

肉类行业属于一个超长持久行业，以及大规模的顾客群体，是其他行业不能比拟的，由于长时间处于行业成长期，以及行业的低技术型，使得该行业呈现低利润率。随着行业逐步加大产品的技术含量和市场细分，加之人民收入不断提高，给技术含量较高及具有较高经济附加值的产品入市，提供了重大机会和可能性。解决畜禽产品加工商经营注水肉、病死畜禽等导致的质量安全问题思路：一是加大曝光力度，若发现违法即刻曝光，让违法者生产的产品无市场；二是加大执法力度，发现违法添加对责任人实行高额罚款，杜绝因违法成本低让企业屡罚屡犯现象的出现；三是追究相关责任人刑事责任，对影响面大或已对消费者造成伤害的质量安全事件责任人，要让其为自己的"无良"行为承担相应的法律责任。

第5节　肉品流通的风险评估

5.1　肉品流通的风险评估的必要性

肉制品的食用安全性与居民生活息息相关。肉制品供应链，包括养殖、加工与流通等环节。每一个环节都可能存在着食品安全风险隐患，包括物理性的、化学性的、生物性的风险因素。当这些潜在的隐患侵蚀或污染肉制品后将对人体造成毒害作用，因此，对肉制品供应各环节的风险隐患进行评估，制定严格的肉制品安全评估体系，直接关系广大消费者的身体健康与人身安全。然而，肉制品安全隐患评估主要集中在肉制品的养殖和加工环节，对流通环节的风险隐患评估甚少，因此，加强肉制品流通环节风险隐患评估十分必要。

5.2　肉品流通的风险

5.2.1　产量大，品种多

我国的肉品产销量一直保持着强劲的增长势头。肉类总产量（主要为肉制品）跃居世界第一位。每年生产的肉制品多达几百种，肉类产量已占世界总产量的30％以上。交易量大，流通频繁，安全隐患大。

5.2.2　生产源头隐患大

一些深层次和突出问题尚未根本解决，动物产品全过程质量监控难度大，非法生产、使用违禁药品的情况屡禁不止。

5.2.3　私屠滥宰仍较为严重

部分地区私屠滥宰仍较为严重，不合格肉品通过非正规渠道流入农贸市场、集体食堂、餐饮单位，扰乱了畜禽屠宰和肉品市场的正常秩序，肉品质量安全问题直接威胁到广大消费者的身体健康。

5.2.4　动物产品质量不合格风险

很难保证动物产品质量的合格，动物产品生产加工及餐饮服务单位大部分是家庭小作坊，小、散、乱的现象较为突出。部分原料质量、卫生条件无保障，动物产品生产加工过程中超量使用食品和药物添加剂、劣质原料的现象较为普遍。

5.2.5　疫病风险

随着规模养殖业水平的不断提高，动物及其产品的市场流通日趋频繁，一方面极大地丰富了人们的消费需求，一方面频繁流动和交易增加动物及其产品疾病的风险，或造成疫病传播，给养殖业生产，人体健康和公共卫生安全带来很大威胁。

5.3　肉品运输车辆管理

5.3.1　片肉运输

片肉采用保温车，防腐支架装置，以悬挂式运输，其高度以片肉不接触车箱底为宜，装卸时，严禁脚踏、触地。

5.3.2　分割肉运输

分割肉采用保温车运输，温度保持冻结状态。

5.3.3　卫生控制

运输车辆内部材料应选用光滑、不渗透、容易清洗和消毒的材料；不得用不清洁或未经消毒的车辆运输；运输车辆应配备防尘、防虫、防雨等基础设施。

5.3.4　温度控制

运输车辆应备有能使整个运输过程中维持规定温度的能力。如，①冷却肉达到 $0\sim4℃$；②冷冻肉达到 $-15℃$ 以下。

5.3.5　运输肉品车辆

不得用于运输活的动物或其他可能影响肉品质量或污染肉品的产品；不得同车运输其他产品。

5.3.6　运输检疫证明

装货前，动物卫生监督机构应确定运输车辆及搬运条件是否符合卫生要求，并签发运输检疫证明。

5.4　肉品流通的风险控制

5.4.1　严格市场准入

加强对流通环节肉及肉制品经营主体资格的清理检查，重点检查经营者的经营资格是否合法有效，对无证无照经营的，坚决予以取缔。对无检验检疫证明、检验检疫不合格的产品一律不得进入市场销售。以农贸市场、集贸市场、批发市场、大型商场及城乡结合部、农村地区为重点，针对容易发生问题的薄弱地区、薄弱环节，增加市场检查频次和力度，依法严厉查处销售非法屠宰肉品、未经检疫（验）或检疫（验）不合格肉品。

5.4.2　肉及肉制品市场准入

严格执行肉及肉制品市场准入管理制度，确保上市销售的肉品来路明、质量清。督促肉及肉制品经营者落实进货查验等制度，督促市场开办者落实经营管理责任制。

5.4.3　强化市场监管

集中力量，突出重点对集贸市场、批发市场（含市场附设的冷库）、商场、超市、肉食店等进行全面检查，重点检查经营主体落实进货检查验收、索证索票、不合格肉品退市等；切实加大对肉和假冒伪劣肉及制品的抽样检验，对经法定检测机构检测为不合格的肉及肉制品，立即责令经营者停止销售、依法处理，并对其进货来源情况进行追溯，强化对肉和肉制品市场准入、交易、退出的全程监管。

5.4.4　健全冷冻冷藏经营管理

指导督促冷冻冷藏经营者，建立健全经营记录台账制度和入库出库查验制度，严密防范和堵截病死肉品及未经检验检疫肉品入库出库。对企业自有冷库冷藏设施，要指导其健全安全管理，不得为他人寄存无合法手续的肉品。

5.4.5　制定和完善流通环节监督制度

严查违法行为，各级动物卫生监督机构要做好动物卫生监督工作，要制定和完善流通环节监督制度（表5-2），使监管工作科学化、规范化。发现违法行为，严格依法处罚，对涉嫌犯罪的，及时移送司法机关。

表5-2　流通环节鲜肉和肉制品安全整顿治理工作统计

Tab. 5-2　Circulation statistics fresh meat and meat products safety management work

_____分局　填报人：_____　填报日期：___年___月___日

类　　别		单位	数量
出动执法人员		人次	
出动执法车辆		辆次	
检查商场、超市、肉食店		个次	
检查农贸市场、批发市场		个次	
检查肉品经营户		户次	
取缔肉品无证无照经营		户	
查扣质量不合格肉品		千克	
其中：查扣含"瘦肉精"肉品		千克	
查处违法案件	总数	件	
	案值总额	万元	
	罚没金额	万元	
	其中：含"瘦肉精"肉品案件	件	
	案值	万元	
	罚没金额	万元	
	移送司法机关案件	件	

第 6 节　消费终端的风险评估

　　畜禽产品质量是与活体畜禽的饲养，以及运输与屠宰加工有密切的关系。前面已阐述了这些方面的风险评估。对于农贸市场、专卖店或超市销售畜禽产品时，应密切关注肉品的质量。这是把畜禽产品送到消费者手中的最后一个环节。当消费者购买所需的畜禽产品，应保证肉品的清洁、卫生、新鲜。通常在超市中还要进行肉品的分割和包装过程，超市分割间的温度、分割刀具、操作人员的卫生状况等也对消费者购买的最终产品有影响。在畜禽产品的销售阶段，需要对销售人员健康状况、畜禽产品存储卫生条件及畜禽产品分割点的卫生条件进行记录和监督。

6.1　消费终端概念

　　市场上大多畜禽及产品的销售不是直接从生产者到消费者的直销，而是经过若干环节，即各式各类中间商（中介），经各级各层中间组织购销之后，畜禽及产品进入各类零售终端，再出售给最终消费者。流通中间商分四类：农民运销商、农民经济合作组织、农业龙头企业和大的批发市场。对整个销售环节而言，利润率最高的是终端销售环节，同任何产品的销售环节一样，渠道是实现产品销售的关键，而终端营销是最终保证整个环节运转的最后环节，由于市场竞争日益激烈，终端销售模式的创新成了获得利润的重要手段。

6.2　动物产品消费终端存在的主要问题

6.2.1　存在的问题

　　产品结构不合理，科技含量低，方便食品少，新产品开发能力弱，具体概括为"三多三少"，高温制品多，低温肉品少，初级加工多，精加工少，老产品多，新产品少。肉制品企业必须认清并改变这些现状，不断推出高附加值的终端产品，开发新型的肉类保鲜方便食品，面向终端消费者。随着人们生活水平的提高，消费者越来越追求具有多种营养价值功能的"三低一高"（低脂肪、低盐、低糖、高蛋白）的保健肉制品；传统肉品市场的萎缩，低温保鲜肉品市场的崛起，只有那些为消费者提供安全、高质量、高附加值的产品，创造满足消费者需求的企业才能求得持续发展。

6.2.2　低温肉制品的消费提示

　　低温肉制品是指常压下通过蒸、煮、熏、烤等热加工过程，使肉制品的中心温度控制在 68～72℃，并需在 0～4℃低温环境下储存运输销售的一类肉制品。在商场、超市低温柜中销售的熏煮香肠、熏煮火腿、培根、酱牛肉等产品，均属于低温肉制品。

　　1）购买严把关

　　购买低温肉制品时，应尽量选择具备食品生产经营相应资质的正规厂家、正规商超渠道。应购买包装完好、标签标识清晰、感官正常、保质期内的低温肉制品，避免购买胀袋或内表面明显发黏的低温肉制品。购买时，重点关注该产品是否储藏在 0～4℃的环境下。

　　2）要及时冷藏

　　低温肉制品相对温和的加工和杀菌条件可以杀死其中的致病微生物，但由于部分微生物会产生芽孢、能够耐受较高的温度，所以可能会有部分残留其中，一旦条件适宜就会生长繁殖。因此，低温肉制品购买后，应避免在室温下长时间暴露。应尽快将其放入冰箱中冷藏贮存，并尽量做到分类、分区单独包装和存放，避免同生食食品、熟食或无包装食品接触。

3) 应尽快食用

购买的低温肉制品应在保质期内尽快食用。食用时，应注意清洁卫生，刀具、案板和餐具做到生熟分开，避免交叉污染。打开包装后未食用完的低温肉制品应放入冰箱中密封保存并尽快食用完毕。避免食用胀袋或有明显异味的低温肉制品。

6.3 消费终端的风险管控

6.3.1 准确溯源

近年来，国际上疯牛病、口蹄疫、禽流感等重大动物疫情频发，动物源性食品安全事件时有发生，为保护畜牧业健康发展，保障农产品质量安全和公共卫生安全，加大了动物溯源体系建设力度，积极推进动物卫生工作信息化进程。农业部与中国移动、中国电信密切合作，以新型的牲畜耳标为载体，以现代移动信息网络技术为手段，通过标识编码、标识佩戴、身份识别、信息录入与传输、数据分析和查询，实现从牲畜出生到屠宰各环节的一体化全程监管，使动物养殖、防疫、检疫、监督有机结合，达到对动物疫情的追踪溯源，对动物产品安全事件的快速处理，强化畜禽产品"从养殖场到餐桌"的全程管理。

6.3.2 全程监控食品安全

"民以食为天，食以安为先"。食品安全事关百姓生命安危，为给老百姓提供放心安全的肉制品，产加销全程监控；创建一条从源头到终端的安全食品链，覆盖种植、饲料、育种、养殖、屠宰、精深加工、冷链贮运、生物制药等各个环节，形成了冷鲜肉、冷冻肉、低温肉制品、高温肉制品等多个大类、上千个品种的全系列产品。确立"零事故目标"，最大限度地预防、减轻和消除食品安全危害与风险为目标；完善"从源头到终端"的全程食品安全监控体系，做到"源头有保障，全程有冷链"。

6.3.3 转变消费方式，适应现代消费理念

消费者对食品安全的日益关注带动了食品消费的不断升级，冷鲜肉成肉制品消费未来趋势；改变传统的热鲜肉制品消费方式。在此背景下，健康美味的冷鲜肉正越来越多地走上百姓的餐桌。冷鲜肉由于处于低温状态下，不仅克服了热鲜肉、冷冻肉在品质上存在的不足和缺陷，也抑制了大多数微生物的生长繁殖。但在我国，现状还不容乐观。目前，我国冷加工及冷链物流设施不足，白条肉、热鲜肉仍占全部生肉上市量的 60% 左右，冷鲜肉和小包装分割肉各自仅占 10%，肉制品产量只占肉类总产量的 15%，与发达国家肉类冷链流通率 100%、肉制品占肉类总产量比重 50% 的水平相比差距很大，不能适应城乡居民肉食消费结构升级的要求。"十三五"期间，继续扩大冷鲜肉、小包装分割肉和肉制品的生产比重，加快改变白条肉、热鲜肉为主的供给结构。

6.3.4 消费者的申诉和举报

畅通举报渠道，畅通消费者的申诉和举报渠道，强化申诉举报的受理、分流、督办及反馈，对涉及流通鲜肉和肉制品假冒伪劣违法行为的申诉举报，要依法及时调查核实和查

处，做到事事有回音、件件有着落。

6.4　畜禽产品销售环节需注意事项

6.4.1　温度控制

运输设备（如冷藏车）的箱内温度在 0～4℃范围之间。冷藏车要有严格的消毒方法和清洗方法。

6.4.2　超市生鲜畜禽产品执行规范

超市生鲜畜禽产品分割间的卫生指标应符合国家标准 GB/T 20094—2006《屠宰和肉类加工企业卫生管理规范》，分割间温度不得超过 12℃。分割刀具定期消毒。

6.4.3　对操作人员要求

操作人员需佩戴有效证件定期检查健康状况。

6.4.4　对产品和包装材料要求

对产品和包装材料进行定期的安全质量检查，如常用的复合塑料薄膜。严禁使用含有黏合剂和香味胺等致癌物质的 PE 膜。

6.4.5　超市销售的环境要求

超市的销售环境应整洁卫生，备有必要的灭蝇和灭鼠措施。

6.4.6　对超市高档肉品的要求

对于超市高档肉品，应在包装盒外贴有安全追溯码，在超市质量安全追溯仪前扫描，系统则自动查询该畜禽产品相关信息，如畜禽产品的品种、养殖地点、检疫检验和屠宰等信息。

6.5　以猪肉产品为例，其生猪终端产品分割的超市和专卖店的动物产品标识及识别方案

超市和专卖店是把猪肉送到消费者手中的最后一个环节。目前，在超市现有条件下，一般对肉品采用三种标识方案。

6.5.1　利用超市电子秤直接在原有标签上打印追溯号码

超市电子秤具有可称量、打印商品名、单价、重量、合计等信息的功能。通过设置电子秤，可在标签上增加"追溯码：123456789012345"一项，消费者通过该号码可追溯产品质量。销售员先把不同 ID 的猪肉当作不同的商品，提前输入猪肉 ID 号到电子秤，然后在打印时输入或选择商品编码，即可获得相应的结果。电子秤如图 5-3 所示。现有的超市电子秤上最多可选择 40 种不同类型的商品，手工输入则势必影响到了工作效率，且打印的标签不能自动识别，总之，该方案简单易行，但操作复杂，不能记录超市的详细信息，无法自动识别。

6.5.2　使用普通打印机打印"安全追溯码"标签

无线扫描枪和普通打印机可组成条码快速复制装置，通过软件编程就可实现批量复制条码。先把不同 ID 的猪肉贴上相应的标签，然后用条码扫描装置批量生成"安全追溯码"标签。该标签不仅可直观显示猪肉的饲养场和屠宰场，而且通过超市猪肉质量安全追溯仪可自动查询到更多的安全信息，如图 5-4 所示。该方案较简单，既能显示基本的安全信

息,又可进行自动识别与查询。

图 5-3 超市电子秤   图 5-4 普通打印机和安全追溯码标签

Fig. 5-3 The supermarket electronic scale   Fig. 5-4 The ordinary printer and safety tracing label

6.5.3 采用智能标签打印机打印 RFID 智能标签

智能标签指带有内嵌超薄射频识别条的标签。智能标签打印机,如斑马技术公司的 R400,允许用户按需制作智能标签,并且在标签条内编入可变信息。使用含有空白射频识别集成电路的标签材料,将其夹在表面材料和粘胶层之间。在打印标签以前,射频识别数据被编制在标签上,编码数据由程序设计来选择,并且由系统软件来自动管理。编码之后,标签被专用的阅读器识别,显示内部的信息,如图 5-5 所示。该方案易实现智能化管理,会逐渐进入人们的视野。

图 5-5 智能标签打印机和 RFID 智能标签

Fig. 5-5 The smart label printer and RFID labels

6.6 消费者的查询系统

综合考虑成本和性能,我们采用第二种方案来开发超市专用型猪肉质量安全追溯仪。该追溯仪至少应具自动扫描、快速检索和多媒体显示的功能。

超市追溯仪从原理上讲就是一台超微型电脑。它具有自动链接远程数据库服务器和显示多媒体信息的功能(图 5-6)。把贴有安全猪肉追溯码的盒装猪肉在超市追溯仪前扫描,就可获得查询结果。超市追溯仪在没有提交查询的情况下,则自动播放电脑中存储的宣传视频,起到了广告的作用。

图 5 - 6 超市追溯仪原理图

Fig. 5 - 6 The principle of the supermarket tracing

6.7 系统的预警操作流程

猪肉产品的数字化预警是指在猪肉生产过程中，对影响猪肉质量安全的违规行为监测，实时提出警戒信息，给出修正建议，提醒生产者纠正错误。要实施数字化预警，必须明确预警对象，预警限制，以及所采用的信息系统。

通过影响猪肉产品安全品质关键点分析，给出从饲养到销售全过程中各追溯关键因素的预警限值来源。提出要保证猪肉的安全，关键在健全标准和法规，加强产前安全保证与产后监督相结合的监控措施，对各阶段加强管理。只要做到层层把关，就可为消费者提供安全可靠的猪肉产品。系统实施预警的操作流程如图 5 - 7 所示。

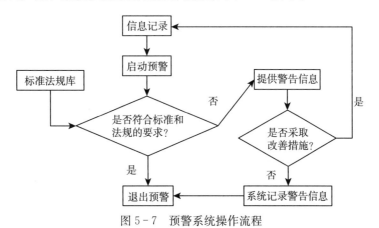

图 5 - 7 预警系统操作流程

Fig. 5 - 7 The work flow chart of warning system

6.8 猪肉产品的溯源与召回

现代消费者要求肉食品新鲜、美味、营养和安全，而且越来越多的消费者还要求提供有助健康的功能食品。市场拉动的因素对未来食品业产生了主要影响，从面向数量的食品转向强调质量、安全、功能并重的食品，促进了对可追溯与召回的食品供应链的研究。即采用现代信息技术，建立肉品质量追溯制度，如实记录活猪进厂（场）时间、数量、产地、供货者、屠宰信息及出厂（场）时间、品种、数量和流向。与此同时，建立生猪产品召回制度，发现其生产的生猪产品不安全时，要立即停止生产，召回已经上市销售的生猪产品。

可追溯是动物产品安全管理的预防性策略,食品召回制度可避免流入市场的不安全食品对消费者的健康造成损害,维护消费者权益。确保食品"从农田到餐桌"的可追溯性,实现能够检测和阻止食品安全危险、保留新鲜食品卫生及特性的认证和诊断测试,是食品供应链管理系统的基本元素。这里"产品溯源"与"产品追踪"术语在可追溯的内容上意义不同。"产品溯源"属于通过这些步骤从消费者来溯源产品的生产者和生产加工过程。"产品追踪"则属于当产品进入流通过程中各个环节的信息记录,并且能知道该产品所走过的路线和实时踪迹,即追踪和溯源饲料,和饲养动物在生产、加工和销售环节的所有阶段,可认为是将食品设计成从来源到销售的任何一个环节中能迅速召回的可识别和可追溯食品的记录体系。

◆ 参考文献

[1] 刘天祥,王镇. 农产品流通风险评估探讨 [J]. 广西财经学院学报,2013,26(3):1-7.

[2] 谭向勇. 加入 WTO 后,我国畜牧业发展的对策与建议 [J]. 中国禽业导刊,2002,19(2):4-5.

[3] 哈乐群. 农产品流通增值环节的挖掘 [J]. 中国农学通报,2011 (11):170-175.

[4] 杨为民,陈娆,吴春霞. 基于熵的农产品供应链风险研究 [J]. 中国集体经济,2009 (34):103-105.

[5] 陈小霖,冯俊文. 农产品供应链风险管理 [J]. 生产力研究,2007 (5):28-30.

[6] 边连全. 农药残留对饲料的污染及其对畜产品安全的危害 [J]. 饲料工业,2005,26(9):1-5.

[7] 张雨梅. 动物源食品的安全性及药物残留监控 [J]. 江苏农业科学,2001 (6):60-63.

[8] 张涌. 散养户路漫漫其修远 [J]. 猪业健康导刊,2013 (3):34-38.

[9] 陈家华,方晓明,朱坚,等. 畜禽及其产品质量和安全分析技术 [M]. 北京:化学工业出版社,2007.

[10] 耿献辉,周应恒. 食品安全与可追踪系统 [J]. 世界农业,2002 (6):7-9.

[11] 梁兆强,谢梅冬,覃晓明等. 畜产品安全分析现状和对策探讨 [J]. 农产品质量与安全,2010 (3):50-51.

[12] 张向前,徐幸莲,周光宏,等. 季节和雾化喷淋冷却对猪半胴体干耗及品质的影响 [J]. 南京农业大学学报,2007,30(3):124-128.

[13] 柳艳霞,高晓平,赵改名,等. 宰后因素对肌肉保水性的影响 [J]. 安徽农业科学,2007,35(16):4846-4848.

[14] 陆昌华,王立方,谢菊芳,等. 工厂化猪肉安全生产溯源数字系统的设计 [J]. 江苏农业学报,2004,20(4):259-263.

[15] 陆昌华,王立方,谢菊芳,等. 工厂化猪肉安全生产溯源数字系统的实现 [J]. 江苏农业学报,2006,22(1):51-54.

[16] 孟凡乔,周陶陶,丁晓雯,等. 食品安全性 [M]. 北京:中国农业大学出版社,2005.

[17] 赵贵,张华. 畜产品中沙门氏菌的危害及检测方法概述 [J]. 贵州畜牧兽医,2004,28(3):21-22.

[18] 陈沁,李健,杨英. 进口动物性饲料中沙门氏菌的分离鉴定 [J]. 中国动物检疫,2002 (1):24-26.

[19] 毛雪丹,胡俊峰,刘秀梅.2003—2007 年中国 1060 起细菌性食源性疾病流行病学特征分析 [J].

中国食品卫生杂志，2010，22（3）：224-228.

[20] 孙艳，汤雪梅，从柏林，等 . 沈阳市零售肉类大肠埃希菌与沙门氏菌污染调查 [J]. 中国公共卫生，2005，21（10）：1233-1234.

[21] 潘雪霞，朱敏，梅玲玲，等 . 食品中沙门氏菌污染状况及耐药性研究 [J]. 中国卫生检验杂志，2006，16（9）：1103-1104.

[22] 杨德胜，张险鹏，黄炳炽，等 . 动物产品沙门氏菌污染情况调查 [J]. 中国畜牧兽医，2010，37（10）：202-203.

[23] 王娟，郑增忍，王玉东等 . 市售禽肉产品中沙门氏菌污染状况调查 [J]. 中国动物检疫，2010，27（7）：50.

[24] 杨晓玲，杨道遇 . 成都市从业人员肠道带菌调查分析 [J]. 现代预防医学，2003，30（4）：527-528.

[25] 庄荣玉 . 禽肉中沙门氏菌的污染及其控制方法 [J]. 中国家禽，2005，27（2）：41-43.

[26] 王燕梅，乔昕，符晓梅，等 . 2010 年江苏省肉鸡沙门氏菌污染专项检测分析 [J]. 中国食品卫生杂志，2012，24（2）：170-172.

[27] 从克 . 2011 年许昌市肉食品食源性致病菌的污染状况调查 [J]. 河南预防医学杂志，2012，23（4）：308-310.

[28] 杨修军，刘桂华，黄鑫，等 . 吉林省食源性沙门氏菌污染检测分析 [J]. 中国卫生工程学，2011，10（1）：58-59.

[29] 黄玉柳 . 食品中沙门氏菌污染状况及预防措施 [J]. 广东农业科学，2010（6）：225-226.

[30] 林国玲，王连忠，张一水，等 . 冰箱冷藏室细菌、真菌污染情况调查 [J]. 环境与健康杂志，1994（1）：38.

[31] 王宇萍，曹煌，柏凡 . 畜禽收购、贩运和屠宰环节的质量安全与监控 [J]. 食品科学技术学报，2013，31（1）：20-23.

[32] 赵瑞兰，张培正，李远钊 . 肉鸡加工环境及半成品中沙门氏菌污染情况的调查 [J]. 肉类研究，2004（5）：38-40.

[33] 张惠媛，陈广全，张昕，等 . 肉鸡屠宰过程中沙门氏菌的监控方法及其应用实验 [J]. 肉类工业，2010（3）：4-7.

[34] 朱恒文，方艳红，王元兰，等 . 肉鸡屠宰加工生产链中沙门氏菌的污染调查及 ERIC-PCR 溯源 [J]. 食品科学，2012，33（17）：48-53.

[35] 刘红林，陈杰，徐银学，等 . 猪肉品质及其影响因素（Ⅱ）—影响猪肉品质的环境因素 [J]. 畜牧与兽医，2001，33（1）：40-42.

[36] 殷红，葛长荣 . 冷却猪肉生产条件的选择 [J]. 肉类工业，2004（10）：10-11.

[37] 王继鹏，岳新叶，王家国 . 生猪宰前静养与猪肉质量 [J]. 肉类工业，2007（4）：7-9.

[38] 李春保，张万刚 . 冷却猪肉加工技术 [M]. 北京：中国农业出版社，2014.

[39] 周光宏 . 肉品加工学 [M]. 北京：中国农业出版社，2009.

[40] 游战清，李苏剑，张益强，等 . 无线射频识别技术（RFID）理论与应用 [M]. 北京：电子工业出版社，2004.

[41] 陆昌华，王长江，胡肆农，等 . 动物及动物产品标识技术可追溯管理 [M]. 北京：中国农业科技出版社，2007.

[42] 陈韬 . 宰后肌肉蛋白质和组织结构变化与冷却猪肉持水性的关系研究 [D]. 南京：南京农业大学，2005.

[43] 赵瑞兰 . 沙门氏菌预测模型的建立及出口分割鸡肉中沙门氏菌的风险分析 [D]. 泰安：山东农业

大学, 2005.

[44] ICMS (International Commission on Microbiological Specification for Foods) . Microorganism in Foods Microbiological Testing in Food Safety Management [M]. New York: Kluwer Acadecic/Plenum Publishers, 2002.

第6章 动物食品安全风险评估体系建设与发展

接连发生的食品安全事件向各级政府敲响了警钟，使人们认识到解决食品安全问题，不但是某个企业诚信自律问题或政府监管问题，更是一个建立食品安全预防机制，对食品安全风险及其危害程度进行科学研究与评估的系统工程问题。风险分析是当今食品安全管理最显著的进展之一，是国际社会目前普遍遵循的原则之一，《食品安全法》也已将食品安全风险分析纳入法律的范畴。然而，我国目前食品安全风险分析评估尚未构建完善的食品风险分析评估框架体系，与发达国家的食品安全风险分析评估尚有一定差距。如何充分实现各部门监管监测数据实时共享，构建完善的食品安全体系，理顺食品安全风险评估机构、资讯平台、信息处置及预警等衔接关系，将对食品安全各项监管工作起到事半功倍的效果。现就动物食品安全风险分析评估体系建设与发展进行探讨。

第1节 国内外动物食品安全的风险评估

"动物"是生产安全畜产品的前端，动物的健康是决定畜产品质量的关键因素之一。只有动物健康，才能生产出安全的畜产品。而动物健康，又与产地饲养环境，饲料及饲料添加剂的使用、兽药使用、动物防疫、饲养管理等密切相关。如何控制每一个环节的潜在污染源，让老百姓真正能吃上放心肉，并解决畜产品出口贸易遇到的难点，是各级政府、生产者和广大消费者十分关注的热点问题。1991年我国已是世界第一产肉大国，为什么活畜禽及其产品出口遇到"绿色贸易壁垒"瓶颈，追踪源头是动物健康出现问题，疫病、兽药残留和重金属污染等严重影响畜产品质量。

近年来，人们赖以为生的动物及动物源性食品从来没有像今天这样令人提心吊胆、惶恐不安。在欧洲发生的疯牛病、口蹄疫，以及国内发生的链球菌病等突发事件，出现的动物疫病流行速度快且影响范围广的特点，极大威胁了国家公共卫生安全，成为国内外关注的焦点。其次，我国三鹿奶粉、苏丹红、红心蛋、黑心肉、白板肉等食品安全事件引发各方关注，亟待解决。第三，我国动物源性食品安全风波频发，暴露出肉类生产行业在向规模化发展过程中因缺乏科学指导和不规范导致的安全隐患，并逐渐从动物源性食品加工延伸至了产业链的上游——养殖业。即国内在畜禽养殖生产中普遍应用疫苗、兽药、饲料和添加剂等来预防动物疫病、降低动物死淘率，提高饲料利用率，促进生长与改善产品品质，但由于在养殖生产过程中兽药违禁使用、不当使用和过度使用等原因，兽药残留已逐渐成为人们普遍关注的一个社会热点问题，成为影响食品安全的重要因素之一。

随着现代生物技术的迅速发展，人们开始关注转基因等生物技术产品对人类健康潜在的影响。而全球化经济贸易迫使各国不能"闭关自守"，为保证动物源性产品的卫生和质量以及贸易的公平、通畅，各国都在积极建立和完善本国的监控体系。食品安全事关国民健康、社会稳定和国家安全，任何一个负责任的政府，都十分重视本国的食品安全问题。

而提高动物源性食品卫生质量的有效途径：一是人们对生产各环节的监管及其危害识别；二是在加工环节中确定控制及预防措施；三是确定具有高风险的动物产品及其产品中的致病菌；四是采取系列措施，进行动物源性产品的风险评估。

为此，本节概述了欧盟、美国、日本、加拿大等发达国家以及国内动物食品安全风险分析技术的应用进展，提出了我国现行动物食品安全风险管理存在的主要问题，以及发达国家从制度完善、风险管理能力、技术能力提升与风险交流机制完善等方面进行了动物食品风险分析体系建设，取得提高本国动物疫病防控能力及确保动物源性食品质量安全的成就。这些经验对我国的启示，具有重要的借鉴作用。

1.1　相关国际组织开展的风险评估

风险分析是当前国际通行的实施科学管理的重要技术手段。风险分析体系的建立，已成为全球公共卫生问题与各国共识。它为各国在动物源食品安全领域建立合理的贸易壁垒提供具体操作模式。风险评估则是各成员制定或实施 SPS 措施或决策的依据，就风险管理和风险交流继续进行咨询时，应以有关国际组织制定的有害生物风险分析技术为基础。在采取 SPS 措施时，成员有两种选择：一是依据国际标准；二是各成员进行风险评估来评价食源性风险及可能产生的后果。完成的《风险管理与食品安全》报告中规定了风险管理框架和基本原理，规定了风险交流要素和原则，对风险交流的障碍和策略进行讨论。

联合国粮农组织（FAO）、世界卫生组织（WHO）设立了食品添加剂联合专家委员会（JECFA），农药残留联席会议（JMPR）及微生物风险评估专家会议（JEMRA），前者负责食品添加剂、化学、天然毒素、兽药残留和农药风险评估。后者负责微生物的风险评估。食品法典委员会（CAC）对风险分析进行研究和磋商，在食品理化性质、食品中微生物和转基因食品的危险性评估等方面做出卓越成绩。1956 年 JECFA 成立至今，已对 1 300 多种食品添加剂安全性、25 种食品中污染物和自然产生的有毒物质，以及大约 100 种兽药残留物进行了评价，还为食品中化学物质的安全性评估制定了若干原则。

食品安全风险评估是目前国际通行的食品安全防范方式，是继食品卫生质量管理体系和 HACCP 技术后的在食品安全管理上掀起的第三次高潮，它重点对人类健康的直接危害以及整个食物链进行分析，在发达国家的食品安全管理中得到广泛应用。

1.2　发达国家的风险评估

1.2.1　美国

1997 年美国颁布"总统食品安全计划"，建立联邦机构"风险评估协会"，开展微生物危害评估研究。构建了 5 个风险分析职能部门：

1.2.1.1　卫生部食品、药品管理局（Food and Drug Administrattion，FDA）

其职责是食品安全法律的执行，全程监控食品生产和销售，召回不合格产品，制定食品法典、条令、指南和说明及良好食品加工操作规程。

1.2.1.2　农业部食品安全检验局（Food Safety and Inspection Service，FSIS）

其职责是屠宰卫生检验。用于监管肉类、家禽产品生产。记录与计算机软件处理检出的疫病及疫情信息汇总与多元分析，通过刊物向全国定期公布检出疫病及采取扑灭疫病措施，正确使用标签，确保肉、禽、蛋产品安全。采用 3 项卫生措施：一是驻场兽医配合官方兽医师对家畜、家禽出栏时签发检疫健康证明，方能进入屠宰场进行胴体、内脏等的卫生检验；二是对产品或活畜来源与流向提供跟踪和查询的病原管理系统；三是危害分析与关键控制点（HACCP）系统。制定生产标准，资助肉类和家禽安全研究工作等。

1.2.1.3　疾病预防控制中心（Center for Disease Control and Prevention，CDC）

其职责是对食源性疾病展开调查、监测、预防、响应，及其研究与培训。负责监控食品，对重大疫病的病例进行解剖或取样检验，借助风险分析软件对全国或局部范围疫情进行科学检测分析。

1.2.1.4　动植物健康检验局（Animal and Plant Health Inspection Service，APHIS）

其职责是以计算机为辅助手段，将疫情信息从各监测点（即各口岸、各进出口贸易国）通过信息网络及时传输到检疫局中心控制室。中心控制室可从计算机网络上随时查询到各监测点（即各国）的疫情动态，包括疫情检疫结果，某时间内疫病发生及分布情况等。

1.2.1.5　环境保护局（Enviromental Protection Agency，EPA）

其职责是保护公共卫生、保护环境，承担从源头上预防、控制环境污染和环境破坏的责任。负责环境污染防治的监督管理。组织指导城镇和农村的环境综合整治与协调、监督生态保护工作。制定水体、大气、土壤、噪声、光、恶臭、固体废物、化学品等的污染防治管理制度。同时，拟订生态保护规划，组织评估生态环境质量状况，监督对生态环境有影响的自然资源开发利用活动、重要生态环境建设和生态破坏恢复的工作，使饮用水水源地环境保护等方面免受杀虫剂和活性剂危害。提出接受和容纳公众作为合法的合作伙伴，发布了风险交流七大原则。

上述 5 个部门在制定食品安全标准、实施食品安全监管、食品安全教育等方面各行其职，建成职能明确、管理有序、运行有效的食品安全管理体系。风险分析是美国制定食品安全管理法律的基础，也是美国食品安全管理工作的重点。

1.2.2　欧盟

2002 年欧洲食品安全局（European Food Safety Authority，EFSA）建立，规定了食品安全事务管理程序。EFSA 是一个独立的风险评估机构，有别于美国的食品药品管理局，它只负责风险评估和交流，提供独立整合的科学意见，让欧盟决策单位面对食物链直接与间接相关问题及潜在风险能做出适当的决定，并向公众提供风险评估结果和信息，而规章制度则由欧盟委员会和欧盟议会制定。这样可避免一个机构既当裁判员又当运动员的现象。此后，欧共体制定了食品法规的原则和要求，在条例第 178/2002 号颁布欧盟食品和饲料快速预警系统（rapid alert system of food and feed，RASFF）。2010 年 EFSA 发布了生猪饲养和屠宰过程中沙门氏菌的定量风险评估报告，2011 年报导肉鸡链中空肠弯曲菌的定量风险评估。与此同时，欧盟又研究肉食品质量安全控制和微生物风险评估技术，建立货架期预测模型、鱼类新鲜度快速评价方法，实现产品流通信息实时透明、可追溯与风险分析，提升整个供应链质量安全。

1.2.3　日本

为响应公众对食品安全问题的日益关注及提高食品质量安全的需求，2003 年日本颁布"食品安全基本法",成立食品安全委员会,下设 16 个专家委员会,分别就不同种类的食品进行风险评估及风险交流工作。以委员会为核心,实行综合管理,建立由相关政府机构、消费者、生产者等广泛参与的风险信息沟通机制,当发生食品安全突发事件时将采取预警措施。

1.2.4 加拿大

20 世纪 90 年代加拿大成立了风险评估小组,由加拿大食品检验署(Canadian Food Inspection Agency,CFIA)负责动物卫生风险分析工作。在进行风险分析时,采用把人的健康置于最高地位;决策必须以科学证据为依据与全面合作的风险管理原则。其职责:

①开展国家/区域疫病状况和兽医机构评估;研究风险分析理论、方法和技术。

②制定区域风险分析、流行病学调查、兽医机构和经济学分析评估等国家和国际标准,为决策和进出口政策提供依据。

1.2.5 澳大利亚

1995 年在澳大利亚进口加拿大鲑鱼风险分析案中,专家组在公告和磋商风险分析草案报告后提出禁止进口的政策建议,为国内鲑鱼产业赢得较长的调整时间。2004 年 12 月澳大利亚设置生物安全局,负责进口风险分析,并成立了独立审议风险分析报告的科学家小组。风险分析在澳大利亚生物安全保护工作中发挥了重要作用。澳大利亚政府的检验检疫水平,是衡量进口动植物或其他货物检疫风险的标准。如果风险超过了澳大利亚可接受的检疫风险水平,就需要采取风险管理措施来降低风险水平。假若风险水平不能降低到可接受的水平,则不允许进行此项目的贸易。澳大利亚生物安全局向动物和植物检疫署署长提供动物和植物检疫政策的建议。澳大利亚检验检疫局(AQIS)负责执行风险管理措施。

1.3 我国动物食品的风险评估

长期以来,我国的食品科技体系主要是围绕解决食物供给数量而建立起来的,对于食品安全问题的关注相对较少。食品安全监管的对象仅限于已确知有毒有害的食品以及食品原料,食品召回也针对已经或可能引发食品污染、食源性疾病以及对人体健康造成危险的食品。而对不断涌现的新食品、食品原料的安全性,以及新涌现的生物、物理、化学因素、食品加工技术对食品安全的影响和危害,没有开展科学风险评估。当今,发达国家已建立了健全规范的应对生物疫病的预警防控技术风险方法,并借此提高其国内的安全预警能力和防控水平,促进本国的贸易及经济和社会的发展。而我国在该领域起步较晚,风险分析的技术方法和通用模型建立仍处于探索阶段;基于食品安全风险评估结果制定食品安全标准的情况还不多,尚未形成系统的食品安全风险分析评估体系。为构建适合国情的风险分析体系与预警体制,降低国家经济损失和提高国家在食品安全领域的公信力,亟须引进与消化吸收国外预警防控技术和风险分析评估方法。

1.3.1 我国动物源食品安全风险隐患较多

肉制品质量安全风险来源于产品加工,储运和营销供应的全过程。上游原料及食品添加剂等众多因素都会造成食品安全问题,而作为肉制品企业用于加工和采购辅料,主要包括加工辅助原料、食品添加剂,接触及消毒化学用品和食品用包装材料等也不容忽视。其风险隐患有:

1.3.1.1　肉、蛋、奶产品质量不佳

1）肉类

在动物产品的加工、物流和销售各环节，存在污染与人为添加违禁品等风险，如加工过程的残留。目前部分动物性产品经营加工者在加工贮藏过程中，为使动物性食品外观好看，非法使用大量碱粉、芒硝、漂白粉或色素、香精等，甚至有的加工产品为延长产品货架期，添加抗生素以达到灭菌的目的。另外，产品出水、出油、氧化、口感差、保质期内胀袋腐败及有害物质迁移等现象也频繁出现。

2）蛋制品

蛋制品中氧化铅等非法物质的添加导致诸如皮蛋铅含量过高。另外，还存在包泥产品卫生差和咸鸭蛋加色素染色等问题。

3）乳品

乳品中存在农药、抗生素残留、微生物超标、食品添加剂滥用、液态乳制品保质期短、乳饮料产品蛋白含量低等问题，高品质产品所占市场份额较小。在乳制品生产过程中，还存在为迎合消费者的感官心理而添加增稠、增香剂，在标志上却不加以注明的现象。

1.3.1.2　风险来源

1）原料肉风险

受种植、养殖环节影响，因高密度养殖及交叉感染，诱发动物疫情及农药残留问题突出。加之畜禽生产上游企业（如畜禽屠宰企业）大多技术水平和检测能力较差，对药残监管和检验不到位，导致下游深加工企业控制、监管与溯源困难。对于危害残留的检测将是肉制品加工企业原料肉评估的风险重点。

2）辅料风险

肉制品加工企业常用辅料：包括加工辅助原料、食品添加剂，接触及消毒化学用品，食品用包装材料等。由于大型加工型企业经过严格审查和自身的严格管理制度，原料风险追溯具有可控性和较强的溯源追踪性能。但由于产业发展水平及企业自身素质的制约，以及国家法规完善，对添加剂、新材料等安全评估相对滞后，难以完全解决辅料风险。

3）产品风险

肉制品质量安全危害风险：一是化学性危害，除原料中抗生素等残留外，还有复合磷酸盐、硝酸盐和亚硝酸盐添加剂超标使用，山梨酸或山梨酸钾防腐剂超标使用，以及苯甲酸钠违规使用等。二是物理性危害，有玻璃、金属、石头、木块、塑料和害虫残体等。三是生物性危害，有腐生微生物和病原微生物污染。腐生微生物包括有细菌、酵母菌和霉菌；原料肉可带有病原菌，如沙门氏菌、金黄色葡萄球菌、结核分枝杆菌、炭疽杆菌和布氏杆菌等。

1.3.1.3　技术能力风险

技术能力高低是规避肉制品企业安全风险的一个水平仪。虽经多年发展，肉制品企业自身技术水平尚低下，特别是中小型企业，因技术能力不足，设施设备水准低下，易导致食品安全问题出现。对于食品安全风险预测性模型等科学的评估方法尚待开发研究，具体操作规范等配套体系尚待完善。

1.3.2　膳食暴露数据缺乏

暴露评估是风险评估关键的技术环节，该评估需大量食物污染物残留量数据和膳食消费量数据。但各国人群特点、膳食结构、主要污染物，农药和兽药使用等情况不同，需建立适合国情的数据库，才能准确反映一个国家食品安全状况，这方面数据国外较全面。因缺乏暴露评估准则和定性定量风险分析模型的标准，质量也参差不齐。我国居民营养调查虽积累较为丰富的膳食和营养数据资料，但膳食以大类来调查统计，如水产品、新鲜蔬菜、新鲜水果等，具体食品如鳜鱼、大白菜、苹果、茶叶等详细消费量数据还不完善；全面的膳食调查5年一次，缺乏样本的连续抽样跟踪调查，很多膳食变化的演变还不太清楚。我国通过食品安全监测等项目的实施，对食品中主要污染物情况有了初步了解，但食品中许多污染情况仍"家底不清"。食品中新增农药和兽药残留、生物毒素及其他持久性化学物的污染状况缺乏系统的监测资料。现有监测网络的覆盖面、项目指标、监测数据等方面与开展科学评估的资料需求尚有一定差距。

1.3.3　毒理学资料缺乏

食品毒理学是食品安全风险评估基础，我国在食品毒理学研究方面起步晚，研究基础薄弱。由于缺乏全面系统的食品毒理学研究资料，我国在食品安全风险评估中大多借用国外的毒理数据，很多食品安全限量标准的制定参考国外的毒理学资料。此外，我国使用的农药和兽药还缺乏相关数据，需要开展相关毒理学研究，积累毒理学资料。

1.3.4　法律法规与技术标准体系的缺陷

1.3.4.1　指导食品安全风险分析评估的法规不健全

随着《食品安全法》的出台，食品安全风险分析评估的各项法律法规不断建立与完善。但是，各监管部门相关配套的法规、规范尚未及时梳理整合，造成相关工作时存有模糊、交叉、空白地带。

1）法律责任规定不严

现行食品安全法律法规体系不严谨、不规范、不完善，多为原则性规定，尚无可具体操作执行的相关风险分析条例、标准、细则等，缺乏动物产品产前、产中、产后和流通各环节行之有效的食品安全法律，留下众多执法空隙和隐患，导致执法主体、部门职责模糊与交叉，监管存在盲区，造成执行部门具体执行操作困难，与市场经济发展和加入WTO的需要不相适应。

2）分段管理模式

现行的食品分段管理模式，各监管部门的食品安全风险信息的收集、报送、处理、预警等体制机制未整合衔接，严重制约评估机构掌握风险分析所需信息资源的及时性与有效性。正由于现行执法主体多头现象的严重，动物产品生产过程涉及多部门分段执法，该管理格局既有重复监管，又有监管"盲点"，不利于责任落实。

① 因法律法规存在缺陷，造成监管制度不完善。如《中华人民共和国食品安全法》明确规定"国务院卫生行政部门承担食品安全综合协调职责，国务院质量监督、工商行政管理和国家食品药品监督管理部门分别对食品生产、食品流通、餐饮服务活动实施监督管理"。但食品生产加工小作坊、食品摊贩、超市现做现卖摊位等，既直接涉及生产环节，也直接涉及销售环节的经营方式上存在法律空白。因法律法规存在缺陷，造成监管制度不

完善，生产和流通过程中生产者、管理者和消费者之间的信息不对称等，监管部门的工作不到位、不全面、不深入。

② 因动物源食品的特殊性，缺乏专门性法律规定。因动物源食品的特殊性和重要性，发达国家都制定了针对性的法律或法规，如《屠宰法》实行畜禽"集中屠宰，就近屠宰"。我国尽管有《生猪屠宰管理条例》，各省市也有相应的《生猪屠宰管理办法》，禁止私屠滥宰，但均未上升到法律层次。当前乡镇生猪屠宰对检疫检验未能按屠宰法规执行，问题猪肉事件仍然时有发生，原因就是缺乏专门性的法律规定。

1.3.4.2 缺乏规范适用性标准

食品添加剂使用不符合标准，如卫生指标不合格，成分含量不符合标准，包装类标签不规范等。《农产品质量标准》和《食品卫生标准》以及一些强制执行的食品安全地方标准和行业标准虽已颁布，但我国地域辽阔，情况复杂，有富裕的地区，也有贫穷地区，在动物饲养、动物食品加工和销售方面有先进的，也有落后的。因此，在标准制定上难度大。某些标准制定不科学，难以执行。动物产品质量安全国家标准只有不到一半等同采用或等效采用相关国际标准，品种少，覆盖面窄，众多标准标龄过长，缺乏科学性和可操作性。

1.3.5 管理体制与风险评估存在的问题

1.3.5.1 各机构职责不清，未实现一体化管理体制

我国现行兽医管理工作由多部门管理，没有实现一体化管理体制，造成职能重叠，人员浪费，管理效率低，给动物疫病防控工作带来很大困难。我国动物源性食品的全过程管理，从饲养、屠宰、加工及进出口检验检疫等环节不同于世界上其他国家（图6-1），实行内外检分设，是世界上极少将出入境动物及动物产品检疫与国内动物检疫分设的国家。这种分头管理模式特别不利于控制动物疫病和保障动物性食品安全。而且违背了控制动物疫病的科学规律，使动物疫病防控容易受地方保护主义的影响。

1.3.5.2 风险评估处于起步阶段

食品安全风险评估涉及食品、微生物、化学、流行病学、药学、毒理学和统计学等多方面知识，我国跨学科人才还较缺乏，开展食品安全风险评估研究工作的单位和人员有限。因此，相对国外形式多样，种类繁多的食品安全风险评估报告，我国的风险评估报告数量还不够。为规避动物食品安全风险，在动物产品加工、流通和销售等环节，监督管理必须贯穿始终。然而，目前我国尚未搭建与国际接轨的食品安全风险评估平台。为保证包括动物源性食品在内的食品质量安全，国际组织、各国尤其是发达国家政府开始构建现代食品质量安全体系，并不断完善相关的法规体系、监管体系、标准体系、检验检疫体系和认证体系等。虽然，我国已制定了一些配套的法律法规、管理办法等，如，2001年国家质检总局颁布的《出入境检验检疫风险预警及快速反应管理规定》、《进境动物和动物产品风险分析管理规定》等，但仍需研究制定有关法律法规来确定风险分析信息收集、风险分析和风险管理的机构或组织等。此外，专门为婴幼儿、孕妇、老年人等敏感人群和污染物水平较高、膳食摄入量较大等特殊地域做的评估报告也较少。为此，新修订的《中华人民共和国食品安全法》（2015）在第2章专门列入食品安全风险监测和评估，其中第17条要求国家建立食品安全风险评估制度，运用科学方法，根据食品安全风险监测信息、科学数

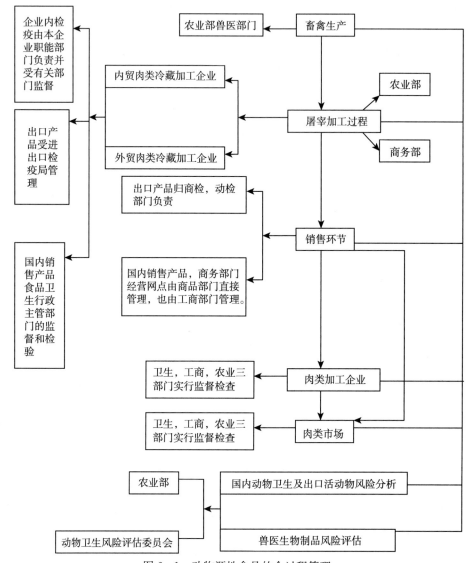

图 6-1 动物源性食品的全过程管理

Fig. 6-1 The whole process of management of animal products

据以及有关信息，对食品、食品添加剂、食品相关产品中生物性、化学性和物理性危害因素进行风险评估。

1.3.5.3 食品安全风险因子的收集平台、报送平台尚未建立

食品安全风险因子的数据信息体系及其保障机制的优劣，将直接影响到整个风险评估的效果、预警体系的性能，影响预防控制措施的决策判断。目前，我国食品安全风险交流机制尚不健全，交流渠道不畅通，食品安全信息不对称现象严重，一定程度上限制了风险分析的开展。当前，食品安全的各个监管部门都有各自的评估手段及学科知识，食品安全风险因子的收集、报送处于零散、孤立、低效率的运作之中，且随意性及行政影响较大。不建立统一、高效、实时的食品安全风险因子收集、报送平台，就不能有效整合各部门从

农田到餐桌整条链的食品安全资讯，食品安全分析评估机构终将形同虚设。

1.3.5.4　食品安全风险因子的处理及预警机制尚未建全

目前，各部门食品安全信息报送尚不方便、快捷，尚无实现部门共享。因此，快速启动必要的食品安全风险因子的处理及预警尚有一定难度。其次，尚待进一步建立并完善食品安全风险的预警功能、预警标识，以及传递信息给各监管部门及群众有效的资讯平台。

1.3.5.5　食品安全风险管理体制有待进一步优化

随着国民经济的快速发展，现阶段我国处于食品安全事故风险高发期和矛盾的凸显期。出现不安全食品及食品安全事故才启动实施食品安全风险分析评估，将难以对食品安全现存及可能出现的风险因子做出及时而迅速的控制。我国仍实行分段监管模式，部门之间尤其是作为一线的基层职能部门之间食品安全信息的通报无形中增加了沟通协调行政成本和时间成本，降低了食品安全信息的时效性。

1.3.6　对危害食品安全罪的执法处罚力度不到位

对于有毒有害食品为什么能大肆流向市场？究其原因，一些法律规定处罚力度太轻，动物食品安全违法犯罪成本和获取暴利之间不成正比，未能让违法者受到应有惩罚，一般罚款了事，判刑也很短，这助长了少数唯利是图者的侥幸心理，显示执法监管不力。即使《刑法修正案（八）》出台后，加大了对食品安全犯罪的处罚力度，但刑法仅是改变对于罚金的设定。生产、销售不符合安全标准的食品罪，依旧保持在相对较低的有期徒刑程度上。在德国，一旦出现食品药品问题，肇事者有可能被罚得彻底破产；在法国，如果出售过期食品遭到举报查实，食品店将立即关门；在韩国，制造有毒食品药品者，在 10 年内将禁止营业。因此，我国对危害食品安全犯罪案件，建议从严量刑，进一步加大处罚力度，用更加严厉的措施、更加严格的监管，全面把好食品安全关口。

1.3.7　健全食品安全风险分析评估体系的措施和建议

1.3.7.1　提高食品安全风险管理水平及意识

风险管理，指根据风险评估结果制定相应措施以减少风险。实行风险管理是基于对"有限政府"的认识，集中政府有限的精力、资源，投入到最需要进行监管的事项上。充分发挥国家食品安全委员会的综合协调管理功能，通过梳通、整合各监管部门的食品安全监督检测数据，建立食品安全风险分析评估中心的监测数据中心，及时评估处理、发布食品安全风险信息等。实现风险分析与管理的分离，这既防止了重复建设，又保证了信息的时效性，综合利用度；既可提高信息的透明度，又可以及时监督观察各监管部门的监管情况。

1.3.7.2　健全食品安全风险分析评估的指南、规范

只有制定详细、具体、可操作性的食品安全风险分析评估指南、规范，开展风险评估工作，才能有效地落实食品安全的各项保障工作，国际上已制定了部分相关的风险分析法规或准则，如联合国粮农组织制定了《有害生物风险分析准则》，美国制定了《风险分析内部指南》等。我国可以借鉴国外的先进经验，疏通食品安全风险分析评估的相关法律法规，统一整合为包括食品安全各个环节的风险分析准则。其次，根据科学研究成果，及时更新、制定详细、操作性强的指南、规范，使工作中面临各环节的风险分析问题都有法可依，有标准可执行。

1.3.7.3 健全全国的食品安全风险分析机构网

风险评估结果是制定食品中有害物质控制标准、风险管理措施和相关政策的科学依据。首先，充分发挥食品安全专家委员的作用，整合各监管部门现有的食品安全科研机构、实验室、监测中心等，使之成为遍布全国的、独立的、权威的食品安全风险评估中心或分支（检测）网络，应对分散于农业、质监、工商、卫生等相关部门、各个环节的食品安全风险因子，以进行有效的风险分析评估工作。同时受理委托或投诉评估，以保障食品上市前及群众举报的食品安全问题，提高食品安全分析评估的科学性和有效性，为风险管理提供基础。

其次，应该建立和加强政府部门与学校、企业等科研机构紧密合作协同机制，培训现有的食品安全相关的科研工作人员，不断提高专业队伍的技术水平。鼓励和支持各研究中心、企业、学校等单位开发预测性模型和其他相关监管新方法、新技术，提升风险分析评估的技术水平，提高我国食品安全的国际话语权。

1.3.7.4 健全食品安全风险因子的收集平台、报送平台

食品安全风险评估的关键是信息及评估结果的准确性和时效性。食品安全风险信息收集、报送平台的建立是食品安全风险分析，得出科学的风险评估结论、制定风险管理政策的基础。

①结合产品溯源制度及商业条形码的运行机制，载入食品安全信息，使每样品种均有"身份证"，方便进行及时跟踪。

②建立全国统一的食品安全信息管理系统（软件），整合现有农业、质监、工商、卫生等部门的食品安全监督检测情况，联网动态监管，信息共享。

③统一数据信息标准，搭建统一信息报告平台，利用现有的各职能部门的信息系统进行食品安全风险因子的收集、报送、发布。

通过建立上述食品安全风险因子资讯平台，使风险评估机构、各监管部门及消费者能够迅速地掌握食品安全动态。

1.3.7.5 建立食品安全风险因子的处理及预警机制

在实现了食品安全风险分析评估机构与食品安全资讯网络平台紧密连接，实现实时动态跟踪食品安全风险之后，使得食品安全风险评估专家对相关的食品安全风险因子进行及时处理成为了可能。其次，建立快速启动风险评估、处理、报告程序，设定食品安全风险预警的级别、标识等，并通过食品安全资讯平台进行预警预告，对评估结果及时反馈社会，促进监管部门的风险管理，确保食品安全。

第2节 影响动物食品质量安全的风险因素分析

所谓动物食品安全即指动物产品无病害、无污染、无残留。病害来源于动物本身染疫，污染来源于饲养、加工、运输和贮存，残留来源于饲喂饲料、药物治疗和环境污染。因此，动物性食品安全是一个从农场到餐桌，历经生产、加工、贮存、流通、消费的一系列过程。图6-2显示从农场到餐桌系列过程中受污染的风险因素。

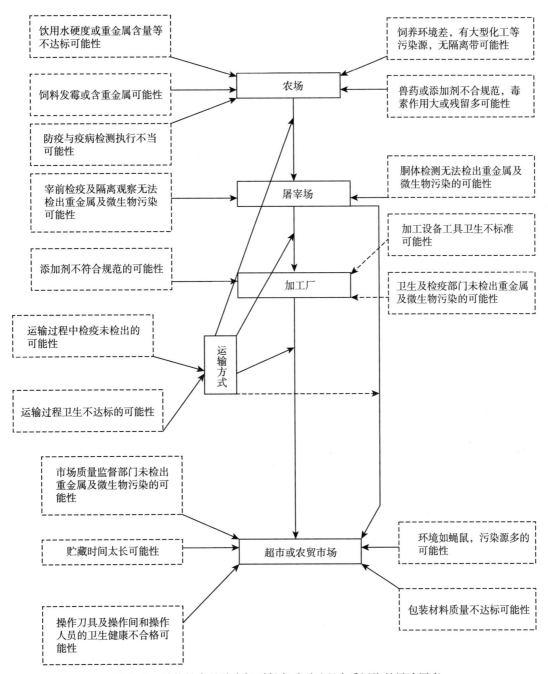

图 6-2　动物性食品从农场到餐桌系列过程中受污染的风险因素

Fig. 6-2　Risk factors of animal food contaminated during the process from farm to table

2.1　农场生产中动物食品质量安全风险因素分析

2.1.1　饲养环境差、有大型化工等污染源、无隔离带

在动物生长过程中，如果动物饲养条件落后，基础设施薄弱，卫生条件差，高密度

养殖及交叉感染严重,就会加大动物疫情发生的风险。如果附近有大型化工等污染源,还易产生工业"三废"等影响。由于这些工业"三废"里,含有多种有毒、有害物质,若不经妥善处理,达不到规定的排放标准而排放到环境(大气、水域、土壤)中,超过环境自净能力的容许量,就对环境产生了污染,破坏生态平衡,影响工农业生产与人民的健康。而污染物在环境中发生物理的和化学的变化后就又产生了新的物质。这些新的物质通过不同的途径危害动物,甚至可经呼吸、进食、饮水积蓄到动物体内,影响肉品品质。

2.1.2 饲料原料是畜产品质量安全的基础

发霉饲料主要来自黄霉菌污染、农药污染、工业"三废"及重金属污染等,长期食用这些有毒有害和被污染饲料,严重影响动物产品质量。

2.1.3 兽药或添加剂使用不规范

畜牧生产和兽医临床上多使用抗微生物制剂(包括抗生素和化学治疗制剂)、驱寄生虫剂、激素类和生长促进剂等,因饲养者对兽药使用和性能缺乏了解,对残留危害认识不足,未执行畜禽养殖屠宰前动物休药期规定,即在动物宰杀前规定时间内饲料中停喂抗生素等规定。随意加大使用剂量或滥用兽药,导致动物体内药物残留积累过多,影响动物产品质量。

2.1.4 防疫与疫病检测执行不当

在养殖过程中,动物传染病及寄生虫病对生长及繁殖存在极大威胁,而患病动物在出栏检疫时,亦存在少数监督人员执法不严、监督不力或检测监测技术不足,致使有疫病未检出或病死动物直接送往小型违法加工作坊,这些染疫、病死和死因不明动物的肉产品存在质量安全隐患。

2.2 屠宰过程中风险因素分析

2.2.1 不健康动物进场的控制情况

目前定点屠宰场由动物卫生监督机构负责动物检疫,查验检疫合格证明,对于是否有残留或使用违禁药品、化学物质,不在动物卫生监督机构职责范围内。

2.2.2 用油漆在猪身上做标记

屠商选定猪后用不少的油漆(红色、蓝色)在猪身上做记号。

2.2.3 屠宰场点的环境卫生和设备的清洁卫生

屠宰车间没有防鼠、防虫设备,环境和设备的清洁卫生制度不落实。屠宰场环境差,污水横溢,进屠宰车间没有动物冲洗皮表设备,烫毛用的水从开始用到结束,胴体因没有吊挂设备而直接放在地面上。

2.2.4 宰前检疫及隔离观察无法检出重金属及微生物污染

部分屠宰场,因屠宰场地或规模限制,屠宰成本或监督检疫部门人员缺失,监管人员监督不力,导致屠宰场存在宰前无待宰期,动物入场即上屠宰线。

2.2.5 胴体检测无法检出重金属及微生物污染

被屠宰动物宰前未检测出患病或药物残留;动物在屠宰过程中的宰前清洗、点红、开肛、剖腹及内脏和片肉处理过程中,存在沙门氏菌等微生物感染;检疫人员技术手段不足，无法检出微生物污染，重金属污染更是无人过问。

2.3 加工过程中风险因素分析

2.3.1 加工过程是由高度受控的工序组成

加工设备工具存在卫生不符合标准、添加剂不符合规范、动物屠宰和动物食品加工条件达不到食品安全卫生要求等。

2.3.2 从事屠宰加工人员的身体健康状况

大中型屠宰场的工作人员大多都定期进行体检，而乡镇和部分县区级屠宰场点只提供场地，生猪屠宰主要由卖肉的商人（小刀手）来完成，这些人员的健康状况令人担忧，影响肉品质量安全。

2.3.3 半成品注水或添加其他物质

一般是动物宰杀后通过动脉管高压注水，注水肉水分多，有的使用不干净水造成肉不卫生、肉品变质。

2.4 运输过程中风险因素分析

随着动物及其产品流动日趋频繁、长距离流通给动物养殖业发展增添了动力和活力，成为实现产品增值的主渠道和主形式。

2.4.1 运输过程中卫生不达标

对运输畜禽用的车辆及运输畜禽产品用的冷藏车管理不善，出现运输车辆装前消毒不彻底、卸后消毒不到位、装运及运输过程中接触其他同类动物、温度未按要求控制等。动物卫生监督部门至今未曾对动物运载工具不消毒有过处置。这种监督缺失易使动物或动物产品暴露于致病微生物、化学或物理性因子下。加之活畜禽在途中应激，机体抵抗力下降，易发生感染，影响动物及其产品质量安全。

2.4.2 运输过程中检疫未检出的可能

因托运人或承运人法制观念淡薄，有逃避检疫或在运输途中乱停、乱放，甚至在途中将病死畜禽尸体随意抛弃或非法出售给商户，部分公路动物卫生监督检查站监督检查流于形式。

2.4.3 运输环节

主要问题是很多动物来自不同养殖场，集中到一辆车，运输者为了减少运输途中动物应激和死亡，运输前给动物使用药物；运输时间过长途中不休息，动物产生过多激素引起肉质变化；运输途中给动物喝不清洁的水；用不卫生、不密封的运输工具运输肉品造成畜禽产品污染等。

2.5 销售过程中风险因素分析

销售是将产品送到消费者手中的最后步骤。超市会进行肉品分割和包装，分割间的温度、分割刀具、操作人员的卫生状况等会对消费者购买的最终产品产生影响。超市销售环境应整洁卫生，有灭蝇、灭鼠措施，对产品和包装进行定期安全质检。若处置不力，产品贮藏时间过长、肉制品易感染及变性，从而极易出现动物产品质量安全问题。

第 3 节　国内动物食品安全风险评估研究案例综述

我国将风险分析方法应用于动物食品安全工作起步较晚。借鉴畜牧业发达国家经验，国内学者在动物食品安全风险和动物卫生监督部门的管理机制成效方面开展了研究探索，这一节以风险评估研究案例进行了综述。而对于风险分析的技术方法和通用模型建立还处于探索阶段，建立健全适应过程管理的动物源性食品安全管理标准体系框架尚在建设之中。

3.1　在动物食品安全风险研究方面

近年来，我国许多学者在动物源性食品安全风险研究方面开展了大量工作。宋怿介绍了风险分析和食品风险分析理念，并结合应用案例介绍了风险评估原理与方法。徐景和针对食品安全综合监督的基本定位和主要手段，以及深化食品安全监管体制改革，阐述了食品安全法律制度、风险评估体系、信息体系和信用体系诸方面建设，提出食品安全综合监督工作的艰难。谢仲伦等为提高我国应用风险分析技术的整体水平和能力，以案例形式介绍了新西兰国在进口未加工羊毛、禽类、鱼类及其产品等方面所开展的风险分析的全过程。刘秀梅等在我国沿海 4 个省份监测零售海产品中副溶血性弧菌的污染状况。陈艳等进行福建省带壳牡蛎中副溶血性弧菌（Vp）的市场调查，调查结果可用于评估生食牡蛎人群 Vp 的暴露量。沈晓盛等就浙江贝类养殖区进行贝类抽样监测，为浙江地区海洋贝类的食用安全性做出正确的评价提供理论依据。郑增忍等阐述了进口动物和食品安全风险评估理念，侧重介绍数学模型与定量风险分析方法，以及最终风险评估报告的撰写。谭业平等对生猪全产业链的风险状态及风险成因进行监测和评估探索，建立风险评估与预警系统。谢菊芳等建立风险评估数据库。包含规范标准、疫病监测、动物源产品风险监测、风险管理部门信息、风险评估模型、GIS 空间数据、畜产品和饲料价格与系统管理等8 个模块。以及在监测数据库建立基础上，实现了数据的管理和应用示范。陆昌华等参与构建风险分析和风险管理经济学评估理论、技术和方法体系，形成适合国情的风险管理机制，根据资源合理配置的经济学分析方法，提出相关政策建议；结合具体领域需求建立风险分析实用模型探讨，开发风险评估软件系统，建立风险评估基准数据库。

上述研究可为今后的风险评估提供部分数据，但尚缺乏对全国范围的动物产品进行全面安全危害的风险评估。为此，要提高我国动物产品质量安全水平，必须从源头抓起，运用风险分析的理论和方法，对动物养殖、贩运、屠宰、肉品加工、流通及消费终端整条产业链各环节进行风险分析，建立风险预警机制。建立"农场到餐桌"各环节风险的关键控制策略和技术措施。制定健康养殖、监督管理和病害肉无害化处理、肉品加工危害分析和流通风险管理等技术规范和标准体系，以规避或降低各环节风险，提高公共卫生安全与动物源性食品安全水平。

3.2　在动物卫生监督部门的管理机制成效研究方面

动物卫生监督工作集中体现在保障养殖业安全、保障公共卫生安全、保障动物源性食品安全和保障生态安全 4 个方面。然而，因监督管理内容繁多，目前尚无切实有效反映管理效果的方法。臧一天等通过与省级动物卫生监督所的干部和管理人员座谈及采用德尔菲专家调查法，结合层次分析及模糊综合评判法，构建监督管理评估模型；并利用文献定量收集及五级评定法确定模型中各指标评判值，将评判值代入所建模型，对监督管理效果进行模拟评估，结果表明监督运行费用投资比例，饲养环节和监督人员专业比例位于总排序前三，反映出动物卫生监督多部门管理模式不当的问题。模拟表明，所建模型可用于评估动物卫生监督管理效果，以提高监督管理效益。与此同时，辽宁、山东、福建和浙江等省市先后组建了省级动物卫生评估组织，制定了一系列动物卫生管理制度标准，开展众多风险分析探索实践。

第 4 节　屠宰加工风险防范探讨

安全优质畜禽产品的产出，除依靠健康动物外，屠宰加工风险防范是决定畜禽产品质量安全的另一关键因素。只有对动物进入屠宰场到产品出场的全过程均留有监管"痕迹"，规避技术风险，完善畜禽屠宰管理法规，建立信息收集系统，为动物产品全程溯源体系建设提供可能。通过加强畜禽屠宰管理，在畜禽产品进入市场的最后一个环节把好安全关，让广大消费者真正吃上放心肉。同时，展望未来，对屠宰加工生产单元生物安全区进行探讨。

4.1　原辅料控制与技术风险规避

动物是生产安全畜产品的前端，动物的健康是决定畜产品质量的关键因素之一。只有利用健康的动物产品和辅料产品才能生产出优质安全肉食品，必须建立检验控制体系，健全原料检验采购制度，在加工环节之前对进入原料进行检验，以防流入不合格劣质原辅料。检验原材料及产品计划是质量管理的重要环节，否则产品安全风险将得不到有效控制。

4.1.1　关键控制点风险

加工制造风险主要集中在 HACCP 上。特别是食品添加剂规范使用与监管。如，对微量和限量使用添加剂须水溶、混合和搅拌等预处理；对亚硝酸盐、防腐剂、色素和磷酸盐等添加剂限量使用，以保障产品安全。

4.1.2　建立信息收集系统规避技术风险

加工企业主要专注于加工过程的食品安全问题，忽视食品安全的大环境，上游原料及添加剂等众多因素都会造成食品的安全问题。所以，企业应建立信息收集系统，收集相关信息，分析潜在风险因素，定期进行检查，排除食品安全风险能力。

4.2 屠宰全过程"痕迹化"管理方式探讨

加强畜禽定点屠宰管理,完善畜产品安全可追溯体系建设。加强畜禽定点屠宰场建设,认真做好畜禽宰前检疫工作,进行包括盐酸克伦特罗、莱克多巴胺等方面的检测;并对入厂畜禽严格执行索证索票制度,即在屠宰检疫中,涉及《屠宰场入场监督查验记录》、《屠宰场待宰动物宰前检查记录》、《屠宰场同步检疫记录》、《屠宰场畜禽标识回收销毁记录》、《屠宰场病害动物肉品无害化处理统计表》和《屠宰场消毒记录》6项工作记录;以及与全国统一使用的3种书证:《检疫申报受理单》、《检疫处理通知单》和《动物检疫合格证明》(图6-3),构成了从动物进入屠宰场到产品出场的全过程均留有监管"痕迹"(图6-4)。该"记录链"为实现动物及动物产品可追溯及责任的落实与追究提供实用的重要依据,并明确了屠宰场责任及检疫人员职责。为构建畜禽进厂、屠宰、加工到销售全过程的质量记录制度,实现畜产品质量安全的可追溯,一旦发生畜产品的质量安全问题,可快速查出问题的来源,较短时间内实施召回,对更好地落实主体责任、规范管理行为、有效复原既往管理活动具有重要意义。

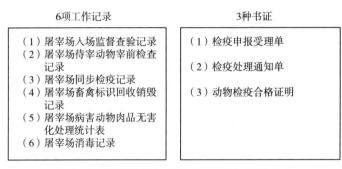

图6-3 屠宰检疫全过程"痕迹化"管理方式

Fig. 6-3 Slaughter quarantine process "trace" management mode

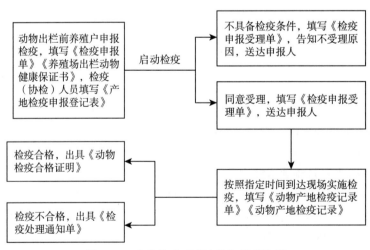

图6-4 产地检疫"痕迹化"管理流程

Fig. 6-4 Origin quarantine "trace" management flow chart

4.3　进一步完善畜禽屠宰管理法规

面对复杂多变的畜禽产品质量安全隐患和广大消费者的强烈关注，需进一步完善畜禽屠宰管理条例。①将《生猪定点屠宰管理条例》修订为《畜禽屠宰管理条例》，将生猪以外的牛、羊、鸡、鸭等几类市场中的大宗畜禽产品纳入管理条例。②强化屠宰环节的监测和监控。在条例中规定屠宰企业应依法配备违禁物质和兽药残留快速检测的相应设备，自觉承担违禁物质和兽药残留的快速检测，政府执法部门承担抽查和督促责任，发现阳性样品立即送有资质的检测机构确认。通过加强畜禽屠宰管理，在畜禽产品进入市场的最后一个环节把好安全关，让广大消费者真正吃上放心肉。

4.4　屠宰加工生产单元生物安全区的探讨

①屠宰加工厂在选址布局、场区和道路、厂房和设施、设备和器具、人员要求、环境控制、无害化处理等方面应符合屠宰加工厂动物防疫要求。

②建立以 HACCP 原理为基础的质量控制体系，并确保其有效运行，遵守屠宰规范。

③屠宰加工厂应具备实施品质检验能力的实验室。

④屠宰加工厂屠宰的动物应来自同一生物安全隔离区的畜禽场。

⑤不得接受屠宰运输过程中死亡、染疫或疑似染疫、无动物检疫合格证明的动物。

⑥对所有出现异常症状和死亡的动物应进行临床检查和病理剖检，必要时进行实验室检测。

⑦供宰动物应按国家有关规定由官方兽医实施屠宰检疫。

第5节　动物卫生监督管理评估模型的构建

动物卫生监督是指国家动物卫生监督和管理部门依照法律和法规要求，对动物防疫及动物产品安全实施监督检查和管理的活动。目的在于发现、制止、纠正、处理违法行为，保障动物及动物产品的安全性。《动物防疫法》及相关配套法规、规章的颁布实施，使动物卫生监督执法工作步入了法制化、规范化的轨道。随着高致病性禽流感等重大动物疫病对公共卫生影响的日益显现和"瘦肉精"等动物产品质量安全事件的曝光，动物卫生监督执法对人类身体健康的保护作用得到人们的广泛关注和高度认可，动物卫生监督执法环境日益改善；动物卫生监督执法实践活动的越来越频繁，经验和教训日积月累，不断得到丰富，执法人员不断得到锻炼，动物卫生监督执法水平亦不断提升。然而，不法分子的违法手段也越来越高明，使动物卫生监督工作面临许多的问题。

5.1　动物卫生监督管理工作出现的问题

5.1.1　法律尚不完善

法律中一些概念不清，存在盲区，如执法主体地位没有确定，乡级以下没有执法主体或执法机构，造成执法人员无法把握执法行为，自由裁决权过大。

5.1.2 执法队伍发展不均衡

专业技术人员及法律人才比例较少，新招入的执法人员经验不足；执法人员对相关法律法规了解甚少，局限于主要的法律条文，经常出现条文适用错误和不考虑情节进行处罚等情况。

5.1.3 宣传急需加强

一些地方对《动物防疫法》等法律法规的宣传力度不够，甚至很少；宣传范围亦不够广，使部分畜牧生产经营者对相关法律法规认识不足，执法相对人法律意识淡薄，守法观念不强。

5.1.4 执法手段有待提升

执法中监督手段、执法方式单一，服务性差及调查取证水平欠缺，证据查证能力薄弱等。

针对上述问题，监督管理部门的专家提出许多决策，这些对策的实施可反映出监督管理工作的执行情况。在动物卫生监督工作的实施过程中，寻找一些可反映工作实施程度及强度的指标，这些指标采用可定量化或可定性化的反映某些工作的完成情况。随后将这些指标统一起来，以体系的方式用以呈现整个监督管理的工作情况。

5.2 动物卫生监督管理指标体系的构建

5.2.1 层次分析法

层次分析法（Analytic Hierarchy Process，AHP）是美国运筹学家 T. Saaty 提出的一种多目标、多准则的决策分析方法。它是一种将定量分析与定性分析相结合的有效方法。把数学方法和人的主观判断、经验相结合，能够有效地分析目标、准则、方案等层次间的非序列关系，有效地综合评价决策者的比较和判断。用层次分析法做决策分析，首先是要把问题层次化。根据问题的性质和要达到的总目标，将问题分解为不同的组成因素，并按照因素间的相互影响以及隶属关系将因素按不同的层次聚集组合，形成一个多层次的分析结构模型。最终把系统分析归结为最底层（如决策方案）相对于最高层（总目标）的相对重要性权值的确定或相对优劣次序的排列问题，从而为决策方案的选择提供依据。

首先明确问题，即构建动物卫生监督管理指标体系；随后将研究对象分为目标层、准则层和分准则层 3 个层次结构。目标层为动物卫生监督管理指标；准则层分为动物监督管理的技术效果指标类、结构指标类和效益指标类；分准则层则反映准则层的各项指标，共有 14 项二级指标。

5.2.2 指标体系的确定

5.2.2.1 研究方法

通过阅读大量文献、咨询专家学者及工作在省市动物卫生监督所的人员，其权重（Weight）的确定借助 Dephi 法（专家咨询法）进行。调查对象为省市动物卫生监督所所长及专家教授 10 人，共发放问卷 10 份，回收率为 100%。根据专家们问卷反馈的意见，针对判断矩阵的准则，对重要性程度按 1～9 赋值（表 6-1）。

表 6-1 重要性标度含义

Tab. 6-1 Importance scales

重要性标度	含 义
1	两个元素相比，具有同等重要性
3	两个元素相比，前者比后者稍重要
5	两个元素相比，前者比后者明显重要
7	两个元素相比，前者比后者强烈重要
9	两个元素相比，前者比后者极端重要
2，4，6，8	上述判断的中间值
倒数	若元素 i 与元素 j 的重要性之比为 a_{ij}，则元素 j 与元素 i 的重要性之比为 $a_{ji}=1/a_{ij}$

数据统计主要采用 Excel 分析软件，依次编辑层次结构模型、构建各层次的判断矩阵，计算判断矩阵的最大特征根 λ_{max} 和特征向量 W_i、对判断矩阵一致性进行检验，最后得出结果。

5.2.2.2 Ⅰ级指标的确定及一致性检验

矩阵的数据经过 Excel 分析软件处理之后，可得 A 的最大特征根 3.094，根据一致性检验公式 $CR=CI/RI$ 和 Stay 给出的随机一致性指标数值，得出 $CR=0.081$。

被调查者对动物卫生监督管理的管理效益指标类、技术效果指标类及结构指标类的评价所占权重分别为 0.142、0.429 和 0.429（表 6-2）。

表 6-2 动物卫生监督管理指标权重确定

Tab. 6-2 Index weight of animal health supervision and management

动物卫生监督管理指标权重确定	管理效益指标类	技术效果指标类	结构指标类	权重 W_i
管理效益指标类	1	1/3	1/3	0.142
技术效果指标类	3	1	1	0.429
结构指标类	3	1	1	0.429

判断一致比例 0.005，对目标的权重 1.000，最大特征根 3.000。

5.2.2.3 Ⅱ级评价指标权重确定及一致性检验

依据上述方法可以求出技术效果指标类、结构指标类及管理效益指标类分准则层的权重向量分别为

$WB_1=$ （0.088 0.157 0.272 0.483）

$WB_2=$ （0.063 0.110 0.301 0.526）

$WB_3=$ （0.122 0.227 0.228 0.423）

评价指标见表 6-3～表 6-5。

表 6-3 技术效果指标类指标权重确定

Tab. 6-3 Technical effect index class index weight determination

技术效果指标类	市场环节	屠宰环节	流通环节	饲养环节	权重 W_i
市场环节	1	1/2	1/3	1/5	0.088
屠宰环节	2	1	1/2	1/3	0.157
流通环节	3	2	1	1/2	0.272
饲养环节	5	3	2	1	0.483

判断一致比例 0.008，对目标的权重 0.429，最大特征根 4.012。

表 6 - 4 结构指标类指标权重确定

Tab. 6 - 4 **Structure index class index weight determination**

结构指标类	监督人员 比例	监督人员 学历比例	监督人员 专业比例	监督运行 费用投资比例	权重 W_i
监督人员比例	1	1/2	1/5	1/7	0.063
监督人员学历比例	2	1	1/3	1/5	0.110
监督人员专业比例	5	3	1	1/2	0.301
监督运行费用投资比例	7	5	2	1	0.526

判断一致比例 0.012，对目标的权重 0.429，最大特征根 4.020。

表 6 - 5 管理效益指标类指标权重确定

Tab. 6 - 5 **Management efficiency index class index weight determination**

管理效益指标类	年违法违纪 人员变化率	年监督人员 培训增长率	年宣传 工作情况	年与其他部门 协调配合度	权重 W_i
年违法违纪人员变化率	1	1/2	1/2	1/3	0.122
年监督人员培训增长率	2	1	1	1/2	0.227
年宣传工作情况	2	1	1	1/2	0.228
年与其他部门协调配合度	3	2	2	1	0.423

判断一致比例 0.006，对目标的权重 0.142，最大特征根 4.010。

5.2.2.4 指标体系总权重确定

根据层次分析法模型分析的基本步骤，利用上面层次排序的结果，把Ⅰ级评价和Ⅱ级评价对目标层的权向量加权，可以得出其对目标层的权重向量，最终进行排序。排序结果见表 6 - 6。

表 6 - 6 总层次排序

Tab. 6 - 6 **General level ranking**

总层次排序	技术效果指标类 0.429	结构指标类 0.429	管理效益指标类 0.142	W_i	排序
市场环节	0.088			0.039	8
屠宰环节	0.157			0.068	5
流通环节	0.272			0.116	4
饲养环节	0.483			0.207	2
监督人员比例		0.063		0.027	11
监督人员学历比例		0.110		0.047	7
监督人员专业比例		0.301		0.129	3
监督运行费用投资比例		0.526		0.225	1
年违法违纪人员变化率			0.122	0.017	12
年监督人员培训增长率			0.227	0.032	9
年宣传工作情况			0.228	0.032	10
年与其他部门协调配合度			0.423	0.06	6

判断一致比例 0.038。

5.3 对策及其相应指标分析

5.3.1 完善法律法规保障及政策支持

将《动物防疫法》及配套法律法规中一些操作性不强、概念不清等盲区及一些违法行为处罚偏轻或无明确处罚规定的，做出相应的执法解释或及时进行修改。同时尽快出台《动物检疫技术规范》、《动物卫生监督执法办案操作规程》等配套法规，减少法律死角，提高法律法规贯彻执行的可操作性，切实保障基层工作人员有法可依，从严执法。

5.3.2 加大宣传力度

采用的方法：一是利用服务交流、广播、报刊、标语、明白纸、培训班、会议方式使相关法律法规、畜产品质量安全相关知识进入社会；二是加强与电视台、报社等新闻媒体的沟通联系，对典型经验、做法、事迹及典型案例等进行跟踪报道；三是积极向上级领导汇报，做好部门间协调沟通，多联系相关部门座谈，营造政府支持、部门协作、舆论强势的工作氛围。再用以下指标反映：

年宣传工作情况。非常好，好，较好，中等，差

年与其他部门协调度。非常好，好，较好，中等，差

5.3.3 加强人员建设，提高依法行政能力和水平

层层举办相关法律法规及业务轮训、考核、竞赛、比武练兵，使之熟练掌握。我们用以下指标反映：

监督人员比例：

监督人员比例（100％）＝（官方兽医人员数/总人数）×100％

监督人员学历比例：

硕士及硕士以上比例（100％）＝（硕士生及硕士以上生数/总人数）×100％

本科生比例（100％）＝（本科生数/总人数）×100％

专科生比例（100％）＝（专科生数/总人数）×100％

其他比例（100％）＝（其他人数/总人数）×100％

监督人员专业比例：

兽医专业（包括非兽医专业，但已取得兽医师资格证人员）比例（100％）＝（兽医专业人员数/总人数）×100％

法律专业比例（100％）＝（法律专业人员数/总人数）×100％

年监督人员培训增长率：

年监督人员培训增长率（100％）＝（本年培训监督人员总数—上年培训监督人员总数）/上年培训监督人员总数

5.3.4 建立规范的动物卫生监督执法机构

一要按照国发〔2005〕15号、农医发〔2005〕19号文件要求推进机构改革，落实人员编制，工作经费；二要推进硬件建设，改善执法条件，交通通信等设备，加强网络化、信息化建设，提高工作效率和质量；三要强化软件建设，要规范法律文书的使用。

监督经费比例：

监督经费比例（100％）＝（监督机构财政拨款/兽医机构总财政拨款工作经费）×100％

人员费用比例：

人员费用比例（100％）＝（人员总数/监督机构财政拨款工作经费）×100％

5.3.5 加强动物卫生监督基础设施建设

增加必要的监督执法交通工具、调查取证、快速检测检验、无害化处理设施等经费，强化快速检测、技术支撑体系建设，逐步建立健全实验室体制。

设备投入比例：

设备投入比例（100％）＝（设备投入经费/监督机构财政拨款）×100％

5.3.6 建立动物卫生监督目标责任制

建立从上到下的目标责任约束机制，实行目标管理，对滥用职权、徇私舞弊、违法办案、执法枉法、不履行职责等违法行为者，一经发现或举报，查实后从严处理。这些工作情况我们用以下指标反映：

年违法违纪人员变化率：

年违法违纪人员变化率（100％）＝（本年违法违纪人员一上年违法违纪人员/上年违法违纪人员）×100％

饲养环节：

饲养场动物防疫条件合格率（100％）＝（动物防疫条件合格数/规模饲养场数）×100％

饲养场调入或出场动物产地检疫率（100％）＝（检疫动物数/调入或出场的动物总数）×100％

其中检疫合格条件：

屠宰环节：

宰前合格率＝宰前检查动物持检疫证明率×宰前检查动物戴耳标率×宰前临床检查健康合格率

宰前检查动物持检疫证明率（100％）＝（持证数/检疫数）×100％

宰前检查动物戴耳标率（100％）＝（戴标数/检疫数）×100％

宰前临床检查健康合格率（100％）＝（宰前检查数/检疫数）×100％

胴体检疫合格率（100％）＝（检疫合格数/屠宰数）×100％

流通环节：

省内动物检疫合格率（100％）＝省内动物检疫证明率×省内商品动物戴耳标率

省内动物持检疫证明率（100％）＝（持证数/总检验数）×100％

省内动物戴耳标率（100％）＝（带标数/总检验数）×100％

省外动物检验合格率（100％）＝省外动物检疫证明率×省外动物戴耳标率

省外动物戴耳标率（100％）＝（带标数/总检验数）×100％

省外动物持检疫证明率（100％）＝（持证数/总检验数）×100％

省内种畜或乳畜引种跨县流动的合格率（100％）＝省内种畜或乳畜引种跨县流动的

检疫审批率×省内种畜或乳畜引种跨县流动的持检疫证明率×省内种畜或乳畜引种跨县流动的戴耳标率

省内种畜或乳畜引种跨县流动的检疫审批率（100％）＝（审批数/总审批数）×100％

省内种畜或乳畜引种跨县流动的持检疫证明率（100％）＝（持证数/检查数）×100％

省内种畜或乳畜引种跨县流动的戴耳标率（100％）＝（带标数/总检验数）×100％

省外种畜或乳畜引种流动的合格率（100％）＝省外种畜或乳畜引种流动的检疫审批率×省外种畜或乳畜引种流动的持检疫证明率×省外种畜或乳畜引种流动的带耳标率

省外种畜或乳畜引种流动的检疫审批率（100％）＝（审批数/总检查数）×100％

省外种畜或乳畜引种流动的持检疫证明率（100％）＝（审批数/总检查数）×100％

省外种畜或乳畜引种流动的带耳标率（100％）＝（带标数/总检查数）×100％

市场环节：

动物交易市场的检验合格率（100％）＝动物交易市场动物持检疫证明率×动物交易市场动物戴耳标率

动物交易市场动物持检疫证明率（100％）＝（合格数/总检验数）×100％

动物交易市场动物带耳标率（100％）＝（带标数/总检查数）×100％

动物产品交易市场动物产品持检疫证明率（100％）＝（持证数/总检查数）×100％

5.4　动物卫生监督管理评估模型的构建

5.4.1　模糊综合评判法

模糊集理论是 1965 年美国自动控制专家查德（L. A. Zaden）教授首先提出来的，近年来发展很快。目前已在各个领域应用，用来评估日常生活和科研工作中常遇到的问题，如产品质量鉴定、科技成果鉴定、某种事物适应性的评价等，都属于综合评判问题。由于从多方面对事物进行评价难免带有模糊性和主观性，采用模糊数学的方法进行综合评判将使结果尽量客观，从而取得更好的实际效果。

5.4.2　模糊综合评判模型的构建

据层次分析法中确立的动物卫生监督管理指标因素，组成因素集：$U = \{u_1, u_2, \cdots, u_n\}$，其中技术效果指标类即 $U_1 = \{$市场环节、屠宰环节、流通环节、饲养环节$\}$，结构指标类即 $U_2 = \{$监督人员比例、监督人员学历比例、监督人员专业比例、监督运行费用投资比例$\}$，管理效益指标类即 $U_3 = \{$年违法违纪人员变化率、年监督人员培训增长率、年宣传工作情况、年与其他部门协调配合度$\}$。为求更好地对动物卫生监督管理效果做出评估，使其具有实用性及时效性，建立评语集 $V = \{v_1, v_2, \cdots, v_n\}$。

若用 r_{ij} 表示第 i 个因素对第 j 种评语的隶属度，则因素论域与评语论域之间的模糊关系可用评价矩阵式（6-1）来表示。

$$\underset{\sim}{R} = \begin{bmatrix} r_{11} & r_{12} & \cdots & r_{1n} \\ r_{21} & r_{22} & \cdots & r_{2n} \\ \vdots & \vdots & \vdots & \vdots \\ r_{m1} & r_{m2} & r_{m3} & r_{mn} \end{bmatrix} \tag{6-1}$$

在全面评价一个事物时，要着眼于所有的 m 个指标因素。但当最后做出结论时，这些因素的参考价值是不同的，也就是各指标因素的权是不同的，在评价前，必须先确定各指标因素的权重，得权重分配集合 $\underset{\sim}{A}$，记为：

$$\underset{\sim}{A} = (a_1, a_2, \cdots, a_m), 0 < a_i < 1, i = 1, 2, \cdots, m, \text{且} \sum_{i=1}^{m} a_i = 1$$

并且把 $\underset{\sim}{A}$ 与 $\underset{\sim}{R}$ 的合成 $\underset{\sim}{B}$ 看成是对动物卫生监督管理效果的最终评价，即模糊综合评判。于是，模糊综合评判的模型为式（6-2）

$$\underset{\sim}{B} = \underset{\sim}{A} \circ \underset{\sim}{R} = (b_1, b_2, \cdots, b_n) \tag{6-2}$$

或 $$(b_1, b_2, \cdots, b_n) = (a_1, a_2, \cdots, a_m) \circ \begin{bmatrix} r_{11} & r_{12} & \cdots & r_{1n} \\ r_{21} & r_{22} & \cdots & r_{2n} \\ \vdots & \vdots & \vdots & \vdots \\ r_{m1} & r_{m2} & r_{m3} & r_{mn} \end{bmatrix} \tag{6-3}$$

如果评判结果 $\sum_{j=1}^{m} b_j \neq 1$，就对其进行归一化处理。

B 是评语论域 V 上的模糊子集，为评判结果对评语等级的隶属度。由于评语集 $\underset{\sim}{B}$ 具有模糊性，所以需要对评语进行定量化处理，可采用对各个评语实行百分制计分的方法，得到一个关于评语的分向量 $C = (C_1, C_2, \cdots, C_n)$。有了分向量后再计算得分 S：

$$S = \underset{\sim}{B} \circ C \tag{6-4}$$

模糊综合评判分为一级评判和多级评判。根据建立的层次结构模型将此次模糊综合评判分为一级评判和二级评判。多层次系统的模糊综合评判是从最底层开始逐层向上做出多层次综合评判，直至最高的目标层次得到原问题的综合评判结果。从影响指标出发，先对各层因素进行一级模糊综合评判，再对目标层因素进行二次模糊综合评判。

5.5 讨论

从准则层来看，结构指标类和技术效果指标类同等重要，其中监督运行费用投资比例，饲养环节和监督人员专业比例是位于前三位的较重要衡量指标。这也反映出现行监督管理工作在资金投入和体系结构构建中的普遍不足，特别是费用投资比例，在体现经费投入不足同时，也体现出了整个动物卫生监督管理结构组建中的问题。现行动物卫生监督管理费用在动物卫生管理中所占费用比例的不足，反映出现行动物卫生管理的资源配置不合理现象。结合对动物卫生监督管理效果影响度的权重总排序，与其他部门协调配合度指标权重排序较高的结果，推测应是动物卫生监督管理中的多部门管理模式。这种管理模式使监督管理过程在与其他部门进行协调配合中造成经费及人员的浪费，从而影响了动物卫生监督管理效果。

该指标体系的建立，是在调查文献以及实际询问基础上完成的。因此，许多指标还需在实践中进一步完善修订。在实际工作中，会出现数据资料不全以及一些指标数据难以获取的状况。因此，还需从实际的动物卫生监督管理中获取实际数据，再对指标进行删减或增加；其后，将获取的指标数据代入所建立的动物卫生监督管理工作模糊综合评判模型进行综合评估，并对评估结果中的动物卫生监督管理工作敏感性较高问题进行针对性分析；最后结合各地实际实施及法律法规情况，提出解决问题的针对性管理措施，并对该措施进行投入—成效分析，获得以最小投入实现最大管理效益，从而提高动物卫生监督管理水平，促进动物卫生监督管理工作的开展。

5.6 结语

通过与省市级动物卫生监督所的人员座谈、调查问卷，进行资料收集，构建动物卫生监督管理指标体系，应用层次分析法，将研究对象分为目标层、准则层和分准则层3个层次结构：目标层为动物卫生监督管理指标，准则层分为动物监督管理的技术效果指标类、结构指标类和效益指标类3类一级指标，分准则层则反映准则层的各项指标，共有14项二级指标。在层次分析法确定的权重基础上，对动物卫生监督管理工作具体成效进行模糊综合评估，再根据评估结果分析动物卫生监督管理工作中实际存在的敏感性较高的问题，提出解决问题的管理措施，获取以最小投入实现最大的管理效益。

第6节 发达国家风险分析体系建设的经验对我国的启示

发达国家从制度完善、风险管理能力、技术能力提升与风险交流机制完善等方面进行了动物食品风险分析体系建设，取得提高本国动物疫病防控能力及确保动物产品质量安全的成就。这些成功经验，对我国具有重要的借鉴作用。

6.1 风险分析制度

6.1.1 成立专门的风险分析机构

欧盟成立食品安全局EFSA，负责风险评估和风险交流；德国成立联邦风险评估研究所（BfR），负责人兽共患病及食品领域的风险评估和风险交流。这些专门机构的建立为风险分析有效开展创造条件。

6.1.2 独立进行风险评估和风险管理

如EFSA负责风险评估，是以疫病防控理念为基础，进行风险监测和监督管理，对科学数据及其相关信息等均由科学专家独立完成。而风险管理是由欧盟理事会、欧盟议事会和欧盟各成员负责。该决策过程是一个从政治、经济、技术、文化可行性，以及经济发展、贸易、社会状况和进出口需求等方面考虑，由政府的风险管理机构独立执行。

6.1.3 完善风险分析制度

面对欧盟疯牛病事件的先后发生，各国法律都以保护公共卫生安全作为首要标准，对动物健康领域重新通过风险评估，风险管理和风险交流进行洗牌，在法律中导入了动物健康风险分析管理制度，它是各国监管制度的共同点。

6.2 提升风险管理能力

6.2.1 风险管理理念现代化

随着畜牧业的快速发展，传统管理只关注疫病防控外，还需提供面向畜牧业的系列服务，使疫病防控和动物产品保障工作得到全社会乃至全球市场消费者的认可。

6.2.2 风险管理能力现代化

正由于国际贸易规模以前所未有的速度扩大，动物及其产品的跨国流动增加，势必使动物及其产品的输入国，面临更多其他国家动物疫病传入的风险，必须采用严格的生物安全隔离措施进行预防。要求管理者不仅应用好"风险预警软件系统"，也必须成为具有知识结构合理、掌握风险评估技术及国际前沿动态的风险管理的人才。

6.2.3 风险管理内容现代化

风险管理不仅包括传统意义上的监督管理，而且从适应经济全球化发展需求出发，开展风险管理机制资源合理配置的经济学分析；并将区域经济发展、保障食品安全与公共卫生、促进动物及其产品市场的发展，纳入风险管理的内容。

6.3 完善风险交流机制

6.3.1 建立有效的风险交流模式

随着科学技术不确定性的凸显，风险交流和风险管理过程中应该更多公开风险，争取多系统、多部门合作，共同面对风险。强化各部门风险分析信息的交流和共享，加强与动物产品产业链上利益相关者的密切合作，通过相互间的风险交流，了解动物健康风险的最新动态，建立各部门之间行之有效的协调机制。

6.3.2 建立区域性食品安全风险防控中心

主要任务：①全面掌握各类检验检测数据、投诉举报情况、部门监管信息、自主监测及区外情况，据此进行食品安全风险分析和评估；②根据风险评估结果，选择和建议适当的管理措施，有效地控制食品风险，及时跟进，做好风险管理；③进行风险交流，即将分析评估结果、不合格食品召回信息、警示提醒等及时公布于众，确保参与权和知情权、提供给政府部门以供科学决策、反馈给企业促进整改。

6.4 提高动物源性食品安全风险分析技术能力

针对动物饲养、活畜运输、屠宰、加工、肉品运输、销售等动物及其产品全链条过程中的致病微生物、兽药残留、重金属、毒素等有毒有害物质的检测、风险分析、标识与溯源和预防控制技术，进行动物源性食品安全与公共卫生安全风险评估与溯源技术集成应用。

6.5 对我国猪肉食品安全体系建设的借鉴与思考

猪肉食品安全是一项复杂的系统工程，借鉴国外先进监管经验，加强战略性研究规划，依靠科技进步，以关键生产技术、控制技术、检测技术、信息技术为支撑，综合运用法律、行政、经济、信用等杠杆，强化猪肉食品安全治本之策。

6.5.1 建立健全猪肉食品安全风险评估预警体系

加快猪肉食品安全信息体系建设，在加强猪肉食品安全信息的高效传递、互联互通、资源共享、综合利用的同时，加快猪肉食品安全危害分析与风险评估专家队伍建设，建立统一、科学、规范的猪肉食品安全危害评估和风险预警指标体系，采取专家风险评估与部门风险管理相互独立又密切结合的方式，对猪肉食品安全状况定期进行综合风险评估,力争做到对潜在猪肉食品安全问题早发现、早预防、早整治和早解决。

6.5.2 建立健全猪肉食品安全法制标准体系

组织对现行猪肉食品安全法规和标准进行梳理,加快推进猪肉食品安全立法进程,制定针对各个领域违法违规行为的监督执法程序和处罚标准,明确涉及猪肉食品安全重大案件的移送标准、取证要求、办案流程,使猪肉食品从生产到消费各环节的质量控制都有标准可循、执法监督有法可依。

6.5.3 建立健全猪肉食品安全监测体系

建立统一的监测责任分工、监督抽查计划和监测信息协调通报制度,明确监测职责范围,统筹安排监测计划任务、检测资金,检测资源和检测信息全面共享机制,避免重复检测。同时,积极推广猪肉食品安全,建立健全贯穿食品供应链各环节的动态监测与跟踪追溯系统。

6.5.4 建立健全猪肉食品安全市场准入体系

坚持以质量换市场的原则,加快研究建立猪肉食品安全市场准入、不合格猪肉食品主动召回、不法企业强制退市制度。积极扶持骨干猪肉食品生产、加工、流通和餐饮企业示范推行猪肉食品安全控制技术,逐步建立与国际接轨的猪肉食品安全认证准入、标准准入管理体系。

6.5.5 建立健全猪肉食品安全信用体系

建立统一的猪肉食品安全信用公共信息平台,完善猪肉食品生产经营企业信用征集、分类管理、分级评价、信用披露、责任追溯和失信惩戒等管理体系,形成优胜劣汰的动态监管机制。

6.5.6 建立健全猪肉食品安全应急处置体系

进一步完善突发猪肉食品安全事件应急处置预案,完善预防和处置突发事件的物资、技术和人力资源储备体系,健全突发事件报告时限、响应程序和控制消除措施,实现对突发猪肉食品安全事件的快速反应、科学决策和果断处置。

6.5.7 建立健全猪肉食品安全宣传教育体系

深入开展普及猪肉食品安全鉴别知识,培育健康科学的消费方式,切实增强群众的监督维权意识和自我保护能力。建立企业猪肉食品安全教育培训机制,突出抓好猪肉食品安全法律、法规知识的普及工作,进一步强化食品生产经营者的诚信守法和道德意识。同时,既要客观、公正地曝光违法案件,又要大力宣传诚信生产经营企业、放心猪肉食品,引导市民客观、理性地对待猪肉食品安全问题。

第7节 动物食品风险分析的原则和方法

动物食品风险分析由风险评估、风险管理和风险交流三部分组成。其中风险评估是整个风险分析体系的核心和基础,也是国际组织今后工作的重点。

7.1 动物食品风险评估

7.1.1 历史回顾

在 20 世纪 50 年代初期，以急性和慢性毒性试验所获得的动物实验资料为基础的综合评价，一般称为安全性评价。提出未观察到毒害作用剂量（No Observed Adverse Effect Level，NOAEL）及制定人的每日允许摄入量（Acceptable Daily Intake，ADI），以此为基础与基准制定各种卫生标准。食品安全经历了近 20～30 年的历程，使食品的安全性评价正处在历史的十字路口。到目前为止，在此领域的国家标准名称，我国还沿用了《食品安全性毒理学评价程序和方法》。而 1960 年美国国会通过的 Delancy 修正案确定了"凡是对人和动物有致癌作用的化学物不得加入食品"的条款，按此进行管理就提出了致癌物阈值为零（zero threshold）的概念。到了 20 世纪 70 年代的后期，发现的致癌物也越来越多，而其中一些（如二噁英）是难以避免或无法将其完全消除的，如我国新制定的奶粉中三聚氰胺没有设置阈值为零的意义所在。于是，阈值为零的概念演变成可接受危险性（acceptable risk）的概念，以此对外源性化学物进行风险性评估，即接触某化学物的终生所致的危险性降低到可接受危险性，后者应该相当于不可抗拒的自然灾害所致的人类社会危险性。

7.1.1.1 风险评估与预测方法的结合

随着我国对食品风险性分析概念认识的不断提高，2009 年 6 月 1 日《中华人民共和国食品安全法》就正式提出了风险性分析的具体实施要求。风险性评估已从化学物的致癌作用扩展到了生殖发育和内分泌危害、神经精神危害和免疫危害，甚至生物性因素（如微生物感染）领域的风险性分析。随之，风险性评估与预测的方法应运而生。从安全性评价向风险性评估的发展，不仅是"有毒、有害物质"的危害定量化的发展，而且在定性方面也有了很大的进展。这使得毒理学与食品安全科学紧密地结合起来，把风险性分析科学的发展推进到了一个新的高度。

7.1.1.2 多学科风险性分析技术的构建

由于化学、毒理学、营养学和微生物学之间的界限日渐减少，利用多学科机制建立起来的食品安全评价系统将全面发展到以风险性评估、风险性管理和风险性交流组成的风险性分析技术。因为常用的风险性评估架构，可以指导风险性管理者用相对统一的方法来使用有用的信息，而评价者可以在做出合理决策时，指出尚缺乏的科学资料，并可协调解决各国食品"安全性评价"程序的差别。对许多种类的食品而言，通常被社会所接受的食品安全水平反映了人类安全消费的历史。人们认识到，在许多情况下，获得与食品相关的风险管理知识，那么就可以认为是安全食品。与食品安全相关的危害要经过风险分析程序进行潜在的风险评估，如有必要，制定措施管理这些风险。

7.1.2 动物食品风险评估工作

动物食品安全风险评估内容，包括饲养环境评估、饲养人员健康状况评估、防疫评估、投入品质量安全评估、屠宰运输工具状况评估、存放仓库卫生状况评估等，通过一系列评估工作，能够有效降低动物食品"生产—运输—加工—消费"全链条中危害或潜在危害，提高动物源性食品质量，增强企业开拓国际市场的能力，突破发达国家技术贸易壁垒，提高动物食品出口竞争力。

7.2　动物食品风险管理

风险分析不仅推动着肉食品安全管理体系的建立和完善，而且推动着风险管理理念在整个食品供应链体系的渗透。风险管理是指根据风险评估的结果对备选政策进行权衡，并且在需要时选择和实施适当的控制管理措施。措施包括制定食品标签标准、实施公众教育计划，通过使用其他物质，或者改善农业或生产规范以减少某些化学物质的使用等。风险分析的一条重要原则是风险评估和风险管理应有功能上的区分。风险管理和风险评估在功能上独立，能确保风险评估过程的科学完整性，减少风险评估和风险管理之间的利益冲突。但风险分析是个重复的过程，风险管理者和风险评估之间的相互作用在实际应用中是不可缺少的。

针对我国食品安全实行分段监管为主、品种监管为辅的分割式规制体制。多头管理使各部门的职能交叉重复，既浪费了有限的行政资源，又导致部门间相互扯皮现象的发生。为此，加强风险管理，整合现有的行政资源，理顺食品安全规制体制，是完善我国食品安全规制体系的关键步骤。

7.3　动物食品风险交流

风险交流是指在风险评估人员、风险管理人员、消费者和其他相关团体之间就与风险有关的信息和意见进行相互交流。作为风险分析的组成部分，风险交流能恰当地说明问题，是制定、理解和做出最佳风险管理决策的必要的、关键的途径。风险交流也许不能消除所有的分歧，但可能有助于更好地理解分歧、更广泛地理解和接受风险管理决策。

我国食品安全体制本就存在多头管理、协调性差的缺陷，加之缺乏系统的风险交流制度，风险信息交流不畅，给有效的风险评估和风险管理造成了障碍。另外，风险交流的缺失使决策缺乏透明度，打击了公众对食品安全的信心和参与热情，民意的推动作用根本发挥不出来。而在国外，公众对食品企业和规制机构的自觉监督对保障食品安全起到了重要作用。

从发达国家的经验来看，在食品安全规制的整个过程中，风险交流的作用是十分重要的。风险交流所提供的一种综合考虑所有相关信息和数据的方法，为风险评估过程中应用某项决定及相应的政策措施提供指导；在风险管理者和风险评估者之间，以及他们与其他有关各方之间保持公开的交流，可以改善决策的透明度，保证决策的科学性，提高社会的参与热情。我国也应该建立起风险交流机制，比如，风险评估机构可以定期组织专家听证、科学会议，并积极寻求以简易的方式与普通公众对评估过程进行交流；风险管理机构更应该一直保持与消费者、国内外的协会、行业组织、其他政府机构及政治组织进行交流，从而收集信息并进行咨询以制定风险管理措施。

7.4　我国应建立食品安全风险防控体制

食品安全风险分析防范体系，是以风险评估为基础的"预防胜于治疗"的管理理念的具体体现。基于食品安全风险的客观存在性、食品安全危机事件的危害性、风险防控的重要性和紧迫性，以及我国风险防控的现状，在现有体制与条件下全面封堵风险防控漏洞并不现实，因此，建议尽早引入整体风险防控机制，建立食品安全风险防控体制，最大限度降低区域食品安全风险。新修订的《中华人民共和国食品安全法》确立了风险管理的原则，第109条明确提出：县级以上人民政府食品药品监督管理部门根据食品安全风险监测、风险评估结果和食品安全状况等，确定监督管理的重点、方式和频次，实施风险分级管理。这也是研究制定《食品生产经营风险分级管理办法》（以下简称《办法》）（见附录1）的重要法律依据。

7.4.1 构建食品生产经营风险分级制度设计的思路

在食品生产经营风险分级管理制度研究中，本着"动静结合、简便易行、监管内控、提高效能"的思路开展制度设计。

1）动静结合

风险分级管理充分考虑生产经营者的静态风险和动态风险两个因素。食品企业的风险在很大程度上既依赖于生产经营的食品类别、经营场所、销售食品的种类多少、供应的人群等静态风险因素，同时也与企业生产经营控制水平这一动态风险因素关系密切。如果食品的加工工艺比较简单、过程控制要求不高、食品原料可控，那么企业出现食品安全问题的风险就较小。如果企业在进货查验、生产过程控制、出厂检验、人员管理等环节严格按规定加强管理和控制，那么企业出现食品安全问题的风险就较小。

2）简便易行

食品生产经营风险分级方法突出重点且便于执行。作为一个全国范围内推广使用的分级方法，分级的指标重点突出，切实反映生产经营者在生产加工中存在的问题，并且符合我国国情。

3）监管内控

食品生产经营风险分级管理是监管部门从内部加强监管的重要措施。风险等级是对生产经营者风险状况的评价，属于食品药品监督管理部门加强食品安全监管的一项内控措施，因此，本《办法》未对食品生产经营者的风险信息公示做出规定。

4）提高效能

从多个角度发挥风险分级管理的作用。比如通过风险分级，确定监管重点，对不同风险级别的企业适用不同的监管频次；再比如，各地方局可以通过汇总风险分级的结果，确定监管重点区域、重点行业、重点企业，有效排查食品安全风险隐患。另外，可以根据风险分级计算监管工作总量，合理分配管辖区内检查力量及设施配备，对较高风险生产经营者的监管优先于较低风险生产经营者的监管，实现监管资源的科学配置和有效利用。

7.4.2 食品生产经营风险等级的划分

应当结合食品生产经营企业风险特点，从生产经营食品类别、经营规模、消费对象等静态风险因素和生产经营条件保持、生产经营过程控制、管理制度建立及运行等动态风险因素，确定食品生产经营者风险等级，并根据对食品生产经营者监督检查、监督抽检、投诉举报、案件查处、产品召回等监督管理记录实施动态调整。

1）食品生产经营风险等级的确定

食品生产经营者风险等级从低到高分为 A 级风险、B 级风险、C 级风险、D 级风险 4

个等级。风险等级的确定采用评分方法进行，以百分制计算，其中静态风险因素量化风险
分值为 40 分，动态风险因素量化风险分值为 60 分。分值越高，风险等级越高。风险分值
之和为 0~30（含）分的，为 A 级风险；风险分值之和为 30~45（含）分的，为 B 级风
险；风险分值之和为 45~60（含）分的，为 C 级风险；风险分值之和为 60 分以上的，为
D 级风险。

2）食品生产经营静态风险因素量化分值的确定

食品生产经营静态风险因素按照量化风险分值划分为 I 档、II 档、III 档和 IV 档四类。
对于食品生产企业，按照食品生产企业所生产的食品类别确定静态风险；对于食品销售企
业，按照其食品经营场所面积、食品销售单品数和供货者数量确定静态风险；对于餐饮服
务企业，按照其经营业态及规模、制售食品类别及其数量确定静态风险。

国家食品药品监督管理总局制定《食品生产经营静态风险因素量化分值表》（见附录
1 中附件 1），包括《食品、食品添加剂生产者静态风险因素量化分值表》、《食品销售企业
静态风险因素量化分值表》、《餐饮服务企业静态风险因素量化分值表》三个表格。省级食
品药品监督管理部门可根据本辖区实际情况，对《食品生产经营静态风险因素量化分值
表》根据《办法》规定的《食品、食品添加剂静态风险因素量化分值确定方法》进行调
整，并在本辖区内组织实施。

3）食品生产经营动态风险因素量化分值的确定

对食品生产企业动态风险因素进行评价（见附录 1 中附件 2），应当考虑企业资质、
进货查验、生产过程控制、出厂检验等情况；特殊食品还应当考虑产品配方注册、质量管
理体系运行等情况；保健食品还应考虑委托加工等情况；食品添加剂还应当考虑生产原料
和工艺符合产品标准规定等情况。

①对食品销售者动态风险因素进行评价应当考虑经营资质、经营过程控制、食品贮存
等情况。

②对餐饮服务提供者动态风险因素进行评价应当考虑从业人员管理、原料控制、加工
制作等情况。

③参照食品生产经营日常监督检查要点表制定《食品生产经营动态风险因素评价量化
分值表》，并组织实施。

7.4.3 风险等级评定的基本程序

7.4.3.1 对食品生产经营者开展风险等级评定

①调取食品生产经营者的许可档案，根据静态风险因素量化分值表所列的项目，逐项
计分，累加确定食品生产经营者静态风险因素量化分值。

②结合对食品生产经营者日常监督检查结果或者组织人员进入企业现场按照《动态风
险评价表》进行打分评价确定动态风险因素量化分值。需要说明的是，新开办的食品生产
经营者可以省略此步骤，可以按照生产经营者静态风险分值折算确定其风险分值。对于食
品生产者，也可以省略此步骤，而是按照《食品、食品添加剂生产许可现场核查评分记录
表》折算的风险分值确定。

③根据量化评价结果，填写《食品生产经营者风险等级确定表》（见附录 1 中附件
3），确定食品生产经营者风险等级。

④将食品生产经营者风险等级评定结果记入食品安全监管档案。

⑤应用食品生产经营者风险等级结果开展有关工作。

⑥根据当年食品生产经营者日常监督检查、监督抽检、违法行为查处、食品安全事故应对、不安全食品召回等食品安全监督管理记录情况，对辖区内的食品生产经营者的下一年度风险等级进行动态调整。

7.4.3.2　风险等级动态调整的依据

《办法》规定，食品生产经营者的风险等级应当动态调整。即食品药品监督管理部门根据当年食品生产经营者日常监督检查、监督抽检、违法行为查处、食品安全事故应对、不安全食品召回等食品安全监督管理记录情况，对辖区内的食品生产经营者的下一年度风险等级进行动态调整。

7.4.3.3　如何对食品生产经营风险等级进行调整

《办法》分别对食品生产经营者的风险等级的调高、不作调整、调低做出了明确规定。

1）存在下列情形之一的，下一年度生产经营者风险等级可视情况调高一个或两个等级

①故意违反食品安全法律法规，且受到罚款、没收违法所得（非法财物）、责令停产停业等行政处罚或更重处罚的；

②有1次及以上国家或省级监督抽检不符合食品安全标准的；

③违反食品安全法律法规规定，造成不良社会影响的；

④发生食品安全事故的；

⑤不按规定进行产品召回或者停止经营的；

⑥拒绝、逃避、阻挠执法人员进行监督检查，或者拒不配合执法人员依法进行案件调查的；

⑦具有省级食品药品监督管理部门规定其他可以上调风险等级情形的。

2）生产经营者遵守食品安全法律法规，当年食品安全监督管理记录中未出现本办法第二十八条所列情形的，下一年度生产经营者风险等级可不作调整

3）食品生产经营者符合下列情形之一的，下一年度生产经营者风险等级可以调低一个等级

①连续3年食品安全监督管理记录没有违反本办法第二十八条所列情形的；

②获得良好生产规范、危害分析与关键控制点体系认证的（特殊医学用途配方食品、婴幼儿配方乳粉企业除外）；

③获得地市级以上人民政府质量奖的；

④被选为总局、省级局试点、示范项目的；

⑤具有省级食品药品监督管理部门规定其他可以下调风险等级情形的。

7.4.3.4　食品生产经营风险等级的应用

食品药品监督管理部门根据食品生产经营者风险等级，结合当地监管资源和监管水平，合理确定企业的监督检查频次、监督检查内容、监督检查方式以及其他管理措施，作为制订年度监督检查计划的依据。另外，风险分级的结果也可用于通过统计分析确定监管重点区域、重点行业、重点企业，排查食品安全风险隐患；建立食品生产经营者的分类系统及数据平台，记录、汇总、分析食品生产经营风险分级信息，实行信息化管理；确定基层检查力量及设施配备等，合理调整检查力量分配。

7.4.4 如何通过风险等级确定对食品生产经营者的监督检查频次

《办法》对不同风险等级食品生产经营者的监督检查频次做出了明确规定。

①风险等级为 A 级。对风险等级为 A 级风险的食品生产经营者，原则上每年至少监督检查 1 次；

②风险等级为 B 级。对风险等级为 B 级风险的食品生产经营者，原则上每年至少监督检查 1～2 次；

③风险等级为 C 级。对风险等级为 C 级风险的食品生产经营者，原则上每年至少监督检查 2～3 次；

④风险等级为 D 级。对风险等级为 D 级风险的食品生产经营者，原则上每年至少监督检查 3～4 次。

具体检查频次和监管重点由各省（区、市）食品药品监督管理部门确定。

7.4.5 地方食品药品监管部门的职责

7.4.5.1 地方食品药品监督管部门开展本地区食品生产经营风险分级管理工作

省级食品药品监督管理部门负责制定本省食品生产经营风险分级管理工作规范，结合本行政区域内实际情况，组织实施本省食品生产经营风险分级管理工作，对本省生产经营风险分级管理工作进行指导和检查。各市、县级食品药品监督管理部门负责开展本地区食品生产经营风险分级管理的具体工作。

7.4.5.2 省级食品药品监督管部门的职责

①可根据本辖区实际情况，对《食品生产经营静态风险因素量化分值表》进行调整，并在本辖区内组织实施。

②应当参照《食品生产经营日常监督检查要点表》制定《食品生产经营动态风险因素评价量化分值表》，并组织实施。

③可根据本省实际确定不同风险等级食品生产经营者的具体检查频次和本地监管重点。

④可参照本办法制定食用农产品市场销售、小作坊、食品摊贩的风险的分级管理制度。

7.4.6 风险分级管理制度与其他食品安全监管制度之间的关系

食品生产经营企业分级监管是加强食品安全监管、促进食品生产经营企业落实食品安全主体责任的重要方法。风险分级制度做到"三个衔接"，即与食品生产经营许可制度、信用监管制度以及日常监督检查制度等进行有效衔接。

7.4.6.1 与食品生产经营许可制度的衔接

新开办食品生产经营者的风险等级，可以按照食品生产经营者的静态风险分值确定，食品生产者风险等级的评定还可以按照《食品、食品添加剂生产许可现场核查评分记录表》折算的风险分值确定。而后根据年度监管记录情况动态调整，将新开办食品生产经营者直接纳入风险管理范围，实现无缝衔接。同时，也明确生产经营多类别食品的，选择风险较高的食品类别确定该生产经营企业的静态风险等级。

7.4.6.2 与企业信用记录的衔接

《办法》中要求每年根据当年食品生产经营者日常监督检查、监督抽检、违法行为查处、食品安全事故应对、不安全食品召回等食品安全监督管理记录情况调整下一年度风险等级。年度监督管理记录充分体现了企业信用的好与差，是风险分级的重要输入。企业信用的好与差，直接体现在风险等级的动态调整上，进而反映在监管部门对其实施的监管频次上。反之，通过风险分级还能倒逼企业维护自身的信用，加强食品安全保障能力建设和日常管理，杜绝违法行为和不良的监督管理记录，进一步履行食品安全主体责任。

7.4.6.3 与食品生产经营日常监督检查管理制度的衔接

市、县级食品药品监督管理部门按照《食品生产经营风险分级管理办法》的规定确定对辖区食品生产经营企业的监督检查频次，并将其列入年度日常监督检查计划。日常监督检查结果又影响到食品生产经营者风险等级的动态调整。风险分级管理和日常监督检查两项制度相互影响、相互促进，对于加强食品安全监管具有重要作用。

7.4.6.4 与餐饮安全量化分级管理制度的衔接

餐饮安全量化分级管理制度对应于风险分级管理制度中的动态风险。餐饮安全量化分级管理制度的评定内容基本为风险分级管理制度中餐饮服务提供者的动态风险评定内容；餐饮安全量化分级管理的评定分值，可折算为风险分级管理制度中餐饮服务提供者的动态风险因素评价分值。

7.4.7 食品企业风险等级与食品质量安全的关系

实施风险管理，是识别、定位、排序并消除影响食品质量安全风险根源的过程，其出发点和落脚点都是为了保障食品质量安全，促进食品行业质量安全控制水平提升，也是实施风险管理的根本意义所在。食品生产经营企业风险等级不能直接体现食品质量安全水平，主要是由于产品质量与风险管理的差异性决定的。为了准确定位重点产品、重点企业，增强监管的靶向性、科学性和有效性，《办法》在制定过程中，不仅要考虑食品原料、食品配方、生产工艺、过程控制、储存条件、检验能力、管理水平等直接影响食品质量安全的因素，也要考虑企业规模、销售范围、产品销量、消费群体、以往发生问题原因及社会关注度等诸多因素，并将这些风险因素按属性分为静态风险因素和动态风险因素，来权衡、评定食品生产经营企业的风险等级。不难看出，企业风险等级的高低，不仅与其软硬件条件、管理水平有关，也与其生产经营的食品品种、销售范围、消费群体等有关。例如，同等规模企业，生产婴幼儿配方乳粉的企业风险等级要高于生产饼干的企业，主要是因为婴幼儿配方乳粉工艺配方复杂、受众群体特殊、社会关注度高等因素拉高了其风险分值。因此，对风险等级较高的企业，并不能简单认为该企业生产的食品质量安全风险就是较高的。风险等级较高的企业，只代表企业要从风险管理角度更加注重管控风险，要求监管部门更注重对这类企业的监督检查。

第8节 风险评估的几个相关问题

在此章前7节已介绍了国内外动物食品安全风险评估体系建设与发展。指出风险分析框架之中，非常关键的环节是风险评估。没有风险评估的结论，就不能制定基于科学的管理措施，也不能进行科学的风险交流。然而，在实际中，大部分人对风险分析框架的了解知道甚少。为此，有必要在这 1 节对风险评估的几个相关问题进一步阐述。

8.1　风险分析的必要性

食品风险分析的基本理论框架是严谨的，代表了现代科学技术最新成果在食品安全性管理方面实际应用的发展方向。因此，研究和应用风险分析原理，有利于对进出口食品安全性进行科学化管理，使得我国的食品安全性管理手段与国际接轨。

8.1.1　对国际食品贸易的影响

1）风险分析已成为变相的强制性标准

SPS 通过之后，建立在风险分析基础之上的 CAC 的标准已经发生了实质性的变化，也就是说，由原来的推荐性标准演变成一种为国际社会所广泛接受和普遍采用的食品安全性管理的措施，成为国际食品贸易中变相的强制性标准。

2）来自开展风险分析国家的压力

目前，不仅是一些发达国家，而且在中国周边的一些发展中国家也在食品风险分析方面已开展了许多工作。如，泰国已将风险分析纳入国家食品法规当中，并建立了国家食品发展计划；马来西亚已成立了国家风险分析委员会和 5 个相应的分委员会（生物评估、食品添加剂、污染物、兽药残留和农残以及风险情况交流），在风险分析的应用方面进入了实质性的启动；韩国仿效美国 FDA，组建了韩国的食品与药物管理局（KFDA），对食品安全性风险进行集中、统一的管理，特别是对进口食品制定了一系列的法规和工作程序。这些开展风险分析的国家必定在食品风险分析方面出台一系列的规定和措施，虽然是针对食品安全性采取的管理措施，但肯定会对国际食品贸易产生深刻的影响。它们的积极行动，对我国形成了一定的压力。如果我们还是在强调作为发展中国家的特殊性，观望或者等待，那将有可能丧失发展时机，拉大与已经开展此项工作的发达国家、甚至某些发展中国家的差距。

8.1.2　检验检疫机构发展的需要

食品安全性管理是一种政府行为，检验检疫机构对进出口食品的安全性负有管理职责，而风险分析是目前控制食品安全性的较为先进有效的手段，属于检验检疫机构行政执法职能的范围。

特别是我国加入 WTO 以后，检验检疫机构将逐步按照国际惯例进行运作。检验市场将会逐步开放，一般性检验工作将直接面临市场竞争，应考虑如何充分发挥行政执法职能。检验检疫机构要发展，必须调整工作方向和工作重点。进出口食品安全性管理是一种完全的政府行为，是国家赋予检验检疫部门的行政执法范围。在食品安全性管理中实施风险分析正是检验检疫机构发展的最好切入点。

8.2　实施风险分析的困难性

8.2.1　资源方面

对于包括中国在内的广大发展中国家来说，食品安全风险分析是一个新的概念，风险评估需要大量基础数据作支撑，工作量大，历时长，费用高，而且要运用农学、生物学、化学、病理学等多学科的知识和技术。所以风险评估不仅是一项技术行为,更是一项庞大的系统工程。目前,一是专业人才缺乏,二是缺乏必要的资金。同时,一个国家进行风险分析的主管机构应当掌握该国食源性危害风险因素的全部资料。而我国进出口食品和内销食品的安全性管理分别由几个不同的行政部门负责,使得我们极度缺乏风险分析的必要资料,并且很难做到资源共享,将成为我国应用风险分析进行食品安全性管理的重要的制约因素。

8.2.2 舆论导向和消费者对风险的认知

目前的风险情况交流强调消费者和新闻媒介的参与,但发展中国家消费者和新闻媒介对于食品安全性问题的认识水平较低,消费者要正确地认识和理解风险,进行风险分析的目的不是要实现、实际上也不可能实现食品安全性"零风险",而是要通过有效的风险管理,将风险控制在可以接受或承受的范围之内。

8.2.3 风险管理措施带来的额外风险

目前的风险分析基本都是对单个危害的风险进行研究,较少同时考虑多种不同危害的综合风险情况,同时缺乏进行不同风险之间比较的可操作性方法。所选择的风险管理决定有可能造成更大的或者其他的危害。如,使用高氯消毒水进行清洗,在减少致病菌危害的同时,却产生了氯胺的化学性危害;在肉制品中不使用亚硝酸盐,可以减少因亚硝酸盐转变为亚硝胺而带来的致癌的风险,但是却增加了由于肉毒梭状芽孢杆菌增殖其代谢物引起食物中毒的风险。

8.2.4 技术法规和标准滞后使得安全性风险增大

在采用国际标准方面,20 世纪 80 年代初,英、法、德等国家采用国际标准已达到 80%,日本新制定的国家标准有 90% 以上是采用国际标准,而我国的国家标准只有 40% 左右采用国际标准,而且有相当一部分标准与国际标准不一致。由于技术法规和标准过低,甚至空缺,在其他国家认定的安全性风险较高的产品,甚至是不合格的产品,则有可能顺利地进入中国市场,给中国的消费者带来不可预测的风险。

8.3 检验检疫机构在食品安全性管理中的作为

8.3.1 风险管理是检验检疫机构的职责

世界各国的食品安全卫生主管部门都在采取措施以控制食品安全性风险,比如市场准入前,包括食品安全性和质量的评估、食品生产企业和贮存的评估就是风险评估;制定食品标准和对生产商和进口商要求,例如加工环境卫生和适当的质量控制,对食品的注册和对食品企业的市场准入前的控制措施,以及主管部门的调查和监控,企业的自我控制,例如 GMP(良好操作规范)、HACCP(危害分析和关键控制点)、GLP(良好实验室规范)等,这些都是风险管理的措施。我国实施的对进出口食品生产厂的食品卫生注册登记、食品卫生监督管理、对进出口食品进行分类管理等工作实际上就是风险管理的实质性内容。

8.3.2 HACCP 发展潜力巨大

由于 HACCP 是一个有针对性的安全卫生控制体系,具体讲,食品链中所有的环节都可能成为 HACCP 的对象,不同的产品或者不同的生产方式就会有相应的 HACCP。检验检疫机构是国家授权的进出口食品安全性管理的主管机关,有依法行政权。HACCP 是食品安全性风险管理的内容之一，从加强和规范食品安全性管理的角度，从与国际接轨的角度，可以适时采取 HACCP 强制性实施，至少可以规定对高风险食品为强制性实施，这样 HACCP 的认证就有了归属。再通过发布适当的程序，围绕认证而展开的咨询、培训以及其他相关工作也会有相应的归属。

8.4　风险评估在风险分析框架中的地位

《中华人民共和国食品安全法》（2015 年修正）规定国家实行"食品安全风险监测制度"和"食品安全风险评估制度"。第 2 章第 13 条规定：国家建立食品安全风险评估制度，对食品、食品添加剂中生物性、化学性和物理性危害进行风险评估。国务院卫生行政部门负责组织食品安全风险评估工作，成立由医学、农业、食品和营养等方面的专家组成的食品安全风险评估专家委员会进行食品安全风险评估。对农药、肥料、生长调节剂、兽药、饲料和饲料添加剂等的安全性评估，应当有食品安全风险评估专家委员会的专家参加。食品安全风险监测和风险评估将成为我国食品安全管理工作及研究的热点内容，全国各地都在纷纷筹建风险评估的架构。实际上，大部分人对风险分析框架的了解还是很不够的。人们在讲风险评估的时候首先要明确风险评估是风险分析的一个组成部分，要弄清楚风险评估在风险分析框架中的地位。

风险分析包括风险评估、风险管理和风险交流三部分内容。然后，将这三个部分内容进行整合，缺一不可。各个科学家、政府、媒体和消费者都在其中起到不可替代的重要作用。而在风险分析框架当中，风险评估是基础，是一个非常关键的环节。没有风险评估的结论，就不能制定基于科学的管理措施，也不能进行科学的风险交流。这是解决当前面临的食品安全诸多复杂和大小问题的一个基本准则。不管是联合国的机构，还是各个国家的政府，都同意风险分析框架是对待任何潜在的或者已经发生的突发食品安全问题的唯一应该遵循的原则。

8.5　国际食品安全风险评估专家组织及其运行机制

目前，在国际食品法典委员会和世界贸易组织的共同推动下，食品风险评估已经成为各国制定食品安全政策、食品安全标准和食品技术法规的科学基础，同时也是仲裁国际贸易纠纷的基本准则。欧盟在 2002 年通过 EC178/2002 条例，明确规定了食品风险评估机构的职责任务、组织设置以及程序要求，从而奠定了欧盟食品风险评估制度的法律基础。

现在多数国家都在设立风险评估机构。最成功之一就是欧洲食品安全局（EFSA），专门负责食品风险评估和风险交流。EFSA 不参与制定标准，更不涉及监督管理。从成立到现在 10 多年时间，已经在欧洲甚至于全世界建立了一个非常权威的风险评估机构，声誉也非常好。日本的食品安全委员会（Food Safety Commission）作为统一负责食品安全事务管理和风险评估工作的独立机构，由内阁府直接领导。该委员会由七名食品安全专家组成，委员全部为民间专家，经国会批准，由首相任命，任期三年。委员会下设事务局和专门调查会。事务局负责日常工作，专门调查负责专项案件的检查评估。食品安全委员会的主要职责是实施食品安全风险评估；对风险管理部门进行政策指导与监督；负责风险信息的沟通与公开，在两三年之内作了 500 多个农药残留风险评估。美国 FDA 没有独立的评估机构，但在 FDA 里有一些专家是专门负责作风险评估的，不涉及标准，不涉及添加剂的审批，也不涉及其他监督管理方面的工作。

8.6　发达国家经验对我国的启示

必须成立独立的风险评估机构是发达国家经验对我国的启示。从国际经验来看，独立的风险评估确保了食品安全立法的科学性，为有效的风险管理提供了依据。我国应当成立独立进行食品安全风险评估和研究的机构，如，国家食品风险评估研究所或食品安全风险评估中心，成员由食品安全方面的技术专家组成。其职能有两项，一是风险评估，即运用科学方法，根据食品安全风险监测信息、科学数据以及其他有关信息，对食品中的生物性、化学性和物理性危害进行风险评估，为制定、修订食品安全标准和对食品安全实施监督管理提供科学的依据；二是风险交流，即定期向风险管理部门和消费者提供有关食品和产品中可能存在及已被评估的风险信息。风险评估机构可以定期组织专家听证、科学会议，并积极寻求以简易的方式与普通公众对评估过程进行交流。

《中华人民共和国食品安全法》（2015 年修正）第 4 条规定：国务院卫生行政部门承担食品安全综合协调职责，负责食品安全风险评估、食品安全标准制定、食品安全信息公布、食品检验机构的资质认定条件和检验规范的制定，组织查处食品安全重大事故。就我国食品安全风险评估组织而言，国家农产品质量安全风险评估专家委员会已于 2007 年 5 月成立，是我国农产品质量安全风险评估工作的最高学术和咨询机构。风险分析涉及科研、政府、消费者、企业以及媒体等有关各方面。即学术界进行风险评估，政府在评估的基础上倾听各方意见，权衡各种影响因素并最终提出风险管理的决策，整个过程应贯穿学术界、政府与消费者组织、企业和媒体等的信息交流，他们相互关联而又相对独立，各方工作者之间有机结合，从而在共同努力下促成食品安全管理体系的完善和发展。为此，《中华人民共和国食品安全法》在第 2 章专门列入食品安全风险监测和评估，其中第 17 条要求国家建立食品安全风险评估制度，运用科学方法，根据食品安全风险监测信息、科学数据以及有关信息，对食品、食品添加剂、食品相关产品中生物性、化学性和物理性危害因素进行风险评估。

◆ **参考文献**

[1] 宋怿. 食品风险分析理论与实践 [M]. 北京：中国标准出版社，2005.

[2] 徐景和. 食品安全综合监督探索研究 [M]. 北京：中国医药科技出版社，2008.

[3] 秦富，王秀清，辛贤，等. 欧美食品安全体系研究 [M]. 北京：中国农业出版社，2003.

[4] 郑增忍，李明，陈茂盛，等. 风险分析 [M]. 第 2 版. 北京：中国农业出版社，2008.

[5] 柯炳生. 中国农业经济与政策 [M]. 北京：中国农业出版社，2005.

[6] 陈茂盛，董银果. 动物检疫定量风险评估模型论述 [J]. 世界农业，2006（6）：52 - 55.

[7] 赵德明. 我国重大动物疫病防控策略的分析 [J]. 中国农业科技导报，2006，8（5）：1 - 4.

[8] 林荣泉. 关于英国疯牛病风波的来龙去脉 [J]. 肉类工业，2001，244（9）：35 - 38.

[9] 吴海荣，孙向东，王幼明. 从英国疯牛病事件看风险交流策略 [J]. 中国动物检疫，2014，31（1）：26 - 29.

[10] 刘寿春，赵春江，杨信廷，等. 猪肉冷链流通温度监测与货架期决策系统研究进展 [J]. 食品科

学，2012，33（9）：301 - 306.

[11] 滕月．发达国家食品安全规制风险分析及对我国的启示 [J]．哈尔滨商业大学学报，2008（5）：
55 - 57.

[12] 王栋，范钦磊，刘倩，等．欧盟动物卫生风险分析体系概况及对我国的启示 [J]．中国动物检疫.
2014，31（1）：21 - 26.

[13] 于维军，朱其太，颜景堂．欧盟对我动物源性食品全面"封关"引发的思考 [J]．中国禽业导刊，
2002，19（19）：8 - 11.

[14] 邹联斌，郑列丰，李 军，等．从宏观和微观两个角度看动物疫病风险结构 [J]．中国动物检疫.
2014，31（1）：17 - 20.

[15] 张吉军．模糊层次分析法（FAHP）[J]．模糊系统与数学，2000（14）：81 - 88.

[16] 陆昌华，胡肄农，谭业平．畜产品质量安全的风险管理与风险预警 [J]．江苏农业学报，2013，29
（5）：1172 - 1177.

[17] 臧一天，谭业平，胡肄农，等．动物卫生监督管理评估模型的构建 [J]．江苏农业学报，2014，30
（2）：370 - 375.

[18] 王靖飞，李静，吴春艳，等．中国大陆高致病性禽流感发生风险定量评估 [J]．中国预防兽医学
报，2009，31（2）：89 - 93.

[19] 蓝泳砾，宋世斌．高致病性禽流感发生风险评估模型的建立 [J]．中山大学学报，2008，29（5）：
615 - 619.

[20] 刘倩，郑增忍，单虎，等．动物疫病风险分析的产生、演变和发展 [J]．中国动物检疫.2014，31
（1）：12 - 16.

[21] 陆昌华，黄胜海，吴孜态，等．动物卫生风险管理机制及管理资源合理配置初探 [J]．江苏农业学
报，2010，26（4）：784 - 789.

[22] 谢菊芳，胡肄农，胡东，等．动物卫生风险评估数据库系统的构建 [J]．江苏农业学报，2014，30
（5）：1095 - 1101.

[23] 陈君石．食品安全中的风险分析 [J]．医学研究杂志，2009（38）：1 - 2.

[24] 李洁，彭少杰．加拿大、美国食品安全监管概况（续）[J]．上海食品药品监管情报研究.2008
（95）：1 - 3.

[25] 魏益民，郭波莉，赵林度，等．联邦德国食品安全风险评估机构与运行机制 [J]．中国食物与营
养，2009（7）：7 - 9.

[26] 陈惠梳，刘东海，李俐昭，等．食品安全风险分析评估体系建设的探讨 [J]．公共卫生与预防医
学，2011，22（1）：102 - 103.

[27] 王成，陈小莉．食品安全风险分析是我国食品安全管理必经之路——三聚氰胺奶粉事件警示和启
迪 [J]．上海食品药品监管情报研究，2008（95）：37 - 40.

[28] 唐晓纯，苟变丽．食品安全预警体系框架构建研究 [J]．食品科学，2005，26（12）：246 - 249.

[29] 陆昌华，胡肄农，谭业平，等．动物及动物产品质量安全风险预警的初探 [C].2012 第五届中国北
京国际食品安全高峰论坛论文集，北京：10 - 16.

[30] 陆昌华，黄胜海，胡肄农，等．动物卫生风险管理与评价模型研究初探 [C]．中国畜牧兽医学会兽
医食品卫生学分会第十二届学术研讨会论文集，长春，2012：49 - 57.

[31] 陆昌华，胡肄农，谭业平，等．食品安全防控的初探 [C].2012 中国畜牧兽医学会兽医公共卫生学
分会第三次学术研讨会论文集，广州.

[32] Holtkamp D J, Yeske P E, Polson D D, et al. A prospective study evaluating duration of swine
breeding herd PRRS virus-free status and its relationship with measured risk [J]. Prev Vet Med,

2010，96（3/4）：186－193.

[33] OIE. Meeting of the OIE International Animal Health Code Commission [EB/OL]. (1991 - 03 - 24) [2011 - 12 - 17]. http：//www. oie. int/international-standard-setting/specialists-commissions groups/code-commission-reports/.

[34] Derald J H，Lin H，Wang C，et al. Identifying questions in the American Association of Swine Veterinarian's PRRS risk assessment survey that are important for retrospectively classifying swine herds according to whether they reported clinical PRRS outbreaks in the previous 3 years [J]. Prev Vet Med，2012（106）：42－52.

[35] Rose N，Larour G，Le Diguerher G，et al. Risk factors for porcine post-weaning multisytemic wasting syndrome（PMWS）in 149 French farrow-to-finish herds [J]. Prev Vet Med，2003，61（3）：209－225.

[36] Rose N，Eveno E，Grasland B，et al. Individual risk factors for Post-weaning Multisystemic Wasting Syndrome（PMWS）in pigs：a hierarchical Bayesian survival analysis [J]. Prev Vet Med，2009，90（3/4）：168－179.

[37] Zang Yitian，Tan Yeping，Hu Yinong，Lu Changhua. Construction of index system for external risk factors of disease on large-scale farm based on the analytic hierarchy process [J]. Procedia Engineering，2012（37）：274－280.

[38] Council of Canadian Academies. Healthy Animal，Healthy Canada [EB/OL]. (2011 - 09 - 22) [2013 - 03 - 11]. http：//www. scienceadvice. ca/en/assessments/completed/animal-health. aspx.

[39] Department of Agriculture，Fisheriesand Forestry. Australia's import risk analysis handbook [EB/OL]. (2011 - 05 - 20) [2013 - 03 - 12]. www. daff. gov. au/_data/assets/pdf_file/0012/1897554/import-risk-analysis-handbook-2011. pdf.

[40] Qualitative risk analysis：Animal disease outbreaks in countries outside the UK [EB/OL]. (2011 - 05 - 20) [2013 - 03 - 12]. http：//archive. defra. gov. uk/foodfarm/farmanimal/diseases/monitoring/documents/riskplan. pdf.

[41] Caporale V，Giovannini A，Francesco C D，et al. Importance of the traceability of animals and animal products in epidemiology [J]. Scientific and Technical Review，2001，20（2）：372－378.

[42] JUNEJA V K，MELENDRES M V，HUANG L，et al. Modeling the effect of temperature on growth of Salmonella in chicken [J]. Food Microbiology，2007，24（4）：328－335.

第7章　动物食品风险分析案例

第1节　我国带壳鲜鸡蛋引起沙门氏菌病的定量风险评估

沙门氏菌是肠杆菌科家族的一个属，由革兰氏阴性兼性需氧菌组成。这里重点介绍带壳鲜蛋引起沙门氏菌病的定量风险评估案例。

1.1　暴露评估

1.1.1　暴露评估的阶段划分

图7-1显示暴露评估模型分为3个阶段：①生产阶段，模拟鸡蛋产出时沙门氏菌的污染频率与污染水平；②分配与贮存阶段，模拟鸡蛋自产出到准备消费期间菌量的变化；③制备与消费阶段，模拟制备与烹调对污染蛋的菌量影响。

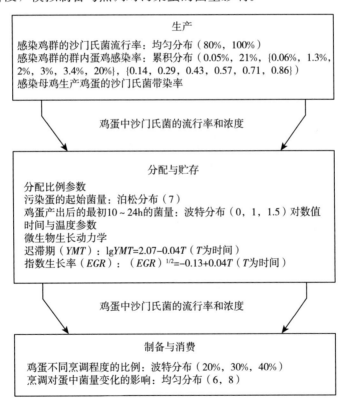

图7-1　带壳鲜蛋中沙门氏菌的暴露评估模型

Fig. 7-1　Exposure assessment model of eggs in shell for salmonella

1.1.2　危害特征描述

剂量—反应模型确立的依据主要是1936—1980年间的9项关于几种血清型菌株的沙

门氏菌的人体试食试验资料。本模型采用了贝塔—泊松模型，见式（7-1）：

$$P = 1 - [1 + N/\beta]^{-\alpha} \tag{7-1}$$

式中：α——常数，0.276 7；

β——不确定性参数；对于正常人群：β＝正态分布（21.159，20，0，60）；对于易感人群：β＝正态分布（2.116，2，0，6）；

N——摄入剂量。

对正常人群和易感人群设定了不同的参数 α 与 β，将不确定性引入参数 β，β 以正态分布表示，对正常人群，均数为 21.159，标准差为 20，取值范围在 0～60 之间；假设易感人群对沙门氏菌的敏感性是正常人群的 10 倍，参数值以 10 倍降低，曲线左移，来估计易感人群更高的疾病概率，即均数为 2.116，标准差为 2，取值范围在 0～6。

1.2 风险特征描述

我国疾病监测数据显示，感染性腹泻年发病率为 586.47/10 万。假设我国的病例报告率为 1/Pert（5，20，100）。根据感染性腹泻年发病人数与病例报告的概率，以负二项分布来估计总的发病人数［式（7-2）］。

$$每年患病人数＝S＋负二项分布（S＋1，p） \tag{7-2}$$

当 S 非常大时，可近似地以正态分布来表示发病人数［式（7-3）］。

$$每年患病人数＝正态分布 \{S \times (1-p)/p，[S \times (1-p)]^{1/2}/p\} \tag{7-3}$$

式中：

S——全国报告的全年病例数；

p——报告的病例概率，即 1/波特分布（5，20，100）。

理论上，沙门氏菌感染病人数在疾病监测点报告的感染性腹泻病例中应占较大比例，假设该比例为 30%～50%。假设蛋类引起的感染人数占沙门氏菌感染人数的比例为波特分布（5%，10%，20%）。由此可以根据监测数据估计全国每年由蛋类引起沙门氏菌感染疾病的人数，可以对比实际监测数据与模型得出的数据分布。

每年由全国疾病监测点预测的患病总人数平均为 9.8×10^6 例，第 5 百分位数与第 95 百分位数分别为 2.6×10^6 与 2.2×10^7。这一均值少于模型预测的均值 5.3×10^7，但两个分布的数据可以重合，表明模型预测的数据还是与监测数据吻合（表 7-1）。风险评估模型的分布右侧拖尾很长，呈右偏态分布，提示与监测数据相比，我们的模型预测了一些很高的"农田到餐桌"的过程。

表 7-1 沙门氏菌病风险评估模型的公共卫生模块结果

Tab. 7-1 Public health module results for salmonellosis risk assessment model

	分类	第 5 百分位数	均值	第 95 百分位数
易感人群	暴露人数	4.0×10^5	5.2×10^7	2.2×10^8
	病例数	9.7×10^4	1.3×10^7	5.4×10^7

（续）

分类		第 5 百分位数	均值	第 95 百分位数
正常人群	暴露人数	1.5×10^6	2.0×10^8	8.3×10^8
	病例数	3.1×10^5	4.0×10^7	1.7×10^8
总人群	暴露人数	1.9×10^6	2.5×10^8	1.1×10^9
	病例数	4.0×10^5	5.3×10^7	2.2×10^8

鸡蛋贮存的温度与时间对风险的影响都比较大。烹调不足时菌量下降值与风险呈负相关，鸡群内感染鸡的阳性率与阳性鸡生产的鸡蛋的阳性率也是重要的因素，群流行率对风险来说不重要（图 7-2）。

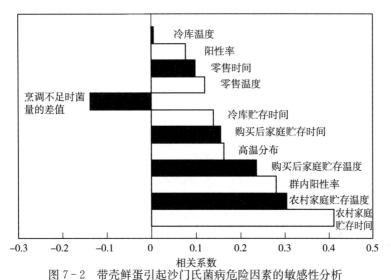

图 7-2 带壳鲜蛋引起沙门氏菌病危险因素的敏感性分析

Fig. 7-2 The sensitivity analysis risk factors for salmonellosis caused by shell eggs

通过管理蛋鸡鸡群，控制鸡群内的感染率，若感染降低 50%，则病例数可减少 50%。假设使鸡蛋贮存时间缩短一半，并且控制处于较高温度的鸡蛋数量，则会有明显降低风险的效果；通过宣传教育，使食物烹调不足的比例降低，对整个人群的风险改变不大。但若 3 种措施同时使用则会收到明显效果，使风险降到 3% 以下（表 7-2）。

表 7-2 实施风险降低措施后预测的沙门氏菌病平均病例数与减少百分数

Tab. 7-2 **The average number of cases and reduced percentage of salmonellosis predicted after the implementation of risk reduction measures**

控制措施环节	平均病例数	病例减少人数 / 人	减少百分比（%）
基数	52 976 197	—	—
生产（群内流行率降低 50%）	26 488 119	26 488 078	50.0
贮存（时间减少 50%，高温下贮存温度降低 50%）	3 168 173	49 808 024	94.0
烹调（烹调不足的比例减少 50%）	49 520 640	3 455 557	6.5
生产＋贮存＋烹调	1 336 109	51 640 089	97.5

第2节　进口猪肉携带非洲猪瘟病毒的数学模型

非洲猪瘟（African Swine Fever，ASF）是由非洲猪瘟病毒（African Swine Fever Virus，ASFV）引起猪的一种急性、热性传染性疫病，主要流行于非洲撒哈拉以南地区。2007年至今，格鲁吉亚、俄罗斯等国相继暴发非洲猪瘟疫情，严重威胁包括中国在内的畜牧业生产安全。

采用场景树方法，用定量分析手段来模拟生猪肉加工过程中各项卫生控制措施，分析ASFV传入的风险事件型。结果表明，多种因素可影响ASFV的传入风险。

2.1　场景分析

场景代表导致一个结果的步骤序列，这些步骤称为事件，其关系用图形表示。图7-3显示进口猪肉传入ASF风险场景图。

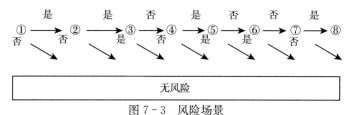

图7-3　风险场景

Fig. 7-3　Risk scene graph

注：①出口国猪群感染ASFV；②随机选择的养猪场感染了ASFV；③感染的猪场检出ASFV；④染猪场中被选的猪感染了ASFV；⑤感染猪在宰前检查中检出ASFV；⑥感染猪在宰后检测中检出ASFV；⑦猪肉中的ASFV经冷冻处理后存活；⑧感染ASFV的猪肉输入我国。

2.2　数学模型的建立

2.2.1　屠宰猪感染ASFV的概率

设 P_H 为随机选择的养猪场感染ASFV的可能性；P_A 为来自感染猪场随机选择的猪感染ASFV的可能性。假设预计出口100 t猪肉，将从 m 个养猪场选择用于生产出口猪肉的屠宰猪，则共有 n_k 只猪被选择去屠宰场 $k=1，2，\cdots，m$。既然每只猪都有 P_A 的可能性感染ASFV，设 X_k 为从养猪场 k 中选择的感染猪的数量，则 X_k 只猪感染ASFV的概率可用二项分布式的概率密度函数式（7-4）表示：

$$P(X_k=i) = \binom{n_k}{i} P_A^i (1-P_A)^{n_k-i} \quad i=0，1，2，\cdots，n_k \qquad (7-4)$$

屠宰猪感染ASFV的概率可表示为在 n 只屠宰猪中至少有一只猪感染ASFV的概率，也即在 m 个养猪场中至少一个猪场被感染且其中选择的 n_k 只猪中至少一只猪感染的概率，则屠宰猪感染ASFV的概率 $P（I_1）$ 可用式（7-5）表示：

$$P(I_1) = 1-\prod_{k=1}^{m}[1-P_H P(X_k>0)] \qquad (7-5)$$

在式中，$P(X_k>0)$ 表示在猪场 k 中选择的 n_k 只猪中至少一只猪感染的概率，因每只猪感染 ASFV 的可能性都为 P_A，所以其可用式（7-6）表示：

$$P(X_k > 0) = \sum_{k=1}^{n_k} P(X_k = i) \qquad (7-6)$$

因此，公式（7-6）可用式（7-7）表示：

$$P(I_1) = 1 - \prod_{k=1}^{m} \left[1 - P_H \sum_{i=1}^{n_k} p(X_k = i) \right] \qquad (7-7)$$

2.2.2 出口猪肉感染 ASFV 的概率

为建立出口猪肉在加工过程中 ASFV 残留风险的数学模型，设 P_1 表示感染猪场未被检测体系检测到 ASFV 的概率；P_2 表示宰前检验中未能检出的概率；P_3 表示宰后检验中未能检出的概率；P_4 表示经冷冻处理后 ASFV 存活的概率。

已知 n_k 为所有从猪场 k 中选出的猪的数量，假设其中 i 只被感染了 ASFV，从 n_k 中随机选取了 s_k 个样品进行宰前检验，用 Y_k 来表示在宰前检验的样品中感染了 ASFV 的数量，则 $Y_k = j$ 的概率可以用超几何分布式（7-8）来表示：

$$P(Y_k = j) = \frac{\binom{i}{j}\binom{n_k-i}{s_k-j}}{\binom{n_k}{s_k}} , j = 0,\ 1,\ 2,\ \cdots,\ \min(s_k, i) \qquad (7-8)$$

式中，j 表示在宰前检验的样品中感染猪的数量，$\min(s_k,\ i)$ 则表示选取 s_k 和 i 中的最小值。

假如在所有选取的检验样品 s_k 中有 j 只感染猪，则宰前检验未检出 ASFV 的可能性为 P_2^j；设来自猪场 k 的猪在宰前检验中未被检出的概率为 $P(U_i)$，则：

$$P(U_i) = \sum_{j=0}^{s_k} P(Y_k = j) P_2^j \qquad (7-9)$$

在式（7-9）中，$P(Y_k = j)$ 是取决于 i 的。

对于宰后检验来说，假设在 n_k 个胴体中有 i 个感染了 ASFV，随机抽取 r_k 个样品进行宰后检验，其中 z_k 个样品感染了 ASFV，则 z_k 可以与 Y_k 一样用超几何分布来表示。设来自猪场 k 的猪在宰前检验中未被检出的概率为为 $P(V_i)$，则：

$$P(V_i) = \sum_{j=0}^{r_k} P(Z_k = i) P_3^j \qquad (7-10)$$

对于冷冻后病毒的存活率来说，$P(W_i)$ 可以表示为：

$$P(W_i) = 1 - (1 - P_4)^i \qquad (7-11)$$

为综合考虑各种卫生控制措施因素，将公式（7-9）、（7-10）和（7-11）合并到公式（7-7）中。设出口猪肉感染 ASFV 的概率为 $P(I_2)$，则经各种卫生控制措施处理后，$P(I_2)$ 可以表示为：

$$P(I_2) = 1 - \prod_{k=1}^{m} \left[1 - P_H \sum_{i=1}^{n_k} p(X_k = i) P(U_i) P(V_i) P(W_i) \right] \qquad (7-12)$$

2.3　模型参数的取值及依据

在数学模型中，相关参数主要来源于相关参考文献和专家意见（表 7-3）。在本节中，为分析不同条件各种卫生控制措施的有效性，所有参数均设定了可能的取值范围，并设计了参考值（运算值）作为固定参数来模拟整个风险事件。

表 7 - 3 进口猪肉传入 ASFV 风险模拟的主要参数

Tab. 7 - 3 The main parameters of risk simulation of pork infection with ASFV

参数	可能的取值范围及设定参考值			参数意义及依据
	最小值	参考值	最大值	
P_A：感染猪场中随机选择的猪的感染概率	0.000 1	0.343	0.8	数据来源参考文献①
P_H：随机选择的猪的感染概率	0.000 1	0.013	1	数据来源参考文献②
P_1：感染猪场未被检出的概率	0	0.2	0.5	参考值参照了 FMD 的研究结果，数据来源参考文献③
P_2：感染猪宰前检验未被检出的概率	0	0.03	0.5	参考值参照了 FMD 的研究结果，数据来源参考文献③
P_3：感染猪宰后检验未被检出的概率	0	0.01	0.5	参考值参照了 FMD 的研究结果，数据来源参考文献③
P_4：冷冻后病毒的存活率	0	0.1	1	参考值对照了 FMD 的研究结果，数据来源参考文献③
W：每只猪的重量（kg）	80	100	160	该参考值由研究者指定
m：随机选择的猪场的数量	—	20	—	该参考值由研究者指定
n_k：所有从猪场 k 中选出的猪的数量	—	20	—	设进口猪肉的总量为 100 t，每个猪场选择猪的数量相同，则该参考值由 W 和 m 的值确定
i：猪场 k 中选择的猪感染的数量	—	5	—	该参考值由研究者指定
S_k：宰前检验样品数量	2	5	14	该参考值由研究者指定
r_k：宰后检验样品数量	2	5	10	该参考值由研究者指定

资料来源：

①Luther N J，Majiyagbe K A，Nwosuh C I，et al. The epizootilolgy，prevalence and economic aspects of African swine fever in parts of middle belt central states of Nigeria [J]. Bulletin of Animal Health and Production in Africa，2006，54（4）：79 - 81.

②Mannelli A，Sotgia S，Patta C，et al. Temporal and spatial patterns of Africa swine fever in Sardinia [J]. Preven Vet Med，1988（35）：297 - 306.

③Yu P，Habtemariam T，Wilson S，et al. A risk-assessment model for foot and mouth disease (FMD) virus introduction through deboned beef importation [J]. Preven Vet Med，1977（30）：49 - 59.

2.4　计算机模拟

根据建立的数学模型及确定风险参考值，通过计算机模拟，利用 EXCELL 图表功能绘制折线图，分析不同条件下采取各种卫生控制措施以后，各种风险事件概率的变化趋势。

2.5　结果

2.5.1　不同疫病流行率和不同猪场感染率对传入风险的影响

P_A 和 P_H 在取值范围内取值，其余变量设为指定的参考值，风险概率的变化趋势见图 7 - 4。

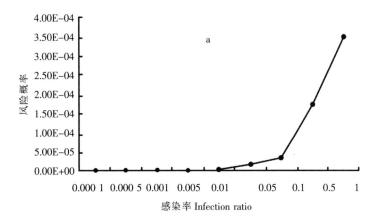

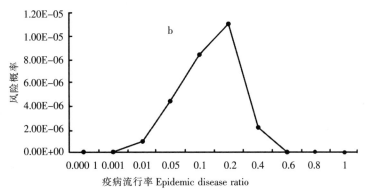

（a）风险概率 $P(I_2)$ 与猪场感染率 P_H 的关系；（b）风险概率 $P(I_2)$ 与疫病流行率 P_A 的关系。

图 7 - 4　不同疫病流行率和猪场感染率对传入 ASFV 风险的影响

Fig. 7 - 4　Prevalence rate of different diseases and effect of infect rate at pig
farms on the risk importing ASFV

2.5.2　不同卫生控制措施对传入风险的影响

P_1、P_2、P_3、P_4 在取值范围内取值，其余变量设为指定的参考值，风险概率的变化趋势见图 7 - 5。

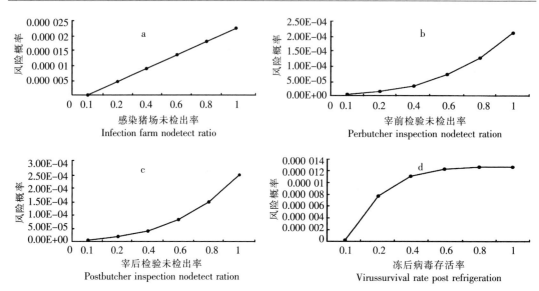

（a）风险概率 $P(I_2)$ 与感染猪场未检出率 P_1 的关系；（b）风险概率 $P(I_2)$ 与宰前检验未检出率 P_2 的关系；（c）风险概率 $P(I_2)$ 与宰后检验未检出率 P_3 的关系；（d）风险概率 $P(I_2)$ 与冷冻后病毒存活率 P_4 的关系。

图 7 - 5　不同卫生控制措施对传入风险的影响

Fig. 7 - 5　The influence of different health control measures on the afferent risk

2.5.3　加工过程检验样品数量对传入风险的影响

S_k 和 r_k 在取值范围内取值，其余变量设为指定的参考值，风险概率的变化趋势见图 7 - 6。

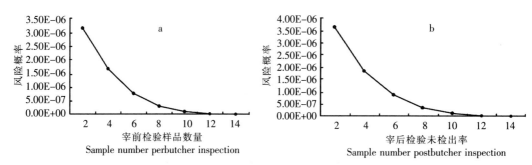

（a）风险概率 $P(I_2)$ 与宰前检验样品数量的关系；（b）风险概率 $P(I_2)$ 与宰后检验样品数量的关系。

图 7 - 6　不同取样数量对传入风险的影响

Fig. 7 - 6　The influence of different sampling quantity on the afferent risk

2.6　讨论

自非洲猪瘟疫区国家进口生猪肉，其疫病流行率和养猪场的感染率可能是影响 ASFV 传入风险的最重要因素之一。从图 7 - 4 中显示养猪场的感染率 P_H 与 ASFV 的传入风险 $P(I_2)$ 呈正相关，即养猪场的感染率越高，其传入风险越高。但疫区国家疫病流行率 P_A 与 $P(I_2)$ 却表现出不同的相互关系。各种卫生控制措施是降低 ASFV 传入风险的有效手段，也是中国动物疫病防控工作的重要内容。这些卫生控制措施的效果将直接反映中国猪肉产品相关进口卫生要求的合理性。从图 7-4 中显示风险概率 $P(I_2)$ 与感染猪场未检出率 P_1 呈线性的正相关关系 [见图 7-5 (a)]；当宰前宰后检验未检出率 P_2 和 P_3 较小时，ASFV 传入风险增长缓慢，而当 P_4 较大时，ASFV 传入风险增长迅速 [见图 7-5 (b)、图 7-5 (c)]；当冷冻后病毒存活率 P_4 较小时，ASFV 传入风险增长迅速，而当 P_4 较大时，ASFV 传入风险增长缓慢 [见图 7-5 (d)]。这些提示我们，当 P_2 和 P_3 较大而 P_4 较小时，其变化对 ASFV 传入风险的影响更为显著。

理论上，在宰前、宰后检验中，取样的数量越多，随机抽取到感染猪肉的几率越大，ASFV 传入风险将越小，图 7-6 (a) 和图 7-6 (b) 中 ASFV 传入风险的变化也证明了这种假设。但从图 7-6 中可以看出，起初随着取样的数量增多，ASFV 传入风险急剧下降，但当取样数量逐渐增多，ASFV 传入风险的下降幅度逐渐降低，直至几乎不出现变化。这些信息提示我们，在加强风险管理的措施中，其实没有必要对所有进行加工厂的猪进行宰前和宰后检验。因为，当检验的取样数量达到一个关键点之后，再增加取样的数量并不能明显降低 ASFV 的传入风险。

综上所述，多种因素可影响 ASFV 的传入风险。因为这些因素的不确定性对风险分析的最终结果有很大影响，所以对这些不确定性进行评估显得尤为必要。在本节中，我们对不同条件下各种风险管理措施的影响进行了评估。但这种评估主要是基于一种静态的模拟场景中，尚未考虑到不同时间或不同疫情发展阶段对这种模拟场景的影响。而且在假设中所有检测方法的敏感性和特异性均为 100%，未考虑到假阳性和假阴性的概率，这在现实状况下显然是不可能的。所以，为更真实地反映实际情况，消除这些不确定性对风险分析的影响结果，有必要建立一种动态的模拟场景来探讨定量分析工作。

第 3 节　进口去骨牛肉而引入口蹄疫（FMD）病毒感染的风险分析

3.1　一种为决策者提供所需信息与衡量风险的方法

3.1.1　定量风险评估

评估分析的步骤：①危害确认；②做一个有期望的事情和所有可能发生的失败事件；③收集和陈列证据；④运算方程或函数；⑤进行运算来总结危害发生的可能比；⑥考虑风险管理的选择；⑦准备一个书面报告。

3.1.2　FMD 病毒随去骨牛肉传入的情景风险分析

一是去骨牛肉进口的最终风险。这个情景树图是由一系列特殊事件组成（图 7-7），从产品的起点到它的终点。对于树中的每一个节点和事件，都有一个有关 FMD 病毒传入风险的特殊问题需要解答，这些问题答案的累积决定了去骨牛肉进口的最终风险。

让我们用 P_H 来表示随机选择的出口群在出口国中感染了 FMD 的概率，P_A 表示在感染群中随机选择的屠宰动物感染 FMD 的概率。假设有 m 个群被选中，那么 n_k 头牛从 k 群中选出，$k=1, 2, \cdots, m$，为了生产出口的去骨牛肉。选择 n_k 牛的程序相当于实行 n_k 的独立实验。每个实验中感染 FMD 的概率都是 P_A。若让 Y_k 代表从 k 群中选出的感染 FMD 病毒的牛的数目，那么 Y_k 就有一个参数为 $(n_k P_A)$ 的二项式分布。

$$P\ (Y_k=i)\ =\ \binom{n_k}{i}\ P_A^i\ (1-P_A)^{n_k-i},\ i=0,\ 1,\ 2,\ \cdots,\ n_k \qquad (7-13)$$

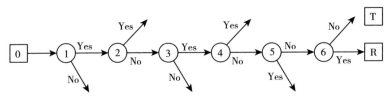

注：$\boxed{0}$ 牛肉出口的起始事件；

　①随机挑选的出口群是否感染 FMD；

　②FMD 感染群在农场中能否被动物卫生监督系统检查出来；

　③从出口群中随机挑选的动物是否感染 FMD；

　④在屠宰前检测中能否在感染动物中检测出 FMD；

　⑤在宰后检测中能否在感染的胴体中检测到 FMD；

　⑥在胴体中感染的 FMD 病毒经冷冻后能否存活；

　$\boxed{R}$ FMD 病毒感染的牛肉进入进口国；

　$\boxed{T}$ FMD 病毒没有进入进口国。

图 7-7　FMD 病毒随去骨牛肉传入的情景风险分析图

Fig. 7-7　Scenario pathway for the risk of FMD virus introduction
associated with deboned beef importation

如果 i 是从群 k 中选出的 FMD 感染的牛的数目。那么总的被选择出口的牛的数目为：

$$n = \sum_{k=1}^{m} n_k \qquad (7-14)$$

假设 R_1 代表 n 头被选中的牛中至少一头感染 FMD 的概率，那么 R_1 可以用下式表达：

$$R_1 = \bigcup_{k=1}^{M} \qquad (7-15)$$

$\{$感染的 k 群$\}$ $\bigcap$ $\{$从群 k 中选中的牛至少有一头是感染的$\}$

符号 $\bigcup$ 和 $\bigcap$ 分别表示并交和相交。注意，FMD 病毒只要有一头或更多的 FMD 感染的胴体进口就会被引入。然而，如果 FMD 病毒被引入了进口国，那么大量的被 FMD 感染的胴体造成的伤害在疾病传播中肯定比一个 FMD 感染的胴体引入造成的危害大得多。这项风险评估是侧重于研究病毒传入的风险。一个被 FMD 感染的胴体和大量数目被 FMD 感染的胴体在病毒引进形式上的风险是相同的。

注意：p $\{$群 k 被感染$\}=P_H$，并且 p $\{$从群 k 中选的动物至少一头是被感染的$\}$ $=$ p $(Y_k>0)$ 那么

$$P(R_1) = 1 - \prod_{k=1}^{m} \left[1 - P_H P(Y_k > 0)\right] \qquad (7-16)$$

其中 P $(Y_k>0)$ 是由式（7-17）得出

$$P(Y_k > 0) = 1 - (1-P_A)^{n_k} \qquad (7-17)$$

公式（7-16）中给出的概率是 FMD 病毒在没有任何风险减少措施的情况下传入进口国的风险。

二是在这项研究中，我们在牛肉进口的程序中检测了以下减少风险的措施：①在农场

中对要出口的牛群通过动物卫生监测系统进行检测；②屠宰前对牛进行死前检测；③在死后检测中对胴体进行 FMD 病毒的检测；④将胴体进行剔减和去骨（移除骨头可以降低病毒生存和传播的机会）。

在动物运输和传播的时候实行标准的生物安全措施。这些包括常规的无感染的运输车辆和牛棚设施。用于出口牛的屠宰场和本地消费不同，动物离开农场后的总体风险非常小，因此在这项研究中没有考虑。

设 P_1＝通过动物安全监测系统没有在感染动物中检测出 FMD 病毒感染的概率；

P_2＝在死前检测中没有在感染动物中检测出 FMD 感染的概率；

P_3＝在死后检测中 FMD 没有在感染的胴体中检测出的概率；

P_4＝FMD 病毒在经历剔除和去骨后仍旧存活的概率。

总计有 n_k 牛从 k 群中选出用来生产出口的去骨牛肉，并且这 n_k 中有 i 头是 FMD 感染的。从 n_k 牛中随机抽取大小为 s_k 的样本在屠宰前进行检测。以 X_k 代表屠宰前样本中受感染的牛的数目，那么 X_k 有一个超几何分布：

$$P(X_k = j) = \frac{\binom{i}{j}\binom{n_k-i}{s_k-j}}{\binom{n_k}{s_k}}, j = 0,1,2,\cdots,\min(s_k,i) \tag{7-18}$$

式（7-18）中 j 是屠宰前样本中 FMD 感染的牛的数目，$\min(S_k, j)$ 是 S_k 和 j 的最低限度。

根据欧盟团体的指令，如果在屠宰前检测的群中发现任何 FMD 感染的动物，从该农场出口的所有去骨牛肉都会取消。假如在大小为 s_k 的样本中有 j 头 FMD 感染的牛，那么在屠宰前检疫中 FMD 没被检测出的概率是 p_2^j。假如有 i 头 FMD 感染的牛从群 k 中选出，那么在屠宰前检疫中 FMD 没被检出的概率是 $p(U_i)$，即

$$P(U_i) = \sum_{j=0}^{s_k} P(X_k = j) p_2^j \tag{7-19}$$

注意 $P(X_k=j)$ 取决于 i，从群 k 中选出的受 FMD 感染的牛的数目。

对于屠宰后的检疫，假如 n_k 个胴体中有 i 的胴体受 FMD 感染。从 n_k 中随机抽取样本大小为 r_k 的胴体作为检疫。让 Z_k 代表样本中受感染的胴体的数目，那么 Z_k 就有个和 X_k 同样的分布。假如从 n_k 个胴体中被选出 i 头受感染的胴体，那么在屠宰后检疫中，FMD 没有被检测出的概率是：

$$P(V_i) = \sum_{j=0}^{r_k} P(Z_k = j) p_3^j \tag{7-20}$$

注意式（7-18）和式（7-19）中是以屠宰前和屠宰后的检疫的敏感性和特异性为 100％ 为基础的。意思是，在这项研究中我们不考虑检疫结果有任何的错误。然而，对因假阳性和假阴性而对风险评估所造成的影响，进行进一步的研究是非常有趣的。

在 i 感染的胴体中至少有一个经过剔除和去骨措施后仍然存活的概率为 $p(W_i)$

$$P(W_i) = 1 - (1 - p_4)^i \tag{7-21}$$

注意：

$$P(Y_k > 0) = \sum_{i=1}^{n_k} P(Y_k = i) \tag{7-22}$$

为了合并所有风险降低的因素，我们将式（7-17）重新写在下面：

$$P(R_1) = 1 - \prod_{k=1}^{m}\left[1 - P_H \sum_{i=1}^{n_k} P(Y_k = i)\right] \qquad (7-23)$$

将式（7-19）、（7-20）、（7-21）合并入式（7-23），我们可以得到 P（R_2），至少有一个 FMD 病毒通过所有的风险减少措施的概率。

$$P(R_2) = 1 - \prod_{k=1}^{m}\left[1 - P_H \sum_{i=1}^{n_k} P(Y_k = i)P(U_i)P(V_i)P(W_i)\right] \qquad (7-24)$$

其中 R_2 是至少有一个 FMD 病毒通过所有的风险减少措施的事件。这个概率也可以成为 FMD 病毒被引进的风险。

模型中的参数值是依据从南美获得的适当的信息，一些概率的值的评估如下：$P_H =$ 0.005，$P_A = 0.166$，$P_1 = 0.2$，$P_2 = 0.03$，$P_3 = 0.01$，$P_4 = 0.1$。对这些概率的评估是这项研究中模拟的基础，在模拟中，在其他数据都有一个基本的值的条件下每一个概率的变化值都在一个给定的范围内（在下一个阶段里看数字）。概率范围的确定依据的是来自南美的信息。其他在模拟中应用的数据是：$w = 19$kg，$n_k = 80$，$m = 66$。值 m（群的数目）从值 w 和 n_k 中获得来，确保有 100t 的去骨牛肉能够生产。通过计算机模拟，我们评估了 FMD 病毒通过进口 100t 的去骨牛肉而被引入的概率，引入过程包括了 FMD 的流行率，每个群中选出的牛的数目，和在屠宰前和屠宰后检疫的样本的大小。我们检测了风险减少措施对 FMD 病毒引入的概率的影响。

3.2   结果和讨论

计算机模拟的运行是采用 C 语言作为程序语言，图 7-8 中显示了 FMD 病毒通过 100t 去骨牛肉传入的概率，还显示了感染群的流行率及群中感染牛的流行率。

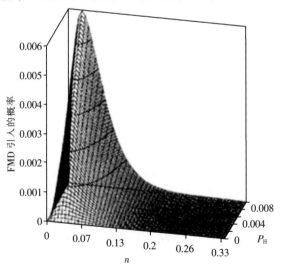

图 7-8   FMD 病毒通过 100t 去骨牛肉传入概率与感染群流行率及群中感染牛流行率

Fig. 7-8   Probability of FMD virus introduction by importion, 100 tons of deboned beef as a function of the prevalence of infected herds （P_H） and the prevalence of infected cattle in a herd

　　FMD 病毒引入的概率随着感染群流行率的升高而增加。我们注意到起初风险随着在群中牛感染的流行率从 0 增加到 0.026 4 时快速增加，但接着便有所减少，这可能是因为在群中牛感染的流行率与在屠宰前或屠宰后的检疫中存在一些平衡。一方面，低流行率意味着低风险；另一方面，低流行率意味着减少了在屠宰前或屠宰后发现至少一个 FMD 感染的动物的概率，这样会使 FMD 病毒传入的风险增加。结果表明当群内牛感染的流行率相对较低时 FMD 病毒传入的风险非常高（＞10^{-3}）。因此在 FMD 爆发的早期（低流行率时）可能会提高 FMD 病毒引入进口国的风险。当然，我们还注意到这种结果是在我们没有考虑诊断的敏感性或特异性上得到的。

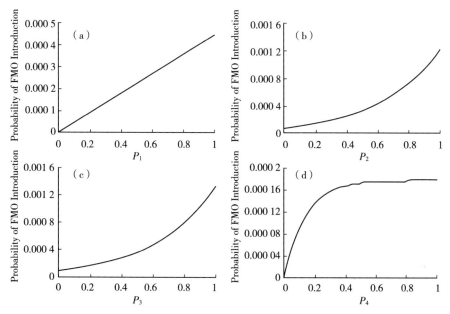

（a）动物卫生检测体系在感染群中检测不出 FMD 病毒的概率；（b）在宰前检测中检测不出 FMD 病毒的概率；
（c）在宰后检测中检测不出 FMD 病毒的概率；（d）FMD 病毒在去骨和制冷后生存的概率。

图 7-9　通过四种不同处理情况显示 FMD 病毒引入的概率

Fig. 7-9　Probability of FMD virus introduction as a function

　　图 7-9 中显示了各种风险降低措施对在去骨牛肉中 FMD 病毒引入的概率的影响。FMD 病毒引入的风险几乎与在感染群中没有发现 FMD 病毒的概率呈线性关系。风险随着在屠宰前或屠宰后没有发现病毒的概率增加而增加。风险在 p_2 和 p_3 取小值时较小于取高值时。FMD 病毒引入的风险在 FMD 病毒成活的概率在 0～0.3 时增加较快，接着在 0.2～1.0 时较为缓慢。

　　通过出口 100 t 去骨牛肉而使 FMD 病毒引入的概率随着在每群中选择的牛的数目的增长成下降趋势（图 7-10），这就说明，假若生产 100 t 去骨牛肉所需的牛的总的数目一定，那么应减少群的数目而增加在每群中选择的牛的数目。

　　图 7-11 显示了通过去骨牛肉进口而使 FMD 病毒引入的概率和屠宰前或屠宰后检疫中样本的大小的关系。可以非常清楚地看到 FMD 病毒引入的风险在较小的样本（10^{-2}）时是非常高的。风险可以通过增加样本的规模而达到 10^{-6} 水平。通过模拟的结果可以明

显地看出没必要在屠宰前或屠宰后对每一个动物或胴体进行检疫。超越一定值的过分增加样本规模也不能很好地减少引入 FMD 病毒的风险。例如，如果在每群中选择 80 头牛出口，那么在屠宰前或屠宰后检疫中选择 50 头牛进行检查是非常好的。只是这项发现只在这项研究中的假设实验中成立。

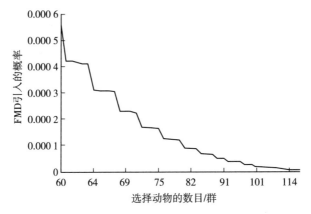

图 7-10　通过出口去骨牛肉使 FMD 病毒引入概率与选择牛的数目/群之间的关系

Fig. 7-10　Probability of FMD virus introduction by importion，100 tons of deboned beef as a function of the number of cattle selected from each herd

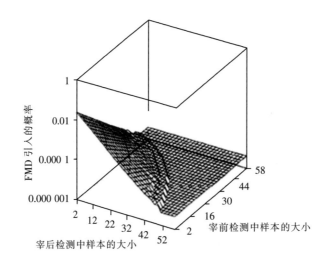

图 7-11　去骨牛肉进口使 FMD 病毒引入的概率和屠宰前后检疫与样本之间的关系

Fig. 7-11　Probability of FMD virus introduction by importing 100 tons of deboned beef as a function of sample sizes in ante-mortem inspection and post-mortem inspection

第 4 节　羊肉中 β-受体激动剂兽药残留风险评估

　　宁夏清真羊肉是全国重点发展的特色农产品，也是宁夏具有民族品牌优势的特色产业。近年来，宁夏羊肉产业快速发展，已经成为宁夏回族自治区农业战略主导产业之一。

羊的养殖随着封山禁牧后，由传统的放牧型转变为舍饲圈养，而集约化、工厂化的饲养方式使牲畜面临高发病率和高死亡率的威胁。为了降低高发病率和高死亡率，同时，为了促进动物生长，提高饲料转化率，增加胴体瘦肉率以及屠宰率，养殖者在畜牧养殖中普遍采用兽药，其中，β-受体激动剂包括盐酸克伦特罗、莱克多巴胺、沙丁胺醇等被广泛使用，而其残留对人体健康的危害是不言而喻的，长期慢性摄入会影响人体正常发育，致癌、致畸，严重时会威胁到生命安全。农业部组织开展的农产品质量安全例行监测工作中也监测了羊肉中β-受体激动剂兽药残留，各省也开展了此类监测工作。摸清宁夏清真羊肉的质量安全状况，开展兽药残留的风险评估，找出其关键的风险因素，将有助于提高监管效率，对保证羊肉产品的安全具有重要意义。

目前，对蔬菜水果中的农药残留进行风险评估的研究较多，揭示畜产品质量安全保障体系和追溯体系及快速检测方法的研究也有报道，还尚未见对羊肉中的兽药残留进行风险分析的研究报道。研究羊肉中β-受体激动剂兽药残留水平、动态变化规律和风险水平，采用食品安全指数（IFS）法对宁夏羊肉产品质量安全进行风险评估，为引导消费和科学监管提供数据支撑和科学依据。

4.1　材料来源

2012—2013 年在宁夏羊肉主产区某屠宰场和某农贸市场、羊肉直销店，每年二、三、四季度分期定点采集羊肉样品 130 个，均为新鲜样品。

4.2　测定方法与仪器

4.2.1　测定方法

按照《动物源性食品中β-受体激动剂残留检测—液相色谱串联质谱法》（农业部 1025 公告-18-2008）的方法，检测羊肉样品中盐酸克伦特罗、莱克多巴胺、沙丁胺醇含量。测定结果按照《农业部办公厅关于印发茄果类蔬菜等 58 种无公害农产品检测目录的通知》（农办质［2015］4 号）中羊肉的限量标准（≤1μg/kg）进行判定。

4.2.2　仪器设备

液相色谱-三重四极杆串联质谱仪（TSQ Quantum Access，美国赛默飞世尔公司）、涡旋仪（MS3 德国 IKA 公司）、高速离心机（Neofuoel 8R，上海力康公司）、氮吹仪（N-EVAP™ 112，美国 Organomation 公司）、MCX 固相萃取柱 60 mg/3 ml。

4.3　风险评估

本节采用食品安全指数（IFS）对羊肉产品中β-受体激动剂兽药残留风险进行评估，计算公式：

$$IFS = (R \times F) / (SI \times hw) \tag{7-25}$$

式（7-25）中，IFS 为食品安全指数；R 为羊肉样品中β-受体激动剂兽药的残留浓度（μg/kg）；F 为居民日均羊肉消费量 0.079 5（kg/person/day）；SI 为β-受体激动剂兽药的 ADI（每日允许摄入量）值，为 1μg/kg hw/day；hw 为人体平均体重（kg），文中按 60 kg 计算。

IFS 远小于 1 表示 β-受体激动剂兽药残留对人们的健康不会造成危害，是安全可以接受的；IFS 小于 1 表示 β-受体激动剂兽药残留对人们的健康的风险是可以接受的，造成的危害不明显；IFS 大于 1 表示 β-受体激动剂兽药残留对人们的健康造成了危害，超过了可接受的限度，必须进入风险管理程序。

4.4 结果与分析

4.4.1 羊肉产品中 β-受体激动剂兽药残留量

2012—2013 年两年宁夏羊肉主产区和销售市场采集 130 个羊肉样品中 β-受体激动剂兽药残留水平如表 7-4 所示。两年 3 个季度 6 批次采样，盐酸克伦特罗、莱克多巴胺、沙丁胺醇的检出率分别为：1.5%、12.3%、5.4%。羊肉阳性样品中盐酸克伦特罗、莱克多巴胺、沙丁胺醇的残留范围分别为 0.31~0.51μg/kg，0.32~1.29μg/kg 和 0.34~0.63μg/kg。按照《农业部办公厅关于印发茄果类蔬菜等 58 种无公害农产品检测目录的通知》（农办质［2015］4 号）中羊肉中盐酸克伦特罗、莱克多巴胺、沙丁胺醇的限量标准（1μg/kg）进行判定。盐酸克伦特罗、沙丁胺醇残留最高值均小于限量标准，莱克多巴胺残留最高值高出限量标准的 29%，占抽检样品的 1.5%。

表 7-4 羊肉产品中 β-受体激动剂兽药残留量水平

Tab. 7-4 Mutton beta receptor agonist a veterinary drug residues in products level

	盐酸克伦特罗	莱克多巴胺	沙丁胺醇
检出率（%）	1.5	12.3	5.4
阳性样品残留水平（μg/kg）	0.31~0.51	0.32~1.29	0.34~0.63

4.4.2 不同采样季节羊肉产品中 β-受体激动剂兽药残留量的变化

羊肉产品中 β-受体激动剂兽药残留总量（以每个样品中检出三种 β-受体激动剂残留量之和计算）的变化如图 7-12、图 7-13 所示。两年的综合结果：四季度羊肉产品中 β-受体激动剂兽药残留的检出率最高（14.3%），其次为二季度（13.6%），三季度最低（9.1%）；而三季度羊肉产品中 β-受体激动剂兽药残留量水平偏高（1.18μg/kg），其次为二季度（1.03μg/kg），四季度（0.78μg/kg）。

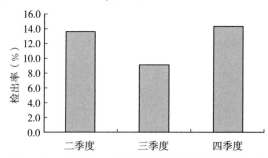

图 7-12 羊肉中 β-受体激动剂兽药检出率的变化

Fig. 7-12 Mutton beta agonists in veterinary medicine detection rate of change

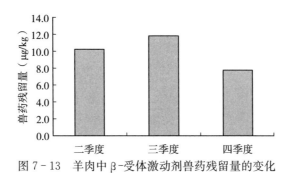

图 7 - 13　羊肉中 β - 受体激动剂兽药残留量的变化

Fig. 7 - 13　Mutton beta agonists in the change of the veterinary drug residue

4.4.3　羊肉产品中 β - 受体激动剂兽药残留的风险评估

以每个羊肉产品均检出盐酸克伦特罗、莱克多巴胺、沙丁胺醇三种 β - 受体激动剂兽药残留的最小值、平均值和最大值的总和计算，宁夏羊肉产品中 β - 受体激动剂兽药残留的每日膳食暴露量及食品安全指数如表 7 - 5 所示。人们每天通过摄入羊肉的 β - 受体激动剂兽药的暴露量的最小值为 0.001 3 μg/kg hw/day，平均值为 0.002 1 μg/kg hw/day，最大值为 0.003 2 μg/kg hw/day，远低于每种 β - 受体激动剂的最大允许摄入量（1 μg/kg hw/day），宁夏羊肉产品中 β - 受体激动剂兽药残留的食品安全指数最小值为 1.3×10^{-3}，平均值为 2.1×10^{-3}，最大值为 3.2×10^{-3}，均远小于 1。

表 7 - 5　β - 受体激动剂的每日膳食暴露量及食品安全指数

Tab. 7 - 5　**Beta agonists daily dietary exposure and food safety index**

	最小值	平均值	最大值
每日膳食暴露量（μg/kg hw/day）	0.001 3	0.002 1	0.003 2
食品安全指数 IFS	1.3×10^{-3}	2.1×10^{-3}	3.2×10^{-3}

4.5　讨论与结论

①β - 受体激动剂具有降低微血管通透性的作用，是适用于人体治疗哮喘症状的药剂。近年来，在畜牧养殖中为了增加胴体瘦肉率以及屠宰率，养殖生产者普遍使用此类药物，造成畜产品中存在残留，影响畜产品的质量安全。因此，我国制定了牛、羊等畜产品中盐酸克伦特罗、莱克多巴胺、沙丁胺醇的残留限量标准均为 1 μg/kg。本研究中，130 个羊肉样品只有 2 个样品的莱克多巴胺残留超出限量值，最高值仅为 1.29 μg/kg，其余样品的三种 β - 受体激动剂检出值均低于国家规定的残留限量值，其结果与农业部组织的农产品质量安全例行监测中羊肉中 β - 受体激动剂兽药残留监测结果相吻合。说明宁夏羊肉的膳食摄入对人们的健康的风险是可以接受的。

②通过对不同季度羊肉的监测结果，四季度羊肉产品中 β - 受体激动剂兽药残留的检出率最高（14.3%），其次为二季度（13.6%），三季度最低（9.1%）；而三季度羊肉产品中 β - 受体激动剂兽药残留量水平偏高（1.18 μg/kg），其次为二季度（1.03 μg/kg），四季度（0.78 μg/kg）。这可能由于二、四季度是羊育肥、屠宰上市的季节，为提高胴体瘦肉

率，在饲料中添加β-受体激动剂，致使检出率偏高，而育肥期间，羊的活动量加大，代谢速度加快，β-受体激动剂的残留水平较三季度偏低，但总体三个季节羊肉产品中β-受体激动剂兽药残留总量均低于限量标准。

③食品安全指数（IFS）是可以用来评价食品中某种危害物对消费者健康影响的指数，其结果可用来评估食用该食品的安全状态，从而指导风险管理对其采取相应的措施降低风险。本研究中，宁夏羊肉产品中β-受体激动剂兽药残留量的食品安全指数最小值为 1.3×10^{-3}，平均值为 2.1×10^{-3}，最大值为 3.2×10^{-3}，均远小于1。表明宁夏羊肉产品中β-受体激动剂兽药残留对人们的健康不会造成危害，是可以接受的。

通过研究可以看出，羊肉中有β-受体激动剂残留检出，并存在同一样品中检出两种或以上的β-受体激动剂的情况，进一步说明在羊的饲养中仍存在使用β-受体激动剂现象。虽然其残留对人们的健康不会造成危害，但仍是影响羊肉产品质量安全的隐患因子。因此，必须引起政府足够的重视，加强监管，降低β-受体激动剂残留的风险水平，确保羊肉产品质量安全。

第5节　福建省生食牡蛎中副溶血性弧菌的定量风险评估

副溶血性弧菌（Vibrio parahaemolyticus）是世界范围内的一种重要的食源性病原菌，该菌导致急性胃肠炎，甚至引起败血症，目前尚不清楚引起感染的最低剂量。副溶血性弧菌普遍存在于温带、亚热带和热带近海岸的海水、海底沉积物和海产品中。并非所有的副溶血性弧菌菌株均能够引起疾病，因为环境和海产品中分离的菌株大多数为无毒株。该菌的致病力与其侵袭力（包括外膜蛋白、单鞭纤毛和细胞相关血凝素）、溶血毒素和尿素酶等有关，其中以耐热直接溶血毒素（Thermalstable Direct Heamolysin，TDH）与致病性的关系最为密切。TDH的产生是目前区分毒株和无毒株的唯一可靠特征。1997—1998年间美国发生了4起副溶血性弧菌食物中毒，涉及病例700余人，引起了高度重视。随后美国食品药品管理局出台了一份生食软体贝类中副溶血性弧菌的风险评估草案。

我国是世界渔业大国，水产品出口为国家换取了大量外汇，但是水产品的质量日益成为制约我国水产品正常出口的瓶颈。近年来我国出口的水产品曾有多起因副溶血性弧菌超标引起的退货、销毁、取消注册代号的恶性事件发生。美国和欧盟对进口水产品都强制性要求进行副溶血性弧菌检测，必须是阴性的结果方可通关，否则出口的水产品将被全部自动扣留、就地销毁，欧盟368号和587号决议要求对原产于我国的水产品批批检测副溶血性弧菌，这给我国水产品出口设置了绿色壁垒。

在FAO的资助下，刘秀梅等在福建省收集资料，以建立生食牡蛎中副溶血性弧菌的风险评估模型。福建位于我国东南部，在东海和台湾海峡之间，是国内最为重要的牡蛎养殖地区。研究人员选择福建作为研究现场，主要是因为副溶血性弧菌导致的食源性疾病已经成为该地区重要的公共卫生问题，而且福建省疾病预防控制中心的实验室具备检测海产品中副溶血性弧菌污染率和污染水平的能力。

为了收集海水和牡蛎中总的和致病性副溶血性弧菌污染状况相关的资料，2003年4—6

月，在福州、厦门两地的贝类养殖区、水产品批发市场、零售市场和酒店收集带壳牡蛎，海水样品仅在福州的贝类养殖区收集。2003 年 7 月—2004 年 3 月，继续在福州、厦门两地的零售市场和酒店收集带壳牡蛎，而批发市场的样品仅在厦门收集。牡蛎品种主要包括太平洋牡蛎和褶牡蛎。海水和牡蛎中副溶血性弧菌菌株的存在情况和菌量由 Viteck 鉴定系统和最可能数法（most probable number，MPN）确定。采用针对耐热溶血毒素基因（tdh）的聚合酶链式反应方法确定副溶血性弧菌菌株的致病性。上述工作是带壳牡蛎中副溶血性弧菌的流行率和浓度的主要资料来源。研究人员还从其他途径获得资料，包括我国疾病预防控制中心、福建省疾病预防控制中心和福建省海洋与渔业局的公开发表和未公开发表的报告和科学文献。图 7-14 显示了生食带壳牡蛎中副溶血性弧菌风险评估模型的流程图。

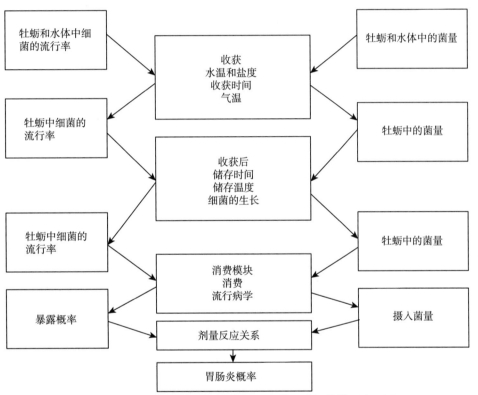

图 7-14　生食带壳牡蛎中副溶血性弧菌风险评估模型流程图

Fig. 7-14　Risk assessment model flow chart of raw oysters in the shell of vibrio parahaemolyticus

5.1　危害识别

副溶血性弧菌是一种革兰氏阴性菌，自然存在于海洋和河口环境中。通常存在于多种海产品中，包括鱼、甲壳类动物、软体贝类等。副溶血性弧菌首先由藤野于 1950 年 10 月在日本大阪市发生的一起咸沙丁鱼食物中毒死者的肠腔内容物和食物中分离出。并非所有的副溶血性弧菌菌株都能导致疾病，实际上环境或海产品中极少分离到致病株。已知区分致病株和无毒株唯一可靠的特征是产生耐热溶血毒素（TDH）。通常仅 1% 的副溶血性弧菌环境株出现神奈川现象。

副溶血性弧菌疾病的临床症状主要有 3 种，包括胃肠炎（最常见症状）、伤口感染和败血症。胃肠炎表现为腹泻、腹部痉挛、恶心、呕吐和/或头痛，通常疾病症状较为轻微，少数病例需要住院。然而，在极少数情况下，副溶血性弧菌能够引起威胁生命的败血症。副溶血性弧菌感染的潜伏期为摄入细菌后 4～96h，平均为 15h。

在台湾，每年半数以上的细菌性食物中毒爆发与副溶血性弧菌有关。1993—1998 年，美国共报道 40 起副溶血性弧菌感染爆发，涉及病例 1 000 余人。我国 1992—2001 年沿海部分省份食物中毒的上报资料表明，副溶血性弧菌食物中毒居各类微生物性食物中毒首位，中毒食品主要是海产品。以福建省为例，10 年间共上报 54 起副溶血性弧菌食物中毒，发病人数 1 867 人，是微生物性食物中毒的首要原因。2001 年副溶血性弧菌造成 4 起食物中毒，导致 106 人发病，发病率为 6.42%。虽然副溶血性弧菌食物中毒主要发生在我国的沿海地区，然而随着我国经贸及交通运输的迅速发展，海产品在内陆城市大量销售，由于保管不当或不能保证低温贮运，造成内陆发生副溶血性弧菌引起的食物中毒问题日益增多。1997 年包头市因办婚宴而发生的 1 起副溶血性弧菌食物中毒，中毒人数达 60 多人，引起中毒的主要食物为生牡蛎、大虾等海味菜肴。此外，吉林市某海产品销售点的黄花鱼中也被检出 1 株副溶血性弧菌，虽未造成食物中毒，但也引起了重视。由此可见，在我国副溶血性弧菌引起的食源性疾病已经由沿海地区逐渐向内地发展。国外研究显示食源性疾病的漏报率 90%，由于副溶血性弧菌食物中毒表现较为轻微，因此我国副溶血性弧菌食物中毒的情况不容忽视。

5.2 暴露评估

暴露评估旨在确定通过生食副溶血性弧菌污染的牡蛎，而摄入致病性副溶血性弧菌的可能性，以及消费时致病性副溶血性弧菌的菌量。除了生食，福建省家庭中典型的牡蛎食用方式是短时煮沸（在某些情况下加热不足）。

暴露评估分成三个模块，收获、收获后和消费模块。

收获模块综合了影响收获时牡蛎体内副溶血性弧菌发生的因素，以及识别了养殖区牡蛎体内含有副溶血性弧菌致病株可能性的参数。该模块的定量模拟是采用水温作为影响，并潜在预测收获水体中和牡蛎体内致病性副溶血性弧菌发生率的因素。

收获后模块强调与收获后牡蛎加工和处理相关的因素，尤其是那些影响消费时牡蛎中副溶血性弧菌水平的因素。这些因素包括：收获时周围环境的温度；牡蛎从收获到冷藏的时间；一旦进入冷藏，冷却牡蛎所需要的时间；牡蛎从冷藏保存到消费的时间。该模块也模拟可能影响副溶血性弧菌密度的干预措施，诸如收获后立即冷却，冷冻和微热处理。

消费模块根据前两个模块获得的消费时致病性副溶血性弧菌的水平，估计疾病发生数量。该模块进一步分为两个部分，即流行病学和消费。流行病学部分包括疾病数量、疾病的严重程度和类型、感染人群和季节发生率。消费部分考虑每餐消费牡蛎的个数、每餐消费牡蛎的量、消费时总副溶血性弧菌和致病性副溶血性弧菌水平。

5.3 危害特征描述

剂量—反应曲线将个体感染胃肠炎概率与副溶血性弧菌致病株的暴露水平联系起来。

1974 年以前，相关机构对致病性副溶血性弧菌做了几个人群临床试食实验。实验结果显示，副溶血性弧菌神奈川试验呈阳性。副溶血性弧菌的流行病学调查能够额外提供胃肠炎合理的剂量—反应关系信息，但是上报的疾病案例缺乏相关的致病株摄入剂量的资料（例如流行病学回顾性研究）。疾病剂量—反应关系的估计建立在国外数个研究基础上，模型的剂量跨越了外推风险时人群致病菌暴露水平极端值的范围。所选择的模型是贝塔—泊松分布模型。剂量—反应关系见式（7 - 26）：

$$P(d) = 1 - (1 + d/\beta)^{-\alpha} \tag{7 - 26}$$

式中：d 为摄入剂量；$P(d)$ 为摄入剂量为 d 时的发病率；α 为 0.6；β 为 1.3×10^6。

5.4　风险特征描述

风险特征的描述是对暴露评估和剂量—反应评估的综合，这个阶段描述了因消费致病性副溶血性弧菌污染的牡蛎而引起胃肠炎的概率。将暴露评估结果代入剂量—反应公式求得一次性牡蛎消费引起的副溶血性弧菌疾病的概率。根据零售阶段牡蛎体副溶血性弧菌的平均水平，以及个体平均消费量，得到 4 月、5 月细菌的摄入量。将上述数字代入贝塔—泊松剂量反应模型，我们估计每餐生食牡蛎引起的副溶血性弧菌疾病概率，4 月为 6.67×10^{-5}，5 月为 1.00×10^{-4}。在对福建省福安市的发病情况的研究中，4 月、5 月弧菌感染病人数分别为 15 人、21 人，而我们知道三个镇的研究人群为 10 万（由于研究持续时间为 3 年），因此估计 4 月、5 月的人群副溶血性弧菌发病率分别为 5×10^{-5} 和 7×10^{-5}，模型预期结果与实际人群的监测结果较为吻合（表 7 - 6）。

表 7 - 6　模型预期结果与实际人群的监测结果

Tab. 7 - 6　Model expected results and the actual population monitoring results

月份	菌量（MPN/g）	个体消费量（g）	摄入菌量（个）	预期疾病概率	实际疾病概率
4	2.1	72.3	144.6	6.67×10^{-5}	5.00×10^{-5}
5	3.0	72.3	216.9	1.00×10^{-4}	7.00×10^{-5}

第 6 节　肉鸡屠宰场鸡肉中沙门氏菌的定量风险评估

食源性疾病是当今世界最广泛的卫生问题之一，其发病率居各类疾病总发病率的第二位，而由病原微生物引起的食源性疾病占其中很大的比例。近年来我国食源性疾病发病率不断上升，2014 年，全国发生食物中毒事件 160 起，中毒 5 657 人，死亡 110 人，其中微生物性食物中毒事件起数和中毒人数最多，分别占食物中毒事件总起数和中毒总人数的 42.5% 和 67.7%。与 2013 年同期数据相比，报告起数、中毒人数和死亡人数分别增加了 5.3%、1.8% 和 0.9%。由于近些年国内化学性危害引起的食品安全事故较多，造成了目前我国重化学性危害轻微生物性危害的现状，食品微生物安全问题尚未引起足够重视。随着我国食品安全监管制度的日益完善、食品生产者及消费者食品安全意识的提高，人为原因造成的化学性危害必将逐渐降低，微生物引起的风险会逐渐成为我国食品安全问题之首。

微生物风险评估（microbiological risk assessment，MRA）由国际食品法典委员会

(Codex Alimentarius Commission，CAC) 定义，可有效评估食源性微生物危害风险。MRA 是一个系统性很强的工作，按照危害识别、危害特征描述、暴露评估、风险特征描述等 4 个步骤进行，同时还需要分析和评价风险评估模型的变异性和不确定性。

6.1 沙门氏菌风险评估的研究现状

对于沙门氏菌的风险评估，国际上已开展了大量的研究，研究对象主要为畜禽产品包括猪肉、鸡蛋、鸡肉等，乳制品及蔬菜中沙门氏菌的风险评估也有相关研究报道。世界卫生组织与联合国粮农组织早在 2002 年就组织各成员国食品安全专家出台了鸡蛋和肉鸡中沙门氏菌的风险评估文件，为各成员国提供相关问题的专家建议，并为各成员国开展沙门氏菌的风险评估工作提供指导。美国农业部专家 Oscar 开展了鸡肉熟食中沙门氏菌的风险评估的研究，并通过蒙特卡罗模拟评估了熟食鸡肉在食用时因可能污染的沙门氏菌所带来的风险。Boone 等在基于专家观点的基础上，开展了猪肉中沙门氏菌的风险评估研究，所建立的风险评估模型可以用于评估因食用污染沙门氏菌的猪肉馅而带来的风险。Parsons 等建立了鸡肉中沙门氏菌从鸡场到屠宰场的整个鸡肉产品链的风险评估，同时比较了 Bayesian 网络模型、蒙特卡罗模拟方法及更详细的仿真模型等 3 种建模方法的优缺点。为研究芬兰沙门氏菌控制项目 (Finnish Salmonella Control Program，FSCP) 对公共健康的影响，Maijala 等建立了鸡肉从屠宰场到消费者使用全流通链的定量风险评估模型，结果表明 FSCP 的干预措施可以很好地保护公共健康。另外，Whiting 等研究了巴氏杀菌鸡蛋中肠炎沙门氏菌的风险评估模型，同时考虑了微生物生长、失活模型以及剂量反应模型。Murchie 等对爱尔兰鸡蛋中沙门氏菌进行定量风险评估，评估结果表明，鸡蛋中具有很低的沙门氏菌污染可能性及污染水平。

截至目前，国内开展了部分沙门氏菌风险评估的研究工作，但多数研究停留在定性风险评估的水平上，并无真正意义上的沙门氏菌定量或半定量风险评估。吴斌及王军等描述了畜产品、动物源性食品中沙门氏菌所带来的风险，并提出了风险管理相关建议。朱玲等就鸡肉加工过程中沙门氏菌所带来的风险进行了概述性分析。另外，覃海元等就奶粉中沙门氏菌展开了风险评估，结果表明在目前生产技术水平和管理条件下，奶粉中含有沙门氏菌的可能性很低，由此导致的沙门氏菌病发生的概率小于 10^{-8}。吴云凤等开展了南京市零售鸡肉中沙门氏菌的半定量风险评估研究，评估过程中考虑到了交叉污染、加工处理方式等因素的影响。结果表明，南京市居民每人每天因食用零售鸡肉而发生食物中毒的概率为 2.1×10^{-7}，每年因鸡肉污染沙门氏菌而引发食物中毒的人数为 636 人。与此同时，国家食品安全风险评估中心已开展我国零售鸡肉中沙门氏菌污染对人群健康影响的初步定量风险评估，构建了我国从零售到餐桌的鸡肉沙门氏菌定量风险评估模型，科学分析了消费者由于食用鸡肉而感染沙门氏菌的可能性及对健康的风险，并提出如何降低鸡肉因污染沙门氏菌而带来风险的干预措施及建议。综上所述，我国目前进行的 MRA 与国际上其他国家开展的定量 MRA 工作还有很大的差距。存在的问题及难点集中在我国零售鸡肉中沙门氏菌污染水平的定量监测、我国居民鸡肉烹调习惯专项调查及由此导致的失活模型的构建以及交叉污染模型的构建。针对我国零售鸡肉中沙门氏菌污染水平的定量监测，我国学者已经开展了相关研究。Zhu Jianghui 和 Huang Jinlin 等开展了北京市、吉林省长春市、内蒙古自治区呼和浩特市、山西省阳林市、江苏省扬州市、广东省广州市市售鸡肉中为期一年的沙门氏菌的定量检测工作，结果显示鸡肉样品中沙门氏菌的阳性率为 33.8%～41.6%。该研究的调查结果可为鸡肉中沙门氏菌的风险评估工作提供基础数据支持。

2004—2012 年我国曝光的 2 489 件食品安全事件中，畜禽肉及蛋类所占比例较高，占曝光总数的 22.1%，其中畜禽生产加工环节问题占 2/3，致病性微生物所占比例约 1/4。因此，对食品中相关微生物进行风险评估是从根本上控制食品安全风险的必要手段和重要途径。

6.2　评估对象、原则、方法与工具

6.2.1　评估对象

沙门氏菌是引起食源性疾病的常见致病菌之一，在自然界中分布广泛，主要由于人们食入污染的食品引起感染性腹泻。肉鸡是沙门氏菌最常见的宿主，食用被沙门氏菌污染的鸡肉产品是导致感染的主要原因。因加工环境以及肉鸡间的交叉污染，肉鸡加工过程是导致沙门氏菌污染的重要环节。因此，对肉鸡屠宰环节进行沙门氏菌的风险监测和风险评估，可以为畜禽屠宰加工环节直接减少沙门氏菌带来的健康危害提供科学和有效的依据，也为对其他致病微生物的评估提供借鉴。

6.2.2　致病微生物污染风险评估原则

根据国际标准《微生物风险评估的原则和指南》，致病微生物污染风险评估包括如下内容：

①致病微生物污染风险评估应充分建立在科学的基础之上，应确保以完善的科学知识建立起有关食品安全的标准、指南和建议。

②风险评估与风险管理之间应有功能上的分开。

③致病微生物污染风险评估应按照程序化途经进行，包括危害识别、危害特征描述、暴露评估和风险特征描述 4 个过程。

④致病微生物污染风险评估应清楚地描述其运用目的，包括将作为评估结果的风险计算形式。

⑤致病微生物污染风险评估的进行应该是透明的。

⑥应当确认所有影响风险评估的限制因素，如成本、资源和时间等，并对其可能产生的后果进行描述。

⑦风险计算应当包括对评估过程中不确定性及其产生原因的描述。

⑧致病微生物污染风险评估的过程应当尽可能地包含数量信息。数据应该能够决定风险评估中的不确定性，数据和数据采集系统应尽可能完善和精确，以便将风险计算中的不确定性降到最小。

⑨致病微生物污染风险评估应明确考虑微生物在食品中繁殖、生存和死亡的动态过程，食用后人体与致病因子相互作用的复杂性，以及微生物潜在的传播性。

⑩在任何可能的情况下，应通过与人类疾病数据的比较，对超过一定时间的风险计算进行重新评估。

⑪当获得新的相关信息时，致病微生物污染风险评估需要进行重新评价。

6.2.3 评估方法

按照上述推荐的国际致病微生物污染风险评估原则进行风险评估，运用@RISK（Palisade corporation）风险评估软件建立评估模型，根据检测调查得出的鸡肉中沙门氏菌的阳性率结果模拟鸡肉中沙门氏菌的流行率情况，并根据最大或然数 MPN（most probable number）菌落计数法的检测限对沙门氏菌作出最大可能的定量估计。

6.2.4 评估工具

@RISK 软件系统是用来分析任何存在风险事物的强有力的工具。利用@RISK 与 Excel 可以模拟任何存在风险的情况，设计满足自身需要的模型进行分析，因此，这一软件被广泛应用于商业、科学与工程学等领域。本模型采用蒙特卡洛（Monte Carlo）模拟技术，该模型中的每个参数（例如污染情况）由描述这些参数在其数值范围的分布状况来表示，由于风险评估模型中所考虑的参数具有不确定性分布，所以计算的结果也具有不确定性分布。模型以概率分布函数表示变量的不确定值，模型的一次模拟包括 5 000 次迭代运算，每一次运算时计算机从模型的每一个概率分布中抽取一个值，以这些随机抽取的数字进行运算。

6.3 评估模型

6.3.1 资料

选取 5 个养殖场、3 家屠宰场作为采样点，采集褪毛后整禽 128 份，除内脏粪便（用养殖场粪便数据代替）47 份，预冷池水样 43 份，对沙门氏菌进行定性和定量检测。屠宰场工艺参数来自各屠宰场的调查和实际测量。

6.3.2 模型构建

以一个批次肉鸡作为对象（同批次内肉鸡不再考虑交叉污染）。肉鸡在经过褪毛后开始作为胴体继续加工，以褪毛后为评估起点，包括除内脏和清洗预冷两个过程。

6.4 风险特征描述

6.4.1 褪毛后

褪毛后的污染量是模型的初始值，用沙门氏菌在一个批次肉鸡胴体上的总污染浓度来表示，即污染率（P_p）与阳性样品的沙门氏菌污染浓度（L_p）的乘积。褪毛后整禽的沙门氏菌阳性率为 42%，污染浓度见表 7 - 7。模拟时用 Beta 分布来描述污染率，cumulative（ ）函数表示污染浓度，见表 7 - 8。

表 7 - 7　肉鸡屠宰场阳性样品沙门氏菌的污染浓度

Tab. 7 - 7　Poultry slaughterhouse positive samples salmonella contamination concentration

沙门氏菌浓度/（MPN/g）	褪毛后（整禽 $n=128$）		除内脏（粪便 $n=47$）		清洗预冷（水样 $n=43$）	
	阳性样本量	累积频率	阳性样本量	累积频率	阳性样本量	累积频率
0	0	0	0	0	0	0
<0.3	19	0.37	7	0.78	1	0.06
0.36	6	0.48			2	0.18
0.92	1	0.5	1	0.89	1	0.24
1.5					1	0.3

（续）

沙门氏菌浓度/ (MPN/g)	褪毛后（整禽 $n=128$）		除内脏（粪便 $n=47$）		清洗预冷（水样 $n=43$）	
	阳性样本量	累积频率	阳性样本量	累积频率	阳性样本量	累积频率
2.3			1	1	7	0.71
4.3	1	0.52			3	0.88
9.3	4	0.6			2	1
21	1	0.62				
24	8	0.77				
46	5	0.87				
110	4	0.92				
>110	3	1				

表 7-8 肉鸡屠宰场中沙门氏菌 MPRM 的参数设置

Tab. 7-8 Salmonella in poultry slaughterhouses MPRM parameter settings

评估范围		定义	变量	单位	分布或公式
起点	褪毛后	一批次鸡的重量	$n×m$	g	20 000×pert（2 300，2 800，3 000）
		污染率	P_p		Beta（42+1，100−42+1）
		阳性样品的污染浓度	L_p	MPN/g	Cumulative（ ）函数
		褪毛后沙门氏菌的总污染	N_1	MPN	$N_1=P_p×L_p×n×m$
过程	除内脏	内脏破损率	Z		Beta（5+1，100−5+1）
		粪便带菌率	P_1		Beta（23+1，100−23+1）
		粪便中沙门氏菌浓度	L_1	MPN/g	Cumulative（ ）函数
		增加的沙门氏菌浓度	Δn_1	MPN	$\Delta n_1=Z×P_1×L_1×n×m$
		除内脏后沙门氏菌的总污染	N_2	MPN	$N_2=N_1+\Delta n_1$
	清洗预冷	一批次肉鸡所需预冷池水的体积	V	ml	Uniform（2×107，3.2×107）
		预冷池水中沙门氏菌的污染浓度	L_2	MPN/ml	Cumulative（ ）函数
		鸡的体积/总体积	f		1/5
		预冷池后沙门氏菌的总污染	N_3	MPN	＝（$V×L_2+N_2$）×f
		预冷池后单只鸡沙门氏菌浓度	N_4	MPN	＝$N_3/（m×n）$

注：①MPRM：modular process risk model（模块化的过程风险模型）。

②Pert 分布：Pert（min，mostlikely，max）；Beta 分布：Beta（$s+1$，$n−s+1$），其中 n 指样品总数，s 为阳性样品数；Uniform 分布：uniform（min，max）；Cumulative 函数：Cumulative（min，max，{×1，×2，…，×n}，{P_1，P_2，…，P_n}），其中 min 和 max 分别为检测量的最小值和最大值；P_1，P_2，…，P_n 为各检测量的累积概率。

6.4.2 内脏阶段

内脏破损引起的粪便泄漏会使沙门氏菌污染量增加，增加的污染量大小由内脏破损率、粪便带菌率和带菌浓度决定。内脏破损率为 5%，粪便带菌率为 23%，粪便带菌浓度见表 7-7。模拟时的分布和公式见表 7-8。

6.4.3 清洗预冷阶段

预冷池水的冲洗和稀释会减少沙门氏菌的污染，减少的污染量由预冷池中肉鸡与池水的体积比、预冷池水的体积和池水中沙门氏菌的污染浓度决定，肉鸡和池水的体积比为 1/4。经调查计算，一个批次肉鸡所需的预冷池水体积范围为 20～32 t，模拟时用 uniform（ ）函数表示污染浓度。预冷池中沙门氏菌的污染浓度见表 7-7。模拟时的分布和公式见表 7-8。

6.5 结果

6.5.1 模拟结果

褪毛后整禽沙门氏菌浓度 L_p（起始值）的模拟结果均值为 18 MPN/g；用此模型模拟得出的预冷池后整禽沙门氏菌浓度（N_4）均值为 1.96 MPN/g。

6.5.2 模型输出结果的验证

监测结果显示预冷池后整禽的沙门氏菌阳性率为 18%。将此定量监测结果用 cumulative（ ）函数表示，并用 @ risk 进行模拟，其均值为 0.87MPN/g。

通过模型模拟的结果 N_4 为 1.96 MPN/g，与实际检测结果模拟值（$N_4{}'$）0.87 MPN/g 近似，相对于褪毛后的值 18 MPN/g，都是降低的，且降低程度大。

6.6 讨论

微生物风险评估存在一定的不确定性。本研究的不确定性分析如下：

6.6.1 参数不确定性

粪便中沙门氏菌的定量检测以养殖场环境的粪便为样本，破损率、预冷池中肉鸡所占的容积和池水的体积之比借鉴文献数据。

6.6.2 过程和模型的不确定性

预冷池的水温在 0～4℃，沙门氏菌的生长温度范围为 5.2～46.2℃，故假设此阶段沙门氏菌不生长；预冷池中的氯作为消毒剂不是直接对肉鸡胴体发挥作用，主要是为了抑制已被冲走的沙门氏菌再附着，防止交叉污染，因此本阶段只考虑了由水的冲洗和稀释引起的沙门氏菌的减少。

6.6.3 降低鸡肉沙门氏菌污染风险的管理措施及建议

1）养殖环节

对养殖场、孵化场环境的卫生安全定期监测及清洗消毒，通过免疫接种、微生态制剂的添加，对饲料和饮水水源污染的控制，对停料期的控制，对带菌肉鸡及其鸡舍进行彻底消毒管理等措施，降低养殖环节沙门氏菌的污染。

2）运输环节

运输条件和环境的改善，对运输车辆、鸡筐等设施必须严格消毒后才能使用。

3）屠宰加工

严格屠宰加工过程操作，控制沙门氏菌污染与交叉污染；加强冷链过程的温控、卫生管理等。

4）人员的技术培训

加强鸡肉加工各环节中沙门氏菌的控制。对产业链中加工人员的技术培训，特别是相关微生物知识培训，提高安全卫生生产意识。

5）普及消费者知识

加强消费者教育，特别是高危人群避免食用可能变质和未完全煮熟的鸡肉。防止沙门氏菌在厨房存放、制作、消费过程中发生交叉污染。

6.6.4　小结

本研究是以一个批次的肉鸡为研究对象，未考虑交叉污染。在肉鸡屠宰场中，除内脏和清洗预冷这两个环节常作为关键控制点，本研究构建这两个环节的定量风险评估模型，将影响沙门氏菌污染浓度的因素量化，并以概率分布来描述，通过敏感性分析计算各因素的相关系数，发现褪毛后沙门氏菌的浓度和预冷池水中沙门氏菌的浓度是主要影响因素。

第 7 节　屠宰加工企业生鲜肉品（猪肉及副产品）流通环节风险分析

我国是畜禽产品生产大国，畜禽产品在我国经济和社会生活中占据着重要地位。随着社会经济的发展，食品安全越来越受到重视，人们对畜禽产品的需求也呈现出大量化、多样化、优质化和动态化的发展趋势，对畜禽产品的质量等各种需求越来越高。在畜禽产品流通方面，由于畜禽产品的自然属性和生产上的自身特点，导致畜禽产品在经营销售方面具有鲜活性、季节性、供应货源变化大、消费者需求多样、产品质量稳定性差和产品价格变化大的特点，这就更加大了畜禽产品流通方面的风险。因此，根据畜禽产品流通的特点，对畜禽产品流通环节上的相关风险因素进行分析，确定相关关键风险因子，采用层次分析法（AHP）进行风险评估及分析。现从风险识别体系建立、风险估算和风险对策 3 个方面构建畜禽产品流通风险评估体系，对畜禽产品流通进行风险评估。

7.1　畜禽产品流通风险识别

畜禽产品的生产条件、供应条件、销售条件在各个时期变化很大，存在较大的不确定性。再加上我国人口的持续增加，耕地面积的逐年减少，畜禽养殖所需的土地、饲料原料等资源相对来说也越来越少，所以畜禽产品的流通风险也在不断加大。

7.1.1　技术风险

畜禽产品流通过程中的运输、包装、装卸搬运、信息处理等每项功能的实施都与流通的基础设施和流通技术水平有关。农村道路状况差，流通运输费用高；没有公共的信息平台，流通信息难以处理和发挥作用；没有科学的冷藏设备，畜禽产品就难以进行运输和加工，也难以实现其价值；没有科学的工艺和技术，畜禽产品就难以实现加工增值。目前，畜禽产品流通主要是以常温流通或自然流通形式为主，缺乏冷冻冷藏设备和技术，且畜禽产品流通渠道不畅，使得畜禽产品在流通过程中损耗巨大。

7.1.2　流通风险

畜禽产品流通领域包括运输、贮藏等环节。特别是畜禽产品具有品种复杂、易腐败变质的自然属性，主要分布在城郊及农村，而消费市场集中在城市，因此，流通渠道多、流通规模小、流通路线有长有短。而畜禽产品贮藏运输流通的方法和条件对畜禽产品安全有较大影响，这些都可能使畜禽产品在流通中产生风险。

7.1.3 信息风险

流通信息技术主要指现代信息技术在流通各个作业环节中的应用。在流通配送过程中，由于运送货物本身的特性，如保鲜、冷藏等因素的限制，要求货物必须在指定的时间送到。畜禽产品流通信息系统存在的问题主要是流通处理过程效率低，质量安全风险大。由于畜禽产品的含水量高，其保鲜期短，极易腐烂变质，所以对流通保鲜条件提出了很高的要求。大部分畜禽产品流通过程中加工处理技术落后、分级简单粗糙、不规范、包装简陋，使得畜禽产品在流通过程中损失较大。由于大部分畜禽产品完全处在常温流通或自然流通状态下，没有经过包装、保鲜、冷藏处理，所以很容易受到自然潮湿、装卸搬运中折损、风干等自然和人为因素的影响。

7.1.4 管理风险

流通管理风险是指流通服务中管理整合方面的风险。由于畜禽产品生产是以"公司＋农户"、个体养殖等生产方式为主，专业化管理水平不高，市场化程度也不够，流通环节缺乏统一的监督和管理，只有建立完善的流通管理体系才能果断地调整产业结构，实现产业化经营。

7.1.5 其他风险

目前，由于我国专业从事畜禽产品流通的龙头企业很少，要发展畜禽产品流通业，必须依靠国家出台相应政策措施来鼓励畜禽产品流通业的发展。确立畜禽产品流通业的合法地位，建立畜禽产品流通体系，研究制定畜禽产品流通与供应链管理体系的规划方案和实施办法，促进畜禽产品流通企业健康快速发展。

7.2 畜禽产品流通风险评估

7.2.1 畜禽产品流通风险评估因素的确定

畜禽产品流通过程中的风险主要来源于宏观环境以及微观主体两个方面，因此可以从内生维度和外生维度两个方面来认识畜禽产品流通风险，将内生风险和外生风险划分为一级指标。指标内容的确定主要是基于减少流通过程中的风险，提高畜禽产品流通效率，从而提高流通过程中各主体的获益程度。根据实际考察与相关资料研究可以得出，从内生角度看，二级指标中对降低畜禽产品流通风险、提高畜禽产品流通效率的因素主要包括畜禽产品质量风险、流通过程中的组织管理风险、畜禽产品保鲜技术风险和流通风险；在畜禽产品质量风险中，主要是由于畜禽产品保质期、危害物质残留合格率、畜禽产品变质损耗率等影响畜禽产品流通效率，提高了畜禽产品流通的成本；影响组织管理效率的因素则主要包括信息不对称、采购效率、供应商的能力和信誉以及销售商的合作程度；畜禽产品技术风险则是主要来源于畜禽产品加工技术和畜禽产品保鲜技术而对流通效率造成的威胁；流通风险的来源则主要包括运输风险、配送风险、库存风险以及人工操作风险。

从外生维度（即宏观环境）来看，外生风险是指畜禽产品流通所处的宏观环境不稳定而带来的风险。在外生环境中，对畜禽产品流通效率影响比较大的因素主要是指畜禽产品市场环境、自然环境以及政策环境。基于畜禽产品鲜活易腐、季节性较强的特性，市场环境风险则主要是指畜禽产品的市场接受程度、畜禽产品的季节性以及经济周期；在自然环境中，畜禽产品品质变异、气候以及自然灾害是影响其风险程度的主要因素；政策环境主要包括涉农优惠政策以及流通行业政策。

7.2.2 评价指标体系的构建以及权重

表 7-9 畜禽产品流通风险评价指标体系

Tab. 7-9 Risk evaluation index system of livestock and poultry products circulation

一级指标	二级指标	三级指标
内生风险 A	畜禽产品质量风险 A_1	产品保质期 A_{11}
		危害物质残留合格率 A_{12}
		畜禽产品变质损耗率 A_{13}
	组织管理风险 A_2	信息不对称 A_{21}
		采购效率 A_{22}
		供应商的能力和信誉 A_{23}
		销售商的合作程度 A_{24}
	畜禽产品技术风险 A_3	畜禽产品加工技术风险 A_{31}
		畜禽产品保鲜方法和技术 A_{32}
	流通风险 A_4	运输风险 A_{41}
		配送风险 A_{42}
		库存风险 A_{43}
		人工操作风险 A_{44}
外生风险 B	市场环境风险 B_1	畜禽产品的市场接受程度 B_{11}
		畜禽产品的季节性 B_{12}
		经济周期 B_{13}
	自然环境风险 B_2	气候风险 B_{21}
		自然意外风险 B_{22}
	政策环境风险 B_3	涉农优惠政策风险 B_{31}
		流通行业政策 B_{32}

通过风险识别后对畜禽产品流通过程中的风险加以比较构建各指标的两两对比矩阵，得出了各层指标的畜禽产品流通风险评价指标体系（表 7-9），并成立比较矩阵。根据几何平均法，计算出各级权重。其中，运用层次分析法对指标进行权重的确定，二级指标相对于一级指标 A 的成对比较矩阵如表 7-10：

表 7-10 二级指标的比较矩阵

Tab. 7-10 Secondary indexes of the comparison matrix

指标	A_1	A_2	A_3	A_4	PV 值
A_1	1	2 : 1	3 : 1	1 : 3	0.239
A_2	1 : 2	1	2 : 1	1 : 4	0.143

（续）

指标	A_1	A_2	A_3	A_4	PV 值
A_3	1：3	1：2	1	1：4	0.093
A_4	3	4	4	1	0.525
总和	4.83	7.5	10	1.83	/

一级指标内生风险 A 为 0.63，外生风险 B 为 0.37。内生风险中二级指标相对于一级指标的权重分别为：畜禽产品质量风险 $A_1=0.239$，组织管理风险 $A_2=0.143$，畜禽产品技术风险 $A_3=0.093$，畜禽产品流通风险 $A_4=0.525$。

对比值进行一致性检验。计算最大的特征值一致性指标 CI，n 值就是选择准则的个数，矩阵中的 n 值为 4，利用公式 $CI=(\lambda_{max}-n)/(n-1)$ 可以算出 $CI_A=(\lambda_{max}-n)/(n-1)=(4.12-4)/3=0.04$，计算一致性比率 CR，其公式为：$CR=CI/RI$，其中 RI 代表随机一致性指标值，不同准则个数的 RI 如表 7-11 所示。

表 7-11　不同准则个数的 RI 值

Tab. 7-11　RI value of different code number

n	1	2	3	4	5	6	7	8	9	10
RI	0	0	0.58	0.9	1.12	1.24	1.32	1.41	1.45	1.49

矩阵中 n 值为 4，对应上表可得到 CI 值为 0.9。所以可算出：$CR_A=CI_A/RI_A=0.04/0.9=0.044$，因为 $CR_A=0.044<0.10$，判断矩阵通过满意的一致性检验。

同理，一级指标外生风险 B 的 CR、CI 值为：$CI_R=(\lambda_{max}-n)/(n-1)=0.035$，$CR_B=CI/RI=0.035/0.58=0.06<0.10$，判断一级指标外生风险 B 具有一致性。同样通过计算 CR 值检验各二级指标的一致性，二级指标市场环境风险 $B_1=0.399$，自然环境风险 $B_2=0.473$，政策环境风险 $B_3=0.128$。通过计算，各三级指标相对于二级指标的权重如表 7-12：

表 7-12　三级指标相对于二级指标的权重

Tab. 7-12　Level 3 indexes of relative to the secondary table

三级指标	权重
产品保质期 A_{11}	0.224
危害物质残留合格率 A_{12}	0.156
畜禽产品变质损耗率 A_{13}	0.620
信息不对称 A_{21}	0.513
采购效率 A_{22}	0.227
供应商的能力和信誉 A_{23}	0.125
销售商的合作程度 A_{24}	0.135
畜禽产品加工技术风险 A_{31}	0.330
畜禽产品保鲜方法和技术 A_{32}	0.670
运输风险 A_{41}	0.326
配送风险 A_{42}	0.178

（续）

三级指标	权重
库存风险 A_{43}	0.361
人工操作风险 A_{44}	0.135
畜禽产品的市场接受程度 B_{11}	0.128
畜禽产品的季节性 B_{12}	0.512
经济周期 B_{13}	0.360
气候风险 B_{21}	0.250
自然意外风险 B_{22}	0.750
涉农优惠政策风险 B_{31}	0.500
流通行业政策 B_{32}	0.500

7.2.3　畜禽产品流通风险模糊综合评价

7.2.3.1　建立评语集及模糊化处理

通过对畜禽产品流通行业有着丰富经验的专家以及从事畜禽产品流通行业的人员进行调查和咨询，根据上述畜禽产品流通风险评价指标体系对各个风险进行评价，被调查人员通过自身的研究认识对每个评价指标赋值，使各个风险因素定量化。在此，为便于分析，对畜禽产品流通风险采用 5 个等级的评语：$V=\{$低，较低，中等，较高，高$\}$，对应分值分别为 $\{2，4，6，8，10\}$，供被调查人员对指标体系中各指标进行评价。可得畜禽产品质量风险 Y_{A1}、组织管理风险 Y_{A2}、畜禽产品技术风险 Y_{A3}、畜禽产品流通风险 Y_{A4}、畜禽产品市场环境风险 Y_{B1}、畜禽产品自然环境风险 Y_{B2}、畜禽产品政策环境风险 Y_{B3} 的评价矩阵如下：

$$Y_{A1}=\begin{bmatrix} 0 & 0.3 & 0.5 & 0.2 & 0 \\ 0.2 & 0.23 & 0.4 & 0.2 & 0 \\ 0 & 0 & 0.4 & 0.3 & 0.3 \end{bmatrix}$$

$$Y_{A2}=\begin{bmatrix} 0 & 0.3 & 0.4 & 0.2 & 0.1 \\ 0 & 0.5 & 0.3 & 0.2 & 0 \\ 0.2 & 0 & 0.3 & 0.4 & 0.3 \\ 0.3 & 0.3 & 0.3 & 0.2 & 0 \end{bmatrix}$$

$$Y_{A3}=\begin{bmatrix} 0.3 & 0.3 & 0.2 & 0.2 & 0 \\ 0 & 0 & 0.4 & 0.2 & 0.2 \end{bmatrix}$$

$$Y_{A4}=\begin{bmatrix} 0 & 0.2 & 0.3 & 0.5 & 0 \\ 0.3 & 0.3 & 0.2 & 0.2 & 0 \\ 0 & 0 & 0.3 & 0.4 & 0.3 \\ 0.2 & 0.3 & 0.3 & 0.2 & 0 \end{bmatrix}$$

$$Y_{B1}=\begin{bmatrix} 0.1 & 0.5 & 0.3 & 0.1 & 0 \\ 0.3 & 0.4 & 0.2 & 0.1 & 0 \\ 0.2 & 0.3 & 0.4 & 0.1 & 0 \end{bmatrix}$$

$$Y_{B2}=\begin{bmatrix} 0.3 & 0.3 & 0.3 & 0.1 & 0 \\ 0 & 0.2 & 0.2 & 0.3 & 0.3 \end{bmatrix}$$

$$Y_{B3} = \begin{bmatrix} 0.3 & 0.3 & 0.2 & 0.2 & 0 \\ 0.3 & 0.3 & 0.2 & 0.1 & 0 \end{bmatrix}$$

7.2.3.2 综合评价

利用各三级指标权重与各风险级别数值相乘即得到三级指标风险值。

$$D_{A1} = \begin{bmatrix} 0 & 0.3 & 0.5 & 0.2 & 0 \\ 0.2 & 0.23 & 0.4 & 0.2 & 0 \\ 0 & 0 & 0.4 & 0.3 & 0.3 \end{bmatrix} \times \begin{bmatrix} 2 \\ 4 \\ 6 \\ 8 \\ 10 \end{bmatrix} = \begin{bmatrix} 5.8 \\ 5.2 \\ 7.8 \end{bmatrix}$$

$$D_{A2} = \begin{bmatrix} 0 & 0.3 & 0.4 & 0.2 & 0.1 \\ 0 & 0.5 & 0.3 & 0.2 & 0 \\ 0.2 & 0.3 & 0.3 & 0.2 & 0 \\ 0.3 & 0.3 & 0.3 & 0.2 & 0 \end{bmatrix} \times \begin{bmatrix} 2 \\ 4 \\ 6 \\ 8 \\ 10 \end{bmatrix} = \begin{bmatrix} 6.2 \\ 5.4 \\ 5 \\ 5 \end{bmatrix}$$

$$D_{A3} = \begin{bmatrix} 0.3 & 0.3 & 0.2 & 0.2 & 0 \\ 0 & 0 & 0.4 & 0.2 & 0.2 \end{bmatrix} \times \begin{bmatrix} 2 \\ 4 \\ 6 \\ 8 \\ 10 \end{bmatrix} = \begin{bmatrix} 4.6 \\ 4.8 \end{bmatrix}$$

$$D_{A4} = \begin{bmatrix} 0 & 0.2 & 0.3 & 0.5 & 0 \\ 0.3 & 0.3 & 0.2 & 0.2 & 0 \\ 0 & 0 & 0.3 & 0.4 & 0.3 \\ 0.2 & 0.3 & 0.3 & 0.2 & 0 \end{bmatrix} \times \begin{bmatrix} 2 \\ 4 \\ 6 \\ 8 \\ 10 \end{bmatrix} = \begin{bmatrix} 7.6 \\ 4.6 \\ 8 \\ 5 \end{bmatrix}$$

$$D_{B1} = \begin{bmatrix} 0.1 & 0.5 & 0.3 & 0.1 & 0 \\ 0.3 & 0.4 & 0.2 & 0.1 & 0 \\ 0.2 & 0.3 & 0.4 & 0.1 & 0 \end{bmatrix} \times \begin{bmatrix} 2 \\ 4 \\ 6 \\ 8 \\ 10 \end{bmatrix} = \begin{bmatrix} 4.8 \\ 4.2 \\ 4.8 \end{bmatrix}$$

$$D_{B2} = \begin{bmatrix} 0.3 & 0.3 & 0.3 & 0.1 & 0 \\ 0 & 0.2 & 0.2 & 0.3 & 0.3 \end{bmatrix} \times \begin{bmatrix} 2 \\ 4 \\ 6 \\ 8 \\ 10 \end{bmatrix} = \begin{bmatrix} 4.4 \\ 7.4 \end{bmatrix}$$

$$D_{B3} = \begin{bmatrix} 0.3 & 0.3 & 0.2 & 0.2 & 0 \\ 0.3 & 0.3 & 0.2 & 0.2 & 0 \end{bmatrix} \times \begin{bmatrix} 2 \\ 4 \\ 6 \\ 8 \\ 10 \end{bmatrix} = \begin{bmatrix} 4.6 \\ 4.6 \end{bmatrix}$$

又由层次分析法得到各三级指标的权重：

$$W_{A1} = \begin{bmatrix} 0.224 & 0.156 & 0.620 \end{bmatrix}$$

$$W_{A2} = \begin{bmatrix} 0.513 & 0.227 & 0.125 & 0.135 \end{bmatrix}$$

$$W_{A3} = \begin{bmatrix} 0.330 & 0.670 \end{bmatrix}$$

$$W_{A4} = \begin{bmatrix} 0.326 & 0.178 & 0.361 & 0.135 \end{bmatrix}$$

$$W_{B1} = \begin{bmatrix} 0.128 & 0.512 & 0.360 \end{bmatrix}$$

$$W_{B2} = \begin{bmatrix} 0.250 & 0.750 \end{bmatrix}$$

$$W_{B3} = \begin{bmatrix} 0.500 & 0.500 \end{bmatrix}$$

由 D_{A1} 及 W_{A1} 得出畜禽产品质量风险评价值为：

$$H_{A1} = W_{A1} \times D_{A1} = \begin{bmatrix} 5.8 \\ 5.2 \\ 7.8 \end{bmatrix} \times \begin{bmatrix} 0.224 & 0.156 & 0.620 \end{bmatrix} = 6.95$$

同理，得出二级指标畜禽产品组织管理风险 $H_{A2} = 5.71$，畜禽产品技术风险 $H_{A3} = 4.73$，流通风险 $H_{A4} = 6.86$；畜禽产品市场环境风险 $H_{B1} = 4.49$，自然环境风险 $H_{B2} = 6.65$，政策环境风险 $H_{B3} = 4.6$。

二级目标相对于总目标的权重即等于二级目标对一级目标的权重乘以一级目标对总目标的权重，算出：

$$W_i = (0.151, 0.090, 0.059, 0.330, 0.148, 0.175, 0.047)$$

各二级指标的风险评价值为：

$$H_i = (6.950, 5.710, 4.730, 6.860, 4.490, 6.650, 4.600)$$

畜禽产品流通的总风险值为 $H_i = W_i \times H_i = 6.15$

7.2.3.3　评价结果分析

由上述评价数值分析，畜禽产品流通总风险值为 6.15 分，处于中等级别。

在内生风险中，二级指标畜禽产品质量风险为 6.95 分，而在相应的三级指标中畜禽产品变质损耗率高达 7.8 分，接近较高水平。

二级指标组织管理风险为 5.71 分，在组织管理风险中，三级指标信息不对称的得分最高，为 6.2 分，可见信息不对称在畜禽产品流通过程中的风险程度很大。

二级指标流通风险为 6.86 分，流通风险中的运输风险和库存风险得分较高，运输风险得分为 7.6 分，库存风险得分为 8 分，从风险得分数值也可看出，运输基础设施以及库存等冷链保鲜设施的不完善对畜禽产品流通的潜在威胁比较大，提高了畜禽产品流通的风险性。

二级指标畜禽产品技术风险为 4.73 分，属于风险较低水平，对总风险的贡献度较小。在外生风险中，自然环境风险得分为 6.65 分，在平行的宏观环境风险中得分最高，畜禽产品市场环境风险得分为 4.49 分，政策环境风险得分为 4.6 分。可见，在外生风险中，自然环境的变化对畜禽产品流通的威胁最大，市场环境风险和政策环境风险中包括的三级指标风险值都处于较低水平，对畜禽产品的潜在威胁不大。

因此，在内生风险中，对总风险程度贡献度较大的指标有畜禽产品变质损耗率、信息不对称、运输风险和库存风险。而在外生风险中，对总风险贡献程度相对较大的是自然环境风险。

7.3 畜禽产品的质量控制

通过上面的分析可知，畜禽产品的变质损耗率、信息不对称、运输风险、库存风险、自然环境风险等几种风险是影响畜禽产品流通的主要风险。为了提高控制畜禽产品流通风险的能力，以减少风险发生的可能性，应根据目前我国畜禽产品流通风险的特点，建立政府、市场、企业、农民为多元主体的畜禽产品流通风险防范模式。

7.3.1 大力发展冷链流通，扩展畜禽产品加工环节

所谓冷藏链是指在特定的低温条件下，从生产到销售各环节之间，对易腐易感染品进行加工、储藏、运输、销售的各种冷链作业和管理的特殊产业链，它具有成本高昂、技术要求高、商品质量控制难度大等特点。资料表明，100％的肉、奶等畜禽产品需要冷藏，这样才能减少目前发生的惊人损失。一方面，我们需要研究保鲜技术，开展技术创新，采用环保型的、健康型的保鲜剂；另一方面，需要建立畜禽产品冷链流通系统。

未经加工的畜禽产品，无论是流通时间还是流通效率，都不适应多环节、长距离的流通链条。畜禽产品的加工增值环节较多，均可以采取冷冻加工；大量的畜禽产品可以实行人工分选的方式进行加工；大量的畜禽产品需要在产地或者销地设置加工点，进行切分、洗净和分装等加工；为保证高效运输，零散销售，集中将畜禽产品运往销售点进行新包装、分装加工，即大包装改小包装，散装改小包装等。因此，在精加工、细加工和包装上狠下工夫，积极采用新型的保鲜技术，延长畜禽产品储藏时间，扩大畜禽产品销售半径，不仅使得畜禽产品的变质损耗率降低，其最终价值也将得到明显提高。

7.3.2 加快畜禽产品流通的信息化建设

随着社会经济的发展，现代化的管理信息系统不仅是畜禽产品流通的需要，也是畜禽产品生产的要求，因此应把信息化建设作为提高畜禽产品流通效率的重点来抓，加强市场信息硬件基础设施建设，实现生产者、销售者计算机联网、资源共享、信息共用，对流通各环节进行实时跟踪、有效控制与全程管理。畜禽产品生产者与流通企业需要建立完善的流通信息系统，加强市场信息网络建设，建立自己的信息系统，配备专门工作人员，建立必要的信息接收、处理和发布的硬件设施，健全信息收集、交换、分析、发布制度，同时还应积极发展电子商务，利用电子商务来进行广告宣传、电子交易、电子支付、客户关系管理和供应链管理。

7.3.3 加强交通基础设施的建设，提高畜禽产品装运机械化水平

有些偏远山区交通网络不发达，严重限制了当地经济的发展，路况不良，畜禽产品流通不畅，使得畜禽产品不能及时上市，造成腐烂变质。开辟公路、铁路、航空及水上常年性畜禽产品运输通道，特别是加大农村道路建设投资，形成快速、通畅的交通网络。

畜禽产品装运机械化水平低的原因在于现代化设备投入力度不够，降低了畜禽产品流

通速度，提高了畜禽产品在流通过程中的损耗率，也使得畜禽产品生产者和经营者面临的风险增大。鉴于畜禽产品流通行业的运输成本高、回收周期长的特点，需要各级政府和畜禽产品生产者的通力合作。加大畜禽产品运载工具的研发和生产力度，研制和改进运输车辆，引进国外先进技术，加快高速度、大马力汽车和各种专用车辆的生产以提高畜禽产品装运机械化水平。

7.3.4　提高农业自然灾害风险防范水平

畜禽产品有着天然的弱质性，部分畜禽产品对气候要求较高，由于我国农业科技投入水平不高，畜禽产品抵御自然灾害的能力较低，农业受到自然灾害（如洪涝、干旱）的潜在威胁较大，畜禽产品产量、畜禽产品价格波动性相应加大。为了提高畜禽产品抵御自然灾害的能力，应加大对农业科技设备的研发以及生产力度，普及先进农业科技设备的使用。

第 8 节　肉制品加工企业预包装熟肉制品流通环节风险分析

中国是畜禽产品生产大国，畜禽产品在中国经济和社会生活中占据着重要地位。20世纪 50 年代初，中国人均肉类消费只有 6kg 左右，而 2014 年已达 63.8kg。肉类生产和消费的增长是维护国民健康、改善营养供应的重要保障之一。随着肉类生产和消费的增加，中国也更加关注肉类食品对人体健康和消费安全的风险问题。

2015 年 10 月 26 日，世界卫生组织（WHO）下属国际癌症研究机构（IARC）在官网发布最新报告，将培根、火腿、香肠等加工肉制品列为致癌物，此外，牛肉、羊肉、猪肉等"红肉"也有致癌可能。IARC 发布的这一研究报告，引起了肉类行业从业者和肉类食品消费者的高度重视。如何认清肉类食品与癌症发生的相关性，应根据不同产品、不同地区、不同环境、不同人群、不同烹调方式和不同饮食习惯等多种因素进行综合分析和比较研究。据世界肿瘤流行学调查统计，结肠癌在北美、西欧、澳大利亚和新西兰等地的发病率高，而在中国、日本、芬兰和智利等地较低。这说明，结肠癌与不同地区居民的饮食习惯是有密切关系的，不能一概而论。

2015 年中国肉类协会已经承接了国家食品药品监督管理总局委托的《肉类食品安全风险信息收集与行业风险监测预警》项目。针对国内消费者对"部分肉食致癌"信息的反映和肉类食品加工与销售的变化，通过肉类食品风险信息收集与监测预警平台，与国内外相关科研机构合作，随时汇总分析，报告研究进展，加强肉类食品安全风险控制和管理，努力保障肉类产业稳定和肉类消费安全。

科学地确定肉类生产、加工、流通的产业发展目标，关系国计民生和社会安定，不容忽视。从中国前 60 年的发展情况看：

①1954—1985 年人均肉类消费从 6.1kg 增加到 16.6kg，30 年时间人均肉类消费增加 10.5kg；

②1985—1995 年人均肉类消费从 16.6kg 增加到 33.5kg，10 年时间人均肉类消费增加约 17kg；

③1995—2005 年人均肉类消费从 33.5kg 增加到 59.2kg，10 年时间人均肉类消费增加了 25.7kg；

④2005—2014 年人均肉类消费从 59.2kg 到人均 63.8kg，9 年时间增加了 4.6kg，增速明显放缓，标志着中国肉类产业的发展正在进入一个新阶段。

中国肉类产业发展新阶段的主要特点是，肉类消费已经不限于满足数量上的需求，而是以提质增效为中心，着力提高质量、优化结构、确保安全。根据 WHO 解释，健康不仅指一个人身体有没有出现疾病或虚弱现象，而是指一个人生理上、心理上和社会上的完好状态。肉类产业发展，不仅要保证肉类食品质量安全，防控人体生理疾病的发生，而且要加强肉食消费的科普宣传，增强消费者心理上的安全感，实现放心消费。为此，必须加强整个产业链质量安全保障体系建设，严格执行国家标准，确保养殖、屠宰、加工、流通和终端消费各个环节的风险防控处于完好状态。这里重点介绍预包装熟肉制品流通环节风险分析的相关问题。

8.1 预包装食品的定义

根据 GB 7718—2011《食品安全国家标准 预包装食品标签通则》，"预包装食品"定义为：预先定量包装或者制作在包装材料和容器中的食品，包括预先定量包装以及预先定量制作在包装材料和容器中并且在一定量限范围内具有统一的质量或体积标识的食品。预包装食品首先应当预先包装，此外包装上要有统一的质量或体积的标示。

现行的《中华人民共和国食品安全法》第 10 章附则中，把"预包装食品"规定为：预先定量包装或者制作在包装材料和容器中的食品。

8.2 肉制品监管的分类

8.2.1 中国食品药品监管总局对肉制品的监管分成 4 类
8.2.1.1 热加工熟肉制品
①酱卤肉制品（酱卤肉类、糟肉类、白煮类、其他）；

②熏烧烤肉制品（熏肉、烤肉、烤鸡腿、烤鸭、叉烧肉、其他）；

③肉灌制品（灌肠类、西式火腿、其他）；油炸肉制品（炸鸡翅、炸肉丸、其他）；

④熟肉干制品（肉松类、肉干类、肉脯、其他）；其他熟肉制品（肉冻类、血豆腐、其他）。

8.2.1.2 发酵肉制品
发酵灌制品；发酵火腿制品。

8.2.1.3 预制调理肉制品
冷藏预制调理肉类；冷冻预制调理肉类。

8.2.1.4 腌腊肉制品
肉灌制品；腊肉制品；火腿制品；其他肉制品。

8.2.2 其他
①食品经营场所面积、温度条件（常温、冷冻、冷藏）；

②包装保护带来的影响，一般预包装肉制品相对于散装来言风险要小一点。

8.3 预包装熟肉制品流通风险识别

目前，国家监管熟肉制品的指标项目主要有农药兽药残留、食品添加剂滥用和非法添加、致病菌、重金属、污染物质等指标。国家食药总局对肉制品采取抽检全覆盖，结果全公开的措施。全国食品药品监管机构按照层级不同对不同类型的肉类食品生产企业进行抽检。国家食药总局负责对规模以上占市场份额较大的肉食品生产企业抽检。省级食药部门负责本省获证肉食品生产企业的抽检。市、县两级食药部门重点抽检本地小作坊生产加工肉食品和餐饮单位自制肉食品。

肉制品加工企业一旦被抽样，样品全部不合格的，企业将被责令召回全部市场销售的产品；部分样品不合格的，企业要召回不合格产品，并视情况停业整顿，同时监管部门还会增加对不合格产品生产企业其他批次产品的抽检频次；对产品不合格较多、且安全危害较大的，监管部门要求全部产品下架、封存，检验合格的批次重新上架恢复销售；涉嫌犯罪的，公安机关将追究刑事责任。

8.3.1　技术风险

主要分为：肉制品使用的主要食品原料属性、肉制品配方复杂程度、使用食品添加剂多少、生产工艺复杂程度等。如，针对当前流行的低温肉制品，主要是指常压下通过蒸、煮、熏、烤等热加工过程，使肉制品的中心温度控制在 $68\sim72℃$，并需在 $0\sim4℃$ 低温环境下储存运输销售的肉制品。在商场、超市低温柜中销售的熏煮香肠、熏煮火腿、培根、酱牛肉等产品，均属于低温肉制品。低温肉制品相对温和的加工和杀菌条件可以杀死其中的致病微生物，但由于部分微生物能够耐受较高的温度，所以可能会有部分残留其中，一旦条件适宜就会生长繁殖。因此，低温肉制品购买后，应尽快将其放入冰箱中冷藏贮存，避免在室温下长时间暴露。并尽量做到分类、分区单独包装和存放，避免同生食品、熟食或无包装食品接触。易腐原料是指蛋白质或碳水化合物含量较高，通常 pH 大于 4.6 且水分活度大于 0.85，需要控制温度和时间以防止腐败变质和细菌生长、繁殖、产毒的食品。如乳、蛋、禽、畜、水产品等动物源性食品（含）及豆制品等。

目前，畜禽产品流通主要是以常温流通或自然流通形式为主，缺乏冷冻冷藏设备和技术，且畜禽产品流通渠道不畅，使得畜禽产品在流通过程中损耗巨大。

8.3.2　流通风险

流通环节一般指：农贸市场、菜市场、批发市场、商场、超市、小食杂店和网购等。餐饮环节一般包括：餐馆（特大型餐馆、大型餐馆、中型餐馆和小型餐馆）、食堂（机关食堂、学校/托幼食堂、企事业单位食堂和建筑工地食堂）、小吃店、快餐店、饮品店、集体用餐配送单位和中央厨房等。

在流通环节检测出的预包装食品问题一般包括："检出非食用物质"、"检出真菌毒素严重超标"、"检出致病菌/或致病菌超标"、"农药残留严重超标"、"兽药残留严重超标"、"重金属严重超标"等，以及涉及区域性、行业性食品安全问题的，或者涉及敏感食品、敏感项目等异常情况。

畜禽产品贮藏运输流通的方法和条件对畜禽产品安全有较大影响，这些都可能使畜禽产品在流通中产生风险。

8.3.3　信息风险

8.3.3.1　标签标示风险

购买低温肉制品时，应尽量选择具备食品生产经营相应资质的正规厂家、正规商业超市渠道。应购买包装完好、标签标识清晰、感官正常、保质期内的低温肉制品，避免购买胀袋或内表面明显发黏的低温肉制品。购买时，重点关注该产品是否储藏在 0～4℃ 的环境下。

8.3.3.2 流通信息技术的应用

现代信息技术在流通各个作业环节中的应用，主要指购买的低温肉制品应在保质期内尽快食用。食用时，应注意清洁卫生，刀具、案板和餐具做到生熟分开，避免交叉污染。打开包装后未食用完的低温肉制品应放入冰箱中密封保存并尽快食用完毕。避免食用胀袋或有明显异味的低温肉制品。

8.3.3.3 食品保质期

根据《中华人民共和国食品安全法》和有关标准规定，食品保质期是指食品在标明的贮存条件下保持品质的期限。保质期由厂家根据生产的食品特性、加速实验或测试结果进行确定，相当于企业针对产品对消费者给出的承诺——在此期限内，食品的风味、口感、安全性各方面都有保证，可以放心食用。

保质期由两个元素构成，一为贮存条件，二为期限，二者紧密相关，不可分割。贮存条件必须在食品标签中标注，通常包括：常温、避光保存、冷藏保存、冷冻保存等。如果产品存放条件不符合规定，食品的保质期很可能会缩短，甚至丧失安全性保障。

8.3.3.4 国外保质期的规定

尽管世界各国对食品保质期的定义或称谓各有差异，但其意义和要求基本一致。日本对食品的保质期规定非常严格，分"消费期限"和"赏味期限"。前者多用于容易腐烂的食品（如生鲜食品）上，表示在未开封的情况下，能够安全食用的期限；后者多用于品质不容易变坏的加工食品（冷藏或是常温下可以保存的食品），是能保证食品品质、味道的期限。欧盟规定保质期分为"在此前食用"和"最好在……之前食用"。前者通常是针对一些易变质食品，是指在保质期之后食用有可能威胁健康；后者则针对其他食品，指在保质期之后食用口感和味道可能会受影响。美国食品包装日期有 4 种：①食品外包装箱上都必须标明"销售截止日期"，指商场只能在这个日期之前销售这些食品。但并不是说过了这个日期就不能吃了，它会给消费者购买后的食用、贮存留有余地。②称为"最佳口味期"，是指食品味道或者质量的最佳时间。③是"食用期"，即食物的最后食用日期。一般这个日期是最长的，超过这个日期就必须销毁了。④是"封箱包装日期"，以便出现问题进行追究。

8.3.3.5 肉制品保质期的规定

各类食品对保质期的要求程度不同，肉制品的保质期应予以特别关注。一般来说，易腐败、易氧化的食品对保质期的要求高，水分活度比较高、蛋白质、脂肪含量比较高的食品过了保质期更容易出现质量隐患，但不一定会产生危害。而由于微生物、氧化或金属离子等超标或脂肪酸败引起的变质食品食用后可能会对人体产生危害。肉制品尤其应注意保质期。

肉制品营养丰富，在长期保存过程中，肉中的细菌会利用肉品充足的营养和水分增殖，分解蛋白质、脂肪和碳水化合物等，导致肉品腐败变质，同时存在致病菌增殖的安全隐患。有些细菌本身还会产生外毒素和内毒素，可能会危及人体健康。除了细菌增殖导致疾病外，蛋白质自身的腐败也会致病，如可产生胺类、吲哚、硫醇、硫化氢等小分子物质，可能会对人体健康造成危害。

8.3.3.6 制定合理的食品保质期限

企业制定产品保质期应依靠专业机构的技术支持。通过检测验证食品在标注的保质期内能否满足产品质量安全标准。同时重点关注销售环节是否满足了食品贮存条件的要求，综合考虑生产和销售环节的要求，为食品制定科学合理的保质期限。消费者购买食品时要养成看标签标注保质期的习惯，不要购买和食用过了保质期的食品。

8.3.3.7 加强对过保质期食品处理

食品生产经营者应认真遵守我国《食品安全法》和《食品召回实施办法》等有关规定，落实召回责任。食品生产者通过自检自查、公众投诉举报、经营者和监管部门告知等方式，知悉其生产经营的食品属于不安全食品的，应当主动召回。企业经营者应配合食品生产者的召回工作，因自身原因所导致的不安全食品，应在其经营范围内主动召回。对应当主动召回，而未主动召回的，监管部门可以责令召回。

8.3.3.8 消费者应注意的信息

消费者应主动关注企业和监管部门发布的召回信息，不要食用列入召回名单的食品，避免可能的食品安全风险。此外，自制发酵食品尤其要注意防控风险，食材原料、水、容器等选择要注意卫生，最好少量制作，短期食用。

8.3.4 管理风险

流通管理风险是指流通服务中管理整合的风险。受业态和规模的影响，分为产品提供给餐饮服务单位；集体用餐配送单位；学校、幼儿园等机构单位食堂、中央厨房等。

8.3.5 其他风险

目前，由于中国专业从事畜禽产品流通的龙头企业很少，要发展畜禽产品流通业，必须依靠国家出台相应政策措施来鼓励畜禽产品流通业的发展。确立畜禽产品流通业的合法地位，建立畜禽产品流通体系，研究制定畜禽产品流通与供应链管理体系的规划方案和实施办法，促进畜禽产品流通企业健康快速发展。表7-13为政府执法部门针对流通环节肉制品安全主要集中整顿治理表。

表7-13 政府执法部门针对流通环节肉制品安全整顿治理表

Tab. 7-13 The government law enforcement against circulation meat products safety overhaul management table

类　　别	单位	数量
出动执法人员	人次	
出动执法车辆	辆次	
检查商场、超市、肉食店	个次	
检查农贸市场、批发市场	个次	
检查肉品经营户	户次	
取缔肉品无证无照经营	户	
查扣质量不合格肉品	千克	
其中：查扣含"瘦肉精"肉品	千克	

（续）

类　　别		单位	数量
查处违法案件	总数	件	
	案值总额	万元	
	罚没金额	万元	
	其中：含"瘦肉精"肉品案件	件	
	案值	万元	
	罚没金额	万元	
	移送司法机关案件	件	

8.4　畜禽产品流通风险评估

根据预包装熟肉制品的综合情况，从 8 个方面开展风险分析：

8.4.1　食品贮存条件要求及保质期

要求在食品标签中必须标注贮存条件（常温、避光保存、冷藏保存、冷冻保存等）。如果产品存放条件不符合规定，食品的保质期很可能会缩短，甚至丧失安全性保障。

8.4.2　抽检发现的问题

肉制品在流通环节，抽检时发生微生物指标不合格情况原因分析：

1）菌落总数不合格

菌落总数是指示性微生物指标，并非致病菌指标。主要用来评价食品清洁度，反映食品在生产过程中是否符合卫生要求。菌落总数超标说明该企业可能未按要求严格控制生产加工过程的卫生条件，或者包装容器清洗消毒不到位；还有可能与产品包装密封不严，储运条件控制不当等有关。

2）大肠菌群不合格

大肠菌群是国内外通用的食品污染常用指示菌之一。食品中检出大肠菌群，提示被致病菌（如沙门氏菌、志贺氏菌、致病性大肠杆菌）污染的可能性较大。大肠菌群超标可能是产品的原料、包装材料受到污染，或者生产过程中受到加工人员、工具器具等污染造成，也可能是储运过程和销售终端未能持续保持储运条件，或包装不严、破损等问题造成二次污染。

3）霉菌不合格

霉菌超标主要原因可能是原料或包装材料受到霉菌污染，产品在生产加工过程中卫生条件控制不到位，生产工器具等设备设施清洗消毒不到位或产品储运条件不当而导致。

4）霉菌和酵母不合格

霉菌和酵母超标原因可能是加工用原料受霉菌污染，也可能是流通环节抽取的样品霉菌和酵母超标，后者为储运条件控制不当导致。霉菌和酵母在自然界很常见，霉菌可使食品腐败变质，破坏食品的色、香、味，降低食品的食用价值。

8.4.3　食用人群

将原来的食品流通许可证与餐饮服务许可证二证合一，食品流通许可证合并为食品经营许可证后，经营项目由原来的预包装食品、散装食品 2 类，变为预包装食品销售（含冷藏冷冻、不含冷藏冷冻)、散装食品 (含冷藏冷冻、不含冷藏冷冻)、特殊食品销售 (保健食品、特殊医学用途配方食品、婴幼儿配方食品、其他婴幼儿配方食品) 共 8 类。

老人、孕妇、婴幼儿、免疫力低下和易过敏人群应特别关注食品适用人群。

8.4.4　社会关注程度

国以民为本，民以食为天，食以安为先，食品安全问题已经成为一个世界性的话题，在任何一个国家，食品及其安全性都是上至国家领导人，下至普通百姓共同关注的焦点。随着肉制品行业的发展，肉制品的安全问题，日益成为消费者关注的话题。无论是从平时餐桌上的鲜肉制品，还是各种加工的熟肉制品；无论是小企业，小作坊的加工，还是大企业的规模化的生产，质量安全问题都十分重要。食品安全话题是我国最热门的话题之一，肉与肉制品的安全更是受到国内外普遍的关注。

劣质肉制品由批发市场流向餐馆饭店等是另外一个值得关注的话题。近年来，随着市场准入制度的实施，监督抽查力度的加大，大型生产企业和零售市场的肉制品质量有了明显提高，但对批发市场和餐饮行业的监管力度明显欠缺，批发市场成了劣质肉制品的集散地，顾客主要为餐馆、饭店、配餐业，产品被用于涮火锅、拼盘、配菜等。

《中华人民共和国食品安全法》的施行更是将肉类食品安全提到了新的高度。

8.4.5　生产工艺复杂程度

肉制品的取材、工艺、肉制品中脂肪含量，以及储、运、销售的环境 (如温度、光照、湿度)、时间都是影响安全的因素。从 1990 年开始，中国肉类食品的监督抽查第一次安排在京津沪三市，合格率分别是 70%、50%、30%，综合合格率仅为 50% (来源：中国食品报)，主要问题是微生物超标严重，食品添加剂、亚硝酸盐残留超标严重。导致问题的原因：很多生产企业加工条件不达标，卫生管理差，肉类食品包装还处于初级阶段，以散装裸卖肉品为主，同时流通环节的二次污染也比较严重。近年来，随着食品安全意识的提高，大型肉类厂商不断地主动改善生产加工条件，获取各种认证——如 HACCP 及各类 ISO 质量管理体系认证等，问题得到有效改善。不过从饲养、屠宰、储藏、运输到销售，再到百姓的餐桌，链条上任何环节出了问题都会影响到食品安全。

与生鲜肉相比，肉制品加工的工艺相对复杂。辅料掺杂使假现象就是一个例子。肉制品加工中普遍应用的香辛料近百种，质量上乘的香辛料价格昂贵，一些不法分子为降低生产成本、提高市场竞争力，在其产品中掺杂使假，以次充好。肉制品行业使用的香辛料大都研磨成粉状，有的还会加入香精、色素等，以提高风味色泽等。香辛料的使用者并不清楚掺入了何种物质，这些带有不明成分的香辛料一旦加入到肉制品中，也会给消费者的健康带来潜在危害，比如掺入辣椒粉中的苏丹红可能致癌，掺入胡椒粉中的劣质小麦粉可能引起过敏。

肉类食品企业，不能等到发现安全事件时再去认真对待安全。安全对企业来说，不仅是个责任问题，更是道德问题。因此，企业应从养殖、屠宰、检验、加工、保藏、流通各个环节加强质量管理，特别要加强源头即养殖的管理，从源头上保证肉制品的安全。同时，企业应该加大技术研发，改善生产环境，采用先进的技术设备，引进专业技术性人才，学习标准，规范意识，增强员工素质，减少食品安全风险和事故的发生。

8.4.6　食品添加剂使用范围与使用量

食品添加剂是指为改善食品品质和色、香、味，以及为防腐和加工工艺的需要而加入食品中的化学合成或天然物质。由于食品工业的快速发展，食品添加剂已经成为现代食品工业的重要组成部分，并且已经成为食品工业技术进步和科技创新的重要推动力。在食品添加剂的使用中，除保证其发挥应有的功能和作用外，最重要的是应保证食品的安全卫生。

为了规范食品添加剂的使用、保障食品添加剂使用的安全性，国家卫生和计划生育委员会根据《中华人民共和国食品安全法》的有关规定，制定颁布了 GB 2760《食品安全国家标准　食品添加剂使用标准》。该标准规定了食品中允许使用的添加剂品种，并详细规定了使用范围、使用量。

8.4.6.1　食品添加剂使用时应符合以下基本要求

①不应对人体产生任何健康危害；

②不应掩盖食品腐败变质；

③不应掩盖食品本身或加工过程中的质量缺陷或以掺杂、掺假、伪造为目的而使用食品添加剂；

④不应降低食品本身的营养价值；

⑤在达到预期效果的前提下尽可能降低在食品中的使用量。

8.4.6.2　在下列情况下可以使用食品添加剂

①保持或提高食品本身的营养价值；

②作为某些特殊膳食用食品的必要配料或成分；

③提高食品的质量和稳定性，改进其感官特性；

④便于食品的生产、加工、包装、运输或者贮藏。

在肉制品中违禁添加着色剂、防腐剂等。食品色素分天然色素和合成色素。天然色素一般无毒害，但色泽不够鲜艳，价格贵，颜色不够持久。所以添加量及添加范围均需加以严格控制。不允许在肉制品中添加胭脂红、苋菜红等合成红系色素。如果生产厂家的原料肉不新鲜或者大量充填淀粉，色泽就会暗淡；但是只要在其中添加合成红系色素，就会掩盖其中的问题，同时由于合成红系色素色泽稳固，颜色给人以新鲜之感，能够刺激人们的购买欲和食欲。

8.4.7　食品配方复杂程度

近来由于猪肉涨价，个别企业的部分产品含肉量降低，填充物增加。一些企业为降低生产成本，提高肉制品出品率，在原辅料配比上加大对辅料的投入，通过保水、增香、增色等技术的应用，使某些产品看起来是肉制品，实际上相当大的比例是淀粉、大豆蛋白和动物胶，通过香精、色素的掩盖，这样的产品颜色鲜艳、香味浓郁、具有诱人的外观，很容易迷惑消费者。一些现行的产品标准，只能约束淀粉和水分含量，却不能限制植物蛋白、卡拉胶、明胶等物质的添加量，某些标签称"无淀粉"的肉制品，有的产品实际上也含淀粉，而有的只是用植物蛋白、卡拉胶、明胶取代淀粉作为填充物，这样既提高了出肉率，又充实了蛋白质的含量，各项指标还都满足要求，只是消费者买到的不是实实在在的肉。另外，传统肉制品酱牛肉、叉烧肉等，通过注水、加胶、加淀粉等措施提高出肉率，已失去了传统肉制品的品质。目前，少数肉干制品也能检出填充了淀粉。目前的肉制品产品标准中，火腿肠和熏煮火腿有等级划分，要求标签要标明产品的等级，有些企业还没有及时按照产品标准的要求，将产品等级标注到标签上。有些产品的配料表内容标注不全。

8.4.8 主要食品原料属性

由于肉类制品营养丰富，水分活度高，易受微生物污染，再加上放置时间一长，堆放温度高易造成原料肉变质。通常，高温火腿肠是能够常温流通的肉类制品，其他的肉制品的加热熟制温度在 100℃ 以下的，行业内称为低温肉制品，如熏煮香肠、熏煮火腿、酱卤肉制品等。由于这类肉制品不是高温灭菌的产品，为保证安全食用，保存的温度要求是 0～4℃。但是，由于物流过程中有时不能做到连续冷藏，致使一些产品达不到标签上标注的保质期，出现了微生物超标的问题。此外，零售商店的分装行为，也是微生物超标的一大原因，这些产品有：超市内促销员现卖现切的熟食，冷藏柜内托盘包装的产品。这类产品的共同特点是经过了零售店的分装，分装过程以及切片、切丝工作造成二次污染，夏季这类产品微生物超标严重。卫生部门的调查报告可以看出，将产品分为定型包装和散装两类，散装的调查报告没有微生物项目，如果散装设立了微生物项目，产品合格率将达不到 20%。

8.5 加快中国肉类产业转型升级

肉类消费的数量毕竟是有限的，而对于肉类消费品质的追求是无限的。IARC 发布的有关肉类食品致癌风险的报告还只是初步的研究成果。随着人类科学研究的深入，对于肉类食品与人体健康之间的关系还将不断有新的认识和发现。在科学精神的指引下，人类对于肉类消费的需求将不断变化。中国肉类产业必须根据肉类消费需求的变化，加快转型升级。

8.5.1 转型

就是从过去的单纯数量型增长方式转为质量效益型增长方式。质量的内涵，是指产品的适用性，即产品在使用时能成功地满足用户需要的程度。就肉类食品而言，提高质量就是提高消费者的满意度。从效益方面看，主要就是看能否增进消费者的健康。消费者对于肉类食品的需求，反映在对产品性能、经济特性、服务特性、环境特性和心理特性等多个方面；往往还要受到消费时间、消费地点、消费对象、消费环境和市场竞争等多种因素的影响，具有综合性、复杂性的特点。如何增进消费者的健康、提高消费者的满意度，是肉类产业转型面临的中心任务。

8.5.2 升级

是指根据消费需求的变化，不断提高产业的供应能力和水平。肉类食品质量不是一个固定不变的概念，它是动态的、变化的、发展的；它随着时间、地点、消费对象的不同而不同，随着社会的发展、技术的进步而不断更新和丰富。肉类产业升级，就是要不断适应肉类食品消费需求的这些变化。

8.5.3 中国肉类产业的转型升级

《中国食物与营养发展纲要（2014—2020 年）》中指出，现在我国食物生产还不能适应营养需求，居民营养不足与过剩并存，营养与健康知识缺乏，必须引起高度重视。这个问题在肉类食品的生产消费领域尤为突出。面对当前肉类食品安全压力加大的挑战，中国肉类产业要在"十三五"期间通过转型升级，开拓发展新局面，更好地服务于消费者的肉类食品新需求。

8.5.4 2015 年新修订《中华人民共和国食品安全法》系列解读

8.5.4.1 食品流通环节亮点

①将原来的食品流通许可证与餐饮服务许可证二证合一，食品流通许可证合并为食品经营许可证后，经营项目由原来的预包装食品、散装食品 2 类，变为预包装食品销售（含冷藏冷冻、不含冷藏冷冻）、散装食品（含冷藏冷冻、不含冷藏冷冻）、特殊食品销售（保健食品、特殊医学用途配方食品、婴幼儿配方食品、其他婴幼儿配方食品）共 8 类。

②加大对特殊食品的监管，应当在经营场所划定专门的区域或柜台、货架摆放、销售，分别设立提示牌，建立从事保健食品经营活动人员的培训制度，开展保健食品有关法律、法规和相关知识的培训，并建立培训记录和个人培训档案，培训合格人员方可从事保健食品的经营活动。

③增加对特殊主体业态的监管要求。利用自动售货设备从事食品销售的和通过互联网从事食品经营的予以明确规定。

④增加了对食品贮存和运输环节的监管内容。应用符合安全标准的专用运输工具，运输车厢的内仓应抗腐蚀、平整、防潮、易清洁消毒；不得运输可能对食品安全有不良影响的货物；在经营场所外设置仓库（包括自有和租赁）的，还应当在副本中载明仓库具体地址。在食品经营许可证的核发中将贮存场所的现场核查予以单列。

8.5.4.2 明确食品安全工作的四大原则

预防为主、风险管理、全程控制、社会共治。以此原则为指导，国家食品药品监督管理总局食品安全监管三司会同中国食品科学技术学会，以保障公众食品安全为出发点，以指导科学消费为落脚点，着眼于日常消费量大的食品品种，针对可能的食品安全盲点和消费误区，结合当前夏季温度高、湿度大等特点，邀请相关行业协会和权威专家，编制了系列消费提示。

8.5.4.3 消费者在选购、存储和加工制作食品时应注意的地方

①通过正规可靠渠道购买并保存凭证，看清外包装标签标识中的食品生产单位和产品相关信息，如生产日期、保质期、生产者名称和地址、成分或配料表、食品生产许可证编号、适用人群等。不要购买无厂名、厂址、生产日期和保质期的产品，不要购买超过保质期的产品。

②购买后按照标签所示方式保存，保存期限不要超过保质期。按照标示方法加工食用。老人、孕妇、婴幼儿、免疫力低下和易过敏人群应特别关注食品适用人群。散装食品注意适量买入，妥善保藏。

③食品加工制作时应注意清洁卫生。加工人员应洗净双手。制作前确认食材新鲜，没有变质。食材要洗净，刀具、案板和餐具等要清洁并生熟分开。加热烹制过程要做到烧熟煮透，凉菜要现做现吃。

8.5.5 关于网购食品消费方面的要求

根据《中华人民共和国食品安全法》第 131 条第 2 款规定：网购消费者通过网络食品交易第三方平台购买食品，其合法权益受到损害的，可以向入网食品经营者或者食品生产者要求赔偿。网络食品交易第三方平台提供者不能提供入网食品经营者的真实名称、地址和有效联系方式的，由网络食品交易第三方平台提供者赔偿。网络食品交易第三方平台提供者赔偿后，有权向入网食品经营者或者食品生产者追偿。网络食品交易第三方平台提

者做出更有利于消费者承诺的，应当履行其承诺。这意味着，以后如果消费者在网络平台买到了假冒伪劣产品，在网络平台不能提供经营者信息的情况下，可以直接向其网络平台索取赔偿，要为自己的"间接"错误买单。这在一定程度上督促网络平台加大对在其平台上经营的食品销售者的自检力度，增加了网络平台的一般性注意义务，在一定程度上保证了消费者在网络平台购买食品的安全性。

8.6　建议

8.6.1　关于食品安全风险评估规划

2011 年 10 月中国食品安全风险评估中心成立，这是中国食品安全风险评估领域唯一的专业技术机构，主要承担风险评估、监测、预警、交流和食品安全标准制定等技术工作。

2015 年 10 月 9 日，国家食品安全风险评估中心在北京召开了食品安全风险评估规划（2016—2020）研讨会。食品安全风险评估规划（2016—2020）是今后几年中国食品安全风险评估工作的大纲，是为了系统、科学、整体地推进评估工作而制定的重要文件。

8.6.2　将食品药品安全纳入"十三五"国家科技创新规划

2016 年 9 月，国务院发布《"十三五"国家科技创新规划》明确了"十三五"时期科技创新的总体思路、发展目标、主要任务和重大举措。在食品质量安全方面，《规划》强调，要重视食品质量安全，聚焦食品源头污染问题日益严重、过程安全控制能力薄弱、监管科技支撑能力不足等突出问题，重点开展监测检测、风险评估、溯源预警、过程控制、监管应急等食品安全防护关键技术研究。重点突破食品风险因子非定向筛查、快速检测核心试剂高效筛选、体外替代毒性测试、致病生物全基因溯源、全产业链追溯与控制、真伪识别等核心技术，强化食品安全基础标准研究，加强基于互联网新兴业态的监管技术研究，构建全产业链质量安全技术体系。

8.6.3　建立以风险管控为基础的食品安全监管体系

强化源头治理，防控风险。源头治理、全程可追溯和风险防控是发达国家解决食品安全的有效措施之一，也是新修订的《中华人民共和国食品安全法》确立的食品安全工作原则。贯彻落实风险管理理念，建立完善食品安全风险等级评价体系，完善食品安全风险监测、评估、管理和交流制度，建立以风险管控为基础的食品安全监管体系。要研究建立风险等级评价体系，制定食品生产经营风险分级管理办法，推动实施分级监管（见附录 2）。统筹食品、食用农产品质量安全抽检计划，合理分工国家和地方、部门的风险监测和抽检重点，提高抽检覆盖面。将日常消费食品中农药兽药残留、食品添加剂、重金属污染的监督抽检责任落到实处。完善食品安全风险会商和预警交流机制，整合食品安全风险监测、监督抽检（见附录 3）和食用农产品风险监测、监督抽检数据，加大分析研判力度，提高数据利用效率。加强应急工作，健全突发事件信息直报和舆情监测网络体系，拓展风险交流渠道和形式。加强食用农产品质量和食品安全风险评估工作。健全信息公开机制，及时公开行政许可、监督抽检、行政处罚、责任追究等信息。

第9节 猪肉生产过程中质量损耗分析与预冷过程优化

我国是世界第一肉类生产大国，却不是肉类加工强国，存在产业加工率低、质量安全保障程度不高等问题。为此，要实现企业肉品的利益最大化，就需控制影响猪肉质量的诸多因素，以保证肉品质量的安全，减少不同生产阶段损耗。

9.1 猪肉质量损失因素分析

猪肉生产全过程在时间上是连续的。按时间顺序可分为：宰前饲养、运输、宰前静养、屠宰和分割、冷却成熟、猪肉运输 6 个阶段。每个阶段的处理均可影响本阶段或后续阶段的猪肉质量损失，猪肉损耗影响因素见表 7-14。

表 7-14 猪肉损耗影响因素

Tab. 7-14 Influencing factor of pork weight loss

重点环节	影响因素				
宰前饲养	饲料				
运输	个体空间	运输距离	环境温度		
宰前静养	时间	猪伤病情况	饮水	环境温、湿度	个体情绪
屠宰与分割	体液流失	屠宰方法	屠宰时间	环境温、湿度	分割方法	分割时间
冷却成熟	产品初始温度	冷却时间	风速	环境温、湿度	保水性能
成品运输	产品初始温度	运输时间	保水性能	环境温、湿度	

9.1.1 宰前饲养

宰前饲养是特指生猪从饲养场运出前的一段时间。生猪宰前饲养方式可避免或能显著影响此后的猪肉重量损失：在宰前 2~3 周饲喂高蛋白质、高脂肪、高粗纤维和低可消化淀粉的饲料可降低汁液流失；在生猪屠宰前 5d 额外添加 0.5% 的色氨酸，能够减少屠宰后胴体出现肉色泽淡白、质地松软、有汁液渗出，白肌肉 PSE（Pale Soft Exudative）发生频率可下降 1/3。

9.1.2 生猪运输

生猪通过车辆从饲养场转移到屠宰厂的过程称为运输。在运输中，死亡和组织损伤发生最多。超过 1% 生猪在运输后行走困难甚至死亡。因此，扩充每头猪的运输空间可减少生猪损耗，运输空间从 1 头猪 0.39 m^2 增至 0.48 m^2，其损耗将减少一半。然而，运输空间也不是越大越好，过大将会出现猪只难以保持平衡，相互无所依靠。实际操作，运输空间与猪的大小相关联，大约 4.6×10^{-3} m^2/kg。损耗也与运输距离和季节有关，适宜运输温度 15~25 ℃。

9.1.3 宰前静养

生猪经初步检验检疫进入屠宰厂后，需静养禁食 12~24 h，保持外部环境安静，发现病猪和伤猪需剔除。静养 12 h 左右重量损耗不到 1%，可减少 PSE 产生率。补充电解质溶液、营养补充剂或糖蜜溶液，能提高猪肉产品质量。

9.1.4　屠宰与分割

生猪电麻后、应在致昏 30 s 内放血，以免苏醒挣扎引起肌肉出血。放血造成重量减少约为 5%，其中只有 3% 左右能利用，其余伴随生产过程流失。生猪气体击昏法在欧洲较为普及，它利用 CO_2、氩气及其混合气体使动物失去知觉。从福利角度，动物在 80% 以上 CO_2 密闭室中静置 $15\sim45$ s，就完全失去知觉，并维持昏迷状态 $2\sim3$ min。有研究认为气体击昏法可降低汁液流失率。猪体经历去头、蹄、尾、内脏、劈半、分离板油、摘腰（肾脏）和修整成白条肉。经过冷却、运输，最终到达销售商。一般热剔骨会增加汁液流失。胴体劈半、分割方式对肉保水性有影响。因劈半工具的不良或准确性不高，会破坏里、外脊完整性，加大肉的汁液损失。

9.1.5　冷却成熟

猪宰杀后胴体温度从 40 ℃降至 4 ℃左右，以控制微生物繁殖，保证产品质量。采用强冷风直吹产品，迅速降低胴体温度的同时水分也受损失，这种损失称为干耗。我国干耗损失在 $1.8\%\sim3.5\%$，远高于欧美。一般认为，加快冷却速度可减少汁液流失，在不影响肉品嫩度的前提应尽快冷却。而胴体水喷淋也可减少干耗，间歇喷淋 8 h 以上能使片猪肉胴体干耗降低到 1% 以下。

9.1.6　猪肉运输

生鲜产品运输需保证在冷链条件下进行。我国大型屠宰企业使用的运输工具是冷藏车，而运输距离为 $100\sim700$ km，其产品处在冷风的不断冷却与保温下，质量慢慢降低。随着运输距离增加，质量减少增加。在超过 300 km 运输中，产品质量减少现象尤为明显。为实现猪肉冷链物流，应对环境温度、设施设备和温度信息采集等做出特殊要求。

9.2　片猪肉预冷过程优化

9.2.1　片猪肉预冷过程现状

生猪致晕、刺杀放血后，经 $60\sim65$ ℃热水或蒸汽浸烫后，片猪肉体表温度很高，而体内新陈代谢仍在进行，释放热量，使片猪肉温度继续上升 $1.5\sim2.0$ ℃；片猪肉富含脂肪、蛋白质等多种营养物质，温度较高，微生物极易繁殖；较高的肉温将进一步促进乳酸发酵，导致 PSE 发生率提高。为保证品质，猪肉修整后，急需对其冷却，使猪肉后腿中心温度达到 7 ℃以下。由于片猪肉在预冷过程中自身温度高，而周围环境湿度低，胴体表面水分将出现散失，即预冷损耗，损耗越大，损失越大。片猪肉预冷过程中，如何控制损耗是预冷工艺的关键。通常情况下，冷却方式、冷库湿度、温度和风速是影响损耗的关键因素。

9.2.2　预冷过程建模策略

预冷过程会带来 $1\%\sim3\%$ 胴体质量损耗，影响肉类加工企业经济效益。基于现有企业生产条件，确定合理预冷过程已成为亟待解决的课题。为冷却环境建立精确流体力学模型（考虑风速、温度和湿度），从而较准确地预测损耗，但此策略要求采集大量信息，设置大量传感器，当前，国内肉类加工企业尚难以做到。针对目前企业现状，急需建立简单且有效的优化系统，即企业只需方便地确定适合自己的预冷过程，不一定要精确了解冷室内的物理过程，可尝试在软件指导下进行试验，以给出特定生产条件下（特定冷室、基本不变胴体摆放方式、胴体质量和品种等品质因素）较优预冷过程参数（预冷时间、各个时刻风速、环境温度、环境湿度），从而获得较少胴体质量损耗和较小的能耗参数。

为此，何振峰等采用少量预冷试验数据，在猪肉预冷损耗控制中，提出一种预冷过程建模策略，定义了两种预冷过程向量：基于温度梯度的降温过程向量和基于当前损耗的损耗过程向量，分别用于描述胴体热量散失和物质流失规律。针对每条试验记录，包括有风和无风两种工况，需要构建有风时的预冷向量和无风时的预冷向量，而一次实验中，既包括开风机的时间，也包括关风机的时间，要构建有风预冷向量就需要无风预冷向量，反之，要构建无风预冷向量就需要有风预冷向量。对于这种存在相互依赖的不确定量的求解问题，多采用期望最大化算法（expectation maximization，EM）。EM 算法常用于基于混合高斯模型的参数估计，通过迭代地分步估计各个样本的隶属度和各个高斯分布的特征，来获得各个高斯分布的参数。但它可以推广，用于估计各种相互依赖的参数。构建预冷向量的 EM 算法来同时拟合：E 过程构建有风预冷过程向量，M 过程构建无风预冷过程向量，E 过程和 M 过程中施加 2 个向量间的偏序限制，均以云进化算法（cloud model based evolutionary algorithm，CEBA）为优化算法。该算法基于云模型，利用云发生器来发生子代，在子代中选择最优的个体集，再利用这些个体去发生下一代。基于 37 条试验记录，却要分别构建出高维的有风和无风条件下的降温向量和损耗向量，困难较大，构建过程中应尽可能引入领域知识。剖析猪肉生产过程，知两个预冷向量均存在"单调性限制"：温度梯度越大时，降温速度往往越快；已有损耗越多时，损耗速度往往越慢。由于进化算法较容易引入各种约束，常被用于解决复杂问题，故被选作构建 2 个预冷向量的优化算法。并用来模拟猪胴体的预冷过程，降温过程拟合的平均误差为 0.93 ℃，损耗过程拟合的平均误差为 1.51‰。

该研究不需要精确定义物理过程的预冷过程优化，结合专家知识以更科学地评价预冷过程描述策略，从而确定较有效的特征参数形式，并用来描述预冷过程；探索一个迭代的预冷过程特征参数确定策略，指导企业更快更好地完成特征参数确定过程。与传统冷却方式相比，加速冷却是采用超低的温度使片猪肉快速降温；喷雾预冷是在较高的湿度环境下，快速降低片猪肉表面温度，但降温速度不及加速预冷方式。片猪肉预冷商业化运作中，可使用该策略分析企业实际猪肉预冷过程数据，形成一个综合损耗、能耗等多方面因素的预冷过程评价策略，将其应用于优化预冷过程参数，有助于对屠宰企业预冷损耗控制的改进，达到节能降耗，提高企业经济效益的目的。

9.3　结语

①综合性评价猪肉生产过程中，宰前饲养、运输、宰前静养、屠宰和分割、冷却成熟和猪肉运输 6 个阶段是影响猪肉质量的损耗因素。减少质量损耗变化，就可降低风险，给企业带来明显效益。

②根据文献和现有试验数据，冷却过程（包括冷却时间，冷库温度、风速和湿度等）对于预冷效果影响较大。所以，本研究片猪肉预冷过程优化，首先只考虑冷却过程，将基于冷却过程来分析损耗。采用限制 EM 算法模拟猪肉预冷过程，便于对这种试验数据分散过程的规律性进行观察，数据的采集不会影响企业的实际生产，对于生产具有一定实用价值。

③基于少量历史试验记录或实际生产数据仍然可能较好地建模预冷过程。其中对降温过程的预测效果佳：降温过程预测的平均误差为 0.93℃，损耗过程预测的平均误差 1.51‰。

④本研究数据来自生产企业，各肉类加工企业完全可以结合自己的降耗目标，选择一些有代表性的且精度较高生产数据，用结合限制的 EM 策略来分析，以改进预冷过程或评估冷室工作效果。

⑤由于在预冷过程的前几个小时，胴体的温度和损耗变化速度最快，为保证产品质量，不会有短预冷时间的实际数据。为了提高建模精度，企业还需要科学合理地安排短时间预冷试验方案，以采集早期预冷过程数据。

⑥本研究数据来自雨润企业的系列降耗试验，主要关注了降温过程和损耗过程，但对冷却过程的精准掌握，对于冷却误差范围，以及对于提高保鲜肉的品质均有积极意义，这方面将是未来试验和研究的一个方向。

第 10 节　建立动物产品质量安全全程溯源体系的建议

在发展现代畜牧产业中，动物源性食品的生产、加工与消费，始终伴随动物及动物产品质量安全问题。比如养殖阶段，可能存在重大动物疫病和人畜共患疫病的发生、超标准使用或违规使用疫苗、药物及添加剂，不严格执行休药期，导致动物产品药物残留、重金属有害物质超标等风险；在动物产品的加工、物流和销售各环节，存在污染与人为添加违禁品等风险。为此，发达国家政府优先考虑了动物及其产品的可追溯，完善相关的法规体系、监管体系、标准体系、检验检疫体系和认证体系等，对构建食品安全体系具有重大意义。

10.1　我国可追溯体系试点研究的简况

10.1.1　我国实行动物可追溯的原因

本世纪初德国首次发现我国冻虾仁中含 0.2～5 μg/kg 氯霉素而引发"氯霉素"事件。2001 年欧盟考察我国兽药管理体制和兽药残留监控等，得出"目前我国无法保证向欧盟出口动物产品不含药残与有害物质"。在欧盟管理体系 No.178（2002）中，要求从 2004 年起，销售欧盟的食品均能跟踪与追溯，否则不允许上市销售，该法令实际形成新的技术壁垒，造成我国猪肉不能出口欧盟和美国等国家，仅对俄罗斯和新加坡等有出口。究其原因，因国内一些养殖场为了自身利益，大量使用或滥用抗生素及饲料添加剂等来预防疾病，达到减少损失和获取更多畜产品的目的。我国虽颁布多部兽药和饲料添加剂使用准则，规定畜禽在育肥后期停用抗生素等，严格禁止使用违禁药品，但部分饲养场和养殖户未能遵守。与此同时，老百姓要求吃上"放心肉"的呼声越来越高。急需采取有效措施，加强动物产品的安全监管。

10.1.2　可追溯研究实施简况

10.1.2.1　动物产品质量安全可追溯管理领域

从 2002 年开始，在国家科技部重要技术标准研究专项设立"工厂化农业技术标准研究"课题,作者主持承担"肉用猪工厂化生产全程质量管理与畜产品可追溯计算机软件研究"子课题,在国内率先开展生猪及其产品可追溯体系的探索性研究。

2003年国家科技部设立"863"研究课题"数字农业精细养殖平台技术研究与示范",作者主持承担"饲料和畜禽产品数字化安全监控体系研究"专题,探索适合我国国情的溯源技术与架构方法,进行家畜和畜产品可追溯系统研究。

10.1.2.2 10年来可追溯体系研究成效

"十一五"期间,作者又主持承担国家863子课题"生猪及其产品可追溯系统关键技术研究与示范"和国家科技支撑计划子课题"服务于畜禽及其产品的可追溯通用平台构件研究"。历经2个五年计划,完成了:①跟踪调研发达国家可追溯体系建设的研究动态与发展趋势,建立我国生猪及其产品可追溯体系技术标准架构;②分析猪肉生产流程,剖析各生产环节中可能产生危害的关键因素,制订《猪肉工厂化生产全程卫生质量控制规范》,并报批国家标准;③收集整理养殖、饲料、疫病防治、环境和肉品加工等方面的法规和标准,建立国内外标准法规数据库和猪肉产品残留预警系统;④设计生猪追溯信息数据库,建立生猪及其产品可追溯系统原型;⑤研究筛选动物标识技术,设计发明二维条码塑料耳标、陶瓷耳标和猪个体标识控制方法;⑥研制生猪生产过程信息采集系统,包括无线信息网络设备、无线条码阅读器等;⑦研制一体化追溯查询机:在江苏、云南、广西、山东和天津等省市的多家企业进行产业化示范,建立实用的猪肉质量安全追溯系统。

10.1.2.3 完成对我国动物及其产品标识与可追溯体系的评价

2010年作者承担农业部兽医局动物疫情监测与防治项目"我国动物及其产品标识与可追溯体系的评价"任务,2005—2010年对四川、重庆、北京、上海、广东、云南和黑龙江等省市进行动物标识推广应用情况的调研,通过实地考察求证,与基层领导及人员交流探讨,从耳标工艺改进、电子耳标试点、数据库建设、追溯体系完善、家禽宠物追溯方法、未来规划等方面提出可操作性建议,其撰写调研报告得到兽医局领导认可。另参与2013年农业部兽医局组织开展的《畜禽标识和养殖档案管理办法》(农业部令第67号,2006年)修订调研工作。

10.2 我国追溯体系现状分析

我国高度重视重大动物疫病防控和食品质量安全工作:2001年开始实行动物免疫标识制度;2002年农业部第13号令发布"动物免疫标识管理办法",规定动物免疫标识包括免疫标识和免疫档案,并对猪、牛、羊经过重大疫病免疫后佩带免疫耳标;2005年《中华人民共和国畜牧法》,规定畜禽养殖者必须对畜禽进行标识,并建立养殖档案,要求采取措施落实畜禽产品质量责任追究制度;2006年农业部颁布第67号令《畜禽标识和养殖档案管理办法》,在北京、上海、重庆、四川三市一省启动"动物标识与疫病可追溯体系"建设试点;2007年起,中央1号文件要求全面推进追溯体系建设,我国开始在全国范围推广"动物标识及疫病可追溯体系";2012年中央1号文件要求强化食品质量安全监管综合协调,加强检验检测体系和追溯体系建设,开展质量安全风险评估。

10.2.1 体制问题——监管链条存在漏洞

我国现行执法主体多头的现象严重,动物产品生产过程涉及多部门的分段执法,这种管理格局，既有重复监管，又有监管"盲点"，不利于责任落实。以"瘦肉精"为例，在监管层面，责任未落实，监管链条上缺失"瘦肉精"这一环。"瘦肉精"事件，集中暴露了我国肉类食品生产流通环节中的重大监管漏洞和体制缺陷。

10.2.2　已建成的两大溯源体系均为局部溯源

10.2.2.1　农业部动物标识及疫病可追溯体系

2005 年农业部发出《关于开展动物防疫标识溯源试点工作的通知》，在北京、上海、重庆、四川四省市启动溯源体系建设试点。2007 年，农业部贯彻落实中央 1 号文件要求，依据《畜牧法》、《畜禽标识与养殖档案管理办法》，在全国推行动物标识及疫病可追溯体系建设。2010 年农业部印发《关于加快推进动物标识及疫病可追溯体系建设工作的意见》：从 2010 年起，力争用 5 年左右时间，逐步建立既适合我国国情又与国际通行做法接轨的动物标识及疫病可追溯体系，实现动物及动物产品可追溯管理，切实提高重大动物疫病防控能力，保障动物产品质量安全，促进畜牧业持续健康发展。

10.2.2.2　商务部"肉类蔬菜流通追溯体系"

为贯彻落实《国务院办公厅关于搞活流通扩大消费的意见》，确保人民群众放心消费肉品，商务部、财政部 2009 年启动"放心肉"服务体系建设，选择试点城市，优化屠宰布局，建立健全监管制度、建设屠宰监管和肉品质量追溯系统。

为增强食品安全质量水平，建立流通领域相关责任机制，商务部、财政部办公厅 2010 年联合下发《关于肉类蔬菜流通追溯体系建设试点指导意见的通知》。中央财政支持有条件的城市建立肉类蔬菜流通追溯体系，以肉类、蔬菜"一荤一素"为重点，选择 20 个试点城市，建立覆盖全部大型批发市场、大中型连锁超市和机械化定点屠宰厂。

10.2.2.3　两大溯源体系未完成对接

农业部推行的动物标识及疫病可追溯系统，只停留于养殖阶段的免疫、产地检疫、屠宰检疫等环节，及活体动物流通监管过程的试点；商务部推行的"放心肉"服务体系和肉类蔬菜流通追溯体系，由监管部门、屠宰加工和流通企业执行。产品进入流通环节又由工商和食品药品监督部门监管。农业、商务两部推行可追溯体系从严格意义上讲，仅达到半程可追溯或局部可追溯，因体制原因无法实现有效对接，不仅造成资源浪费，更大问题是根本达不到防范或降低肉食品质量安全风险。

商务部溯源系统问题：①系统只查询动物检疫是否合格、肉品检疫是否合格、肉品流通中责任主体信息，其余相关信息均未显示；②追溯只从屠宰场开始到销售点，养殖部分只有猪的来源，对于养殖过程的监管没有任何信息，然而该信息恰恰是决定猪产品质量的关键，是由农业部门掌握；③养殖环节不能很好追溯，对好的养殖品种，无公害养殖方式获得的好产品，缺乏优质优价合理的价格来体现。

10.3　农业部溯源体系在技术和管理层面的问题分析

近几年来，作者受农业部委托对各地区动物标识推广应用情况考察，发现如下问题：

10.3.1　技术层面

农业部溯源系统存在较大设计缺陷，溯源系统软件不完整、识读设备较昂贵、信息识读较为烦琐、信息上传费用较高、动物个体识读数量庞大等，现阶段各地主要将动物标识应用于疫病防治，其在生产管理方面数据收集不完整、功能未能发挥与利用。

10.3.2 工作层面

标识应用关系到生产、加工、流通和消费等环节，需相关管理部门齐抓共管，但各部门缺乏协调机制，执行效果不理想。

10.3.3 保障层面

动物卫生监督所和村级防疫员是实现溯源体系建设任务的基层单位和人员，当前体系建设、基础条件、专业结构与技术水平均难以达到开展工作的基本要求。

10.3.4 管理问题

①动物防疫、动物卫生监督管理体制和体系不健全，组织机构不完善，重防疫、轻动物卫生监督管理较为突出。

②缺乏溯源推广和动物卫生监督管理经费，虽国家对防疫硬件设备投入大量资金，但对动物卫生监督投入资金甚少，且未安排相应工作经费。

③部分散养户对佩戴耳标有抵触情绪。

④数据传输资费问题，据分析是我国移动公司内部上下级公司之间的利益分配问题。

⑤耳标质量标准未能完全控制质量，一些地方在招标过程中一味追求低价中标。

⑥基层识读设备昂贵且不适用：实施免疫工作的主体是村级防疫员，要保证防检疫人员每人一台识读器和一台打印机，几乎不可能。

⑦相关法律法规和标准尚不完善。

10.3.5 技术问题

①牲畜标识在有些环节识读困难。在产地检疫、屠宰检疫、监督管理、补免、二免等环节，标识经使用磨损、污物覆盖和活体移动状态下，识读难度太大。

②GPRS网络覆盖问题。我国移动网络信号弱区、盲区在许多山区特别是牧区较为普遍，在屡次登录或发送失败时，对基层具体使用人员信心打击较大。

③部分识读器设备存在硬件质量问题。

④识读器软件功能有待完善。

⑤中央数据库功能不完善，查询统计有待完善。急需增加生产基础数据，解决查询方便与快捷问题，完善服务器统计功能。

10.4 商务部溯源体系的局限性

我国肉类蔬菜生产和流通组织化程度低，技术水平落后，导致监管难度大，安全隐患多，相关环节责任约束不力，追惩机制缺失。当前，猪肉溯源与不溯源的销售市场价格实际是完全一样的，而猪肉销量也未见增加。因此，企业单纯进一步加强溯源的深度、广度、精确度建设的努力很可能是徒劳的，投入也不会带来显著的收益，这也是企业不愿继续加强猪肉溯源体系建设的重要原因。"放心肉"服务体系和肉类蔬菜流通追溯体系应当由生猪屠宰环节向生猪饲养和肉品流通环节两头延伸。即生猪屠宰加工企业处于生猪产业链条的核心环节，向上连接养猪场户，向下连接猪肉销售商，其是否愿意参与猪肉溯源体系，直接关系到猪肉溯源体系能否顺利推进。猪肉销售商参与溯源体系的行为虽不会对大型屠宰企业构成直接威胁，却影响到其参与的积极性。

①向生猪养殖环节延伸。生猪饲养环节疫病控制和药物残留直接影响肉品质量卫生安全。因此，在"放心肉"工作中，会同农业部门采取产地准出和销地准入的联动措施，共同推动规模化饲养场与大型生猪屠宰企业进行产销对接，既解决大型生猪屠宰企业生猪饲养源头安全与可追溯，同时，促进生猪饲养向规模化、标准化方向发展。

②向流通环节延伸。肉类批发（配送）和零售等行业管理与建设对肉品安全起到重要作用。会同工商、食品药监等部门制定规范和标准，推动肉品流通行业硬件建设和管理水平提升，扩大品牌知名度，促进肉品现代流通业发展。对于大型屠宰企业而言，实现溯源的难点不仅存在于生猪屠宰加工环节，还存在于猪肉销售的环节。

10.5　建立与完善动物产品质量安全全程溯源体系

根据 2013 年 3 月 10 日披露的国务院机构改革和职能转变方案，组建国家食品药品监督管理总局。保留国务院食品安全委员会，具体工作由国家食品药品监督管理总局承担；不再保留国家食品药品监督管理局和单设的国务院食品安全委员会办公室。总局主要职责是，对生产、流通、消费环节的食品安全和药品的安全性、有效性实施统一监督管理等。将食品安全办的职责、食品药品监管局的职责、质检总局的生产环节食品安全监督管理职责、工商总局的流通环节食品安全监督管理职责整合由总局监管。将商务部的生猪定点屠宰监督管理职责划入农业部。农业部负责农产品质量安全监督管理。将工商行政管理、质量技术监督部门相应的食品安全监督管理队伍和检验检测机构划转食品药品监督管理部门（图 7-15）。为做好食品安全监督管理衔接，明确责任，方案提出，国家卫生和计划生育委员会负责食品安全风险评估和食品安全标准制定。

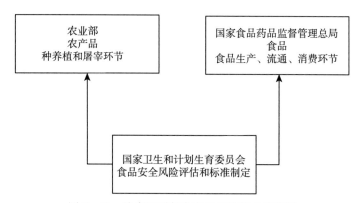

图 7-15　从农田到餐桌实现无缝隙的监管图

Fig. 7-15　From farmland to dining table to realize the seamless regulatory figure

目前急需对农业部"动物标识与疫病可追溯体系"及商务部"肉类蔬菜流通追溯体系"这两大追溯体系进行深化与拓展，由一个部门建立统一的"动物产品质量安全全程溯源体系"，实现动物繁育、养殖、运输、屠宰、肉制品批发、深加工零售的全程监控。

①在养殖环节，优化农业部"动物标识与疫病可追溯体系"，实现养殖数据的采集和上传。

②政府统一配置设备，提高品牌知名度，增强企业社会责任感及其竞争。它是大型屠

宰企业参与到猪肉溯源体系的主要原因。在肉类加工与销售环节用数据追踪手段对全程的质量进行监控，为最终消费者提供便捷有效的查询手段。

③急需对两部门追溯体系进行编码兼容、协议兼容、信息共享和主题明确，达到资源整合，数据共享，真正实现生产、加工、流通和消费全程可追溯，保障肉食品的安全。

10.6 管理机制的改革

10.6.1 完善兽医法律法规与管理体制

尽快《兽医法》立法，对《动物防疫法》进行重大修订，理顺兽医管理体制。

10.6.2 修订农业部67号令

修改现行动物标识及疫病可追溯体系部门规章。

10.6.3 技术措施的改善

1）改进标识编码方案

动物标识编码方案改进：①对留种牲畜仍保留现行的每一头动物进行编码。②为便于牲畜的群体管理，少数有条件的地方，可利用 RFID 技术编码空间大的特点，在一个编码中可以设置成批次编码和个体编码两部分，按需要进行识别。③其余不留种牲畜，为减少编码数量，由现行对每一头动物编码，改为对动物群体编码：农村散养的，一个行政村一个编码，一个规模养殖场一个编码。编码方案应兼容国际标准、与符合国际标准的 RFID 技术进行配套；二维码采用通用码制，打破专有码制垄断。

2）改进基层实施方式

初始数据以手工记录，每周送到乡镇，以乡镇为基本单位，PC 机互联网通过传输数据到中央数据库。原识读器转到监督环节使用。

针对实际应用中，耳标掉标率高，在招标时，建议提高耳标质量评价指标在招标评分中的权重比例，适当降低耳标价格在招标评分中的权重比例，以此保障耳标质量；推迟挂标时间，提高进入流通前的挂标率；根据实际应用需求，调整识读器使用方案，修改招标指标。

3）数据存储与管理环节

为确保网络正常运转，减少中央服务器压力，建议加强省级数据库建设。可分步实施：①建立屠宰检疫电子出证数据库，全面推行屠宰电子出证；②建立产地检疫数据库，对产地动物所有数据收集录入，实行产地检疫电子出证；③建立兽医机构、人员、经费、交通检查等数据库，最终合并成一个完整的肉食品安全动物标识及疫病可追溯数据库，达到肉食品安全及疫病可追溯、兽医信息化、现代化管理。

10.7 影响肉类加工企业参与溯源体系因素的案例分析

10.7.1 大型规模屠宰厂

10.7.1.1 雨润集团

雨润集团屠宰管理系统 MMS（图 7 - 16），已在全国各分公司业务化运行。

溯源流程为：①生猪入场检验检疫；②生猪过磅（录入信息、生成单据号）；③调出单据号排序送宰（生成 17 位追溯码）；④按送宰顺序号打印追溯码标签；⑤按屠宰顺序对

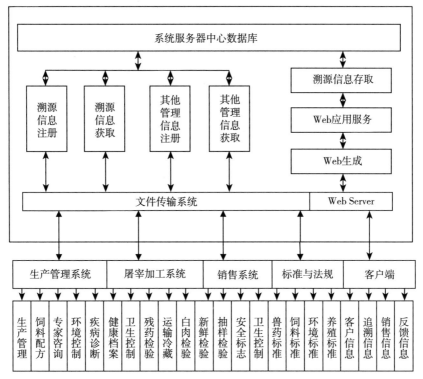

图 7 - 16 可溯源系统软件图

Fig. 7 - 16 Traceable system software diagram

应挂牌；⑥入预冷库；⑦按订单扫描发货。

10.7.1.2 金锣肉类加工企业

金锣集团三万头生产线产品追溯情况：已经开展分割猪肉的探索，对沃尔玛要求的12 种产品实施追溯，主要涉及：1、2、3、4 号肉，肋排、大排、五花肉等。

①溯源成本。在包装环节：每一圈猪影响 2min。分割一万头猪的话，会延长 150～160min；每一圈号单独标识，随着生产流程周转，最后包装环节标签上刻号，做正规标识牌需要十几万元。

②溯源效果。目前只能纵向追溯，对市场上的分割产品编码，能够追溯到待宰圈号、送猪户或养殖场；但是横向追溯方面，某一圈的所有猪产品发往什么地方了，尚不能实现追溯。一头猪分成 200 多个产品，全部实施发货流向记录，增加的工作量特别大。

③主要困难。横向追溯很难实现，每一圈猪会分成几百种产品，有些小规格产品，需要好几圈猪才能攒够一件货，比如尾巴、喉头皮、寸骨、心血管等，实现追溯大幅度增加生产经营成本。

10.7.2 中小规模屠宰厂

以鹏程和郎中 2 家肉类加工企业参与猪肉溯源体系意愿的影响因素进行实证分析。

1）北京鹏程食品有限公司

北京鹏程是国有企业，2013 年生猪实际屠宰量达到 181 万头，平均每天屠宰约 5 000

头生猪，是北京市乃至全国屠宰量名列前茅的屠宰企业。溯源设备统一由政府出资配置。参与猪肉溯源体系设备（激光灼刻设备、计算机、企业溯源管理系统等）均由政府统一出资配置。同时，还可利用此机会申请政府相关项目，获得资金支持。

参与猪肉溯源体系不能提高猪肉的价格。由于政府配置的激光灼刻设备因操作较为繁琐、灼刻较慢而不能满足大型屠宰企业的屠宰进度要求，因此只有部分猪肉是利用激光灼刻，大多时候激光灼刻设备被闲置。另外由于当前多家大型屠宰企业都已参与到猪肉溯源体系建设中，各家企业生产的猪肉在溯源实现方面并无明显差异，因此参与溯源体系并没有给企业带来明显的销量增加。另一方面，由于政府希望通过免费给企业配置设备等来抑制猪肉价格的上涨，并且政府将试点企业统一纳入政府可追溯系统平台，即便个别企业在猪肉溯源的深度、广度和精确度方面做得更好，但在消费者看来，各企业生产的猪肉在溯源方面仍是同质的（通过政府可追溯系统平台所查询到信息的可靠性和全面性无差别），因此企业并不能从参与猪肉溯源体系中获得猪肉价格的提高。

预期成本因素的影响：溯源体系的设备虽然由政府统一出资配置，但还会产生其他成本，如，劳动力的投入和设备维护等。对鹏程而言，若要对屠宰的猪肉全部实现溯源（暂不考虑猪肉销售环节对溯源实现的影响），还需进行生产线改造，大约需 2 500 万元。但这部分投入很难通过销量的增加和价格的提高来弥补，也很难申请政府财政支持，因此企业缺乏继续深化猪肉可追溯体系建设的动力。

2）北京郎中肉类加工企业

2013 年郎中企业生猪实际屠宰量为 16 万头，平均每天屠宰约 500 头生猪，是北京市屠宰量很小的生猪屠宰加工企业，但生产规模小并没有给其参与猪肉可追溯体系带来不利影响，该企业反而表现出较高的参与积极性。这主要由于该企业屠宰能力有限，不会因激光灼刻设备操作较为繁琐、灼刻较慢而耽误屠宰进度，因此其愿意利用激光灼刻技术来实现猪肉有效溯源。

溯源设备统一由政府出资配置。参与溯源体系同样可使郎中获得政府配置的设备、项目申请以及提高品牌知名度等，不同的是，参与溯源体系虽无法使郎中获得猪肉销量上的明显增加，但却有助于其提高猪肉价格，郎中的猪肉价格比其他生猪屠宰加工企业每千克平均高出 2 元左右，这主要由于郎中在猪肉质量安全控制方面更加严格（比如水分含量更少、体型更好等）。参与溯源体系对郎中加强猪肉质量安全控制起到非常重要的作用，主要原因在于企业溯源管理系统提高了企业管理水平，在此基础上建立起生猪收购商信用评级制度，有助于增强对猪源的质量安全控制。另外，郎中的猪肉主要销往超市和专营店，由于猪肉质量安全更有保障，从而逐渐形成了一部分比较忠实的顾客群，这也使得郎中可以将质量安全控制增加的成本（包括参与猪肉可追溯体系的成本）转嫁到猪肉价格上。

预期成本因素的影响。郎中参与猪肉可追溯体系同样需要劳动力投入和设备维护等，但这部分成本并不高，平摊到每个白条上大概为 1～2 元。另外，不同于鹏程的是，由于屠宰线设计能力小，从而可以严格保证生猪按批次进行屠宰且基本不会出现批次错乱的现象，也基本不会出现激光灼刻速度赶不上屠宰进度的情况，这样一方面可以较好地利用激光灼刻技术实现溯源，另一方面不需要进行生产线改造，可以节省猪肉可追溯体系建设的成本。

通过上述分析可知，政府统一配置的设备、品牌知名度的提高、有助于获得更高的猪肉销售价格以及较强的社会责任感是企业参与到猪肉可追溯体系中并且愿意继续进一步深化猪肉可追溯体系建设的主要原因。

10.8 建议开展相关技术研究

10.8.1 全程溯源体系数据规范与数据接口研究

对两大追溯体系进行编码兼容、协议兼容、信息共享。会商建立统一的数据规范和数据接口，整合资源，实现数据共享，真正实现生产、加工、流通和消费全程可追溯，保障肉食品的安全。

10.8.2 数据采集、数据传输、数据存储和数据处理技术升级研究

升级各项技术，降低成本，同时解决数据库及网络问题；加强动物标识技术及识读设备等各项技术研究，通过技术手段降低经济成本，从根本上解决经费不足，设备不足难题；设定各项攻关项目，由科研机构参与，结合实际调研，升级各项技术，让设备便于携带、操作简单快捷，提高质量，利于基层人员工作的操作。

10.8.3 开放式动物溯源编码及标识的技术升级研究

对动物标识的编码采用兼容国际标准方案，探索符合国际标准的电子耳标（RFID）升级，尝试实行批次编码、管理主体编码等方式，二维码采用通用码制，破解专有码制垄断，解决动物耳标掉标问题。

2009年底，我国第一枚动物专用电子标识芯片研制成功，它以动物电子标识的国际标准 ISO 11784/11785 为设计依据，专业应用于动物管理领域。该动物电子标识专用芯片由于针对性强、内存量合适、加密机制和通讯格式专一，所以该专用芯片的芯片面积是通用型芯片面积的二分之一。目前，符合国际标准并完全国产化的生猪电子标识耳标的成本已低于每枚1元人民币。这为我国在牲畜管理领域推广使用动物电子标识产品创造了极为有利的条件。作为动物电子标识的另一种形式是动物皮下植入型电子标识产品。

10.9 建立基于物联网平台的食品安全/溯源软件平台

未来3～5年我国可追溯体系的发展，动物及动物产品标识、可追溯系统将与物联网平台相结合，构建成基于物联网平台的食品安全/溯源软件平台，系统采用世界上最先进的多租户云计算基础架构，能够在同一套服务器上为众多不同的企业开辟独立的数据库子空间，可在一个数据中心为全国乃至全世界所有的企业提供服务；另一方面也避免了硬件设施的重复投资，大大降低企业的使用成本。通过设计统一的用户管理、安全管理、资源管理及策略管理等公共数据管理功能，将底层存储及上层应用无缝衔接起来，实现多存储设备之间的协同工作。即在建立全国统一的食品安全/溯源软件平台的同时，还建有面向行业内各种不同类型的企业用户的管理软件系统。

10.10 生物溯源技术研究

当前，畜禽及其产品溯源方法主要有信息技术方法（如电子标签）、物理化学方法（包括同位素、矿物质元素、有机物溯源技术）和生物方法（虹膜/视网膜特征和DNA溯

源技术)。基于电子标签等信息技术的溯源管理模式在实践中应用,但存在记录出错、人为更改及标识可能丢失等不足;基于虹膜/视网膜标识技术标识动物个体具有独特优势,但在后继产品链中信息缺失;基于同位素产地标识技术在溯源精度上较差,且检测时间长;基于生物标识技术,尤其 DNA 指纹技术的溯源模式,成本较高,但能为提升溯源精度、深度、广度和可靠性提供好的潜在方案。

基于 DNA 指纹技术标识与溯源具有特异性高、遗传稳定和体细胞稳定优势,不同组织如血液、肌肉、毛发、精液等产生的 DNA 指纹图形完全一致,能够解决畜禽及其产品逐级加工后的标识和溯源难题。本世纪初,国外加拿大枫叶食品公司和猪改良英国有限公司制定了猪肉产品 DNA 追溯研究计划,近年来,国内的院校和科研机构也已开展相关研究并取得进展。

10.11 可操作性的对策建议

根据本节研究结果,提出如下有针对性与可操作性的对策建议,以提高生猪屠宰加工企业参与猪肉可追溯体系的积极性,从而解决溯源实现难的问题。

10.11.1 生猪规模化和标准化养殖是我国实现猪肉有效溯源的必由之路

猪场每次生猪出栏量不高、生猪和猪肉分级分割的存在、摊位同时出售两种及以上企业品牌的猪肉等情况的普遍存在成为阻碍我国猪肉可追溯体系溯源实现的潜在绊脚石,也影响到生猪屠宰加工企业参与可追溯体系的积极性,而导致上述问题的一个主要原因是生猪规模化和标准化养殖发展力度不够。政府应在充分考虑生猪规模化养殖可能产生的环境问题前提下,尽可能鼓励生猪规模化、标准化养殖,这也是发达国家猪肉可追溯体系建设的经验。

10.11.2 政府应鼓励加强生猪屠宰加工与猪肉销售环节利益主体之间的纵向协作

生猪屠宰加工企业对于猪肉可追溯体系建设具有全局性关键作用,但其参与可追溯体系的积极性受到养猪场户和猪肉销售商行为的影响,尤其是猪肉销售商行为的影响。如果猪肉销售环节不能保证猪肉溯源的实现,那么猪肉可追溯体系建设可能给屠宰企业带来的声誉提高等益处将成为空谈。影响猪肉销售环节不能保证猪肉溯源实现的主要原因可归结为,生猪屠宰加工企业与猪肉销售商之间较为松散的纵向协作关系以及对猪肉销售环节溯源管理缺乏有效的监管。

10.11.3 政府应在继续加强政府猪肉可追溯系统平台的建设

政府应在继续加强政府猪肉可追溯系统平台建设的前提下,鼓励部分生猪屠宰加工企业积极探索适合企业自身的猪肉溯源管理模式。

当前阶段,政府将所有参与猪肉可追溯体系的猪肉生产经营者统一纳入政府猪肉可追溯系统平台并实现对外追溯信息查询,但由于猪肉生产经营者之间的溯源建设水平呈现差异,政府"一视同仁"的结果是消费者无法察觉到不同生产经营者溯源水平方面的差异,从而使得溯源水平高的猪肉生产经营者无法获得应有的声誉提高,更无法提高猪肉销售价格和销量,使其缺乏继续深化猪肉可追溯体系建设的动力。因此,政府应借鉴"先富带动后富"的思路,在继续完善猪肉可追溯系统平台建设的前提下,鼓励部分生猪屠宰加工企业积极探索适合企业自身的猪肉溯源管理模式,在政策资金上予以支持,同时承认企业在溯源建设水平上的差异，并使这种差异在政府猪肉可追溯系统平台对外追溯信息查询中得以体现。

10.12　结语

动物及动物产品标识与可追溯体系的功能已远远超出过去对动物群体或个体身份识别、所有权确定和防止失窃等，显示出在畜禽繁育、动物卫生、公共卫生、食品安全和国际贸易，甚至生物防恐等方面。其作用：

①有效防控重大动物疫病。通过该体系的建立，可对染疫动物的来源及去向进行快速追踪和溯源，进行动物流行病学分析，及时控制传染源的移动，最终实现控制动物疫病的目的，并在疫病暴发时最大可能地减少经济及社会损失。

②维护公共卫生安全。通过该体系的建立，对动物及动物产品生产过程进行信息记录和准确识别，实现"从农场到餐桌"的全程安全控制，有助于提高动物及动物产品质量安全水平，维护公共卫生安全，提高消费者对食品安全的信任。

③促进动物及动物产品贸易。随着贸易全球化进程的加快，该体系的建立，有助于消除进口国对出口国动物卫生和动物产品安全的顾虑，有效克服国际畜产品市场技术壁垒，促进动物及动物产品国际贸易。

我国畜牧产业正处于从传统的分散型养殖向规模化养殖发展的阶段，急需采用现代化信息技术来提升管理水平。与此同时，畜牧产业与肉制品加工零售企业又存在布局分散，数量众多，信息化水平低下，从业人员素质偏低，缺少专业人员掌握信息技术的实情。为此，最低使用成本、最简单部署和维护成本的适合国情的创新解决方案提出实有必要。

各国对食品安全管理的经验告诉我们，加强监管、严惩违法者是食品安全的可靠保证。德国、瑞士、美国等发达国家严格监管与严惩违法者的经验值得借鉴。当前，国务院已组建了国家食品药品监督管理总局。这是一件可喜的事情！

与此同时，作者认为应当对农业部"动物标识与疫病可追溯体系"及商务部"肉类蔬菜流通追溯体系"这两大追溯体系进行深化与拓展，建议由一个部门具体负责执法，实现动物繁育、养殖、运输、屠宰、加工、肉制品批发、销售的全产业链的各个环节上同时加强监管，并严惩违法者，我国的动物产品质量安全现状才有可能得到根本好转。通过完善我国畜牧业疫病防控体系，逐步建立与国际动物防疫体系的互信，扫除我国畜产品出口的障碍。

第 11 节　罗非鱼产品抗生素残留的风险排序

风险排序，也称为危害排序或者比较风险评估，是一种可用来进行确认、排序并得出重要风险的技术方法。Ward 在介绍风险排序矩阵时，使用了重要风险（significance）的概念，并阐述了"风险重要性"和"风险排列次序"之间的关系。这些概念的本质是相同的，均以风险发生概率和发生后造成后果作为衡量风险重要程度的主要尺度，并按照这一尺度对风险进行排序，从而确定风险等级。

Baccarini 和 Archerb 指出，任何项目中需要采取措施进行管理的风险有多个，而采取管理措施所需的资源都是有限的，为了更好地分配风险管理资源，需对风险进行排序，从而识别出风险的优先次序。按照 CAC 观点和多数国家的共识，风险排序是食品安全风险管理的重要环节，在考虑食品安全监测优先性问题时风险排序是较好的选择。而基于风险排序和随意性采样监测比较也表明，前者在监测抗生素残留方面更为有效。

风险排序方法较多，但步骤基本一致。可分为危害列表、评价指标确立和排序 3 步。危害列表，即将排序的危害逐一列出；评价指标，也就是影响优先度的主要参数，这一点反映在评价方法中就是评价标准；排序，即按照评价模型，或计算方法对风险进行等级划分和排序。其中，风险排序指标是在排序中用于衡量风险等级的不同维度。排序指标的确立必须充分考虑所要分析风险的类型、风险的属性、开展风险排序的参加者等方面，指标可包括定性和定量两方面。对于不同类型的风险排序也需考虑不同的评价指标。FAO/WHO 在关于病虫害对食品产业影响风险报告中，设立了 6 个需考虑的主要定量指标：疾病发生频率及严重性、发生范围和数量、产业链多样性和复杂性、危害通过食物链放大的潜力、控制可能性和对国际贸易及经济影响程度。针对进口食品风险排序定量指标是对公共卫生、动物卫生和进口国环境及经济的影响。

针对化学危害物质排序方法，可借鉴与微生物危害排序相同的原理，使用半定量方法，其优势比定量方法复杂性低、节省时间、并能获得更多信息。风险期望值排序法是经典的半定量方法之一，其原理是将风险概率和风险影响相乘，并按乘积大小进行排序，这种方法浅显易懂，得到广泛应用。2004 年英国兽药残留委员会（UKVRC）开始利用该法对兽药残留风险进行排序，并不断对评价指标和计算方法进行优化。新西兰对国内食品安全风险进行排序和分级；Asselt 和 Spiegel 等对芬兰的抗生素残留可能对人体健康带来风险进行了排序。

我国罗非鱼养殖量大，2014 年产量达到 155 万 t，是我国淡水养殖和出口水产品之一，出口量已达 40 万 t 左右。因此，选择罗非鱼中抗生素风险排序研究，在已有风险排序方法的基础上，开发适合国情的养殖水产品中危害参数风险排序方法，是我国政府监测和监管养殖水产品中抗生素残留的重点。

11.1 风险排序方法

危害严重性乘以概率得到风险排序结果。该方法包含以下两个步骤。

11.1.1 研究品种及危害

确定我国重要养殖渔业产品之一——罗非鱼，作为食品研究对象。确定要研究的化学危害，它包含在我国水产养殖中禁止或批准使用的抗生素，因生产中可能使用而导致在罗非鱼产品中的残留。

11.1.2 对危害发生的严重性及概率进行评分

以每日允许摄入量（ADI）为客观指标进行危害严重性的评分。针对抗生素的案例，由于使用抗生素可能对产生耐药性造成影响，因此将抗生素耐药性作为严重性的一个表征参数。在表征危害发生的概率参数时，UKVRC 还包括对消费量和高暴露人群的概率进行评分，由于本研究只专注于罗非鱼一种水产品和一般的消费群体，因此在排序中未考虑这两种参数。

11. 2　罗非鱼中抗生素残留风险排序

风险排序计算公式是将危害的严重性和发生概率的乘积作为风险程度的最后得分，根据 UKVRC 的排序公式，进行优化。危害的严重性包括抗生素毒性（参数 A）与抗生素耐药性（参数 B）；危害发生的概率是动物使用抗生素范围（参数 C）和动物产品中抗生素残留量（参数 D）之和。因此，使用公式（7 - 27）定量计算抗生素的风险。

$$S= (A+B) \times (C+D) \tag{7-27}$$

式中，S 为风险分值；A 为抗生素的毒性，B 为抗生素耐药性，C 为抗生素使用范围，D 为最终产品中抗生素残留量。参数 A 至 D 的分数在 0~3 的范围内（0 为最低分，3 为最高分）分配。危害毒性（参数 A）的得分来自最低的 ADI 值（微生物学、毒理学或药理学 ADI 或根据潜在的过敏反应进行推导）。抗生素耐药性参数（参数 B）基于抗生素政策工作组（WVAB）的报告进行评分。参数 C 和 D 取决于产品品种的用药和监测情况。根据对云南、广西、广东和海南省 10 家罗非鱼养殖公司所作的调查，对抗生素使用范围（参数 C）进行评分。抗生素残留量（参数 D）的评分基于 2011—2013 年本实验室水产品质量抽样监测的数据。各个参数（参数 A~D）的赋分原则见表 7 - 15。

表 7 - 15　各种危害参数的赋分原则
Tab. 7 - 15　Scres attributed to the various risk factors for antibiotics

得分 Score	A	B	C	D
0	ADI>30		<10%（未使用）	前 3 年没有检测到残留
1	ADI：10~30	没有迹象表明直接在人体内产生耐药性	10%~30%（低用量）	前 3 年以低于 MRL 值的浓度检测到限用药的残留
2	ADI：1~10	可能在动物和人之间转移耐药性基因	40%~60%（平均用量）	前 3 年以高于 MRL 值的浓度检测到限用药的残留
3	ADI<1 或禁用药物[a]	公众健康主要关注抗生素，并且可能在动物和人类之间传输耐药基因	60%~100%（高用量）	检测到的残留高于 10 倍的 MRL 值，或者未制定限量的限用药和禁用药被检出

注：①参数 A 为毒性，ADI 单位为 $\mu g \cdot kg^{-1} b. W.$，A 的赋分原则参考 Van Asselt E D，van der Spiegel M，Noordam M Y，et al. Risk ranking of chemical hazards in food-A case study on antibiotics in the Netherlands [J]. Food Res Int，2013，54（2）：1636 - 1642。②参数 B 为耐药性。③参数 C 为给药频率，表示为使用抗生素的罗非鱼养殖公司占 10 家公司的百分比。④参数 D 为检测到残留情况，其赋分原则参考英国兽药残留委员会。⑤a 表示禁用药物为农业部 193 号公告列出药物。

11. 3　研究结果

最终结果中，参数 A 的得分基于欧洲兽药委员会（www. ema. europe. eu）的总结报告中所描述的最低 ADI。当然不是所有的抗生素都有 ADI 值，例如磺胺类药物，并没有足够的毒理学数据可用，因此对于大多数磺胺类药物没有确立 ADI。对于磺胺类药物，其在食品中的 MRL 为 $100 \mu g/kg$，由此可计算其 ADI 值为：2 kg（每天食品食用量）×

$100\mu g/kg \div 60 \text{ kg} = 200\mu g /60 \text{ kg} = 3.3\mu g /\text{kg b. W.}$。该 ADI 值意味着磺胺类化合物将得 2 分。然而，已有的研究数据并不支持磺胺类药物具有很强的毒性。而且对于一些磺胺类药物，澳大利亚国家注册管理局使用非常大的安全系数，将 ADI 的范围设置为从 $10\sim 50\mu g /\text{kg b. W.}$。基于磺胺类药物的毒性和澳大利亚的 ADI 值，最终决定给其赋值为 1 分。参数 B 的得分根据抗生素政策工作组确定的分类。对于没有列入此报告中的禁用物质，如氯霉素和呋喃妥因的得分基于世界卫生组织的分类。

抗生素在动物食品使用范围（参数 C）的得分来自对 10 家罗非鱼养殖公司的调查。如果任何公司都未使用这种抗生素（<10%），得 0 分；如果 $1\sim 3$ 家公司使用这种抗生素（10%～30%），得 1 分；如果 $4\sim 6$ 家公司使用这种抗生素（40%～60%），得 2 分；如果 $7\sim 10$ 公司使用这种抗生素（60%～100%），得 3 分。抗生素残留量（参数 D）基于本实验室水产品质量抽样监测的结果进行评分。对于有限量标准的限用药，过去 3 年未检出，得 0 分；检测到低于限量，得 1 分；检测到高于限量但低于 10 倍限量值的，得 2 分；高于 10 倍限量值的，得 3 分。对于未制定限量的限用药和禁用药被检出，得 3 分。对于尚未开展监测的药物根据调研结果进行赋分。风险排序的最后一步，是对每种抗生素各参数的得分利用公式（7-27）进行计算。最终的风险排序评分中，诺氟沙星得分最高（30），氯霉素得分最低（0），各种危害参数的最终得分及排序见表 7-16。

表 7-16 罗非鱼中抗生素风险排序最终得分

Tab. 7-16 Final scores of antibiotics risk ranking in Tilapia

代号	类　别	子类别	名称	A	B	C	D	风险分值 S
QJ0IMA06	喹诺酮类抗菌药	氟喹诺酮类	诺氟沙星	3	3	2	3	30
QJ01AA06	四环素类药物	四环素类药物	土霉素	2	1	3	2	15
QJ01MA02	喹诺酮类抗菌药	氟喹诺酮类	环丙沙星	2	3	2	1	15
QJ01AA02	四环素类药物	四环素类药物	强力霉素	2	1	2	2	12
QJ01BA90	酰胺醇类	酰胺醇类	氟苯尼考	1	1	3	2	10
QJ01EQ04	磺胺类药物和甲氧苄啶	磺胺类药物	磺胺吡啶	1	1	3	2	10
QJ01EQ03	磺胺类药物和甲氧苄啶	磺胺类药物	磺胺二甲嘧啶	1	1	3	2	10
QJ01EQ07	磺胺类药物和甲氧苄啶	磺胺类药物	磺胺噻唑	1	1	3	2	10
QJ01EQ09	磺胺类药物和甲氧苄啶	磺胺类药物	磺胺二甲氧嘧啶	1	1	3	2	10
QJ01EQ10	磺胺类药物和甲氧苄啶	磺胺类药物	磺胺嘧啶	1	1	3	2	10
QJ01EQ11	磺胺类药物和甲氧苄啶	磺胺类药物	磺胺甲恶唑	1	1	3	2	10
QJ01EQ12	磺胺类药物和甲氧苄啶	磺胺类药物	磺胺氯	1	1	3	2	10
QJ01EQ13	磺胺类药物和甲氧苄啶	磺胺类药物	磺胺多辛	1	1	3	2	10
QJ01MA90	喹诺酮类抗菌药	氟喹诺酮类	恩诺沙星	2	3	2	0	10
QJ01MB05	喹诺酮类抗菌药	其他喹诺酮类	恶喹酸	2	2	1	1	8
QJ01MB07	喹诺酮类抗菌药	其他喹诺酮类	氟甲喹	2	2	1	1	8
QJ01BA02	酰胺醇类	酰胺醇类	甲砜霉素	2	1	1	1	6
QJ0lGB05	氨基糖苷类	其他	新霉素	0	2	1	1	4
QJ01BA01	酰胺醇类	酰胺醇类	氯霉素	3	2	0	0	0

11.4 分析讨论

本研究表明，诺氟沙星在所有的危害参数中排名首位，这不仅是因为其危害的严重性高（参数 A 和参数 B 的值均为 3），还因为在实际的调研和监测中，其残留的可能性也较高，参数 C 的值为 2（有 5 家养殖场在使用其作为治疗药物），参数 D 的值为 3（基于本实验室水产品质量抽样监测的结果），因此，应将诺氟沙星作为罗非鱼质量安全风险监测的最高优先危害参数。土霉素、环丙沙星和强力霉素的风险分值均达到了 10 以上，应作为优先监测的风险参数；而氟苯尼考和磺胺类药物作为养殖罗非鱼经常使用的药物，风险分值均为 10 分，主要是因为其危害的严重程度并不高，并且在监测中没有发现残留超标的情况，不过对这两种药物也应加强监测，关注其变化趋势。氯霉素虽然危害程度很高，但是由于在调研过程中，没有发现养殖场在使用，在近 3 年的监测中，也从来没有被检测到残留，因此风险分值最低，风险也最小。

利用本方法进行水产品的风险排序时，客观数据的可获得性和真实性可能对排序结果的准确性造成较大影响，如抗生素在动物食品中的使用范围（参数 C）。限于经费等方面的限制，本研究是根据调查的 10 家企业是否使用了这种抗生素进行评分的。实际上，如果要表征某种抗生素在全国养殖水产中的使用情况，应调查更多数量的养殖企业。在对抗生素残留（参数 D）状况表征时，依据的是 2011—2013 年本实验室水产品质量抽样监测的数据，由于时间限制，并没有对 2014 年的数据进行分析，所以排序的结果也不能代表罗非鱼中抗生素风险的最新情况。

需要说明的是，对本研究中计算方程做一些调整或修改后，可作为其他品种—危害组合的风险排序工具。如考虑对不同水产品抗生素残留风险进行排序时，可增加膳食消费量数据，并可将每种水产品占水产品总产量的比率作为对膳食消费量赋值的依据；如果考虑对不同食品抗生素风险进行排序时，就需以各种食品占总膳食的比率作为赋值的依据。以上均是针对人体健康安全的风险排序，如果要考虑抗生素对某种食品的产业风险时，可增加对产业影响的参数，如，这种食品的年产量（年产值）及年出口量（年出口值）等。

当然，对不同种类的危害参数进行排序时，其危害程度的表征参数也有所不同。如对于除了抗生素以外的化学药物，就不能从耐药性的角度，而是需要从危害物质的性质进行赋值（如致癌性、致突变性等）；如对食源性寄生虫危害进行排序，对其严重程度就需要从全球食源性疾病数量、全球分布、急发性发病严重程度、慢性发病严重程度和慢性病在疾病中的比例等参数进行表征；在考虑致病微生物的严重性时，则需要以微生物的致病性、传染性和毒性等作为参数进行赋值。

综上所述，本研究中的排序法主要是针对危害参数可能对人体健康带来的风险进行排序，指标比较单一，只需考虑危害的严重性和发生的可能性即可，关键在于对表征严重性和可能性的参数要界定准确，并且能够获得科学透明的调查数据。

11.5 结语

本研究建立了水产品中化学物质残留的风险排序方法，并将其应用于我国罗非鱼产品的抗生素残留案例研究。对抗生素风险的严重性和概率性进行评分分析，风险的严重性主要通过每日容许摄入量（ADI）和抗生素耐药性的严重程度进行表征，抗生素风险的概率性主要是通过调查发现的抗生素使用频率和监测的残留量进行表征。排序结果表明，诺氟沙星应作为罗非鱼质量安全风险监测的最高优先危害参数，土霉素、环丙沙星和强力霉素应作为优先监测的风险参数。这种方法可为其他品种—危害的组合进行风险排序提供借鉴，在风险管理工作中具有现实指导意义。

第 12 节　基于 Arc GIS 的江苏省猪粮比价风险等级评估

猪粮比价是指生猪出场价格与玉米批发价格的比值，其波动对经济发展特别是整体物价形势十分重要。因此，作为判断生猪生产和市场情况的基本指标，正确确定猪粮比价指标能够为国家及时、准确判断生猪市场供求，采取相应调控措施提供准确依据。生猪养殖业在国民经济中占有举足轻重的地位，直接影响到畜牧业发展与百姓的民生问题。

随着生猪生产规模和发展方式的明显变化，影响生猪生产以及猪粮比价的构成要素也发生了较大变化，猪粮比价作为客观指标已引起高度重视和广泛研究，猪粮比价作为盈亏平衡点已被社会公认作为指导生产的实用性指标。实践证明，准确计算和合理利用猪粮比价指标，有利于衡量养猪效益、预判发展趋势，对指导生猪生产者科学生产和政府决定市场经济调控方向，实施具体扶持政策均有重大意义。地理信息系统（Geographic Information System，GIS）技术是关于地理分布数据进行采集、储存、管理、运算、分析、显示和描述的技术系统，在生猪生产养殖领域进行指标分析和可视化的研究中才刚刚开始。研究中将猪粮比价作为一种经济指标输入 GIS，实现猪粮比价数据的自动计算分析和可视化呈现，评估结果图可直接了解市场情况，亦可作为地区生猪市场宏观调控依据。

12.1　猪粮比价分析

12.1.1　猪粮比价数据分析

生猪生产的实践表明，猪价与粮价之间存在一种必然的、相互适应的规律，将"猪粮比价"作为生猪生产的预警指标具有很强的现实意义。本研究采用宿迁市 2012 年生猪价格、玉米价格和豆粕价格数据（表 7 - 17）进行分析，而猪肉价格为 3 种生猪（外三元、内三元和土杂猪）价格的平均价格。

表 7 - 17　生猪价格、玉米价格和豆粕价格数据

Tab. 7 - 17　Pig price, the price of corn and soybean meal price data

时间	外三元	内三元	土杂猪	豆粕	玉米	肉价增（减）幅
2012.01	16.4	16.2	15.8	3.8	2.4	—
2012.02	16.6	16.4	15.9	3.1	2.35	1.03%
2012.03	16	15.6	15.4	3.1	2.4	−3.89%
2012.04	13.6	13.4	13.2	3.2	2.38	−14.47%
2012.05	13.4	13.2	13	3.4	2.3	−1.49%
2012.06	13	12.6	12.4	3.4	2.4	−4.04%

（续）

时间	外三元	内三元	土杂猪	豆粕	玉米	肉价增（减幅）
2012.07	13.5	13.4	12.8	3.9	2.4	4.47%
2012.08	13.8	12.6	12.4	4.2	2.4	−2.27%
2012.09	13.6	13.3	13.6	4.3	2.4	4.38%
2012.10	13.5	13.2	13	4.1	2.3	−1.98%
2012.11	13.8	13	13.2	3.8	2.36	0.76%
2012.12	14.8	14	13.5	4	2.38	5.75%
2013.01	15.4	14.6	13.8	3.9	2.36	3.55%
2013.02	15.5	14.8	14.2	4	2.36	1.60%
2013.03	13	12.5	12	4.1	2.36	−15.73%
2013.04	12.2	12	11.4	3.95	2.36	−5.07%
2013.05	12.5	12	11	3.95	2.28	−0.28%
2013.06	13.8	13.2	12.6	4.2	2.32	11.55%

猪肉价格变化具有一定周期性，每年 3—4 月以后猪肉消费进入淡季，随着春节消费高峰的结束，短期供求关系的变化引起了猪肉价格下跌，生猪价格开始回落。同时豆粕价格出现下跌，饲料成本价格也微落。猪肉价格相对较低的时间自 4 月开始延续到 6—7 月；之后开始猪价开始回升，连续呈上升趋势。至次年 1 季度，由于新年生猪市场需求增加，价格持续攀升至峰值。春节后生猪价格又因为市场需求减少，价格重新回落。根据公式计算，$p=(x_i-x_{i-1})/x_i$，分析每月猪肉价格（平均价格）的增（减）幅（p），其中 x_i 为当月生猪价格，x_{i-1} 为上一个月生猪价格，最大减幅在 14%～15% 左右，统计 18 个月各月增（减）幅总和，平均至每月，增（减）幅为 0.9%，如表 7-17 所示，生猪价格增幅和减幅接近，总体呈略微上升趋势。

12.1.2　猪粮比价相关因素分析

在养猪过程中，饲料成本占总成本 60% 以上，猪饲料用粮中又以玉米为主要成分。因此，原猪粮比价主要以生猪价格和玉米价格之比作为盈利指标。但蛋白原料（豆粕）已经在饲料中占有一定比例，而以玉米作为饲料粮时，往往会忽略蛋白原料等价格的波动所带来的影响，存在不合理性。

相关系数是衡量两个事物相似程度的数字。将待分析的两个事物指标分别用序列 $x(n)$ 和 $y(n)$ 表示，并在时序 $n=a\sim b$ 的范围比较这两个序列的相似程度，那么，反映两者相似程度的数字是

$$r=\frac{\sum_{n=a}^{b}x(n)y*(n)}{\left\{\sum_{n=a}^{b}|x(n)|^2\sum_{n=a}^{b}|y(n)|^2\right\}^{1/2}} \qquad (7-28)$$

r 称为相关系数，其中 * 号表示对 $y(n)$ 取共轭。这个数字的绝对值 $|r|\leqslant 1$，当 $|r|=1$ 时 $x(n)$ 与 $y(n)$ 完全相似。

表 7 - 18　生猪价格、玉米价格和豆粕价格与猪粮比价的相关性
表 7 - 18　生猪价格、玉米价格和豆粕价格与猪粮比价的相关性
Tab. 7 - 18　The correlation between the price of pigs, the price of corn, the price of soybean meal and the parity between pigs and grain

项目	生猪价格	玉米价格	豆粕价格
与猪粮比价相关性系数	1	1	0.84

利用公式（7-28），将豆粕和传统的猪粮比价（生猪价格比玉米价格）分别作为序列 $x(n)$ 和 $y(n)$ 带入相关性系数 r 计算，所得结果约 0.84（表 7 - 18），表明两者具有很好的相关性。因此，为使猪粮比价符合实际，准确地判断生猪市场情况，并更好地指导生猪生产健康发展，有必要适当调整这个量化指标，将豆粕价格纳入猪粮比价中计算。

12.1.3　猪粮比价趋势预测

GM（1，1）模型是灰色理论中很重要的一部分，能够实现数据预测的功能，应用范围极广也得到了很好的验证。GM（1，1）反映了一个变量对时间的一阶微分函数，其相应的微分方程为

$$\frac{\mathrm{d}x^{(1)}}{\mathrm{d}t} + ax^{(1)} = u \qquad (7-29)$$

式（7-29）中，$x^{(1)}$ 为经过一次累加生成的数列；t 为时间；a, u 为待估参数，分别称为发展灰数和内生控制灰数。

①建立一次累加生成数列。设原始数列为

$$x^{(0)} = \{x^{(0)}(1), x^{(0)}(2), x^{(0)}(3), \cdots, x^{(0)}(n)\}, i = 1, 2, \cdots, n$$

按下述方法做一次累加，得到生成数列（ n 为样本空间）：

$$x^{(1)}(i) = \sum_{m=1}^{i} x^{(0)}(m), \quad i = 1, 2, \cdots, n$$

②利用最小二乘法求参数 a、u。设

$$B = \begin{bmatrix} -\frac{1}{2}[x^{(1)}(1) + x^{(1)}(2)] & 1 \\ -\frac{1}{2}[x^{(1)}(2) + x^{(1)}(3)] & 1 \\ \vdots & \vdots \\ -\frac{1}{2}[x^{(1)}(n-1) + x^{(1)}(n)] & 1 \end{bmatrix}$$

$$y_n = [x^{(0)}(2), x^{(0)}(3), \cdots, x^{(0)}(n)]^T$$

参数辨识 a、u：$\hat{a} = \begin{bmatrix} a \\ u \end{bmatrix} = (B^T B)^{-1} B^T y_n$

③求出 GM（1，1）的模型：

$$\hat{x}^{(1)}(i+1) = (x^{(0)}(1) - \frac{u}{a})e^{-ai} + \frac{u}{a},$$

$$\begin{cases} \hat{x}^{(0)}(1) = \hat{x}^{(1)}(1) \\ \hat{x}^{(0)}(i) = \hat{x}^{(1)}(i) - \hat{x}^{(1)}(i-1), i = 2, 3, \cdots, n \end{cases}$$

④模型精度检验：验差检验。

首先计算原始数列 $x^{(0)}(i)$ 的均方差 S_0。其定义为

$$S_0 = \sqrt{\frac{S_0^2}{n-1}} \ , \ S_0^2 = \sum_{i=1}^{n} \left[x^{(0)}(i) - \overline{x^{(0)}} \right]^2 \ , \ \overline{x^{(0)}} = \frac{1}{n} \sum_{i=1}^{n} x^{(0)}(i)$$

然后计算残差数列 $\varepsilon^{(0)}(i) = x^{(0)}(i) - \hat{x}^{(0)}(i)$ 的均方差 S_1。其定义为

$$S_1 = \sqrt{\frac{S_1^2}{n-1}} \ , \ S_1^2 = \sum_{i=1}^{n} \left[\varepsilon^{(0)}(i) - \overline{\varepsilon}^{(0)} \right]^2 \ , \ \overline{\varepsilon}^{(0)} = \frac{1}{n} \sum_{i=1}^{n} \varepsilon^{(0)}(i)$$

由此计算方差比：$c = \dfrac{S_1}{S_0}$ 和小误差概率：$p = \{ \left| \varepsilon^{(0)}(i) - \overline{\varepsilon}^{(0)} \right| < 0.6745 \cdot S_0 \}$

根据检验得出模型的预测精度，当小误差概率 $p > 0.80$ 且方差比 $c < 0.5$ 时用模型进行预测。即用

$$\hat{x}^{(0)}(n+1) = \hat{x}^{(1)}(n+1) - \hat{x}^{(1)}(n) \ , \ \hat{x}^{(0)}(n+2) = \hat{x}^{(1)}(n+2) - \hat{x}^{(1)}(n+1) \ , \ \cdots\cdots 作$$

为 $x^{(0)}(n+1), x^{(0)}(n+2), \cdots\cdots$ 的预测值。

12.1.4　因素价格趋势预测

根据江苏省宿迁市 2012 年各月的生猪价格、玉米价格和豆粕价格原始数据分别作为数列 $x(n)$ 数列带入 GM（1，1）的模型计算。得到各因素的预测公式，即生猪价格、玉米价格和豆粕价格的时间响应函数，根据各个因素的时间相应函数，预测 2013 年 1—6 月的价格，与真实数据相比，绘制成图。

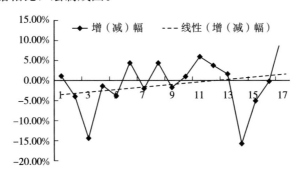

图 7 - 17　2012 年 1 月—2013 年 6 月猪肉价格增（减）幅

Fig. 7 - 17　2012.1—2013.6 pork price increase（decrease）

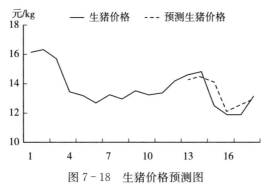

图 7 - 18　生猪价格预测图

Fig. 7 - 18　Hog price forecast map

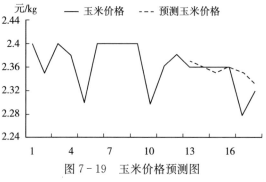

图 7 - 19　玉米价格预测图

Fig. 7 - 19　Corn price forecast chart

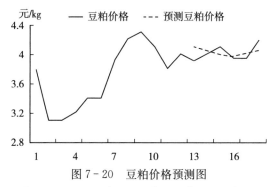

图 7 - 20　豆粕价格预测图

Fig. 7 - 20　Soybean meal price forecast chart

作为猪粮比价计算的因素，准确预测各项因素价格，是得到精确猪粮比价的基础。图 7 - 17～图 7 - 20 分别为生猪价格，玉米价格和豆粕价格 2013.1—2013.6 预测数据与真实数据的比较。如图所示，对于影响猪粮比价的各个因素，模拟的预测数据基本和真实值有较好的一致性，说明 GM（1，1）模型能够较好地预测价格变化趋势。

$$m = \pm \sqrt{\frac{[\Delta\Delta]}{n}} \qquad\qquad (7 - 30)$$

为了验证预测的准确性，研究将中误差作为误差标准，根据公式（7 - 30）分别计算 1—6 月预测价格和真实值之间的中误差，其中，Δ 为真误差，$[\ \ ]$ 为求和符号，n 为观测值个数。

表 7 - 19　猪粮比价预测误差

Tab. 7 - 19　Pig grain price prediction error

	最大误差	误差均值
生猪价格	0.16	0.08
玉米价格	0.34	0.1
豆粕价格	0.13	0.06

如表 7 - 19 统计，玉米价格的最大误差较大，为 0.34，但误差均值正常。因此，应用模型进行的猪价格、玉米价格和豆粕价格结果均较为理想，可作为进一步计算猪粮比价

的依据。

12.1.5　猪粮比价趋势预测

灰色综合评价主要是依据以下模型：$R = Y \times W$ 式中，R 为 M 个被评价对象的综合评价结果向量；W 为 N 个评价指标的权重向量；E 为各指标的评判矩阵。将猪粮比价设为参考序列 X，生猪价格、玉米价格和豆粕价格数据分别为 Y_1，Y_2，Y_3。考虑到影响猪粮比价的主要因素为：生猪价格，玉米价格，豆粕价格。首先，利用灰色关联法，以猪粮比价作为参考序列，以生猪价格，玉米价格，豆粕价格作为比较序列，将生猪价格，玉米价格，豆粕价格数据带入 GM（1，3）多变量关联度分别得到各因素关联度为 γ_1，γ_2，γ_3。根据其关联度返算，运用 GM（1，1）模型推导得出猪粮比价的预测公式方程为

$$X(t) = \gamma_1 x_1(t) + \gamma_2 x_2(t) + \gamma_3 x_3(t)，(t = 1，2，3，\cdots，18)$$

其中 $x_1(t)$ 为生猪价格，$x_2(t)$ 为玉米价格，$x_3(t)$ 为豆粕价格。经计算所得猪粮比价为表 7 - 20。

表 7 - 20　猪粮比价预测

Tab. 7 - 20　Pock grain price ratio predicted

月份	1	2	3	4	5	6
猪粮比价	6.0	6.1	6	5.5	5.6	5.7

实际数据表明 2013.1—2013.6，猪粮比价基本在 5.5～6.0，基本与全国状况一致。灰色关联度方法可以较好地用于猪粮比价预测计算当中，利用较长时间的猪肉价格，玉米价格和豆粕价格数据可以较为准确地对猪粮比价进行预测，对实际养殖和市场调控提供科学依据。

12.2　猪粮比价风险等级评估

地理信息系统（GIS）是结合地理学与地图学，以及采用输入、存储、查询、分析和显示地理数据的计算机系统。根据灰色关联预测猪粮比价的方法，进一步利用 C♯语言，基于GIS 软件，建立猪粮比价风险评估系统。系统按猪粮比价值划分为 4 个等级（表 7 - 21）。

表 7 - 21　猪粮比价评估等级

Tab. 7 - 21　Pig grain price assessment scale

猪粮比价范围	成图颜色	代表意义	建议措施
9∶1～6∶1	绿色	生猪生产和价格处于正常情况	
6∶1～5.5∶1	蓝色	生猪价格出现轻度下跌，生猪生产效益下降	政府要及时向社会发布预警信息
5.5∶1～5∶1	黄色	生猪市场明显供大于求，价格现中度下跌，生猪生产明显亏损	政府要及时向社会发布预警信息
＜5	红色	生猪市场明显供大于求，价格现中度下跌，生猪生产明显亏损	政府需加大扶持，如对养殖场（户）发放饲养补贴等

　　根据江苏省13市计算所得猪粮比价（表7-22），系统自动进行风险等级评估，形成风险评估图。图7-21显示2013.4江苏省实际的猪粮比价风险评估图，全省除宿迁市和连云港市猪粮比价在5～5.5区间，为浅色区域，其余各市均为深色区域，猪粮比价在5.5～6区间内。表明江苏省全省生猪价格下跌，生产效益下降，其中宿迁市和连云港市出现明显亏损。同时，假设部分城市猪粮比价数据（表7-22），以显示包含全部等级的江苏省猪粮比价风险评估图（图7-22），若风险评估图中出现黑色区域，则该区域内生猪生产明显亏损。

表7-22　2013年4月江苏省猪粮比价
Tab. 7-22　April 2013 jiangsu province pig grain price

地区	实际猪粮比价	假设猪粮比价	地区	实际猪粮比价	假设猪粮比价
南京市	5.8	5.8	扬州市	5.6	6.2
苏州市	5.9	6.2	淮安市	5.6	5.6
无锡市	5.9	5.9	盐城市	5.6	5.4
常州市	5.8	6.2	宿迁市	5.5	5.4
镇江市	5.7	6.2	连云港市	5.5	5.5
泰州市	5.6	6.2	徐州市	5.7	6.2
南通市	5.7	6.2			

图7-21　2013年4月江苏省猪粮比价风险评估图（实际数据）
Fig. 7-21　2013 April Jiangsu pig grain price risk assessment map (the actual data)

　　猪粮比价系统包括软件环境、硬件环境和数据库。硬件环境即为操作所用计算机。系统数据库根据地理范围保存各个地区的数据。如，研究利用江苏省矢量图，以市为猪粮比价评估单位，逐条录入每月的生猪价格、玉米价格和豆粕价格。系统根据用户所需评估的时间，包括预测时间，调用数据库数据计算猪粮比价。

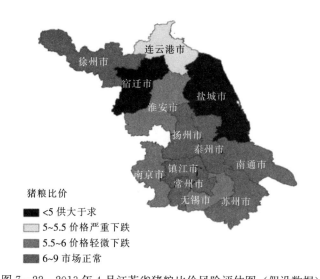

图 7 - 22　2013 年 4 月江苏省猪粮比价风险评估图（假设数据）

Fig. 7 - 22　2013 April Jiangsu pig grain price risk assessment map（assuming data）

12.3　小结

猪粮比价是维护生猪生产健康稳定发展的保证，研究表明猪粮比价与生猪价格、玉米价格和豆粕价格相关性良好。通过建立 GM（1，1）模型，分别对生猪价格、玉米价格和豆粕价格进行趋势预测，并利用关联度计算对猪粮比价进行预测。

地理信息系统（GIS）技术长期被利用于自然、人文和经济多个领域，对于一定范围内的空间信息可以实现信息和分析结果的直观可视化。通过计算机平台，计算所得猪粮比价，按等级划分，在编制的系统中结合 Arc GIS 软件，实现猪粮比价数据管理和等级风险评估的可视化。

近年来，随着生猪生产规模和发展方式的明显变化，影响生猪生产以及猪粮比价的构成要素也发生了较大变化，特别是规模养猪场猪粮比价变化频度加快、构成要素增加、更新要求提高，猪粮比价作为客观反映生猪产销变化，需要考虑更多生猪生产成本结构的影响。劳动力，自然资源消耗等，在今后的猪粮比价研究中需要更多地考虑。

由于我国地域辽阔，不同地区的生猪养殖成本及市场需求水平存在较大差异，因此不同地区的生猪市场价格差异也较大，因此，在整体生猪市场不断发展的情况下，需要对于不同地区，不同市场，不同生产方式，进一步具体分析。

猪粮比价风险等级评估系统主要功能包括（图 7 - 23）：数据管理，数据计算，评估报告 3 个部分并附有帮助文件。通过 Arc GIS 成图功能，自动成图，实现猪粮比价等级评估的可视化。系统根据用户输入条件，调用相关的字段名下的数据，实现数据的查询和编辑，并直接计算猪粮比价。在等级评估和生成报告过程中，系统可以根据用户输入条件，调用系统数据库数据，自动进行猪粮比价等级划分，以等级划分图形式呈现，具体数据也在界面中予以显示。在评估报告生成时，系统根据用户输入的时间数据，自动利用本研究的猪粮比价预测方法进行计算，生成等级图作为报告中的预测结果。

图 7-23　猪粮比价评估系统结构

Fig. 7-23　Pig grain price evaluation system structure

　　生猪生产是受到市场需求的影响，具有较强的周期性波动特点，为了养殖户能够较好地掌握市场状况，利用猪粮比价风险等级评估系统，宏观把握地区整体市场状况，通过系统对猪粮比价的预测，使生产者个人较早为生产进行调控，从而促使市场能够实现供需平衡。同时，当猪粮比价达到盈亏平衡点时，系统开始预警，使政府能够根据情况启动相应响应机制，调整调控力度，使猪粮比价不至于下降过多，这样，既能够发挥市场机制配置资源的基础性作用，又可缓解生猪生产的周期性波动，无论从短期还是从长期来看，均有利于生猪生产的稳定发展。

◆ 参考文献

[1] 刘秀梅．食源性微生物的危险性分析 [J]．中华流行病学杂志，2003，24（8）：665-669.

[2] 赵志晶，刘秀梅．中国带壳鸡蛋中沙门氏菌定量危险性评估的初步研究—Ⅰ．危害识别与暴露评估 [J]．中国食品卫生杂志，2004，16（3）：201-206.

[3] 赵志晶，刘秀梅．中国带壳鸡蛋中沙门氏菌定量危险性评估的初步研究—Ⅱ．危害特征的描述与危险性特征的描述 [J]．中国食品卫生杂志，2004，16（4）：295-300.

[4] 李乐，何雅静，宋怿．养殖罗非鱼中抗生素残留风险排序研究 [J]．中国渔业质量与标准，2015，5（5）：44-49.

[5] 蒋高生，张颖，赵永锋，等．我国罗非鱼产品的药物残留问题及其对策 [J]．江苏农业科学，2013，41（5）：281-282.

[6] 吴云凤，袁宝君．零售鸡肉中沙门氏菌的半定量风险评估研究 [J]．2014，5（12）：4157-4162.

[7] 韩荣伟，于忠娜，张莉，等．我国鸡肉产品中沙门氏菌风险评估的研究进展 [J]．食品科学，2015，36（23）：372-376.

[8] 张艳，牛艳，苟表林，等．羊肉中β-受体激动剂兽药残留风险评估 [J]．吉林农业科学，2015，40（4）：65-67，82.

[9] 刘建，唐慧林，吴绍强，等．进口猪肉携带非洲猪瘟病毒数学模型的建立及分析 [J]．动物医学进展，2010（31）：15-20.

[10] 陆昌华，何振峰，甘泉，等．猪肉生产过程中质量损耗分析与预冷过程优化 [J]．江苏农业学报，2015，31（2）：468-470.

[11] 郁达威，胡肄农，谭业平，等．基于Arc GIS的江苏省猪粮比价风险等级评估 [J]．江苏农业学报，2013，29（6）：1478-1483.

[12] 吴斌，秦成，石智，等．畜产品中沙门氏菌的风险评估 [J]．大连轻工业学院学报，2004，23（3）：226-228.

[13] 王军，郑增忍，王晶钰．动物源性食品中沙门氏菌的风险评估 [J]．中国动物检疫，2007（4）：23-25.

[14] 朱玲，许喜林，周彦良，等．加工肉鸡中沙门氏菌风险评估 [J]．现代食品科技 2009，25（7）：825-829.

[15] 张奎彪，琚玉萍，家禽胴体螺旋预冷技术研究进展 [J]．食品与机械，2012（2）：257-260.

[16] 覃海元，潘嫣丽．奶粉中沙门氏菌的风险评估 [J]．中国乳品工业，2009，37（10）：50-52.

[17] 孙延斌，孙婷，李士凯，等．济南市肉鸡生产链沙门氏菌污染监测及分析 [J]．中国食品卫生，2013，25（5）：452-455.

[18] 夏炉明，陈琦，赵洪进，等．上海地区输入性羊群传播布鲁氏菌病的定性风险评估 [J]．中国动物检疫，2015，32（1）：1-3，16.

[19] 张玉，陈玉贞，胡春光，等．肉鸡屠宰场沙门氏菌定量评估模型的构建 [J]．卫生研究，2015，44（3）：466-469，478.

[20] 厉曙光，陈莉莉，陈波．我国2004—2012年媒体曝光食品安全事件分析 [J]．中国食品学报，2014，14（3）：1-8.

[21] 张光卫，何锐，刘禹，等．基于云模型的进化算法 [J]．计算机学报，2008，31（7）：1082-1091.

[22] 何振峰，熊范纶．结合限制的分隔模型及K-Means算法 [J]．软件学报，2005，16

（5）：799-809.

[23] 何振峰，陆昌华，熊范纶. 基于限制 EM 算法的猪肉预冷过程分析 [J]. 农业工程学报，2010，26（7）：351-357.

[24] 赵文举，马孝义，刘哲，等. 多级灌溉渠配水优化编组模型与算法研究 [J]. 农业工程学报，2008，24（2）：11-16.

[25] 邓巍，丁为民. 基于 EM 算法的图像融合质量评价 [J]. 农业工程学报，2007，23（5）：168-172.

[26] 宋筱瑜. 食品风险评估中心微生物风险评估进展 [R]. 武汉：国家食品安全风险评估中心，2014.

[27] 王欢. 合肥地区鸡肉中沙门氏杆菌的食品安全风险评估 [D]. 合肥：安徽农业大学，2013.

[28] 姬华. 对虾中食源性弧菌预测模型建立及风险评估 [D]. 无锡：江南大学，2012.

[29] 国家卫生和计划生育委员会，国家卫生计生委办公厅关于 2014 年全国食物中毒事件情况的通报 [EB/OL].（2015-02-15）[2015-06-20]. http://www.moh.gov.cn/yjb/s3585/201502/91fa4b047e984d3a89cl619 4722ee9f2.shtml.

[30] 国家卫生和计划生育委员会，国家卫生计生委办公厅关于 2013 年全国食物中毒事件情况的通报 [EB/OL].（2014-02-20）[2015-06-20] http://www.moh.gov.cn/yjb/s3585/201402/f54fl6a4156a460790caa3e991cobd5.shtml.

[31] OSCAR T P. A quantitative risk assessment model for Salmonella and whole chickens [J]. International Journal of Food Microbiology, 2004, 93（2）：231-247.

[32] BOONE I, van der STEDE Y, BOLLAERTS K, et al. Expert judgement in a risk assessment model For Salmonella spp. in pork: the performance of different weighting schemes [J]. Preventive Veterinary Medicine, 2009, 92（3）：224-234.

[33] PARSONS D J, ORTON T G, SOUZA J, et al. A comparison of three modelling approaches for quantitative risk assessment using the case study of Salmonella spp. in poultry meat [J]. International Journal of Food Microbiology, 2005, 98（1）：35-51.

[34] World Health Organization Food and Agriculture Organization of the United Nations. Risk assessments of Salmonella in eggs and broiler chickens. microbialogical Risk Assessment Series 2 [R]. Rome: FAO/WHO, 2002.

[35] ZHANG D T, KAN B. The molecule typing technique research review of Salmonella [J]. Chin J Zoonoses, 2009, 29（5）：465-468.

[36] NAUTA M, van der FELS-KLERX I, HAVELAAR A. A poultry-processing model for quantitative microbiological risk assessment [J]. Risk Anal, 2005, 25（1）：85-98.

[37] SHERIDAN J J. Sources of contamination during slaughter and measures for control [J]. J Food Safety, 1998, 18（4）：321-339.

[38] MAIJALA R, RANTA J, SEUNA E, et al. A quantitative risk assessment of the public health impact of the Finnish Salmonella control program for broilers [J]. International Journal of Food Microbiology, 2005, 102（1）：21-35.

[39] WHITING R C, BUCHANAN R L. Development of a quantitative risk assessment model for Salmonella enierltidis in pasteurized liquid eggs [J]. International Journal of Food Microbiology, 1997, 36（2/3）：111-125.

[40] MURCHIE L, XIA Bin, MADDEN R H, et al. Qualitative exposure assessment for Salmonella spp. in shell eggs produced on the island of Ireland [J]. International Journal of Food Microbiology, 2008, 125（3）：308-319.

[41] ZHU Jianghui, WANG Yeru, SONG Xiaoyu, et al. Prevalence and quantification of Salraomlla con-tamination in raw chicken carcasses at the retail in China [J]. Food Control, 2014 (44): 198 - 202.

[42] HUANG Jinlin, ZONG Qing, ZHAO Fei, et al. Quantitative surveys of Salmonlld and Campy-lobacfer on retail raw chicken in Yangzhou, China [J]. Food Control, 2016 (59): 68 - 73.

[43] Dunkley, K. D., Callaway, T. R., Chalova, V. I., McReynolds, J. L., Hume, M. E., Dunk-ley, C. S., et al. Foodborne Salmonella ecology in the avian gastrointestinal tract. Anaerobe, 2009 (15): 26 - 35.

[44] Foley, S. L. J., and A. M. Lynne. Food animal-associated Salmonella challenges: Pathogenicity and antimicrobial resistance. J. Anim. Sci. 2008, 86 (E. Suppl.): E173 - E187.

[45] GOULD L H, WALSH K A, VIEIRA A R, et al. Surveillance for foodborne disease outbreaks: United States, 1998—2008 [J]. Morbidity and Mortality Weekly Report, 2013, 62 (2): 1 - 34.

第8章 我国动物食品风险评估的工作展望

动物及动物产品质量安全风险评估是一个系统管理工程，评估专家队伍应由流行病学家、病毒学家、微生物学家、寄生虫学家、食品加工学家、食品安全评价学家、野生动物专家、统计学家和经济学专家等组成。借鉴发达国家经验，及时收集国内外动物疫情信息，剖析国外应对风险采取的措施。如美国在食品安全方面设立了3个主要的食品安全机构：美国卫生部下属的食品及药物管理局（FDA）、美国农业部（USDA）、美国环保局（EPA），这些食品安全职责清晰，不相互交叉重复，通过风险分析开展多方面交流和合作。美国动物流行病学中心（CEAH）是美国农业部（USDA）动植物监督总局（APHIS）兽医局（VS）直属的流行病学研究咨询机构，同时也是世界动物卫生组织（OIE）动物卫生监测和风险分析的协作中心。风险分析工作已经成为一种实用技术渗透到CEAH工作乃至APHIS工作的方方面面。各项监测工作和紧急疫病分析工作都需要以风险分析报告为基础和前提。与此同时，建议通过国家质检总局、农业部、食品总局、卫生部等部门，调动全系统和社会的力量，广泛开展风险分析工作。借鉴国外在畜禽养殖业信息化、智能化与自动化的经验，提出开展动物源食品产业链质量安全控制全程追溯即"物联网"关键技术研究：一是对现代养猪场采用"电子标识＋自动饲喂＋自动称重"技术方法；二是构建智能化动物产品质量安全管理创新体系；三是进一步开展猪肉产品质量安全风险预警系统的规划。利用大数据技术，处理和分析新的数据类型（远程疾病图像诊断和电子邮件），为未来智能化远程动物疾病图像诊断提供实用的支撑。

第1节 深化拓展动物产品质量安全全程溯源体系建设

实现动物及动物产品标识与可追溯管理，是有效解决动物及其产品安全问题的重要措施。针对农业部推行的"动物标识及疫病可追溯体系"和商务部推行的"肉类蔬菜流通追溯体系"，从管理体制与技术方案进行剖析，指出两个部委推行的可追溯体系，均覆盖完整追溯过程的一部分，从严格意义上讲，仅达到半程可追溯或局部可追溯。其关键是两大溯源体系未实现有效对接与相互补充，难以有效监控动物源性食品质量安全风险。为此，针对该问题作者提出如下对策：

1.1 管理层面

"国家动物产品质量安全全程溯源体系"建议由一个部门具体执法管理。

1.2 技术层面

动物源性食品需符合国际标准并完全实现国产化的低成本动物电子标识，使全程溯源管理成为可能。其解决方案：

①开展全程溯源体系的数据规范和数据接口研究；

②数据采集、数据传输、数据存储和数据处理技术的升级研究；

③除探索性进行生物溯源技术的研究外，当前，可采用云计算基础架构与物联网平台相结合，在构建我国统一食品安全/溯源软件平台的同时，建设面向行业内各种不同类型的企业用户的管理软件系统。

第 2 节　动物源食品产业链质量安全控制全程跟踪与追溯即物联网关键技术

2.1　现代养猪场"电子标识＋自动饲喂＋自动称重"

利用智能感知、无线传感、智能控制等现代信息技术，进行现代养猪场"电子标识＋自动饲喂＋自动称重"，即利用电子标签 RFID 技术实现对动物群体进行个体识别与跟踪，以保障动物及其产品安全，并在动物行为动态监测与福利养殖中发挥重大作用。例如，通过 RFID 耳标识别与自动称重，可查询该种母猪的生产性能，是高产、中产、低产还是空怀。因个体差别而提供不同的饲喂量，既可满足个体需要，又能降低生产成本。当种母猪离开食槽时，将在屏幕上显示食槽中剩余饲料量。如果食槽中饲料剩的过多，首先应考虑该种母猪是否发情，其次考虑是否生病。通过计算机动态管理，及时准确掌握种母猪处于空怀、妊娠、分娩和待配状态，减少种母猪非生产时间，提高效益。

2.2　大数据技术在动物源食品全程信息化管理中的应用

通过信息记录、标识佩戴、身份识别、信息录入与传输、数据分析和平台信息共享等，可实现牲畜从出生、养殖、屠宰、运输到消费各个环节的一体化全程监控。即通过动物个体及产品标识技术，将大型养殖场的屠宰加工、物流及销售各环节进行串联，根据可追溯管理的要求，建立动物疫病及产品安全溯源信息系统，有利于养殖过程中对每头或每批牲畜的特征属性、健康状态、疫病防控和牲畜在屠宰过程中的安全检测、检疫、产品等级和分包装等全过程的海量信息进行实时采集。通过无线 4G 网络和互联宽带网络将数据上传到云端系统，并通过系统应用软件以及数学模型对所有数据进行分析比对和挖掘整理。系统可对动物早期疫情预警，还能对各阶段牲畜的存、出栏数以及市场需求进行正确评估；同时涵盖了饲料管理、动物疫病防疫监控和肉制品质量管理，这样不仅可达到对动物疫情的快速、准确溯源，而且强化了动物源食品"从农场到餐桌"的全程管理，从而实现畜牧业的科学化与制度化，完成基于物联网和云计算技术建立安全溯源系统，实现设施养殖动物安全溯源的技术目标。

第 3 节　智能化畜产品安全质量管理创新体系的构建

为实现畜禽养殖信息化、智能化与自动化，可应用物联网系统架构、生长环境感知技术、智能监控装备形成动物规模精细养殖服务管理体系（图 8-1）。在动物养殖的全过程，建立基于动物及其产品标识技术的全程溯源管理。利用二维码和电子耳标唯一性的物理定位功能对动物进行标识，实现传感技术、数据处理技术的集成化应用，使用物联网技术实现对畜牧、畜禽舍内的环境实时监测与自动化调控，实现饲喂、疫病、繁殖和粪便清理等环节的自动化、智能化和精准化监控；同时优化现代养猪场的资源配置，提高管理水平。另外，可以将地理信息系统（geographic information system，GIS）、动物疫病风险分析与经济学评价相结合，用于重大动物疫病的风险分析和现代养殖场生物安全隔离区的建立。

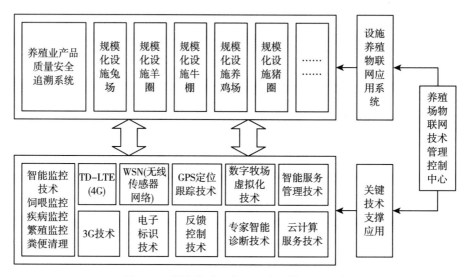

图 8-1　设施养殖业物联网应用模式的设计

Fig. 8-1　Design of the internet of things for facility forming

第4节　展　望

4.1　进一步在畜禽养殖领域示范推广物联网应用技术

随着现代养殖业逐步向规模化、集约化的方向发展，如今的物联网已发展成为对物体具有全面感知能力，对信息具有可靠传递和智能处理能力的连接物体与物体的信息网络。在畜禽养殖领域，国外发达国家的养猪场和养牛场中设施化程度很高，如猪的自动饲喂、奶牛自动饲喂和自动挤奶，有效减少了对员工的技术依赖性，国内一些企业也能效仿这种模式，这主要依赖于设施与装备技术及信息化技术。为此，如何利用大数据技术发挥以物联网为代表的信息技术在环境监控、精细投喂、疾病预防与诊断、养殖过程可跟踪与动物源食品质量可溯源等方面所存在的应用潜力正受到越来越多的关注。建议重点推广应用畜禽养殖环境监控报警、定量饲喂和粪便清理等环节个性化、智能化及精准化控制系统，实现环境远程监测与调控。

4.2　未来猪肉产品质量安全风险预警系统的规划

根据现代预警原则的定义，相对较为成熟的风险分析模型预警面对更加模糊和不确定的信息，除了动物流行病学风险外需更多考虑社会和经济因素。在风险分析技术研究的基础上，如何定义和发展预警技术模型，是预警体系建设的关键。图 8-2 显示了未来猪肉产品质量安全风险预警系统的规划图。

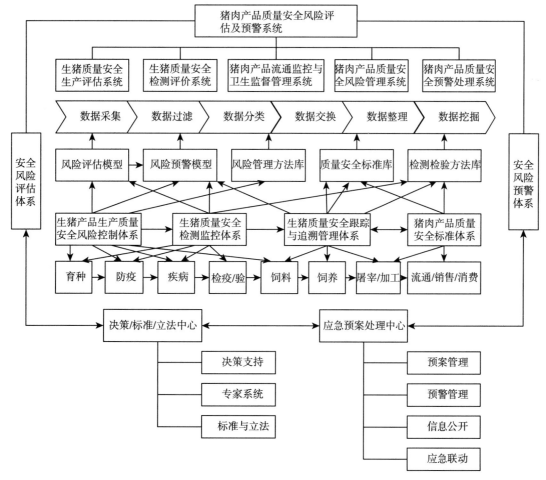

图 8-2　未来猪肉产品质量安全风险预警系统规划图

Fig. 8-2　Quality warning system for pork product

4.3　进一步开发畜禽疾病远程诊断技术

针对当今 4G 手机拍照功能普及应用的现状，构思利用大数据技术处理和分析新的数据类型（远程疾病图像诊断和电子邮件）以及对未充分利用的数据源进行研发，将畜主或兽医所拍病畜的剖检照片图像与已收集的疫病剖检图像库进行比对，为未来智能化远程畜禽疾病图像诊断提供实用的支撑。这样系统可进一步运用人工智能理论和自适应思想，通过兽医专家端、养殖场诊断平台和服务器端实现网上诊断、网上治疗及网上学习的功能，让专家分析解决问题的能力得以继承和推广。用户可调用远程系统，解决疾病诊断问题，克服我国中小型畜禽养殖场畜牧兽医人员不足、诊断水平和经验不够丰富的不足，提高畜禽疾病诊断符合率，减少疾病损失，提高养殖业总体生产水平，从而促进我国畜禽养殖业的持续发展。

◆ 参考文献

[1] 李晓岑，朴玉霞，曾奇．基于网络环境下食品安全监控的探讨［J］．中国食物与营养，2011，17 (8)：11 - 12.

[2] 谭向勇．加入 WTO 后，我国畜牧业发展的对策与建议［J］．中国禽业导刊，2002，19 (2)：4 - 5.

[3] 刘颖．物联网在农业中的应用及前景展望［J］．信息与电脑，2016 (6)：26 - 27.

[4] 李秀峰，艾红波．畜禽养殖物联网设计方案［J］．农业网络信息，2012 (8)：28 - 30.

[5] 钟翔，李刚，张桂英，等．无线传感器网络技术及其在畜禽舍环境监控中的应用［J］．中国家禽，2012，34 (22)：41 - 43.

[6] 闫振宇，陶建平，徐家鹏．我国生猪规模化养殖发展现状和省际差异及发展对策［J］．农业现代化研究，2012，33 (1)：13 - 18.

[7] 谭业平，陆昌华，胡肆农，等．大数据技术在动物源食品质量安全管理创新体系中的应用［J］．食品安全质量检测学报，2016，7 (7)：2973 - 2981.

[8] 于北瑜．物联网在家畜养殖业中的应用［J］．农业工程，2014，4 (1)：34 - 36.

[9] 黄伟忠，汪明，郑增忍，等．建立现代动物及动物产品标识与可追溯体系［J］．中国动物检疫，2006 (11)：1 - 4.

[10] 陆昌华，胡肆农．深化拓展"动物标识与动物产品质量安全全程溯源体系建设"的建议［J］．猪业科学，2012 (9)：44 - 49.

[11] 陆昌华，胡肆农．动物产品质量安全全程溯源体系建设与展望［C］．2013 中国食品与农产品质量安全检测技术应用国际论坛论文集．北京．2013：52 - 61.

[12] 王文生，陈明．大数据与农业应用［M］．北京：科学出版社，2015.

附录 国家食品药品监管总局《食品生产经营风险分级管理办法》等相关文件

为了强化食品生产经营风险管理，科学有效实施监管，落实食品安全监管责任，保障食品安全，根据《中华人民共和国食品安全法》及其实施条例等法律法规，国家食品药品总局制定了《食品生产经营风险分级管理办法》（以下简称《办法》）。为方便应用《办法》的企业或有关人员，在遵循风险分析、量化评价、动态管理、客观公正的原则下，结合当地监管资源和监管能力，对食品生产经营者实施的不同程度的监督管理，达到节约时间，提高工作效率的目的。我们把自 2016 年 12 月 1 日起施行的《办法》与相关对"熟肉制品"开展食品安全监督抽检和风险监测等文件搜集汇编成附录。

附录1 总局关于印发食品生产经营风险分级管理办法（试行）的通知

食药监食监一〔2016〕115 号

2016 年 9 月 9 日 发布

各省、自治区、直辖市食品药品监督管理局，新疆生产建设兵团食品药品监督管理局：

为深入贯彻《中华人民共和国食品安全法》，强化食品生产经营风险管理，科学有效实施监管，提升监管工作效能和食品安全保障能力，国家食品药品监督管理总局制定了《食品生产经营风险分级管理办法（试行）》，现印发给你们，请遵照执行。请结合本地区、本部门实际，制定本省食品生产经营风险分级管理工作规范，组织实施本省食品生产经营风险分级管理工作。各地在实施过程中出现的问题，请及时报告总局。

食品药品监管总局
2016 年 9 月 5 日

食品生产经营风险分级管理办法（试行）

第一章 总 则

第一条 为了强化食品生产经营风险管理，科学有效实施监管，落实食品安全监管责任，保障食品安全，根据《中华人民共和国食品安全法》（以下简称《食品安全法》）及其实施条例等法律法规，制定本办法。

第二条 本办法所称风险分级管理，是指食品药品监督管理部门以风险分析为基础，结合食品生产经营者的食品类别、经营业态及生产经营规模、食品安全管理能力和监督管理记录情况，按照风险评价指标，划分食品生产经营者风险等级，并结合当地监管资源和监管能力，对食品生产经营者实施的不同程度的监督管理。

第三条 食品药品监督管理部门对食品生产经营者实施风险分级管理，适用本办法。

食品生产、食品销售和餐饮服务等食品生产经营，以及食品添加剂生产适用本办法。

第四条 国家食品药品监督管理总局负责制定食品生产经营风险分级管理制度，指导和检查全国食品生产经营风险分级管理工作。

省级食品药品监督管理部门负责制定本省食品生产经营风险分级管理工作规范，结合本行政区域内实际情况，组织实施本省食品生产经营风险分级管理工作，对本省食品生产经营风险分级管理工作进行指导和检查。

各市、县级食品药品监督管理部门负责开展本地区食品生产经营风险分级管理的具体工作。

第五条 食品生产经营风险分级管理工作应当遵循风险分析、量化评价、动态管理、客观公正的原则。

第六条 食品生产经营者应当配合食品药品监督管理部门的风险分级管理工作，不得拒绝、逃避或者阻碍。

第二章 风险分级

第七条 食品药品监督管理部门对食品生产经营风险等级划分，应当结合食品生产经营企业风险特点，从生产经营食品类别、经营规模、消费对象等静态风险因素和生产经营条件保持、生产经营过程控制、管理制度建立及运行等动态风险因素，确定食品生产经营者风险等级，并根据对食品生产经营者监督检查、监督抽检、投诉举报、案件查处、产品召回等监督管理记录实施动态调整。

食品生产经营者风险等级从低到高分为 A 级风险、B 级风险、C 级风险、D 级风险四个等级。

第八条 食品药品监督管理部门确定食品生产经营者风险等级，采用评分方法进行，以百分制计算。其中，静态风险因素量化分值为 40 分，动态风险因素量化分值为 60 分。分值越高，风险等级越高。

第九条 食品生产经营静态风险因素按照量化分值划分为Ⅰ档、Ⅱ档、Ⅲ档和Ⅳ档。

第十条 静态风险等级为Ⅰ档的食品生产经营者包括：

（一）低风险食品的生产企业；

（二）普通预包装食品销售企业；

（三）从事自制饮品制售、其他类食品制售等餐饮服务企业。

第十一条 静态风险等级为Ⅱ档的食品生产经营者包括：

（一）较低风险食品的生产企业；

（二）散装食品销售企业；

（三）从事不含高危易腐食品的热食类食品制售、糕点类食品制售、冷食类食品制售等餐饮服务企业；

（四）复配食品添加剂之外的食品添加剂生产企业。

第十二条 静态风险等级为Ⅲ档的食品生产经营者包括：

（一）中等风险食品的生产企业，应当包括糕点生产企业、豆制品生产企业等；

（二）冷冻冷藏食品的销售企业；

（三）从事含高危易腐食品的热食类食品制售、糕点类食品制售、冷食类食品制售、生食类食品制售等餐饮服务企业；

（四）复配食品添加剂生产企业。

第十三条 静态风险等级为Ⅳ档的食品生产经营者包括：

（一）高风险食品的生产企业，应当包括乳制品生产企业、肉制品生产企业等；

（二）专供婴幼儿和其他特定人群的主辅食品生产企业；

（三）保健食品的生产企业；

（四）主要为特定人群（包括病人、老人、学生等）提供餐饮服务的餐饮服务企业；

（五）大规模或者为大量消费者提供就餐服务的中央厨房、用餐配送单位、单位食堂等餐饮服务企业。

第十四条 生产经营多类别食品的，应当选择风险较高的食品类别确定该食品生产经营者的静态风险等级。

第十五条 《食品生产经营静态风险因素量化分值表》（以下简称为《静态风险表》，见附件1）由国家食品药品监督管理总局制定。

省级食品药品监督管理部门可根据本行政区域实际情况，对《静态风险表》进行调整，并在本行政区域内组织实施。

第十六条 对食品生产企业动态风险因素进行评价应当考虑企业资质、进货查验、生产过程控制、出厂检验等情况；特殊食品还应当考虑产品配方注册、质量管理体系运行等情况；保健食品还应当考虑委托加工等情况；食品添加剂还应当考虑生产原料和工艺符合产品标准规定等情况。

对食品销售者动态风险因素进行评价应当考虑经营资质、经营过程控制、食品贮存等情况。

对餐饮服务提供者动态风险因素进行评价应考虑经营资质、从业人员管理、原料控制、加工制作过程控制等情况。

第十七条 省级食品药品监督管理部门可以参照《食品生产经营日常监督检查要点表》制定食品生产经营动态风险因素评价量化分值表（以下简称为动态风险评价表），并组织实施。

但是，制定食品销售环节动态风险因素量化分值，应参照《食品销售环节动态风险因素量化分值表》（见附件2）。

第十八条 食品药品监督管理部门应当通过量化打分，将食品生产经营者静态风险因素量化分值，加上生产经营动态风险因素量化分值之和，确定食品生产经营者风险等级。

风险分值之和为 0～30（含）分的，为 A 级风险；风险分值之和为 30～45（含）分的，为 B 级风险；风险分值之和为 45～60（含）分的，为 C 级风险；风险分值之和为 60 分以上的，为 D 级风险。

第十九条 食品药品监督管理部门可以根据食品生产经营者年度监督管理记录，调整食品生产经营者风险等级。

第三章 程序要求

第二十条 食品药品监督管理部门评定食品生产经营者静态风险因素量化分值时应当调取食品生产经营者的许可档案，根据静态风险因素量化分值表所列的项目，逐项计分，累加确定食品生产经营者静态风险因素量化分值。

食品生产经营许可档案内容不全的，食品药品监督管理部门可以要求食品生产经营者补充提交相关的材料。

第二十一条 对食品生产经营动态风险因素量化分值的评定，可以结合对食品生产经营者日常监督检查结果确定，或者组织人员进入企业现场按照动态风险评价表进行打分评价确定。

食品药品监督管理部门利用日常监督检查结果对食品生产经营者实施动态风险分值评定，应当结合上一年度日常监督检查全项目检查结果，并根据动态风险评价表逐项计分，累加确定。

食品药品监督管理部门对食品生产经营者实施动态风险因素现场打分评价，按照《食品生产经营日常监督检查管理办法》确定，必要时，可以聘请专业技术人员参与现场打分评价工作。

第二十二条 现场打分评价人员应当按照本办法和动态风险评价表的内容要求，如实作出评价，并将食品生产经营者存在的主要风险及防范要求告知其负责人。

第二十三条 监管人员应当根据量化评价结果，填写《食品生产经营者风险等级确定表》（以下简称为《风险等级确定表》，见附件 3）。

第二十四条 评定新开办食品生产经营者的风险等级，可以按照食品生产经营者的静态风险分值确定。

食品生产者风险等级的评定还可以按照《食品、食品添加剂生产许可现场核查评分记录表》确定。

第二十五条 餐饮服务提供者风险等级评定结果可以作为量化分级调整的依据，具体办法由省级食品药品监督管理部门制定。

第二十六条 食品药品监督管理部门应当及时将食品生产经营者风险等级评定结果记入食品安全信用档案，并根据风险等级合理确定日常监督检查频次，实施动态调整。

鼓励食品药品监督管理部门采用信息化方式开展风险分级管理工作。

第二十七条 食品药品监督管理部门根据当年食品生产经营者日常监督检查、监督抽检、违法行为查处、食品安全事故应对、不安全食品召回等食品安全监督管理记录情况，对行政区域内的食品生产经营者的下一年度风险等级进行动态调整。

第二十八条　存在下列情形之一的，下一年度生产经营者风险等级可视情况调高一个或者两个等级：

（一）故意违反食品安全法律法规，且受到罚款、没收违法所得（非法财物）、责令停产停业等行政处罚的；

（二）有 1 次及以上国家或者省级监督抽检不符合食品安全标准的；

（三）违反食品安全法律法规规定，造成不良社会影响的；

（四）发生食品安全事故的；

（五）不按规定进行产品召回或者停止生产经营的；

（六）拒绝、逃避、阻挠执法人员进行监督检查，或者拒不配合执法人员依法进行案件调查的；

（七）具有法律、法规、规章和省级食品药品监督管理部门规定的其他可以上调风险等级的情形。

第二十九条　食品生产经营者遵守食品安全法律法规，当年食品安全监督管理记录中未出现本办法第二十八条所列情形的，下一年度食品生产经营者风险等级可不作调整。

第三十条　食品生产经营者符合下列情形之一的，下一年度食品生产经营者风险等级可以调低一个等级：

（一）连续 3 年食品安全监督管理记录没有违反本办法第二十八条所列情形的；

（二）获得良好生产规范、危害分析与关键控制点体系认证（特殊医学用途配方食品、婴幼儿配方乳粉企业除外）的；

（三）获得地市级以上人民政府质量奖的；

（四）具有法律、法规、规章和省级食品药品监督管理部门规定的其他可以下调风险等级的情形。

第四章　结果运用

第三十一条　食品药品监督管理部门根据食品生产经营者风险等级，结合当地监管资源和监管水平，合理确定企业的监督检查频次、监督检查内容、监督检查方式以及其他管理措施，作为制订年度监督检查计划的依据。

第三十二条　食品药品监督管理部门应当根据食品生产经营者风险等级划分结果，对较高风险生产经营者的监管优先于较低风险生产经营者的监管，实现监管资源的科学配置和有效利用。

（一）对风险等级为 A 级风险的食品生产经营者，原则上每年至少监督检查 1 次；

（二）对风险等级为 B 级风险的食品生产经营者，原则上每年至少监督检查 1～2 次；

（三）对风险等级为 C 级风险的食品生产经营者，原则上每年至少监督检查 2～3 次；

（四）对风险等级为 D 级风险的食品生产经营者，原则上每年至少监督检查 3～4 次。

具体检查频次和监管重点由各省级食品药品监督管理部门确定。

第三十三条　市县级食品药品监督管理部门应当统计分析行政区域内食品生产经营者风险分级结果，确定监管重点区域、重点行业、重点企业。及时排查食品安全风险隐患，在监督检查、监督抽检和风险监测中确定重点企业及产品。

第三十四条 市县级食品药品监督管理部门应当根据风险等级对食品生产经营者进行分类，可以建立行政区域内食品生产经营者的分类系统及数据平台，记录、汇总、分析食品生产经营风险分级信息，实行信息化管理。

第三十五条 市县级食品药品监督管理部门应当根据食品生产经营者风险等级和检查频次，确定本行政区域内所需检查力量及设施配备等，并合理调整检查力量分配。

第三十六条 各级食品药品监督管理部门的相关工作人员在风险分级管理工作中不得滥用职权、玩忽职守、徇私舞弊。

第三十七条 食品生产经营者应当根据风险分级结果，改进和提高生产经营控制水平，加强落实食品安全主体责任。

第五章 附 则

第三十八条 省级食品药品监督管理部门可参照本办法制定食用农产品市场销售、小作坊、食品摊贩的风险分级管理制度。

第三十九条 本办法由国家食品药品监督管理总局负责解释。

第四十条 本办法自 2016 年 12 月 1 日起施行。

附件：1. 食品生产经营静态风险因素量化分值表
　　　2. 食品销售环节动态风险因素量化分值表
　　　3. 食品生产经营者风险等级确定表

附件 1 食品生产经营静态风险因素量化分值表

表 1-1.1 食品、食品添加剂生产者静态风险因素量化分值表

序号	食品、食品添加剂类别	类别编号	类别名称	品种明细	食品风险等级	分值（S）
13	肉制品	0401	热加工熟肉制品	1. 酱卤肉制品（酱卤肉类、糟肉类、白煮类、其他）	高（Ⅳ）	26.0
				2. 熏烧烤肉制品（熏肉、烤肉、烤鸡腿、烤鸭、叉烧肉、其他） 3. 肉灌制品（灌肠类、西式火腿、其他） 4. 油炸肉制品（炸鸡翅、炸肉丸、其他） 5. 熟肉干制品（肉松类、肉干类、肉脯、其他）	高（Ⅳ）	25.5
				6. 其他熟肉制品（肉冻类、血豆腐、其他）	高（Ⅳ）	26.5
14	肉制品	0402	发酵肉制品	1. 发酵灌制品 2. 发酵火腿制品	高（Ⅳ）	25.5
15	肉制品	0403	预制调理肉制品	1. 冷藏预制调理肉类 2. 冷冻预制调理肉类	高（Ⅳ）	26.5
16	肉制品	0404	腌腊肉制品	1. 肉灌制品 2. 腊肉制品 3. 火腿制品 4. 其他肉制品	中等（Ⅲ）	23.0
17	乳制品	0501	液体乳	1. 巴氏杀菌乳 2. 调制乳 3. 灭菌乳 4. 发酵乳	高（Ⅳ） 高（Ⅳ） 高（Ⅳ） 高（Ⅳ）	27.0 27.0 26.0 28.0
18	乳制品	0502	乳粉	1. 全脂乳粉 2. 脱脂乳粉 3. 部分脱脂乳粉 4. 调制乳粉 5. 牛初乳粉 6. 乳清粉	高（Ⅳ）	28.0
19	乳制品	0503	其他乳制品	1. 炼乳 2. 奶油 3. 稀奶油 4. 无水奶油 5. 干酪 6. 再制干酪 7. 特色乳制品	高（Ⅳ）	26.5

（续）

序号	食品、食品添加剂类别	类别编号	类别名称	品种明细	食品风险等级	分值（S）
31	罐头	0901	畜禽水产罐头	畜禽水产罐头（火腿类罐头、肉类罐头、牛肉罐头、羊肉罐头、鱼类罐头、禽类罐头、肉酱类罐头、其他）	中等（Ⅲ）	21.0
32	罐头	0902	果蔬罐头	水果罐头（桃罐头、橘子罐头、菠萝罐头、荔枝罐头、梨罐头、其他）；2.蔬菜罐头（食用菌罐头、竹笋罐头、莲藕罐头、番茄罐头、其他）	较低（Ⅱ）	17.0
33	罐头	0903	其他罐头	其他罐头（果仁类罐头、八宝粥罐头、其他）	较低（Ⅱ）	17.0
37	速冻食品	1103	速冻其他食品	速冻肉制品	中等（Ⅲ）	24.0
63	蛋制品	1901	蛋制品	1.再制蛋类（皮蛋、咸蛋、糟蛋、卤蛋、咸蛋黄、其他） 2.干蛋类（巴氏杀菌鸡全蛋粉、鸡蛋黄粉、鸡蛋白片、其他） 3.冰蛋类（巴氏杀菌冻鸡全蛋、冻鸡蛋黄、冰鸡蛋白、其他） 4.其他类（热凝固蛋制品、蛋黄酱、色拉酱、其他）	较低（Ⅱ）	17.5
67	水产制品	2201	非即食水产品	1.干制水产品（虾米、虾皮、干贝、鱼干、鱿鱼干、干燥裙带菜、干海带、紫菜、干海参、干鲍鱼、其他） 2.盐渍水产品（盐渍海带、盐渍裙带菜、盐渍海蜇皮、盐渍海蜇头、盐渍鱼、其他） 3.鱼糜制品（鱼丸、虾丸、墨鱼丸、其他） 4.水生动物油脂及制品 5.其他水产品	中等（Ⅲ）	20.5
68	水产制品	2202	即食水产品	1.风味熟制水产品（烤鱼片、鱿鱼丝、熏鱼、鱼松、炸鱼、即食海参、即食鲍鱼、其他） 2.生食水产品（醉虾、醉泥螺、醉蚶、蟹酱（糊）、生鱼片、生螺片、海蜇丝、其他）	中等（Ⅲ）	21.0
75	蜂产品	2601	蜂蜜	蜂蜜	中等（Ⅲ）	20.5
76	蜂产品	2602	蜂王浆（含蜂王浆冻干品）	蜂王浆、蜂王浆冻干品	中等（Ⅲ）	20.5

（续）

序号	食品、食品添加剂类别	类别编号	类别名称	品种明细	食品风险等级	分值（S）
77	蜂产品	2603	蜂花粉	蜂花粉	中等（Ⅲ）	20.5
78	蜂产品	2604	蜂产品制品	蜂产品制品	中等（Ⅲ）	20.5
82	婴幼儿配方食品	2901	婴幼儿配方乳粉	1. 婴儿配方乳粉（湿法工艺、干法工艺、干湿法复合工艺） 2. 较大婴儿配方乳粉（湿法工艺、干法工艺、干湿法复合工艺） 3. 幼儿配方乳粉（湿法工艺、干法工艺、干湿法复合工艺）	高（Ⅳ）	31.5
83	特殊膳食食品	3001	婴幼儿谷类辅助食品	1. 婴幼儿谷物辅助食品（婴幼儿米粉、婴幼儿小米米粉、其他） 2. 婴幼儿高蛋白谷物辅助食品（高蛋白婴幼儿米粉、高蛋白婴幼儿小米米粉、其他） 3. 婴幼儿生制类谷物辅助食品（婴幼儿面条、婴幼儿颗粒面、其他） 4. 婴幼儿饼干或其他婴幼儿谷物辅助食品（婴幼儿饼干、婴幼儿米饼、婴幼儿磨牙棒、其他）	高（Ⅳ）	30.0
84	特殊膳食食品	3002	婴幼儿罐装辅助食品	1. 泥（糊）状罐装食品（婴幼儿果蔬泥、婴幼儿肉泥、婴幼儿鱼泥、其他） 2. 颗粒状罐装食品（婴幼儿颗粒果蔬、婴幼儿颗粒肉泥、婴幼儿颗粒鱼泥、其他） 3. 汁类罐装食品（婴幼儿水果汁、婴幼儿蔬菜汁、其他）	高（Ⅳ）	30.0
87	食品添加剂	3201	食品添加剂	食品添加剂产品名称（使用 GB 2760、GB 14880 或卫生计生委公告规定的食品添加剂名称；标准中对不同工艺有明确规定的应当在括号中标明；不包括食品用香精和复配食品添加剂）	较低（Ⅱ）	17.5
88	食品用香精	3202	食品用香精	食品用香精［液体、乳化、浆（膏）状、粉末（拌和、胶囊）］	较低（Ⅱ）	17.5
89	复配食品添加剂	3203	复配食品添加剂	复配食品添加剂明细（使用 GB 26687 规定的名称）	中等（Ⅲ）	20.5

注：表1-1.1为节选的动物食品。

表 1-1.2　食品、食品添加剂静态风险因素量化分值确定方法

序号	食品种类	主要食品原料属性	食品配方复杂程度	使用食品添加剂多少	生产工艺复杂程度	食品储存条件要求及保质期	抽检现的问题	食用人群	社会关注程度	总分(S)	食品风险等级
1											
...											

注：省级食品药品监督管理部门可组织相关监管人员、技术专家从以上 8 个要素对 31 类食品进行打分评价（每个要素 5 分）。

计算每类食品的平均得分，并可参考以下原则划分食品风险等级：

——0～15（含）分：Ⅰ；

——15～20（含）分：Ⅱ；

——20～25（含）分：Ⅲ；

——25～40 分：Ⅳ。

表 1-2　食品销售企业静态风险因素量化分值表

评分项（共40分）	参考分值						得分
（1）食品经营场所面积（4分）	面积	200以下	201~1 000	1 001~2 000	2 001~3 000	3 000以上	
	分值	1分	2分	2.5分	3分	4分	
预包装食品单品数（12分）	常温（2分）	数量	500以下	501~2 000	2 001~5 000	5 001~10 000	10 000以上	
		分值	0.5分	1分	1.2分	1.5分	2分	
	冷藏（7分）	数量	100以下	101~300	301~600	601~1 000	1 000以上	
		分值	1分	3分	4分	5分	7分	
	冷冻（3分）	数量	100以下	101~300	301~600	601~1 000	1 000以上	
		分值	1分	1.5分	2分	2.5分	3分	
散装食品单品数（18分）	常温（5分）	数量	100以下	101~300	301~600	601~1 000	1 000以上	
		分值	1分	1.5分	2分	3分	5分	
	冷藏（9分）	数量	30以下	30~50	51~100	101~150	150以上	
		分值	6分	6.5分	7分	8分	9分	
	冷冻（4分）	数量	50以下	51~100	101~200	201~300	300以上	
		分值	1分	2分	2.5分	3分	4分	
供货者数量（6分）	数量	50以下	51~100	101~200	201~300	300以上	
	分值	2分	3分	4分	5分	6分	
得分总和							

注：①各评分总和为40分，评分项因实际情况缺项的，得分为"0"。

②含进货查验、食品贮存、食品内部运输、食品陈列展售场所的面积总和。

③各数值均为整数，如有小数，四舍五入取整。数量单位：个，面积单位：m²。

④单品数：不含制作过程中各类食品原料和半成品数量，指独立展售食品的品种数。

表 1-3 餐饮服务提供者静态风险因素量化分值表

评分项（共40分）			参考分值					得分
业态和规模（10分）	餐饮服务提供者	规模	面积150m²及以下	面积151～500m²	面积501～1 000m²	面积1 001～3 000m²	面积3 001及以上	
		分值	2	4	6	8	10	
	学校、托幼机构等单位食堂	规模	供餐人数50人及以下	供餐人数51～300人		供餐人数301～500人	供餐人数501人及以上	
		分值	2	4		7	10	
	集体用餐配送单位	规模	供餐人数50人及以下	供餐人数51～100人		供餐人数101～300人	供餐人数301人及以上	
		分值	2	4		7	10	
	中央厨房	规模	配送门店1～5家	配送门店6～10家		配送门店11～20家	配送门店21家及以上	
		分值	2	4		7	10	
制作食品的类别和数量（30分）	冷食类食品制售（8分）	单品数（4分） 数量	1～10	11～20		21～40	41及以上	
		分值	2分	2.5分		3分	4分	
		含易腐原料（4分） 数量	1～10	11～15		16～20	21及以上	
		分值	2分	2.5分		3分	4分	
	生食类食品制售（8分）	单品数（8分） 数量	1～10		11～20		21及以上	
		分值	4分		6分		8分	
	糕点类食品制售，包括裱花蛋糕（6分）	单品数（2分） 数量	1～20		21～40		41及以上	
		分值	1分		1.5分		2分	
		含易腐原料（4分） 数量	1～10		11～20		21及以上	
		分值	2分		3分		4分	
	热食类食品制售（4分）	单品数（2分） 数量	1～30	31～100		101～200	201及以上	
		分值	0.5分	1分		1.5分	2分	
		含易腐原料（2分） 数量	1～20	21～50		51～80	81及以上	
		分值	0.5分	1分		1.5分	2分	
	自制饮品制售（2分）	单品数（2分） 数量	1～5	6～10		11～20	21及以上	
		分值	0.5分	1分		1.5分	2分	
	其他类食品制售（2分）	单品数（2分） 数量	1～5	6～10		11～20	21及以上	
		分值	0.5分	1分		1.5分	2分	
得分总和								

注：①各项评分总和为40分。因实际情况存在缺项情形的，该项评分为"0"。

②数量单位为个。

③单品数是指餐饮服务提供者的最新菜单中所展示的独立销售的食品品种数，不含制作过程中各类食品原料和半成品数量。

④具有热食、冷食、生食等多种情形，难以明确归类的食品，可按食品安全风险等级最高的情形进行归类。

⑤易腐原料是指蛋白质或碳水化合物含量较高，通常 pH 大于 4.6 且水分活度大于 0.85，需要控制温度和时间以防止腐败变质和细菌生长、繁殖、产毒的食品。如乳、蛋、禽、畜、水产品等动物源性食品（含）及豆制品等。

附件2　食品销售环节动态风险因素量化分值表

检查项目	序号	检 查 内 容	评价	分值
食品通用检查项目（34项）				
1. 经营资质	1.1	经营者持有的食品经营许可证是否合法有效。	□是 □否	0.5
	1.2	食品经营许可证载明的有关内容与实际经营是否相符。	□是 □否	0.5
2. 经营条件	2.1	是否具有与经营的食品品种、数量相适应的场所。	□是 □否	0.5
	2.2	经营场所环境是否整洁，是否与污染源保持规定的距离。	□是 □否	0.5
	2.3	是否具有与经营的食品品种、数量相适应的生产经营设备或者设施。	□是 □否	0.5
3. 食品标签等外观质量状况	3.1	检查的食品是否在保质期内。	□是 □否	1.0
	3.2	检查的食品感官性状是否正常。	□是 □否	1.0
	3.3	经营的肉及肉制品是否具有检验检疫证明。	□是 □否	1.0
	3.4	检查的食品是否符合国家为防病等特殊需要的要求。	□是 □否	0.5
	3.5	经营的预包装食品、食品添加剂的包装上是否有标签，标签标明的内容是否符合食品安全法等法律法规的规定。	□是 □否	1.0
	3.6	经营的食品的标签、说明书是否清楚、明显，生产日期、保质期等事项是否显著标注，容易辨识。	□是 □否	0.5
	3.7	销售散装食品，是否在散装食品的容器、外包装上标明食品的名称、生产日期或者生产批号、保质期以及生产经营者名称、地址、联系方式等内容。	□是 □否	1.0
	3.8	经营食品标签、说明书是否涉及疾病预防、治疗功能。	□是 □否	0.5
	3.9	经营场所设置或摆放的食品广告的内容是否涉及疾病预防、治疗功能。	□是 □否	0.5
	3.10	经营的进口预包装食品是否有中文标签，并载明食品的原产地以及境内代理商的名称、地址、联系方式。	□是 □否	1.0
	3.11	经营的进口预包装食品是否有国家出入境检验检疫部门出具的入境货物检验检疫证明。	□是 □否	1.0
4. 食品安全管理机构和人员	4.1	食品经营企业是否有专职或者兼职的食品安全专业技术人员、食品安全管理人员和保证食品安全的规章制度。	□是 □否	0.5
	4.2	食品经营企业是否有食品安全管理人员。	□是 □否	0.5
	4.3	食品经营企业是否存在经食品药品监管部门抽查考核不合格的食品安全管理人员在岗从事食品安全管理工作的情况。	□是 □否	0.5

检查项目	序号	检 查 内 容	评价	分值
5. 从业人员管理	5.1	食品经营者是否建立从业人员健康管理制度。	□是 □否	0.5
	5.2	在岗从事接触直接入口食品工作的食品经营人员是否取得健康证明。	□是 □否	0.5
	5.3	在岗从事接触直接入口食品工作的食品经营人员是否存在患有国务院卫生行政部门规定的有碍食品安全疾病的情况。	□是 □否	0.5
	5.4	食品经营企业是否对职工进行食品安全知识培训和考核。	□是 □否	0.5
6. 经营过程控制情况	6.1	是否按要求贮存食品。	□是 □否	1.0
	6.2	是否定期检查库存食品，及时清理变质或者超过保质期的食品。	□是 □否	0.5
	6.3	食品经营者是否按照食品标签标示的警示标志、警示说明或者注意事项的要求贮存和销售食品。对经营过程有温度、湿度要求的食品的，是否有保证食品安全所需的温度、湿度等特殊要求的设备，并按要求贮存。	□是 □否	1.0
	6.4	食品经营者是否建立食品安全自查制度，定期对食品安全状况进行检查评价。	□是 □否	0.5
	6.5	发生食品安全事故的，是否建立和保存处置食品安全事故记录，是否按规定上报所在地食品药品监督部门。	□是 □否	0.5
	6.6	食品经营者采购食品（食品添加剂），是否查验供货者的许可证和食品出厂检验合格证或者其他合格证明（以下称合格证明文件）。	□是 □否	1.0
	6.7	是否建立食用农产品进货查验记录制度，如实记录食用农产品的名称、数量、进货日期以及供货者名称、地址、联系方式等内容，并保存相关凭证。记录和凭证保存期限不得少于六个月。	□是 □否	1.0
	6.8	食品经营企业是否建立并严格执行食品进货查验记录制度。	□是 □否	1.0
	6.9	是否建立并执行不安全食品处置制度。	□是 □否	0.5
	6.10	从事食品批发业务的经营企业是否建立并严格执行食品销售记录制度。	□是 □否	0.5
	6.11	食品经营者是否张贴并保持上次监督检查结果记录。	□是 □否	0.5

（续）

检查项目	序号	检　查　内　容	评价	分值
特殊场所和特殊食品检查项目（19项）				
7. 市场开办者、柜台出租者和展销会举办者	7.1	集中交易市场的开办者、柜台出租者和展销会举办者，是否依法审查入场食品经营者的许可证，明确其食品安全管理责任。	□是 □否	0.5
	7.2	是否定期对入场食品经营者经营环境和条件进行检查。	□是 □否	0.5
8. 网络食品交易第三方平台提供者	8.1	网络食品交易第三方平台提供者是否对入网食品经营者进行许可审查或实行实名登记。	□是 □否	0.5
	8.2	网络食品交易第三方平台提供者是否明确入网经营者的食品安全管理责任。	□是 □否	0.5
9. 食品贮存和运输经营者	9.1	贮存、运输和装卸食品的容器、工具和设备是否安全、无害，保持清洁。	□是 □否	0.5
	9.2	容器、工具和设备是否符合保证食品安全所需的温度、湿度等特殊要求。	□是 □否	0.5
	9.3	食品是否与有毒、有害物品一同贮存、运输。	□是 □否	0.5
10. 食用农产品批发市场	10.1	食用农产品批发市场是否配备检验设备和检验人员或者委托符合本法规定的食品检验机构，对进入该批发市场销售的食用农产品进行抽样检验。	□是 □否	0.5
	10.2	发现不符合食品安全标准的食用农产品时，是否要求销售者立即停止销售，并向食品药品监督管理部门报告。	□是 □否	0.5
11. 特殊食品	11.1	是否经营未按规定注册或备案的保健食品、特殊医学用途配方食品、婴幼儿配方乳粉。	□是 □否	0.5
	11.2	经营的保健食品的标签、说明书是否涉及疾病预防、治疗功能，内容是否真实，是否载明适宜人群、不适宜人群、功效成分或者标志性成分及其含量等，并声明"本品不能代替药物"，与注册或者备案的内容相一致。	□是 □否	0.5
	11.3	经营保健食品是否设专柜销售，并在专柜显著位置标明"保健食品"字样。	□是 □否	0.5
	11.4	是否存在经营场所及其周边，通过发放、张贴、悬挂虚假宣传资料等方式推销保健食品的情况。	□是 □否	0.5
	11.5	经营的保健食品是否索取并留存批准证明文件以及企业产品质量标准。	□是 □否	0.5
	11.6	经营的保健食品广告内容是否真实合法，是否含有虚假内容，是否涉及疾病预防、治疗功能，是否声明"本品不能代替药物"；其内容是否经生产企业所在地省、自治区、直辖市人民政府食品药品监督管理部门审查批准，取得保健食品广告批准文件。	□是 □否	0.5
	11.7	经营的进口保健食品是否未按规定注册或备案。	□是 □否	0.5

（续）

检查项目	序号	检 查 内 容	评价	分值
11. 特殊食品	11.8	特殊医学用途配方食品是否经国务院食品药品监督管理部门注册。	□是 □否	0.5
	11.9	特殊医学用途配方食品广告是否符合《中华人民共和国广告法》和其他法律、行政法规关于药品广告管理的规定。	□是 □否	0.5
	11.10	专供婴幼儿和其他特定人群的主辅食品，其标签是否标明主要营养成分及其含量。	□是 □否	0.5

附件3　食品生产经营者风险等级确定表

（　　　年度）（编号）

企业信息	企业名称	
	企业地址	
	营业执照编号或信用代码	
	联系人及联系方式	
	上年度风险等级	
静态风险	静态风险因素量化风险分值	
动态风险	动态风险因素量化风险分值	
	风险等级得分	（静态风险＋动态风险）
	风险等级	□A级　□B级　□C级　□D级
企业风险等级	是否存在下列情况（在存在的情况前打"√"）： □故意违反食品安全法律法规，且受到罚款、没收违法所得（非法财物）、责令停产停业等行政处罚； □有1次及以上国家或者省级监督抽检不符合食品安全标准的； □违反食品安全法律法规规定，造成不良社会影响的； □发生食品安全事故的； □不按规定进行产品召回或者停止生产经营的； □拒绝、逃避、阻挠执法人员进行监督检查，或者拒不配合执法人员依法进行案件调查的； □具有法律、法规、规章和省级食品药品监督管理部门规定的其他可以上调风险等级情形的。（请在备注中说明具体情形） 建议□上调个风险等级□不调整风险等级□下调个风险等级	
	下一年度风险等级	
备注		

填表人签名：
　　　　　年　月　日

审核人签名：
　　　　　年　月　日

附录2　总局对"熟肉制品"开展食品安全
监督抽检和风险监测

　　抽检熟肉制品的范围包括发酵肉制品、酱卤肉制品、熟肉干制品、熏烧烤肉制品、熏煮香肠火腿制品。发酵肉制品包括萨拉米发酵香肠、风干发酵火腿等。酱卤肉制品包括白煮羊头、盐水鸭、烧鸡、酱牛肉、酱鸭、酱肘子等，还包括糟肉、糟鸡、糟鹅等糟肉类。熟肉干制品包括肉干、肉松、肉脯等。熏烧烤肉制品包括烤鸭、烤鹅、烤乳猪、烤鸽子、叫花鸡、烤羊肉串、五花培根、通脊培根等。熏煮香肠火腿制品包括圣诞火腿、方火腿、圆火腿、里脊火腿、火腿肠、烤肠、红肠、茶肠、泥肠、淀粉肠等。

　　企业规模划分　在生产企业抽样时，应采集企业规模信息。根据熟肉制品行业的实际情况，生产企业规模以企业熟肉制品产品年销售额作为标准划分为大、中、小型企业。

熟肉制品企业规模划分

企业规模	大型企业	中型企业	小型企业
年销售额（万元）	≥10 000	<10 000 且≥1 000	<1 000

资料附件（检验依据）

　　下列文件凡是注明日期的，其随后所有的修改单或修订版均不适用于本细则。凡是不注明日期的，其最新版本适用于本细则。

　　GB 2726 熟肉制品卫生标准

　　GB 2760 食品安全国家标准 食品添加剂使用标准

　　GB 2762 食品安全国家标准 食品中污染物限量

　　GB/T 4789.17 食品卫生微生物学检验 肉与肉制品检验

　　GB/T 4789.26—2003 食品卫生微生物学检验 罐头食品商业无菌的检验

　　GB 4789.26—2013 食品安全国家标准 食品微生物学检验 商业无菌检验

　　GB 4789.30 食品安全国家标准 食品微生物学检验 单核细胞增生李斯特氏菌检验

　　GB/T 4789.36 食品卫生微生物学检验 大肠埃希氏菌 O_{157}：H_7/NM 检验

　　GB 5009.5 食品安全国家标准 食品中蛋白质的测定

　　GB/T 5009.6 食品中脂肪的测定

　　GB/T 5009.9 食品中淀粉的测定

　　GB 5009.12 食品安全国家标准 食品中铅的测定

　　GB/T 5009.15 食品中镉的测定

　　GB/T 5009.17 食品中汞的测定

　　GB/T 5009.26 食品中 N-亚硝胺类的测定

　　GB/T 5009.27 食品中苯并（α）芘的测定

GB 5009.33 食品安全国家标准 食品中亚硝酸盐与硝酸盐的测定

GB/T 5009.35 食品中合成着色剂的测定

GB/T 5009.44 肉与肉制品卫生标准的分析方法

GB/T 5009.123 食品中铬的测定

GB/T 9695.1 肉与肉制品　游离脂肪含量测定

GB/T 9695.6 肉与肉制品　胭脂红着色剂测定

GB/T 9695.11 肉与肉制品　氮含量测定

GB/T 9695.14 肉制品　淀粉含量测定

GB/T 20711 熏煮火腿

GB/T 20712 火腿肠

GB/T 20756 可食动物肌肉、肝脏和水产品中氯霉素、甲砜霉素和氟苯尼考残留量的测定 液相色谱——串联质谱法

GB/T 21313 动物源性食品中β-受体激动剂残留检测方法 液相色谱——质谱/质谱法

GB/T 22286 动物源性食品中β-受体激动剂残留量的测定 液相色谱串联质谱法

GB/T 22338 动物源性食品中氯霉素类药物残留量测定

GB/T 23495 食品中苯甲酸、山梨酸和糖精钠的测定 高效液相色谱法

GB 29921 食品安全国家标准 食品中致病菌限量

SN/T 1743 食品中诱惑红、酸性红、亮蓝、日落黄的含量检测 高效液相色谱法

SN/T 1924 进出口动物源食品中克伦特罗、莱克多巴胺、沙丁胺醇和特布他林残留量的测定 液相色谱——质谱/质谱法

SN/T 2051 食品、化妆品和饲料中牛羊猪源性成分检测方法 实时 PCR 法

SN/T 2557 畜肉食品中牛肉成分定性检测方法 实时 PCR 法

SN/T 2978 动物源性产品中鸡源性成分 PCR 检测方法

SN/T 2980 动物产品中牛、山羊和绵羊源性成分三重实时荧光 PCR 检测方法

SN/T 3731.5 食品及饲料中常见禽类品种的鉴定方法 第5部分：鸭成分检测 PCR 法

SB/T 10279 熏煮香肠

SB/T 10280 熏煮火腿

SB/T 10381 真空软包装卤肉制品

SB/T 10923 肉及肉制品中动物源性成分的测定——实时荧光 PCR 法

NY/T 1666 肉制品中苯并（a）芘的测定——高效液相色谱法

食药监办食函〔2010〕139 号 关于转发全国食品安全整顿办公室食品中可能违法添加的非食用物质和易滥用的食品添加剂名单（第四批）通知

农业部公告第 193 号 食品动物禁用的兽药及其他化合物清单

农业部公告第 235 号 动物性食品中兽药最高残留限量

农业部公告 781-2-2006 动物源食品中氯霉素残留量的测定 高效液相色谱——串联质谱法

农业部 1025 号公告-18-2008 动物源食品中β-受体激动剂残留检测 液相色谱——串联质谱法

经备案现行有效的企业标准及产品明示质量要求。

相关的法律法规、部门规章和规定。

熟肉制品的抽样

1 抽样型号或规格

预包装产品或称量销售包装产品。

2 抽样方法、基数及数量

在生产企业的成品仓库抽取近期生产的同一批次、并经企业检验合格或以任何形式表明合格的产品；或在流通领域的货架、柜台、库房抽取同一批次待销产品。原则上应在食品保质期截止日期一个月之前抽取样品，保质期截止日期不足一个月的食品根据抽检监测的需要确定是否抽样。

在生产企业成品库抽样时，应从仓库不同位置抽取同一批次样品，样品基数不得少于20kg；抽样量不少于3kg，且预包装产品抽样数量不少于4个独立包装。2014年7月1日（含）之后生产的熟肉制品，抽样数量不得少于4kg，不少于8个独立包装。所抽样品3/4作为检验样品，1/4用于复检的备用样品（由承检机构保管）。

在流通领域抽样时，抽样基数应不少于抽取样品量。抽样量应在生产企业抽样量的基础上，增加1个独立包装，单独封样，作为样品确认的备用样品（原则上由抽样单位保管）。

注：在本细则的规定中，检验机构在检验过程中自行对检验结果进行复验时所采用的样品，应为抽取的检验样品，不得采用备用样品。备用样品仅指被抽检企业或者确认了样品的生产企业对检验结果提出异议，需要对不合格项目进行复检时所采用的样品。

3 样品处置

抽样完成后由抽样人与被抽检监测单位在抽样单和封条上签字、盖章，当场封样，为保证样品的真实性，要有相应的防拆封措施，并保证封条在运输过程中不会破损。所抽样品如有特殊储运条件要求时，在样品运输和储存过程中要满足样品明示要求的储运条件。

4 抽样单

应按有关规定填写抽样单，记录被抽检监测产品及单位等相关信息，并注明所抽检监测产品的种类（发酵肉制品、酱卤肉制品、熟肉干制品、熏烧烤肉制品或熏煮香肠火腿制品）。同时记录被抽检监测企业上一年度生产的熟肉制品产品销售总额，以万元计；若企业上一年度未生产，则记录本年度实际销售额，并加以注明。还应要求企业在抽样单备注栏中书面确认是否采用罐头工艺或熏、烧、烤工艺。

发酵肉制品检验项目[a]

序号	检验项目	依据法律法规或标准	检测方法
1	过氧化值	产品明示标准及质量要求	GB/T 5009.44
2	铅	GB 2762	GB 5009.12
3	镉	GB 2762	GB/T 5009.15
4	铬	GB 2762	GB/T 5009.123
5	N-二甲基亚硝胺	GB 2762	GB/T 5009.26

（续）

序号	检验项目	依据法律法规或标准	检测方法
6	苯甲酸	GB 2760	GB/T 23495
7	山梨酸	GB 2760	GB/T 23495
8	合成着色剂（苋菜红、柠檬黄、胭脂红、诱惑红、日落黄）	GB 2760	GB/T 5009.35 GB/T 9695.6 SN/T 1743
9	菌落总数	GB 2726 产品明示标准及质量要求	GB/T 4789.17
10	大肠菌群	GB 2726 产品明示标准及质量要求	GB/T 4789.17
11	致病菌[b]	产品明示标准及质量要求 GB 29921	GB/T 4789.17 GB 4789.30 GB/T 4789.36
12	亚硝酸盐	GB 2760	GB 5009.33
13	克伦特罗[c]	食药监办食函〔2010〕139 号 农业部第 235 号公告 农业部第 193 号公告	GB/T 22286 农业部第 1025 公告-18-2008 GB/T 21313 SN/T 1924
14	沙丁胺醇[c]	农业部第 235 号公告 农业部第 193 号公告	GB/T 22286 农业部第 1025 公告-18-2008 GB/T 21313 SN/T 1924
15	莱克多巴胺[c]	食药监办食函〔2010〕139 号	GB/T 22286 农业部第 1025 公告-18-2008 GB/T 21313 SN/T 1924
16	总汞	/	GB/T 5009.17
17	氯霉素	/	GB/T 22338 GB/T 20756 农业部公告 781-2-2006
18	硝酸盐	/	GB 5009.33

注：a. 序号 1～15 为抽检项目，16～18 为地方监测项目。

b. 生产日期在 2014 年 7 月 1 日之前的，致病菌检测和判定依据为产品明示标准，生产日期在 2014 年 7 月 1 日之后（含 7 月 1 日）的，依据 GB 29921 检测金黄色葡萄球菌、沙门氏菌、单核细胞增生李斯特菌、大肠埃希氏菌 O_{157}：H_7（仅适用于牛肉制品）。

c. 限畜肉。

酱卤肉制品、熟肉干制品检验项目[a]

序号	检验项目	依据法律法规或标准	检测方法
1	苯并（a）芘[b]	GB 2762	GB/T 5009.27 NY/T 1666
2	铅	GB 2762	GB 5009.12
3	镉	GB 2762	GB/T 5009.15
4	铬	GB 2762	GB/T 5009.123
5	N-二甲基亚硝胺	GB 2762	GB/T 5009.26
6	苯甲酸	GB 2760	GB/T 23495
7	山梨酸	GB 2760	GB/T 23495
8	合成着色剂（苋菜红、柠檬黄、胭脂红、诱惑红、日落黄）	GB 2760	GB/T 5009.35 GB/T 9695.6 SN/T 1743
9	菌落总数	GB 2726	GB/T 4789.17
10	大肠菌群	GB 2726	GB/T 4789.17
11	致病菌[c]	GB 2726 GB 29921	GB/T 4789.17 GB 4789.30 GB/T 4789.36
12	商业无菌[d]	SB/T 10381 GB/T 23586 产品明示标准及质量要求	GB 4789.26
13	克伦特罗[e]	食药监办食函〔2010〕139 号 农业部第 235 号公告 农业部第 193 号公告	GB/T 22286 农业部第 1025 公告-18-2008 GB/T 21313 SN/T 1924
14	沙丁胺醇[e]	农业部第 235 号公告 农业部第 193 号公告	GB/T 22286 农业部第 1025 公告-18-2008 GB/T 21313 SN/T 1924
15	莱克多巴胺[e]	食药监办食函〔2010〕139 号	GB/T 22286 农业部第 1025 公告-18-2008 GB/T 21313 SN/T 1924
16	亚硝酸盐	GB 2760	GB 5009.33
17	硝酸盐	/	GB 5009.33
18	总汞	/	GB/T 5009.17
19	氯霉素	/	GB/T 22338 GB/T 20756 农业部公告 781-2-2006

（续）

序号	检验项目	依据法律法规或标准	检测方法
20	偶氮玉红（酸性红）	/	SN/T 1743
21	动物源性成分鉴定[f]	/	SN/T 2978 SB/T 10923 SN/T 2051 SN/T 3731.5 SN/T 2557 SN/T 2980

注：a. 序号1～16为抽检项目，17～19为地方监测项目，其中17～21为本级监测项目。

b. 限熏、烧、烤工艺。

c. 生产日期在2014年7月1日之前的，致病菌检测和判定依据为GB 2726；生产日期在2014年7月1日之后（含7月1日）的，依据GB 29921检测金黄色葡萄球菌、沙门氏菌、单核细胞增生李斯特氏菌、大肠埃希氏菌 O_{157}：H_7（仅适用于牛肉制品）。

d. 限罐头工艺。

e. 限畜肉。

f. 限牛羊肉制品，随后发布实施的动物源性成分鉴定方法标准可以使用。

熏烧烤肉制品检验项目[a]

序号	检验项目	依据法律法规或标准	检测方法
1	苯并（a）芘[b]	GB 2762	GB/T 5009.27 NY/T 1666
2	铅	GB 2762	GB 5009.12
3	镉	GB 2762	GB/T 5009.15
4	铬	GB 2762	GB/T 5009.123
5	N-二甲基亚硝胺	GB 2762	GB/T 5009.26
6	苯甲酸	GB 2760	GB/T 23495
7	山梨酸	GB 2760	GB/T 23495
8	合成着色剂（苋菜红、柠檬黄、胭脂红、诱惑红、日落黄）	GB 2760	GB/T 5009.35 GB/T 9695.6 SN/T 1743
9	菌落总数	GB 2726	GB/T 4789.17
10	大肠菌群	GB 2726	GB/T 4789.17
11	致病菌[c]	GB 2726 GB 29921	GB/T 4789.17 GB 4789.30 GB/T 4789.36
12	克伦特罗[d]	食药监办食函〔2010〕139号 农业部第235号公告 农业部第193号公告	GB/T 22286 农业部第1025公告-18-2008 GB/T 21313 SN/T 1924

（续）

序号	检验项目	依据法律法规或标准	检测方法
13	沙丁胺醇[d]	农业部第 235 号公告 农业部第 193 号公告	GB/T 22286 农业部第 1025 公告-18-2008 GB/T 21313 SN/T 1924
14	莱克多巴胺[d]	食药监办食函〔2010〕139 号	GB/T 22286 农业部第 1025 公告-18-2008 GB/T 21313 SN/T 1924
15	亚硝酸盐	GB 2760	GB 5009.33
16	硝酸盐	/	GB 5009.33
17	总汞	/	GB/T 5009.17
18	氯霉素	/	GB/T 22338 GB/T 20756 农业部公告 781-2-2006
19	偶氮玉红（酸性红）	/	SN/T 1743
20	动物源性成分鉴定[e]	/	SN/T 2978 SB/T 10923 SN/T 2051 SN/T 3731.5 SN/T 2557 SN/T 2980

注：a. 序号 1～15 为抽检项目，16～18 为地方监测项目，其中 16～20 为本级监测项目。

b. 限熏、烧、烤工艺。

c. 生产日期在 2014 年 7 月 1 日之前的，致病菌检测和判定依据为 GB 2726；生产日期在 2014 年 7 月 1 日之后（含 7 月 1 日）的，依据 GB 29921 检测金黄色葡萄球菌、沙门氏菌、单核细胞增生李斯特氏菌、大肠埃希氏菌 O_{157}：H_7（仅适用于牛肉制品）。

d. 限畜肉。

e. 限牛羊肉制品，随后发布实施的动物源性成分鉴定方法标准可以使用。

熏煮香肠火腿制品检验项目[a]

序号	检验项目	依据法律法规或标准	检测方法
1	蛋白质	GB/T 20711 SB/T 10279 SB/T 10280 GB/T 20712 产品明示标准及质量要求	GB 5009.5 GB/T 9695.11
2	脂肪	GB/T 20711 SB/T 10279 SB/T 10280 GB/T 20712 产品明示标准及质量要求	GB/T 5009.6 GB/T 9695.1
3	淀粉	GB/T 20711 SB/T 10279 SB/T 10280 GB/T 20712 产品明示标准及质量要求	GB/T 5009.9 GB/T 9695.14
4	苯并（a）芘[b]	GB 2762	GB/T 5009.27 NY/T 1666
5	铅	GB 2762	GB 5009.12
6	镉	GB 2762	GB/T 5009.15
7	铬	GB 2762	GB/T 5009.123
8	N-二甲基亚硝胺	GB 2762	GB/T 5009.26
9	苯甲酸	GB 2760	GB/T 23495
10	山梨酸	GB 2760	GB/T 23495
11	合成着色剂（苋菜红、柠檬黄、胭脂红、诱惑红、日落黄）	GB 2760	GB/T 5009.35 GB/T 9695.6 SN/T 1743
12	菌落总数	GB 2726	GB/T 4789.17
13	大肠菌群	GB 2726	GB/T 4789.17
14	致病菌[c]	GB 2726 GB 29921	GB/T 4789.17 GB 4789.30 GB/T 4789.36
15	克伦特罗[d]	食药监办食函〔2010〕139 号 农业部第 235 号公告 农业部第 193 号公告	GB/T 22286 农业部第 1025 公告-18-2008 GB/T 21313 SN/T 1924

（续）

序号	检验项目	依据法律法规或标准	检测方法
16	沙丁胺醇[d]	农业部第 235 号公告 农业部第 193 号公告	GB/T 22286 农业部第 1025 公告－18－2008 GB/T 21313 SN/T 1924
17	莱克多巴胺[d]	食药监办食函〔2010〕139 号	GB/T 22286 农业部第 1025 公告－18－2008 GB/T 21313 SN/T 1924
18	亚硝酸盐	GB 2760	GB 5009.33
19	硝酸盐	/	GB 5009.33
20	总汞	/	GB/T 5009.17
21	氯霉素	/	GB/T 22338 GB/T 20756 农业部公告 781－2－2006

注：a. 序号 1～18 为抽检项目，19～21 为地方和本级监测项目。

b. 限熏、烧、烤工艺。

c. 生产日期在 2014 年 7 月 1 日之前的，致病菌检测和判定依据为 GB 2726；生产日期在 2014 年 7 月 1 日之后（含 7 月 1 日）的，依据 GB 29921 检测金黄色葡萄球菌、沙门氏菌、单核细胞增生李斯特氏菌、大肠埃希氏菌 O_{157}：H_7（仅适用于牛肉制品）。

d. 限畜肉。

检验应注意的问题

若被检产品明示标准和质量要求高于本细则中检验项目依据的标准要求时，应按被检产品明示标准和质量要求判定。

判定原则

抽检项目出具抽检检验报告，检验报告中检验结论按如下方式作出判定：

1 检验项目的结果全部符合相应的标准要求的，检验结论为："经抽样检验，所检项目符合标准要求。"

2 检验项目的结果有不符合相应的标准要求的，检验结论为："经抽样检验，××项目不符合 GB ××××－××××《×××》标准要求，检验结论为不合格。"

监测项目出具监测检验报告，仅提供检验数据，不作判定。

异议处理复检

按照《食品安全监督抽检和风险监测工作规范（试行）》执行。

从国家食药总局网站上能查到 2015 年第三批食品安全抽查结果已经公布，名单上说明了抽查检测的依据和检测项目：抽检依据《食品安全国家标准 食品添加剂使用标准》（GB 2760—2011）、《食品安全国家标准 食品中污染物限量》（GB 2762—2012）、《熟肉制品卫生标准》（GB 2726—2005）等标准及产品明示标准和指标的要求。抽检项目包括重金属、兽药残留、食品添加剂、微生物指标等 38 个指标，共抽检 1 006 家企业的 1 864 批次产品。

附录3　国家食品安全监督抽检和风险监测报告（样式）

本附件中以下内容为国家食品安全抽样检验报告推荐样式

（检验报告封面内容）

检　验　报　告

No：检验报告编号

食品名称：＿＿＿＿＿＿＿＿＿＿＿＿

被抽样单位：＿＿＿＿＿＿＿＿＿＿

生产者：＿＿＿＿＿＿＿＿＿＿＿＿

委托单位：下达监督检抽任务部门

检验类别：国家食品安全监督抽检

检验机构名称

（检验报告封面背面内容）

注 意 事 项

1. 报告无"检验报告专用章"或检验单位公章无效。

2. 复印报告未重新加盖"检验报告专用章"或检验单位公章无效。

3. 报告无主检、审核、批准人签字无效。

4. 报告涂改无效。

5. 检验结果仅对本次样品负责。未经检验机构同意，委托人不得擅自使用检验结果进行宣传。

地址：　　　　　　　电话（含区号）：

邮编：　　　　　　　传真（含区号）：

E－mail：

（检验报告内容第一页）

承 检 机 构 名 称
监督抽检检验报告

NO：（检验报告编号）　　　　　　　　　　　　　　共 　页 第 　页

食品名称		商标		规格型号	
生产/加工/购进日期 食品批号				质量等级	
被抽样单位名称				联系电话	
标示生产者名称				联系电话	
任务来源				抽样人员	
抽样日期		样品到达日期			
样品数量		抽样基数			
抽样单编号		检查封样人员			
抽样地点		封样状态			
检验项目					
检验依据					
检验结论	1. 经抽样检验，所检项目符合××标准要求。 2. 经抽样检验，××项目不符合××标准要求，检验结论为不合格。 （检验报告专用章） 签发日期：　　年 月 日				
备注					

批　准：　　　　　　　　　　审　核：　　　　　　　　　　主　检：

《监督抽检检验报告》文书说明

1. 此文书用于规定国家食品安全监督抽检出具的检验报告中必须具备的内容，各检验机构可在此基础上增加其他内容。

2. 国家食品安全监督抽检检验报告按如下原则处理：

地方承担的抽样检验，不合格样品检验报告一式四份或五份（流通环节抽样的增加一份）。一份由检验机构存留，一份交组织抽样检验的省级食品药品监管部门，两份交抽样单位（其中一份交被抽样单位）。若在流通环节抽样的，还需增加一份检验报告交抽样单位，由抽样单位交食品标示生产者。

总局本级开展的抽样检验，不合格者样品报告一式五份或六分（被抽样单位所在省份与生产者所在省份不同的增加一份）。一份由检验机构存留，一份交抽样所在地省级食品药品监管部门，一份交被抽样单位，一份交食品标示生产者，一份交秘书处。被抽样单位所在省份遇生产者所在省份不同的，还需增加一份交生产者所在地省级食品药品监管部门。

复检检验报告一式四份，复检申请人、初检机构、复检机构、组织抽样检验工作的食品药品监管部门各一份。

3. 除承检机构自己存留的一份外，其余检验报告应及时送交组织抽样检验工作的食品药品监管部门各一份。

4. 组织抽样检验工作的食品药品监管部门（可委托承检机构）向相关单位发送不合格样品检验报告的工作。

5. 检验报告的封面左上角用于检验机构盖有关签章，其中工业加工食品和餐饮加工食品检验报告必须加盖 CMAF，食用农产品可加盖 CMAF 或 CMA 章。

6. "检验依据" 需列出相关判定执行的国家标准，产品明示标注等能表明食品质量安全信息的企业相关技术文件。

承检机构名称

国家食品安全监测检验报告

No：（检测报告编号）

食品名称		商标		规格型号	
生产日期/批号		样品质量等级			
被抽样单位名称				联系电话	
标示生产单位名称				联系电话	
任务来源					
检验依据					
抽样日期		样品数量			
抽样单位编号		样品到达日期			
序号	项目名称	单位		检测数据	

备注

批准：　　　　审核：　　　　主检：

注：检出问题样品的风险监测检测报告，地方承担的抽样检验出具三份，抽样所在地、生产者所在地省级食品药品监管部门，检验机构各一份。总局开展的抽样检验，还需增加一份交秘书处。

图书在版编目（CIP）数据

肉品安全风险评估 / 陆昌华等编著 . —北京：中
国农业出版社，2017.9
ISBN 978-7-109-23345-4

Ⅰ.①肉…　Ⅱ.①陆…　Ⅲ.①肉制品－食品加工－食
品安全－风险评价　Ⅳ.①TS251.5

中国版本图书馆 CIP 数据核字（2017）第 223678 号

中国农业出版社出版
（北京市朝阳区麦子店街 18 号楼）
（邮政编码 100125）
责任编辑　赵　刚
————————————
中国农业出版社印刷厂印刷　　新华书店北京发行所发行
2017 年 9 月第 1 版　　2017 年 9 月北京第 1 次印刷
————————————
开本：787mm×1092mm　1/16　印张：20.5
字数：460 千字
定价：60.00 元
（凡本版图书出现印刷、装订错误，请向出版社发行部调换）